普通高等教育"十三五"规划

机械设计基础

主　编　张　宏　李　冰
副主编　沈嵘枫　兰海鹏　李书环

主　审　周　岭

中国林业出版社

内 容 简 介

本教材是为培养近机类和非机类宽口径专业学生的综合设计能力和创新能力，以适应当前教学改革的需要编写而成的。本教材介绍了常用机构与机器动力学的基本知识，及连接、机械传动、轴系零部件、弹簧等典型机械零件的设计。全书共分18章，主要内容包括：绪论、机械设计基础概论、机构运动简图及平面机构自由度、平面连杆机构、凸轮机构、齿轮传动、蜗杆传动、轮系、间歇运动机构、带传动与链传动、轴、滑动轴承、滚动轴承、联轴器、离合器和制动器、螺纹连接和螺旋传动、机械的平衡、机械的运转及其速度波动的调节、弹簧。为了便于学习，每章设有小结、思考与习题。

本教材可作为普通高等工科院校机械类、近机械类专业机械设计基础课程的教材，也可供相关专业的读者和工程技术人员参考。

图书在版编目(CIP)数据

机械设计基础 / 张宏，李冰主编. —北京：中国林业出版社，2016.8
普通高等教育"十三五"规划教材
ISBN 978-7-5038-8553-2

Ⅰ. ①机⋯　Ⅱ. ①张⋯ ②李⋯　Ⅲ. ①机械设计－高等学校－教材　Ⅳ. ①TH122

中国版本图书馆 CIP 数据核字(2016)第 118948 号

国家林业局生态文明教材及林业高校教材建设项目

中国林业出版社·教育出版分社

策划、责任编辑：张东晓
电话：(010)83143560　　　传真：(010)83143516

出版发行　中国林业出版社(100009　北京市西城区德内大街刘海胡同 7 号)
　　　　　E-mail：jiaocaipublic@163.com　　电话：(010)83143500
　　　　　http://lycb.forestry.gov.cn
经　　销　新华书店
印　　刷　北京市昌平百善印刷厂
版　　次　2016 年 8 月第 1 版
印　　次　2016 年 8 月第 1 次印刷
开　　本　787mm×1092mm　1/16
印　　张　22.75
字　　数　539 千字
定　　价　49.00 元

前言

PREFACE

　　《机械设计基础》是根据目前高等院校教学改革的实际需要，结合编者多年来的教学经验和所取得的教学成果，在对机械原理和机械设计课程内容作了增删补充和组合重构后编写而成。本教材加强对学生素质和综合职业能力的培养，特别是注重对学生运用知识、创新意识、合作精神和适应能力的培养。

　　在教材内容上力求拓宽受众、精选知识点、突出应用、采用新颁布的国家标准规范。叙述简明扼要，讲求实用，方便教学。该书作为"机械设计基础"课程教学内容和教学方法的知识载体，其体系结构和内容力求反映科学技术的发展和需求，符合教学特点和学生的认知规律；在表现形式和陈述方式上，能够引导学生利用已有的知识去学习和探索新知识、新技术，有助于教师、学生和教材之间的交流，有利于理论教学与实践教学的结合，使教师在教材的平台上可以创造性地进行教学活动。

　　本教材的编写分工如下：塔里木大学张宏编写第 1、10、14、17、18 章，东北林业大学李冰编写第 2、7、9 章，塔里木大学兰海鹏编写第 3、15、16 章，福建农林大学沈嵘枫编写第 12、13 章，天津农学院李书环编写第 4、5 章，山西农业大学冯晚平编写第 8 章，塔里木大学张涵编写第 11 章，哈尔滨学院杨冬霞编写第 6 章。张宏、李冰担任主编并对全书统稿；塔里木大学周岭教授担任本教材主审。

　　由于编者能力有限，有些内容难免有不妥之处，恳请读者对书中的缺点和不妥之处进行指正。

编　者
2016 年 3 月

目 录 ⚙

CONTENTS

第1章 绪 论

本章提要

本章主要介绍《机械设计基础》课程的研究对象、性质、内容及学习中应注意的问题。

《机械设计基础》课程主要从整机设计要求出发，研究机械中常用机构和通用零部件的工作原理、结构特点、基本的设计理论和计算方法。

1.1 本课程研究的对象和内容

《机械设计基础》课程主要研究机械中常用机构和通用零部件的工作原理、结构特点、基本的设计理论和方法。

机械是机器和机构的总称。机器是由各种金属和非金属零部件组装成的装置，消耗能源，可以运转、做功，用来代替人的劳动，进行能量变换、信息处理以及产生有用功；机器的运用贯穿在人类历史的全过程中，但是近代真正意义上的"机器"，却是在西方工业革命后才逐步被发明出来。而机构是指由两个或两个以上构件通过活动连接形成的构件系统，例如在运动链中，如果将其中某一构件加以固定而成为机架，则该运动链便成为机构；在本教材中出现的机构，是具有确定相对运动的构件组合，是用来传递运动和力的构件系统。

人类在生产和生活中，大量使用各种机械设备，以减轻或代替人的劳动，提高生产效率、产品质量和生活水平。随着科学技术和工业生产飞速发展，计算机技术、电子技术与机械技术逐渐有机结合，实现了机电一体化，促使机械产品向着高速、高效、多功能、精密化、自动化和轻量化方向发展。机械产品的水平，已成为衡量一个国家技术水平和现代化程度的重要标志之一。

在机械产品中存在一些共性。生产和生活中的各种机械设备，尽管用途和性能千差万别，但基本构成都是由原动机、传动装置、执行机构和控制系统四部分组成。其中原动机、传动装置、执行机构是机械中的主体。

原动机是机械设备完成其工作任务的动力来源，如电动机、内燃机、液压马达和气动机等，其中最常用的是各类电动机。电动机可以把电能转化成机械能，内燃机可以把燃气的热能转换成机械能。

传动装置是按照执行机构作业的特定要求，把原动机的运动和动力传递给执行机构。常用的各种减速器和变速装置，如齿轮减速器、蜗杆减速器和无级变速器等，均可作为传动装置。

执行机构也即是工作部分，直接完成机器的特定功能，如起重机和挖掘机中的起重吊运机构和挖掘机构。

控制系统用于处理机器各组成部分之间以及与外部其他机器之间的工作协调关系。控制部分的形式多样，可以是机械，也可以是电器、液力及计算机等。以内燃机为例，主体机构是曲柄滑块机构，进气、排气是通过凸轮机构实现的，后者即控制部分。

总之，机器是根据某种使用要求而设计的一种执行机械运动的装置，用来变换或传递能量、物料和信息。

1.2 本课程在教学中的地位和作用

机械设计基础研究机械设计中的共性问题，是机械设计工程的技术基础，应用广泛，是一门设计性的技术基础课程。它综合运用机械制图、工程力学、金属工艺学、机械工程材料与热处理、互换性与测量技术基础等先修课程的知识和生产实践经验，解决常用机构和通用零部件的设计问题。通过本课程的学习和课程设计实践，可让学生在设计一般机械传动装置或其他简单的机械方面得到初步训练，为进一步学习专业课程和今后从事机械设计工作打下基础，因此本课程在机械类或近机械类专业的教学计划中具有承前启后的作用，是一门机械类专业的主干课程。

1.3　本课程学习的任务和方法

1.3.1　本课程的学习任务

机械设计是一门应用科学，是研究机械类产品的设计、开发、改造，以满足经济发展和社会需求的科学，它涉及工程技术的各个领域，同时又是一项具有创造性的工作。本课程主要对机械的常用机构和常用零部件分别进行介绍，要求同学们在学完本课程后具有以下能力：

①掌握零部件的受力分析和强度计算方法。

②熟悉常用机构、常用机械传动及通用零部件的工作原理、特点、应用、结构和标准，掌握相应的选用和基本设计方法，具备正确分析、使用和维护机械的能力，初步具有设计简单机械传动装置的能力。

③具有相关的解题、运算、绘图能力和应用标准、手册、图册等有关技术资料的能力。

1.3.2　本课程的学习方法

机械设计基础课程是从理论性、系统性很强的基础课和专业基础课向着实践性较强的专业课过渡的一个重要转折点。在学习过程中要把握以下几点：

①学会综合运用知识　本课程是一门综合性课程，综合运用本课程和其他课程所学知识解决机械设计问题是本课程的教学目标，也是设计能力的重要标志。

②学会知识技能的实际应用　本课程又是一门能够应用于工程实际的设计性课程，除完成教学大纲安排的实验、实训、设计训练外，还应注意设计公式的应用条件、公式中系数的选择范围、设计结果的处理，特别是注意结构设计和工艺性问题。

③学会总结归纳　本课程的研究对象多，内容繁杂，所以必须对每一种研究对象的基本知识、基本原理、基本设计思路和方法进行归纳总结，并与其他研究对象进行比较，掌握共性与个性，只有这样才能有效提高分析和解决问题的能力。

④学会创新　学习机械设计不仅在于继承，更重要的是创新，机械科学产生与发展的历程就是不断创新的历程。只有学会创新，才能把理论知识变成分析问题与解决问题的现实能力。

1.4　学习本课程应注意的问题

机械设计基础的研究对象和性质决定了本课程的特点，即内容繁杂，主要体现在"公式多、系数多、图表多、关系多"等方面。因此，学习时应注意以下问题：

①理论联系实际 机械设计是实践性、技术性较强的课程，其研究的对象是各种机械设备中的机械零部件，与工程实际联系紧密，因此在学习时应利用各种机会深入生产车间、实验室，注意观察实物和模型，增加对常用机构和通用机械零部件的感性认识，了解实用机械的工作条件和要求，做到理论知识与实践有机结合。

②抓住课程体系 掌握机械零部件设计的共性问题及一般思路。机械设计是以设计零件为中心线索，标准件以选择型号为主，然后进行适当的校核。在学习每一种零件时，都要了解它的工作原理、失效形式、材料选择、工作能力计算及结构设计，内容虽然很多，但都为达到一个目的，即设计零件。

③要综合运用先修课程的知识解决机械设计问题 机械设计是一门综合性较强的课程，在设计零件过程中要用到多门先修课的知识，例如在轴的设计这一部分，当我们对轴进行强度、刚度校核时，就要运用工程力学的知识。因此在学习本课程时，必须及时复习先修课的有关内容，做到融会贯通、综合运用。

④要理解系数引入的意义 机械设计中，由于实际影响因素很复杂，而这些因素一般都用系数来反映，所以在公式中系数很多。我们要充分理解这些系数的物理意义、影响系数的因素及如何取值。

⑤培养解决工程实际问题的能力 多因素地分析、设计参数多方案地选择、经验公式或经验数据的选用及结构设计，是解决工程实际问题中经常遇到的问题，也是学生在学习本课程中的难点。因此在学习本课程时，一定要着力攻克这些难点，按解决工程实际问题的思维方法来提高机械设计能力，特别是提高机械系统方案的设计能力和结构设计能力。

本 章 小 结

本章主要介绍了机械设计基础的研究对象和内容，以及本课程在教学系统中的地位。为了使同学们抓住要点，还介绍了本课程的学习任务和方法。

第2章　机械设计基础概论

🔧 本章提要

本章阐述机器、机构等概念，简述机械设计的要求、一般过程及具体设计的有关问题，介绍机械设计中常用机械工程材料的特性、金属材料的热处理及材料选择的一般原则，并扼要介绍现代机器的特征及其设计思想和方法。

机械设计的最终目的是为市场提供优质高效、价廉物美的机械产品，在市场竞争中取得优势，赢得用户，取得良好的经济效益。产品的质量和经济效益取决于设计、制造和管理的综合水平，而产品设计则是关键。没有高质量的设计，就不可能有高质量的产品；没有经济观念的设计者，绝不可能设计出性价比好的产品。据统计，产品质量事故，约有50%是设计不当造成的；产品成本的60%~70%取决于设计。因此，在机械产品设计中，特别强调和重视从系统的观点出发，合理地确定系统的功能；重视机电技术的有机结合，注意新技术、新工艺及新材料等的采用；努力提高产品的可靠性、经济性并保证安全性。以下简述机械设计应满足的基本要求。

2.1　机械设计的基本要求、一般程序及标准化

2.1.1　机械设计的基本要求

机械设计是集创造性、多解性、近似性、经验性、综合性等多种特点为一体的过程，贯穿设计、制造、使用、维护的整个过程。为了实现一种有特定功能的机械产品，加快产品生产周期和降低成本，必须对机械产品进行规划。在设计时应满足的基本要求如下：

（1）满足社会需求

机械产品的设计总是以社会需求为前提的，一项产品的性能应尽量满足用户的需求。没有需求就没有市场，也就失去了产品存在的价值和依据。社会需求是变化的，不同时期、不同地点、不同的社会环境会有不同的市场行情和需求。产品应不断地更新改进，以适应市场的变化，否则就会滞销、积压，造成浪费，影响企业的经济效益，严重时甚至导致企业的倒闭。所以设计师必须确立市场观念，以社会需求和为用户服务作为最基本的出发点。

所谓需求，是指对功能的需求，用户购买产品就是在购买产品的功能。产品的功能是与技术、经济等因素密切相关的，通常随着功能的增加，产品的成本也随之上升。所以设计师必须进行市场调查和用户访问，查清市场当前的需求并预测今后的需求，然后对产品进行功能分析，遵循保证基本功能、满足使用功能、剔除多余功能、增加新颖功能、恰到好处地利用功能等原则，以提高价值，降低成本，力求提高产品的竞争力。

（2）满足工艺性要求

设计应使得制造方便，安装容易，便于组织生产。

（3）满足经济性要求

机械的经济性要体现在设计、制造和使用的全过程中，设计时应予以全面综合考虑。设计和制造的经济性，表现为产品的成本低；使用的经济性，表现为产品使用中生产率高、效率高，管理和维护费用低，消耗的能源、原材料和辅助材料等较少。

要提高设计和制造的经济性，从设计的角度考虑主要注重以下方面：

①在完成产品功能分析的基础上，通过创新构思，优化筛选得到最佳的功能原理方案。该方案在满足功能要求和可靠性要求的前提下，应具有效率高、能耗少、生产成本低

及易维修等良好经济性特点。

②采用先进的现代设计制造方法，使设计参数最优化，达到尽可能精确的设计结果，以保证机器的可靠性。如尽可能地应用 CAD/CAM 技术，特别是先进制造技术，以提高设计、制造效率，降低制造成本。

③尽可能地采用新技术、新工艺、新结构和新材料。

④努力提高零部件结构的工艺性，使其用料少、易加工、易装配，以提高生产率、缩短生产周期，降低生产成本。

⑤最大限度地采用标准化、系列化及通用化的零部件。

（4）满足安全性要求

机器的安全性包括以下两方面：

①机器执行预期功能的安全性，即机器运行时系统本身的安全性，如满足必要的强度、刚度、稳定性、耐磨性等要求。因此，在设计时必须按有关规范和标准进行设计计算。另外，为了避免机器由于意外原因造成故障或失效，常需要配置过载保护、安全互锁等装置。如为了保证传动系统在过载时不致损坏，常在传动链中设置安全离合器或安全销；又如为保证机器安全运行，离合器与制动器必须设计成互锁结构，即离合器与制动器不能同时工作。

②人—机—环境系统的安全性。机器是为人类服务的，同时它又在一定的环境中工作，人、机、环境三者构成一个特定系统。机器工作时不仅机器本身应具有良好的安全性，而且对使用机器的人员及周围的环境也应不构成威胁，具有良好的安全性。

（5）满足可靠性要求

可靠性是指产品在规定的条件下和规定的时间内完成规定功能的能力。这里所指的"产品"，可以是零件、部件，也可以是整机系统。"规定条件"是指对产品进行可靠性考核时所规定的使用条件和环境条件，包括载荷状况、工作制度、应力、强度、湿度、粉尘及腐蚀等，也包括操作规程、维修方法等；"规定时间"是指对产品进行可靠性考核所规定的时间，包括运行时间、应力循环次数、行驶的里程等；"规定功能"是指对产品要求的具体功能，产品规定功能的丧失称为失效，而可修复产品的失效也称为故障。

可靠性是衡量产品质量的一项重要指标，提高产品可靠性的最有效方法是进行可靠性设计。设计者应从整机系统出发，对可能发生的故障和失效进行预测和分析，采取相应的预防措施；对整机系统可靠性有关键影响的零部件，应进行可靠性分析和设计。衡量产品可靠性的指标很多，机械产品常用的可靠性指标主要有可靠度、失效概率及失效率等。

（6）满足其他要求

设计的产品应操作简单、维修方便，具有安全性、可靠性、人机交互性、美学性，还应努力降低机器噪声及减少环境污染。

2.1.2　机械设计的一般程序

如表 2-1 所列，机械设计的一般程序（不包括生产及说明）可分四个阶段。

表 2-1　机械设计的一般程序

阶段	设计步骤	工作目标
可行性研究	提出任务 调研与可行性研究 确定设计任务要求	选题 设计任务书 可行性方案
方案设计	功能分析、方案构思和优选 评价，选定方案	技术任务书 设计方案 原理方案图或机构运行简图 性能参量计算
技术设计	总体布局与零部件结构 选材料、定结构尺寸 评价，确定结构与尺寸 零件设计 部件和总体设计 编制技术文件	零件图 部件图 总装配图 设计和计算说明书
改进设计	试制、试验 产品鉴定 改进设计	样机 改进设计图 试验结果
生产	小批生产、试销 产品定型、批量生产	产品
说明	销售、使用信息	市场用户信息

（1）可行性研究

对产品的预期需要、工作条件和关键技术应进行分析研究，通过调研，确定设计任务要求，提出功能性的主要设计参量，进行成本和效益的估算，论证设计的必要性和先进性，完成由环境、经济、加工以及时限等各方面所确定的约束条件，完成可行性设计方案。在此基础上，提交设计任务书。

（2）方案设计

根据设计任务要求，寻求功能原理的解法，构思原理方案。产品的功能分析，是指对设计任务书提出的产品功能中必须达到的要求、最低要求和希望达到的要求进行综合分析，考查这些功能能否实现，多项功能间有无矛盾，相互间能否替代等。最后确定出功能参数，作为进一步设计的依据。确定了功能参数后，再提出可能采用的方案。方案设计时，可以按原动部分、传动部分和执行部分来分别进行讨论。

讨论产品的执行部分时，首先要选择工作原理。根据不同的工作原理，可以拟定多种不同执行机构的具体方案。即使对于同一工作原理，也可能产生几种不同的结构方案。

原动部分的方案也可以有多种选择。由于电力供应的普遍性和电力拖动技术的发展，目前绝大多数的固定机械都优先选择电动机作为原动部分。热力原动机主要用于运输机械、工程机械或农业机械。即使用电动机作为原动机，还需要作交流与直流的选择、高转速与低转速的选择等。

传动部分的方案更为复杂多样。对于同一传动任务，可以通过多种机构或不同机构的组织来完成。

然而在众多方案中，通常仅有几个在技术上是可行的。对可行的方案要从技术方面和经济方面进行综合评价。根据经济性进行评价时，既要考虑到产品设计制造时的经济性，也要考虑到产品使用时的经济性。如果产品的结构方案比较复杂，其设计制造成本会相对增大，但这类产品的功能往往更齐全，生产率也较高，故使用经济性较好。相反，结构较为简单、功能不够齐全的产品，其设计制造费用虽少，但使用费用却会增加。

评价产品时，产品的可靠性应作为一项重要的分析指标。系统越复杂，可靠性就越低。为了提高复杂系统的可靠性，必须增加并联备用系统，但这不可避免地会提高产品的成本。应通过对数种可能方案的评价综合进行决策，然后确定原理方案图或机构运动简图。

（3）技术设计

按设计方案的目标，完成总体设计及零、部件的结构设计。即完成设计方案的结构化，从技术和经济观点作周密的结构设计和计算。要完成全套的零件图、部件图和总装配图，编制技术文件和技术说明。为了确定主要零件的基本尺寸，必须做好以下工作：

①机器的运动学设计　根据确定的结构方案，确定原动机的参数（功率、转速、线速度等）；然后作运动学计算，确定各运动构件的运动参数（转速、速度、加速度等）。

②机器的动力学计算　结合各部分结构和运动参数，计算各主要零件上所受载荷的大小，确定其特性。此时所求出的载荷，由于具体零件尚未设计出来，因而只是作用于该零件上的公称（或名义）载荷。

③零件的工作能力设计　已知主要零件所受公称载荷的大小和特性，即可初步设计零、部件。设计所依据的工作能力准则，须参照零、部件的一般失效情况、工作特性、环境条件等合理拟定，一般遵循强度、刚度、振动稳定性、寿命等准则，通过计算或类比，来决定零、部件的基本尺寸。

④部件装配草图和总装配草图的设计　根据主要零、部件的基本尺寸，设计出部件装配草图和总装配草图。草图上需对所有零件的外形和尺寸进行结构化设计，很好地协调各零件的结构和尺寸，全面考虑所设计的零、部件的结构工艺性，使零件具有最合理的结构。

⑤主要零件的校核　部分零件由于具体的结构未定，其工作能力难以详细计算，只能作初步推算和设计；在绘出部件装配草图和总装配草图以后，所有零件的结构和尺寸均为

已知，相互邻接的零件之间的关系也为已知，这时就可以较为精确地计算出作用在零件上的载荷，确定影响零件工作能力的各个细节因素，在此条件下，必须对一些受力情况复杂的零件进行精确的校核计算；要根据校核的结果，反复修改零件的结构和尺寸，直到满意为止。

草图设计完成后，即可确定零件的基本尺寸，设计零件的工作图，并绘制出除标准件以外的全部零件工作图。

按最后定型的零件工作图上的结构和尺寸，重新绘制部件装配图和总装配图。通过这一工作，可以检查出零件中可能隐藏的尺寸链上和结构上的错误。需要编制的技术文件，包括产品的设计计算说明书、使用说明书和标准件明细表等。设计计算说明书应包括方案选择和技术设计的全部结论性的内容；用户产品使用说明书中应介绍产品的性能参数范围、使用操作方法、日常保养和简单的维修方法、备用件的目录等。

（4）改进设计

要根据加工制造、样机试验、技术检测、使用操作、产品鉴定分析和市场等环节反馈的信息对产品作改进设计或技术处理，以确保产品质量，并完善前期设计中的不足。

经过上述四个阶段，即完成了产品机械设计的全过程。这时机械产品即可投入试生产或批量生产，并进行销售和使用。

2.1.3 机械设计中的标准化

所谓零件的标准化，就是对零件的尺寸、结构要素、材料性能、检验方法、设计方法、制图要求等制定出各式各样的大家共同遵守的标准。

产品标准化本身包括以下三方面的含义：

①产品品种规格的系列化　将同一类产品的主要参数、形式、尺寸、基本结构等依次分档，制成系列化产品，以较少的品种规格来满足用户的广泛需要。

②零部件的通用化　将同一类型或不同类型产品中用途结构相近似的零部件（如螺栓，轴承座、联轴器和减速器等），经过统一后实现通用互换。

③产品质量标准化　产品质量是一切企业的"生命线"，要保证产品质量合格和稳定，就必须做好设计、加工工艺、装配检验甚至包装储运等环节的标准化。这样才能在激烈的市场竞争中立于不败之地。

对产品实行标准化具有重大的意义，具体体现为：

①能以最先进的方法在专门化工厂中对那些用途最广泛的零部件进行大量的、集中的制造，以提高质量、降低成本。

②能统一材料和零部件的性能指标，使其能够进行比较，提高了零部件性能的可靠性。

③采用了标准结构和标准零部件，可以简化设计工作，缩短设计周期，有利于设计者把主要精力用在关键零、部件的设计上，从而提高设计质量。

④零部件采用标准化后便于互换，便于机械的维修。

按照标准的层次，我国的标准分为国家标准、行业标准、地方标准和企业标准四级；按照标准实施的强制程度，又分为强制性（GB）和推荐性（GB/T）两种。例如 GB 1800—

1979 ~ GB 1804—1979《公差与配合》、GB 196—2003《普通螺纹基本尺寸》都是强制性标准，必须执行；而 GB/T 13575.1—2008《普通和窄 V 带传动　第 1 部分：基准宽度制》即为推荐性标准，鼓励企业自愿采用。

为了增强在国际市场的竞争力，我国鼓励积极采用国际标准和国外先进标准。近年发布的我国国家标准，许多都采用了相应的国际标准。设计人员必须熟悉现行的有关标准。一般机械设计手册及机械工程手册中都收录摘编了常用的标准和资料，以供查阅。

2.2　机械零件设计概述

机械零件由于某种原因不能正常工作时，称为失效。在不发生失效的条件下，零件所能安全工作的限度，称为工作能力。通常此限度是针对载荷而言，所以习惯上又称为承载能力。

零件的失效原因大致包括：断裂或塑性变形，过大的弹性变形，工作表面的过度磨损或损伤，发生强烈的振动，联结的松弛，摩擦传动的打滑等。

机械零件虽然有多种可能的失效形式，但归纳起来最主要的为强度、刚度、耐磨性、稳定性和温度影响等几方面的问题。对于各种不同的失效形式，相应地有各种工作能力判定条件。

设计机械零件时，常根据一个或几个可能发生的主要失效形式，运用相应的判定条件，来确定零件的形状和主要尺寸。

机械零件的设计常按下列步骤进行：

①拟定零件的计算简图。

②确定作用在零件上的载荷。

③选择合适的材料。

④根据零件可能出现的失效形式，选用相应的判定条件，确定零件的形状和主要尺寸。应当注意，零件尺寸的计算值一般并不是最终采用的数值，设计者还要根据制造零件的工艺要求和标准、规格加以圆整。

⑤绘制工作图并标注必要的技术条件。

以上所述为设计计算。在实际工作中，也常采用相反的方式校核计入夏算，这时先参照实物（或图样）和经验数据，初步拟定零件的结构和尺寸，然后再用有关的判定条件来进行验算。

2.2.1　机械零件设计的主要内容和要求

零部件设计是机械设计的重要组成部分，机械运动方案中的机构和构件只有通过零部件设计，才能得到用于加工的零件工作图和部件装配图，同时它也是机械总体设计的基础。机械零部件设计的主要内容包括：根据运动方案设计和总体设计的要求，明确零部件的工作要求、性能、参数等，选择零部件的结构构形、材料、精度等，进行失效分析和工作能力计算，画出零件图和部件装配图。

机械产品整机应满足的要求是由零部件设计所决定的，机械零部件设计应满足的要求如下：

①工作能力要求　具体涉及强度、刚度、寿命、耐磨性、耐热性、振动稳定性及精度等。

②工艺性要求　加工、装配应具有良好的工艺性且维修方便。

③经济性要求　主要指生产成本要较低。

此外，还要满足噪声控制、防腐性能、不污染环境等环保要求和安全要求等。以上要求往往互相牵制，需要全面综合考虑。

2.2.2　机械零件的主要失效形式和设计准则

2.2.2.1　机械零件的主要失效形式

当机械零件不能正常工作，失去所需的工作效能时，称为零件失效。例如轴可能发生疲劳断裂，也可能发生过大的弹性变形，也可能发生表面损坏，导致轴的失效。在各种失效形式中，到底以哪一种为主要形式，应根据零件的材料、具体结构和工作条件等因素来确定。

（1）断裂

断裂可分为韧性断裂、脆性断裂和疲劳断裂等几种形式。当零件在外载荷作用下，某一危险剖面上的应力超过零件的强度极限时，将发生前两种断裂；在循环变应力作用下，工作时间较长的零件，最容易发生疲劳断裂，这是大多数机械零件的失效形式。断裂是一种严重的失效形式，不但导致使零件失效，有时还会导致设备故障甚至危及人身安全。

（2）过量变形

机械零件受载工作时，必然会发生弹性变形。在允许范围内的微小弹性变形，对机器工作影响不大，但过量的弹性变形会使零件或机器不能正常工作，有时还会造成较大振动，致使零件损坏。当零件过载时，塑性材料还会发生塑性变形，这会造成零件的尺寸和形状改变，破坏零件之间的相互位置和配合关系，使零件或机器不能正常工作。

（3）表面损伤

绝大多数零件都与其他的零件发生接触和配合关系。载荷作用于零件表面，摩擦和磨损发生在零件表面，环境介质也包围着零件表面，因此，失效大多出现在零件表面。零件表面损伤包括：表面疲劳、磨损、胶合、塑性变形、压溃与腐蚀等。表面损伤后通常都会增大摩擦，增加能量消耗，破坏零件的工作表面，致使零件尺寸发生变化，最终造成零件报废。零件的使用寿命在很大程度上受表面损伤情况的限制。

（4）弹性变形过大

零件在载荷作用下，将发生弹性变形，如弯曲变形、扭转变形、拉伸变形等。过大的弹性变形将导致零件失效，如机床主轴弹性变形过大，将造成被加工零件精度下降。

（5）破坏正常工作条件导致的失效

有些机械零件必须在特定的工作条件下才能正常工作，一旦其工作条件被破坏就会失效。例如，V带传动是依靠带和带轮槽表面间的摩擦力工作的，若要传递的圆周力超过带和带轮间的最大摩擦力，带传动将发生打滑，使传动失效；轴承是机器的关键零件之一，轴承没有润滑或润滑不良，会发生剧烈的温升或卡死。

（6）振动和噪声过大

对于高速运动的机械零件，可能由于干扰力的频率与零件的固有频率相等或接近，造成机械零件共振，使得振幅急剧增大，导致机械零件或机器损坏。噪声也是一种环境污染，影响人体健康和舒适感觉。限制噪声分贝值，已成为评定如空调、汽车等机器质量的指标之一。一般机器的噪声最好控制在 80dB 以下。

2.2.2.2　机械零件的设计准则

设计机械零件时，保证零件不产生失效所依据的基本准则，称为设计准则，主要包括：强度准则、刚度准则、耐热性准则、振动稳定性准则、寿命准则、可靠性准则、精度准则等。强度准则是设计机械零件首先要满足的一个基本要求。

（1）强度准则

该准则要求机械零件的工作应力 σ 不超过许用应力 $[\sigma]$。其典型的计算公式为：

$$\sigma \leqslant [\sigma] = \frac{\sigma_{\lim}}{S} \tag{2-1}$$

式中　$\sigma_{\lim}$——极限应力，对受静应力的脆性材料取其强度极限，对受静应力的塑性材料取其屈服极限，对受变应力的材料则取其疲劳极限；

　　　S——安全系数。

（2）刚度准则

机械零件在受载荷时要发生弹性变形，刚度是受外力作用的材料、机械零件或结构抵抗变形的能力。材料的刚度由使其产生单位变形所需的外力值来量度。机械零件的刚度取决于它的弹性模量 E 或切变模量 G、几何形状和尺寸，以及外力的作用形式等。分析机械零件的刚度是机械设计中的一项重要工作。对于一些需要严格限制变形的零件（如机翼、机床主轴等），须通过刚度分析来控制变形，还需要通过控制零件的刚度来防止发生振动或失稳。另外如对弹簧，须通过控制其刚度为某一合理值来确保其特定功能。刚度准则要求零件受载荷后的弹性变形量不大于其允许弹性变形量，相应表达式为

$$y \leqslant [y] \tag{2-2}$$

式中　y——弹性变形量，如挠度、纵向伸长（缩短）量；

　　　$[y]$——相应的许用弹性变形量。

零件的弹性变形量可由理论计算或实验得到。许用变形量则取决于零件的用途，根据理论分析或经验来确定。

（3）耐热性准则

由于摩擦等原因，机械在运转时，机械零件和润滑剂的温度一般会升高。过高的工作温度将导致润滑效果下降，还会引起零件的热变形、硬度和强度下降甚至损坏。如在高温时，金属机械零件可能发生胶合、卡死，塑料等非金属机械零件可能发生软化甚至熔化等，在某些场合还会引起热应力。耐热性准则一般是控制机械零件的工作温度不得超过许用值，以保证零部件正常工作，其表达式为

$$T \leqslant [T] \tag{2-3}$$

为了改善散热性能、控制温升，必要时可以采用水冷或气冷等措施。

（4）振动稳定性准则

当激励的频率等于物体固有频率时，物体振幅最大，激励的频率与固有频率相差越大，物体的振幅越小。激励的频率接近物体的固有频率时，受迫振动的振幅会很大，这种现象称为共振。振动稳定性，指机械零件在机器运转时避免发生共振的品质。

为了延长机器的寿命，避免轴和机器的损坏，应计算轴特别是高速机器的轴的振动稳定性。振动稳定性准则要求机械零件的固有频率应与激励的频率不同，保证不发生共振。

设机器中受激励作用的零部件的固有频率为 f，激励力的频率为 f_p，则一般要求为

$$f_p < 0.85f \ \text{或} \ f < 0.85f_p$$

改变机械零件的刚度和质量，可以改变其固有频率。增大机械零件的刚度和减小其质量，可提高其固有频率；减小机械零件的刚度和增大其质量，则可降低机械零件的固有频率。有时，在机器运转时为了防止共振，要调节转速。

（5）寿命准则

为了保证机器在一定寿命期限内正常工作，在设计机械零件时必然要对机械零件的寿命提出要求。需要说明，在机器寿命期限内，零件是可以更换的，也就是说某些机械零件的寿命可以比机器的寿命短。机械零件的寿命主要受材料的疲劳、磨损和腐蚀影响。

为了避免发生零件疲劳引起的失效，如疲劳断裂，应根据机械零件寿命对应的疲劳极限计算其抗疲劳强度。即根据寿命要求，结合零件转速等具体情况来计算抗疲劳强度。当满足抗疲劳强度时，可以保证机械零件在破坏前的应力循环次数达到寿命的要求。

磨损一般是不可避免的。在一定条件下，腐蚀也是不可避免的，如桥梁结构件、地理钢质管道的腐蚀等。在设计时，主要是保证机械零件在寿命期限内不要发生过度的磨损和腐蚀。磨损发生的机理尚为完全被人们掌握，影响磨损的因素也比较多，一般根据摩擦学设计原理来改善摩擦副的耐磨性，主要措施包括：合理选择摩擦副材料；合理选择润滑剂和添加剂；控制摩擦副的工作条件，如压强、滑动速度和温度。到目前为止，还没有实用、有效的腐蚀寿命计算方法，通常从材料选择及防腐处理等方面采取措施，如选用耐腐蚀的材料，采用表面镀层、喷涂、磷化等处理。

（6）可靠性准则

可靠性是产品在规定的条件下和规定的时间内，完成规定功能的能力。产品的质量一般应包含性能指标和可靠性指标。机械产品的性能指标是指产品具有的技术指标，如机械的功率、转矩、工作速度等。如果只有性能指标，没有可靠性指标，产品的性能指标也得不到保证。例如，一台技术先进的飞机，如果可靠性不高，势必经常发生故障，影响正常飞行和增加维修费用，甚至可能造成严重的事故。产品的可靠性用可靠度 $R(t)$ 来衡量。可靠度的定义是：产品在规定的条件下和规定的时间内完成规定功能的概率。可靠度是时间的函数。设有一批数量为 n 的相同产品，在 $t = 0$ 时开始工作，随着时间的延续，失效的件数 $n_0(t)$ 在加大，正常工作的件数 $n_i(t)$ 在减少，在任意时刻 t 该产品可靠度为

$$R(t) = \frac{n_i(t)}{n} \tag{2-4}$$

若某产品工作至3000h的可靠度 $R(t) = 0.96$，则表示有96%的产品可以正常工作到3000h以上，对具体一件产品来讲，其工作到3000h的概率为96%。

失效率 $\lambda(t)$ 是指产品工作到 t 时刻，在下个阶段 Δt 的单位时间内发生失效的概率，可以证明其数学表达式为

$$\lambda(t) = -\frac{1}{R(t)} \cdot \frac{\mathrm{d}R(t)}{\mathrm{d}t} \tag{2-5}$$

分离变量，两边积分可得：

$$\ln R(t) = -\int_0^t \lambda(t)\,\mathrm{d}t \tag{2-6}$$

$$R(t) = \mathrm{e}^{-\int_0^t \lambda(t)\,\mathrm{d}t} \tag{2-7}$$

零部件的失效率和时间的关系一般如图 2-1 所示。可以用试验的方法求得失效率曲线。失效率曲线反映产品总体寿命期失效率的情况，从失效曲线可以看出，失效大体可以分为三个阶段：

第 I 阶段为早期失效阶段，曲线为递减型。产品投入使用的早期，失效率较高而下降很快。其原因主要是设计、制造、贮存、运输等形成的缺陷，以及调试、磨合、起动不当等人为因素造成的。当这些由于先天不良引起的失效发生后，设备运转逐

图 2-1 零部件的失效率和时间的关系

渐正常，则失效率就趋于稳定。应该尽量设法避免零件的早期失效，降低失效率和缩短早期失效阶段的时间 t_0。

第 II 阶段为偶然失效阶段，失效主要由非预期的过载、误操作、意外的天灾等偶然因素所造成。由于失效原因多属偶然，故称为偶然失效阶段。降低偶然失效期的失效率能提高有效寿命，所以应注意提高产品的质量，精心使用维护。

第 III 阶段为损坏失效阶段，其失效率呈递增型，在 t_1 以后失效率明显上升。这些失效是由于产品已经老化，由疲劳、磨损、蠕变、腐蚀等所谓有耗损的原因所引起的，故称为耗损失效期。针对这一阶段失效的原因应该注意检查、监控等，提前维修，尽量使失效率保持不变。

(7) 精度准则

对于高精度的机械零件、机构或设备，要求其运动误差小于许用值。例如在精密机械中，导轨的直线性误差、主轴的径向跳动误差、齿轮传动的转角误差等，必须有一定的精度要求。可以根据机器和零件的功能要求，选用合适的公差与配合来进行精度设计，并正确标注到图样上。还可以按照零件图给定的公差值，求出机构的误差，与要求的机构精度比较。

2.2.3 机械零件的结构设计工艺性

2.2.3.1 零件结构设计工艺性的概念

在机械设计中，不仅要保证所涉及的机械设备具有良好的工作性能，而且还要考虑能否制造和便于制造。这种在机械设计中综合考虑制造、装配工艺及维修等方面的各种技术问题，称为机械设计工艺性。机器及其零部件的工艺性体现于结构设计当中，所以又称为结构设计工艺性。

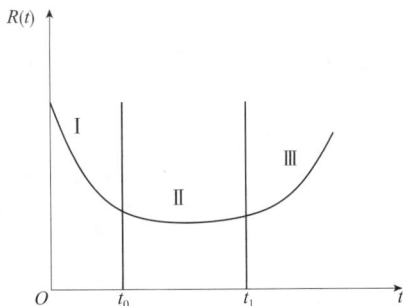

机械制造工业，要做到优质、高产和低耗，除了工艺人员应采取有关技术措施外，结构设计也有着决定性的影响。因此机械设计工作中应掌握充分的设计原始资料，同时应熟悉制造工艺的理论和知识，对设计方案全面考虑和分析，使设计能经得起制造、使用、维护等方面的综合考验。

结构设计工艺性问题设计的面较广，存在于零部件生产过程的各个阶段，如材料选择、毛坯生产、机械加工、热处理、机器装配、机器操作、维修等。在结构设计中，产生矛盾时应统筹安排、综合考虑，找出主要问题，予以妥善解决。

2.2.3.2 影响零件结构设计工艺性的因素

结构设计工艺性随客观条件的不同及科学技术的发展而变化。影响结构设计工艺性的因素大致有以下三方面。

（1）生产类型

生产类型是影响结构设计工艺性的首要因素。当单件、小批生产零件时，大都采用生产效率较低、通用性较强的设备和工艺装备，采用普遍的制造方法，因此，机器和零部件的结构应与这类工艺性装备和工艺方法相适应；在大批量生产时，产品结构必须与采用高生产率的工艺装备和工艺方法相适应。所以，在单件小批生产中具有良好工艺性的机构，往往在大批量生产中其工艺性并不一定好，反之亦然。因此，当产品由单件小批量生产扩大到大批量生产时，必须对其结构工艺性进行审查和修改，以适应新的生产类型的需要。

（2）制造条件

机械零部件的结构必须与制造厂的生产条件相适应。具体生产条件应包括：毛坯的生产能力及技术水平；机械加工设备、工艺装备的规格及性能；热处理的设备及能力；技术人员和工人的技术水平；辅助部门的制造能力和技术力量等。

（3）工艺技术的发展

随着生产不断发展，新的加工设备和工艺方法不断出现。如精密铸造、精密锻造、精密冲压、挤压、轧制成形、粉末冶金等先进工艺，使制造精度大大提高；真空技术、离子氮化、镀渗技术使零件表面质量有了很大提高；电火花、电解、激光、电子束、超声波加工技术使难加工材料、复杂形面、精密微孔等加工变得较为方便。设计者要不断掌握新的工艺技术，设计出符合当代工艺水平的零部件结构。

2.2.3.3 零件结构设计工艺性的基本要求

零部件的结构工艺性，主要指其在保证技术要求的前提下和一定的生产条件下，能采用较经济的方法，保质、保量地制造出来。零部件的结构应在制造、维修全过程中符合科学性、可行性和经济性的要求，其工艺性示例见表2-2。

（1）零件的结构应保证加工的可行和方便

设计机械零件结构时，必须考虑加工的可行性。机械设计者要掌握常用加工手段的方法、特点和适用范围，还应了解某些行业的特殊加工工艺及设备。要尽力保证能方便地加工出满足图样要求的机械零件，以降低成本、缩短加工时间。而简化机械零件形状，采用平面、圆柱面等简单表面，减少加工表面数量和加工面积，选择适当加工精度等都可以提高机械零件加工的方便性。

表2-2 机械零件的结构工艺性示例

项目	不好的设计	改进后的结构	说明
铸造			改进后取消了穿透的细长孔和中间空腔的内凹部分，便可以不用型芯了
	容易掉沙		两凸台相距太近，容易掉沙，改进后的设计将两个凸台合成一个凸台
	12.5	12.5 12.5	需要加工的平面，应与定位平面平行或垂直地放置
锻造			尽量简化锻件外形，应避免锥形和楔形表面
			应有规定的拔模斜度
冲压			避免太小的孔间距
			尽量采用相同的冲剪形状
			避免复杂轮廓

(续)

项目	不好的设计	改进后的结构	说明
焊接			避免焊缝受拉应力
			避免将焊缝设计在应力容易集中的地方，特别是重要部件或承受变应力的焊件，更应注意这一点
热处理			零件的尖角、棱角部分是淬火应力最为集中的地方，往往成为淬火裂纹的起点，要尽量避免，应设计成圆角或倒角
			厚薄悬殊的零件，在淬火冷却时，由于冷却不均匀而造成的变形、开裂倾向较大，设计时应采取开工艺孔等措施
机加工			将中间部位加大或粗车一些，可减小加工长度或精车长度
			轴上仅有部分长度直径有严格公差要求时，应采用阶梯轴，减少磨削
			加工面尽量位于同一个平面上，有利于加工，提高效率，并可同时加工几个零件，还可简化检验工作

（续）

项目	不好的设计	改进后的结构	说明
装配	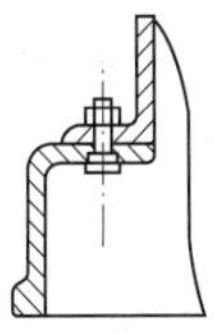	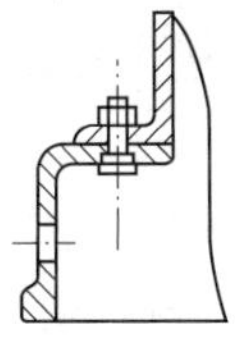	对于不好安装的螺纹连接，应开设安装工艺孔，或采用双头螺柱连接
	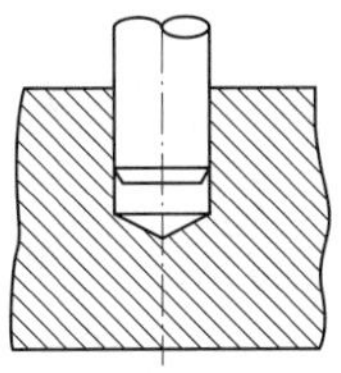	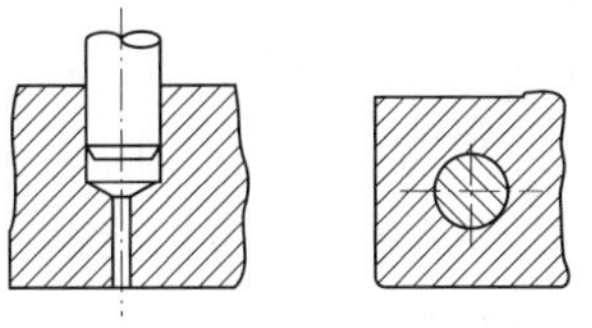	打销钉时，应有空气逸出口，防止空气留在孔中，便于安装
	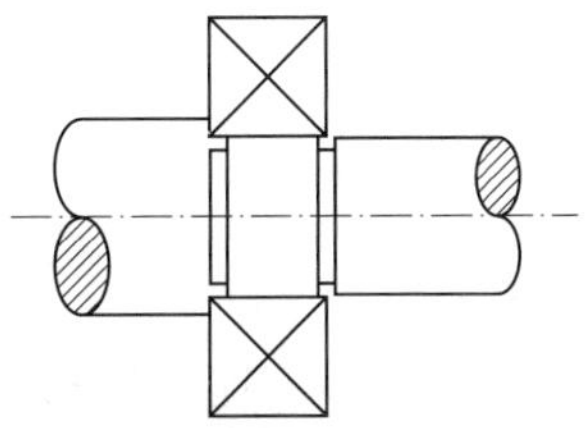	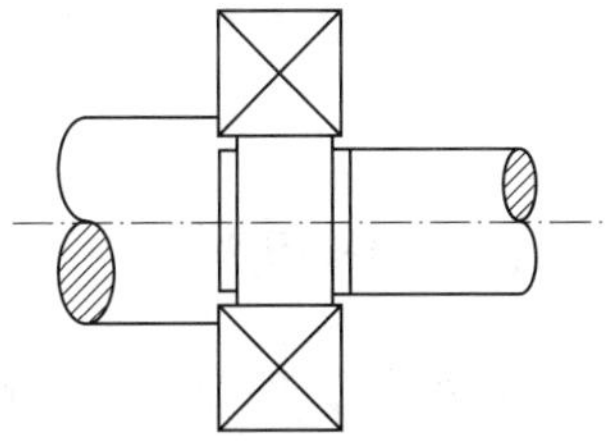	为了装配方便，确保轴承位置，右端轴径应略小于轴颈直径，还可避免装拆轴承时划伤轴表面

（2）零件的结构要适应毛坯的获得方式

①设计铸造毛坯时，应注意以下事项：

结构要尽量简化。如在满足使用要求的前提下，应尽可能缩小轮廓尺寸，最小壁厚、壁的连接、壁厚的过渡、铸造圆角等要符合技术规范。

易于造型。如拔模方向应留适当的结构斜度和圆角，以利于拔模和提高质量；尽量避免或减少使用型芯；保证砂型一定强度。

考虑浇注的特点。如避免水平设置较大的薄壁平面；细长件和大平板应正确选择截面形状。

考虑材料的特性。如铸铁件宜将加固筋布置在受压的部位。

结构形状力求简化，以方便加工，降低成本，避免废品。如需加工的平面，应平行或垂直于定位平面；平行布置的加工平面，应尽量布置在同一平面内。

②设计锻造毛坯时，应注意以下事项：

对于自由锻，尽量简化锻件外形，不允许有加固筋，不允许在基体上有凸台。

对于模锻，要有规定的拔模斜度；可把两个形状对称的零件设计成一种零件；力求采用简单的、尽可能回转对称的零件。

③设计冲压毛坯时，应注意以下事项：

工件的形状需使工件能在板料上紧密排列，轮廓应避免出现尖角、圆角、过小的孔间距、复杂轮廓，尽量采用相同的冲剪形状，形状应尽量简单，薄板边缘要加固，卷边要有足够的宽度等。

④设计焊接毛坯时，应注意以下事项：

在满足使用功能的前提下，焊接工作量要尽量少，焊接件可不再需要或只需要少量的机械加工，焊接变形和应力能减至最小，为焊工创造良好的工作条件。

（3）需要热处理的零件结构要考虑热处理的要求

在工程实践中，设计者在设计机械零件结构时，不仅要考虑零件功能的需要，还应避免由于零件结构不合理引起的淬火变形或开裂，造成零件报废。当设计需要淬火处理的零件结构时，主要考虑以下几种措施：

①避免尖角　机械零件的尖角是淬火应力最为集中的地方，常出现淬火裂纹。所以在设计带有尖角的机械零件时，要避免尖角，用圆角、倒角过渡。

②避免薄厚悬殊　厚薄悬殊的机械零件，在淬火冷却时，容易由于冷却不均匀而引起变形、开裂。在设计机械零件结构时，要避免厚薄悬殊，如加开工艺孔减小较厚部分的厚度；合理安排孔洞的位置，避免机械零件出现局部过薄；加厚薄壁。

③采用封闭、对称形式　开口或不对称的机械零件结构容易发生变形，应改为封闭或对称结构，以减小热处理变形。

2.3　常用机械工程材料及热处理

人类最先利用的材料是自然材料，如石头、木头、泥土、兽皮，发明火以后，可以使用陶器和瓷器。青铜是最早使用的金属材料，炼铁和炼钢丰富和发展了机械材料，钢铁是机械材料的主要用料，提高钢铁等金属材料的使用性能和加工性能，是机械工程的主要任务之一。机械工程材料，是用于制造各类机械零件、构件的材料和在机械制造过程中所应用的工艺材料。合理地选用材料和正确制定材料的加工工艺，是机械设计和制造的重要任务之一。

2.3.1　金属材料的机械性能及工艺性能

金属材料的性能一般分为工艺性能和使用性能两类。所谓工艺性能，是指机械零件在加工制造过程中，金属材料在所确定的冷、热加工条件下表现出来的性能。金属材料工艺性能的好坏，决定了它在制造过程中加工成形的适应能力。由于加工条件不同，要求的工艺性能如铸造性能、可焊性、可锻性、热处理性能、切削加工性等也不同。所谓使用性能，是指机械零件在使用条件下，金属材料表现出来的性能，包括机械性能、物理性能、化学性能等。金属材料使用性能的好坏，决定了它的使用范围与使用寿命。这里只讨论金属材料的机械性能及工艺性能。

2.3.1.1　金属材料的机械性能

金属材料在载荷作用下抵抗破坏的性能，称为机械性能（或力学性能）。金属材料的机械性能是零件设计和选材时的主要依据。外加载荷性质不同（如拉伸、压缩、扭转、冲击、循环载荷等），对金属材料要求的机械性能也将不同。常用的机械性能，包括强度、刚度、塑性、硬度、冲击韧性、抗疲劳强度和断裂韧性、弹性、时效敏感性等。

（1）强度

强度是指金属材料在静载荷作用下抵抗破坏（过量塑性变形或断裂）的性能。由于载荷的作用方式有拉伸、压缩、弯曲、剪切等形式，所以强度也分为抗拉强度、抗压强度、抗弯强度、抗剪强度等。各种强度间常有一定的联系，使用中一般多以抗拉强度作为最基本的强度指标。

（2）刚度

刚度为机械零件和构件抵抗变形的能力。在弹性范围内，刚度是零件载荷与位移成正比的比例系数，即引起单位位移所需的力。它的倒数称为柔度，即单位力引起的位移。刚度可分为静刚度和动刚度。

静载荷下抵抗变形的能力称为静刚度。动载荷下抵抗变形的能力称为动刚度，即引起单位振幅所需的动态力。如果干扰力变化很慢（即干扰力的频率远小于结构的固有频率），动刚度与静刚度基本相同。干扰力变化极快（即干扰力的频率远大于结构的固有频率）时，结构变形比较小，即动刚度比较大。当干扰力的频率与结构的固有频率相近时，发生共振现象，此时动刚度最小，即最易变形，其动变形可达静载变形的几倍乃至十几倍。

（3）塑性　金属的塑性是指在外力作用下金属产生塑性变形而不产生断裂的能力。

①延伸率　试件拉断后单位长度内产生残余伸长的百分数称为延伸率，用 δ 表示，即

$$\delta = \frac{l_1 - l}{l} \times 100\% \qquad (2\text{-}8)$$

式中　l_1——拉断后的长度；

　　　l——拉伸前的长度。

②收缩率　试件拉断后其截面积相对收缩的百分数称为收缩率，用 ψ 表示，即

$$\psi = \frac{A - A_1}{A} \times 100\% \qquad (2\text{-}9)$$

式中　A_1——拉断后颈缩处的截面积；

　　　A——拉伸前的截面积。

通常塑性材料的 δ 或 ψ 较大，而脆性材料的 δ 或 ψ 较小。塑性指标在工程技术中具有重要的意义，良好的塑性可使零件完成某些成型工艺，如冷冲压、冷拔等。

（4）硬度

材料局部抵抗硬物压入其表面的能力称为硬度。固体对外界物体入侵的局部抵抗能力，是比较各种材料软硬的指标。硬度分为：

①划痕硬度　主要用于比较不同矿物的软硬程度，方法是选一根一端硬一端软的棒，将被测材料沿棒划过，根据出现划痕的位置确定被测材料的软硬。定性地说，硬物体划出的划痕长，软物体划出的划痕短。

②压入硬度　主要用于金属材料，方法是用一定的载荷将规定的压头压入被测材料，以材料表面局部塑性变形的大小比较被测材料的软硬。由于压头、载荷以及载荷持续时间的不同，压入硬度有多种，主要包括布氏硬度、洛氏硬度、维氏硬度和显微硬度等几种。

③回跳硬度　主要用于金属材料，方法是使用一个特制的小锤从一定高度自由下落冲

击被测材料的试样，并以试样在冲击过程中储存(继而释放)应变能的多少(通过小锤的回跳高度测定)确定材料的硬度。

常用的硬度指标，有布氏硬度(HBS 或 HBW)及洛氏硬度(HRA、HRB、HRC)。

①布氏硬度　布氏硬度测定原理是用一定大小的载荷将一定直径的淬火钢球或硬质合金球压入被测金属表面，保持一定时间后卸载，根据载荷和压痕的表面积求出应力值作为布氏硬度值。布氏硬度试验法用于测定硬度不高的金属材料，如铸铁、有色金属，一般经退火、正火后的钢材等。

②洛氏硬度　洛氏硬度测定原理是以测量压痕深度为硬度的计量指标，由于采用了不同的压头及载荷，可用来测量从极软到极硬的金属材料的硬度。在洛氏硬度的三种标度(HRA、HRB、HRC)中，常用的是 HRC 洛氏硬度，它采用金刚石圆锥体做压头，可用来测量硬度很高的材料，如淬火钢、调质钢等。

(5)韧性和抗疲劳强度

韧性和抗疲劳强度分别表示材料抵抗冲击载荷和变化载荷的能力。

①韧性　指在冲击载荷作用下，金属材料抵抗破坏的能力。常用试样破坏时所消耗的功来表示。

图 2-2 所示为冲击韧性测定方法：将待测材料制成标准缺口试样，如图 2-2(a)所示；把试样放入试验机支座 c 处，如图 2-2(b)所示，使一定质量 G 的摆锤自高度 h_1 自由落下，冲断试样后摆锤升到高度 h_2，则冲断试样所消耗的冲击功 $W_k = G(h_1 - h_2)$。这可由冲击试验机的刻度盘上指示出来。

图 2-2　冲击试验原理图

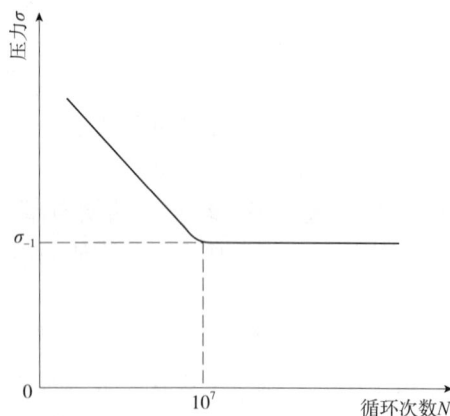

图 2-3　疲劳曲线

②抗疲劳强度　金属材料受到交变载荷作用时会产生交变应力，即使其应力未超过 σ_s(屈服极限)，但当应力循环次数增加到某一数值 N 后，材料也会产生断裂，这种现象称为金属疲劳。实践证明，材料承受交变或重复应力 σ 的能力与其断裂前的应力循环次数 N 有关，图 2-3 所示为 σ 与 N 的关系曲线，称为疲劳曲线。可以看出，应力最大值 σ 的数值越小，断裂前的循环次数 N 越大。应力 σ 降到某一定值后，疲劳曲线与横坐标平行，表明材料可以经受无限次应力循环而不产生疲劳断裂，此时的应力值称为疲劳极限。当应

力循环对称时，该疲劳极限值用符号 σ_{-1} 表示。对钢材来说，若 N 达到 $10^6 \sim 10^7$ 次仍不产生疲劳断裂，就可以认为不会出现疲劳了，因此可采用 $N = 10^7$ 为基数来确定钢材的疲劳极限。

2.3.1.2 金属材料的工艺性能

所谓工艺性能，是指机械零件在加工制造过程中，金属材料在所给定的冷、热加工条件下表现出来的性能。金属材料工艺性能的好坏，决定了它在制造过程中加工成型的适应能力。金属材料的工艺性能一般包括铸造性、焊接性、可锻性、切削加工性等。工艺性能实质上是机械、物理、化学性能的综合表现。

金属的焊接性又称为可焊性，一般是指两块相同的金属材料或两块不同的金属材料，在局部加热到熔融状态下，能够牢固地焊合在一起的性能。焊接性能好的金属，在焊缝部位不易产生裂纹、气孔、夹渣等缺陷，同时焊接接头具有一定的机械性能，否则就认为其焊接性能不好。金属材料焊接性能的好坏决定于材料的化学成分、焊接工艺等。通常，低碳钢的焊接性能较好，高碳钢和铸铁较差。

（1）铸造性

液体金属铸造成型时所具有的一种性能称为铸造性。铸造的过程是将熔融金属浇注、压射或吸入铸型型腔中，待其凝固后而得到一定形状和性能的铸件，由此可知，铸造性能是指浇注时液态金属的流动性、凝固时的收缩性和偏析倾向等。铸造性能的优劣，一般就用液体的流动性、铸造收缩率及偏析趋势来表示。流动性是指液体金属充满铸型的一种能力；铸造收缩率是指金属在结晶和凝固后，发生体积变化的程度，对于铸件来说，要求金属的收缩率要小；偏析是指铸件凝固后，其内部化学成分或金属组织不均匀的一种现象，由于偏析，会造成金属材料各部分的机械性能不一致，而影响材料使用性能。

（2）可锻性

金属材料的可锻性是指材料在压力加工时，能改变形状而不产生裂纹的性能，它实质上是材料塑性好坏的表现。可锻性的好坏，取决于材料的化学成分和加热温度。通常碳钢具有良好的可锻性，以低碳钢的可锻性最好，中碳钢次之，高碳钢较差。铸铁、硬质合金不能进行锻压加工。加热温度对金属可锻性的影响较大，温度提高，金属的可锻性提高。

（3）焊接性

焊接性，是指金属材料在采用一定的焊接工艺包括焊接方法、焊接材料、焊接规范及焊接结构形式等条件下，获得优良焊接接头的难易程度。焊接性能好的材料（如低碳钢），易于用一般的焊接方法和工艺进行焊接，焊缝中不易产生气孔、夹渣或裂纹等缺陷，其强度与母材相近。焊接性能差的材料（如铸铁），要用特殊的方法和工艺进行焊接。因此，焊接性会影响金属材料的应用。含碳量小于 0.25% 的低碳钢和低合金钢，塑性和冲击韧性优良，焊后的接头塑性和冲击韧性也很好，焊接时不需要预热和作焊后热处理，焊接过程普通简便，因此具有良好的焊接性。随着含碳量增加，将大大增加焊接的裂纹倾向，所以，含碳量大于 0.25% 的钢材不应用于制造锅炉、压力容器的承压元件。

（4）切削加工性

切削加工性，是指金属材料在用切削刀具进行加工时，所表现出来的一种性能，一般是指对工件材料进行切削加工的难易程度。金属材料的切削加工性，不仅与材料本身的化学成分、金相组织有关，还与刀具的几何形状等有关。通常可根据材料的硬度和韧性，对材料的切削加工性作大致的判断。硬度过高或过低、韧性过大的材料，其切削性能均较差。碳钢硬度为150～250HBS时，有较好的切削加工性。硬度过高，刀具寿命短，甚至不能切削加工；硬度过低，不易断屑，容易粘刀，加工后的表面粗糙。灰口铸铁具有良好的切削加工性。它主要用切削速度、加工表面光洁度和刀具耐用度来衡量。

(5)热处理工艺性

热处理工艺性是金属材料的工艺性能之一。热处理是指金属或合金在固态范围内，通过一定的加热、保温和冷却方法，以改变金属或合金的内部组织，而得到所需的性能的一种操作工艺。热处理工艺性能就是指金属经过热处理后其组织和性能改变的能力，包括淬硬性、淬透性、回火脆性等，相关含义如下：

①淬硬性　以钢在理想条件下淬火所能达到的最高硬度来表征的材料特征。

②淬透性　以在规定条件下钢试样淬硬深度和硬度分布来表征的材料特征。

③回火脆性　淬火钢回火后出现韧性下降的现象。

2.3.2　金属材料的热处理与零件表面处理

2.3.2.1　金属材料的热处理

热处理是将金属材料放在一定的介质内加热、保温、冷却，通过改变材料表面或内部的金相组织结构，来控制其性能的一种金属热加工工艺。利用热处理可以改善钢的加工工艺性能，提高钢的机械性能，增加寿命、耐磨性等。热处理一般不改变工件的形状及化学成分(只有表面化学处理，使某些元素渗入钢件表面而改变了表面的化学成分)。目前，一般机器上的零件大约80%要进行热处理，而刀具、模具、量具、轴承等则全部要进行热处理。

1. 退火

退火是将金属缓慢加热到一定温度，保持足够时间，然后以适宜速度冷却(通常是缓慢冷却，有时是控制冷却)的一种金属热处理工艺，目的是使经过铸造、锻轧、焊接或切削加工的材料或工件软化，改善其塑性和韧性，使化学成分均匀化，去除残余应力，或得到某种预期的物理性能。

钢的退火通常是把钢加热到临界温度 A_{c1}(指加热时珠光体向奥氏体转变的临界温度)或 A_{c3}(指加热时自由铁素体全部转变为奥氏体的临界温度)线以上，保温一段时间，然后缓慢地随炉冷却。此时，奥氏体在高温区发生分解，从而得到比较接近平衡状态的组织。一般中碳钢(如40、45钢)经退火后消除了残余应力，组织稳定，硬度较低(HB180～220)，有利于下一步进行切削加工。退火工序多安排在锻、铸之后，切削工序之前。退火的种类包括如下几种。

(1)完全退火

将亚共析钢加热至 A_{c3} 以上20～30℃，保温足够时间完成奥氏体化后，随炉缓慢冷却，从而得到接近平衡的组织，这种热处理工艺称为完全退火。所谓"完全"是指退火时钢的内部组织全部进行了重结晶。通过完全退火可细化晶粒，均匀组织，消除内应力，降低硬度，便于切削加工，并为加工后零件的淬火作好组织准备。

完全退火只适用于亚共析钢，不宜用于过共析钢，过共析钢缓冷后会析出网状二次渗碳体，使钢的强度、塑性和韧性大大降低。

（2）等温退火

等温退火是将钢件加热到 A_{c3} + （30 ~ 50）℃（亚共析钢）或 A_{c1} + （30 ~ 50）℃（过共析钢），保温后冷却到 A_{c1} 以下某一温度，并在此温度下停留，待相变完成后出炉空冷。

等温退火由于让奥氏体向珠光体的转变在恒温下完成，而等温处理的前后都可较快地冷却，因此可使工件在炉内停留时间大大缩短而节省工时。

（3）球化退火

球化退火主要用于过共析碳钢及合金工具钢（如制造刃具、量具、模具所使用的钢），其主要目的在于降低硬度，改善切削加工性，并为以后淬火做好准备。

球化退火实际上是一种不完全退火，其工艺是把钢件加热到 A_{c1} + （20 ~ 40）℃，充分保温使二次渗碳体球化，然后随炉缓冷通过 A_{c1} 温度，或在略低于 A_{c1} 温度下等温，使那些细小的二次渗碳体颗粒成为珠光体相变的结晶核心而形成球化组织，之后再出炉空冷。

对于有严重网状二次渗碳体存在的过共析钢，在球化退火前，应先进行正火处理，以消除网状，便于球化。近年来，球化退火应用于亚共析钢已获得成效。

（4）均匀化退火

均匀化退火是将钢加热到略低于固相线的温度（1050 ~ 1150℃），长时间保温（10 ~ 20h），然后缓慢冷却，以消除成分偏析。主要用于高合金钢的钢锭和铸件。均匀化退火因为加热温度高，造成晶粒粗大，所以随后往往要经一次完全退火来细化晶粒。

（5）去应力退火

去应力退火又称低温退火（或高温回火），这种退火主要用来消除铸件、锻件、焊接件、热轧件、冷拉件等的残余应力。如果这些应力不予消除，将会引起钢件在一定时间后或在随后的切削加工过程中产生变形或裂纹。

2. 正火

正火是将工件加热至 A_{c3} 或 A_{ccm}（指加热中过共析钢完全奥氏体化的临界温度线）以上 30 ~ 50℃，保温一段时间后，从炉中取出放在空气中，或喷水、喷雾，或吹风冷却的金属热处理工艺。其目的在于使晶粒细化和碳化物分布均匀化。正火与退火的不同点是正火冷却速度比退火冷却速度稍快，因而正火组织要比退火组织更细一些，其机械性能也有所提高。另外，正火炉外冷却不占用设备，生产率较高，因此生产中尽可能采用正火来代替退火。

正火的主要应用包括以下方面：

①作为低、中碳钢的预先热处理，可获得合适的硬度，改善切削加工性，并为淬火作组织准备。

②消除过共析钢的网状二次渗碳体，为球化退火作组织准备。

③消除中碳结构钢铸、锻、焊等热加工魏氏组织、晶粒粗大等过热组织缺陷，细化晶粒，均匀组织，消除内应力。

④作为普通结构零件的最终热处理，使之达到一定的力学性能，在某些场合可以代替调质处理。

综上所述，退火和正火目的相似，它们之间如何选择，可以从下面几方面加以考虑：

（1）切削加工性

一般来说，钢的硬度为 HB170～230，组织中无大块铁素体时，切削加工性较好。因此，对低、中碳钢宜用正火；高碳结构钢和工具钢以及含合金元素较多的中碳合金钢，则以退火为好。

（2）使用性能

对于性能要求不高，随后拟不再淬火回火的普通结构件，往往可用正火来提高其力学性能。但若形状比较复杂的零件或大型铸件，采用正火有变形和开裂的危险时，则用退火。如从减少淬火变形和开裂倾向考虑，正火不如退火。

（3）经济性

正火比退火的生产周期短，设备利用率高，节能省时，操作简便，故在可能的情况下，宜优先采用正火。

3. 淬火

淬火是将钢加热到 A_{c3} 或 A_{c1} 以上 30～50℃，保温后快速冷却，获得以马氏体或下贝氏体为主的组织的热处理工艺。淬火的目的是配合不同温度的回火，来大幅提高钢的强度、硬度、耐磨性、抗疲劳强度以及韧性等，从而满足各种机械零件和工具的不同使用要求。也可以通过淬火满足某些特种钢材的铁磁性、耐蚀性等特殊的物理、化学性能要求。

（1）淬火温度的选择

亚共析钢的淬火温度为 A_{c3} + (30～50)℃，获细马氏体组织。若淬火温度过高，会引起马氏体粗大，并增加工件变形和开裂倾向。反之若淬火温度过低，则淬火组织中将出现未溶的自由铁素体，降低钢的强度和硬度。但如处理得当，在 A_{c1}～A_{c3} 之间加热进行亚温淬火，可以改善韧性，是一种强韧化处理方法。

对于过共析钢，淬火温度为 A_{c1} + (30～50)℃，淬火组织为细马氏体 + 均匀分布的粒状渗碳体 + 少量残余奥氏体。粒状渗碳体的存在可提高钢的硬度和耐磨性。如把淬火温度升高到 A_{ccm} 以上，则不但会使渗碳体完全溶解消失，还会引起奥氏体晶粒长大，钢的 M_s 点也因奥氏体的含碳量增加而降低，必然使淬火后的马氏体变得粗大，残余奥氏体量增多。这不但降低了钢的硬度和耐磨性，还会使脆性增加，氧化脱碳和变形开裂的倾向也变得严重。

合金钢的淬火温度也是根据其临界点来选定的，但由于大多数合金元素都阻碍碳的扩散，它们本身的扩散也较困难，且除 Mn 外的合金元素在奥氏体化时都有阻碍奥氏体晶粒长大的作用，因此为了使合金元素充分溶解和均匀化，淬火温度比碳钢高，一般为临界点以上 50～100℃，某些高合金钢会更高一些。

（2）淬火介质

冷却是影响淬火工艺的重要因素之一。为了获得马氏体组织，淬火速度必须大于钢的临界冷却速度 V_k，但是，快冷不可避免地会产生很大的内应力，往往会引起工件的变形和开裂。要想既得到马氏体又尽量避免变形和开裂，理想的淬火冷却曲线应如图 2-4 所示，即在 C 形曲线鼻尖附近（650～550℃）快冷，使冷却速度大于 V_k，而在 M_s 点附近（300～200℃）慢冷，以减少马氏体转变时产生的内应力。常用淬火介质的冷却能力见表 2-3。

表2-3 常用淬火介质的冷却能力

淬火介质	在下列温度范围内的冷却速度(℃/s)		淬火介质	在下列温度范围内的冷却速度(℃/s)	
	650~550℃	300~200℃		650~550℃	300~200℃
水(18℃)	600	270	菜油(50℃)	200	35
水(26℃)	500	270	机油(18℃)	100	20
水(50℃)	100	270	机油(50℃)	150	30
水(74℃)	30	200	变压器油	120	25
10% NaCl 水溶液 (18℃)	110	300	水玻璃苛性 钠水溶液	310	70
蒸馏水	250	200	5% 聚乙烯醇 水溶液		180

生产上最常用的淬火介质是水、盐水和油。水在高温区的冷却能力较强，盐水则更强，但是在低温区冷却速度太快，不利于减少变形和开裂，因此仅适用于形状简单、截面尺寸较大的碳钢工件。

油在低温区有比较理想的冷却能力，但在高温区的冷却能力却显得不足，因此只适用于合金钢或小尺寸的碳钢工件。到目前为止，还找不到一种符合要求的理想淬火介质，所以在实际生产中要采用不同的淬火方法，来弥补这方面的不足。

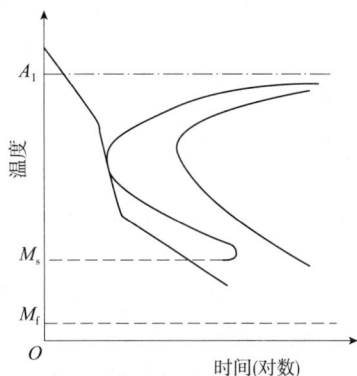

图2-4 理想淬火冷却曲线示意图

（3）常用淬火方法

①单介质淬火 单介质淬火是将加热好的工件直接放入一种淬火介质中冷却，如碳钢用水淬火，合金钢用油淬火等。这种淬火方法操作简便，易实现机械化与自动化。为减少淬火应力，可采用"延时淬火"方法，即先在空气中冷却一下，再置于淬火介质中冷却。

②双介质淬火 双介质淬火是将加热好的工件先在一种冷却能力较强的介质中冷却，避免珠光体转变，然后转入另一种冷却能力较弱的介质中发生马氏体转变的方法。常用的有水淬油冷或油淬空冷。这种方法利用了两种介质的优点，淬火条件较理想，但操作复杂，在第一种介质中停留的时间不易掌握，需要有实践经验。

③分级淬火 分级淬火是将加热好的工件放入温度稍高（或稍低）于 M_s 点的硝盐浴或碱浴中，停留一段时间待工件表面和中心部的温度基本一致，在奥氏体开始转变之前取出，在空气中冷却进行马氏体转变。因为组织转变几乎同时进行，因此减少了内应力，显著降低了变形和开裂的倾向。但由于硝盐浴或碱浴冷却能力不够大，所以只适用于小尺寸工件。

④等温淬火 等温淬火是将加热好的工件淬入温度稍高于 M_s 点的硝盐浴或碱浴中冷却并保持足够时间，使过冷奥氏体转变为下贝氏体组织，然后再取出在空气中冷却的淬火

方法。等温淬火处理的工件强度高，韧性和塑性好，具有良好的综合力学性能，同时淬火应力小，变形小，多用于形状复杂和要求高的小零件。

⑤局部淬火　对只要求局部硬化的工件，可进行局部加热淬火，以避免其他部分产生变形和开裂。

⑥冷处理　冷处理是将淬火冷却到室温的工件继续深冷到 $-70 \sim -80℃$ 或更低的温度，使室温下尚未转变的残余奥氏体继续转变为马氏体。这对于 M_f 点在 $0℃$ 以下的高碳钢和合金钢，能最大限度地减少残余奥氏体，进一步提高其硬度和防止工件在使用过程中因残余奥氏体的分解而引起变形。

冷处理一般在专门的冷冻设备内进行，也可以用干冰（固态 CO_2）和酒精混合而获得 $-70 \sim -80℃$ 的低温。只有特殊冷处理才用液化乙烯（$-103℃$）或液氮（$-196℃$）等。冷处理多在工件淬火后立即进行，以免奥氏体产生陈化稳定现象而削弱冷处理的效果。但有时为了防止产生裂纹，也可考虑先回火一次再冷处理。工件经冷处理后，应立即进行低温回火。冷处理用于要求精度很高，必须保证尺寸长期稳定性，硬而耐磨的精密零件、工具、模具、量具、滚动轴承等。

(4)钢的淬透性

钢的淬透性，是指钢在淬火时获得有效淬硬深度（也称淬透层深度）的能力，其大小通常用规定条件下的有效淬硬深度来表示。有效淬硬深度越深，表明其淬透性越好。一般规定由工件表面到半马氏体区（即马氏体和珠光体型组织各占50%的区域）的深度作为有效淬硬深度，之所以这样规定，是由于半马氏体区不仅硬度变化显著，而且经酸蚀的磨光断面上呈现出明显分界而容易测定。

必须注意，淬透性与淬硬性是两个不同的概念，所谓淬硬性是指钢在正常淬火条件下其马氏体所能达到的最高硬度，它主要取决于钢的含碳量（更确切地说，是指加热时固溶于奥氏体中的含碳量），含碳量越高，淬硬性越好。因此，淬透性与淬硬性没有必然的联系，因为淬硬层深的钢，其淬硬层的硬度却未必高。

4. 回火

回火是把淬火钢加热到 A_{c1} 以下的某一温度，保温后进行冷却的热处理工艺。回火紧接在淬火后进行，除等温淬火外，其他淬火零件都必须及时回火。

淬火钢回火的目的是：

①降低脆性，减少或消除内应力，防止工件变形或开裂。

②获得工件所要求的力学性能。淬火钢件硬度高、脆性大，为满足各种工件不同的性能要求，可以通过适当回火来调整硬度，获得所需的塑性和韧性。

③稳定工件尺寸。淬火马氏体和残余奥氏体都是不稳定组织，会自发产生转变而引起工件尺寸和形状的变化。通过回火可以使组织趋于稳定，以保证工件在使用过程中不再发生变形。

④改善某些合金钢的切削性能。某些高淬透性的合金钢，空冷便可淬成马氏体，软化退火也相当困难，因此常采用高温回火，使碳化物适当聚集，降低硬度，以利切削加工。

淬火钢回火后的组织和性能取决于回火温度。根据钢的回火温度范围，可把回火分为以下三类：

（1）低温回火

回火温度为 150～250℃，回火组织为回火马氏体。目的是降低淬火内应力和脆性的同时保持钢在淬火后的高硬度（一般达 HRC58～64）和高耐磨性。它广泛用于处理各种切削刀具、冷作模具、量具、滚动轴承、渗碳件和表面淬火件等。

（2）中温回火

回火温度为 350～500℃，回火后组织为回火托氏体，具有较高屈服强度和弹性极限，以及一定的韧性，硬度一般为 HRC35～45，主要用于各种弹簧和热作模具的处理。

（3）高温回火

回火温度为 500～650℃，回火后组织为回火索氏体，硬度为 HRC25～35。这种组织具有良好的综合力学性能，在保持较高强度的同时，具有良好的塑性和韧性。习惯上把淬火＋高温回火的热处理工艺称作"调质处理"，简称"调质"，广泛用于处理各种重要的结构零件，如连杆、螺栓、齿轮、轴类等，也常用于作要求较高的精密零件、量具等的预先热处理。

除了上述三种常用的回火方法外，某些高合金钢还在 640～680℃进行软化回火，以改善切削加工性。某些精密零件，为了保持淬火后的高硬度及尺寸稳定性，有时需在 100～150℃进行长时间（10～15h）的加热保温，这种低温长时间的回火称为尺寸稳定处理或时效处理。必须指出，某些高合金钢淬火后高温（如高速钢在 560℃）回火，是为了促使残余奥氏体转变及马氏体回火，获得的是以回火马氏体和碳化物为主的组织。这与结构钢的调质在本质上是不同的。

淬火钢的韧性并不总是随回火温度的升高而提高。在某些温度范围内回火时，会出现冲击韧度显著下降的现象，称为"回火脆性"。回火脆性有第一类回火脆性（250～350℃）和第二类回火脆性（500～650℃）两种。

（1）第一类回火脆性

淬火钢在 250～350℃回火时出现的脆性称为第一类回火脆性。几乎淬火后形成马氏体的钢在此温度回火，都程度不同地产生这种脆性，这与在这一温度范围沿马氏体的边界析出碳化物的薄片有关。目前尚无有效办法完全消除这类回火脆性，所以一般不在 250～350℃温度范围回火。

（2）第二类回火脆性

淬火钢在 500～650℃范围内回火出现的脆性称为第二类回火脆性。第二类回火脆性主要发生在含 Cr、Ni、Si、Mn 等合金元素的合金钢中，这类钢淬火后在 500～650℃长时间保温或以缓慢速度冷却时，便产生明显的脆化现象，但如果回火后快速冷却，脆化现象便消失或受抑制，所以这类回火脆性是"可逆"的。第二类回火脆性产生的原因，一般认为与 Sb、Sn、P 等杂质元素在原奥氏体晶界偏聚有关。Cr、Ni、Si、Mn 等会促进这种偏聚，因而增强了这类回火脆性的倾向。

除回火后快冷可以防止第二类回火脆性外，在钢中加入 W（约1%）、Mo（约0.5%）等合金元素，也可有效抑制这类回火脆性的产生。

5. 表面化学热处理

仅采用表面淬火，难以让工件表面获得某些特殊的机械或物理化学性能，有时甚至是根本不可能的，此时需要利用表面化学热处理来实现目标。化学热处理是将钢件放在某种化学介质中,通过加热、保温、冷却的方法使介质中的某些元素渗入钢件表面,改变了表面层的化学成分,从而使其表面具有与内部不同的特殊性能。一般都使表面获得高硬度、高疲劳极限,以及耐磨、防腐蚀等性能。

化学热处理的主要作用如下:

①提高工件表层硬度、耐磨性能与抗疲劳强度,使心部在具有一定强度的情况下,具有足够的塑性和韧性。如渗碳、渗氮、碳氮共渗等。

②提高工件表层的耐腐蚀性。如渗氮、渗硅等。

③提高工件表层的抗氧化性。如渗铝等。

化学热处理基本过程一般由分解、吸附和扩散三个步骤组成:

①介质(渗剂)的分解　介质中的化合物在一定的温度下发生化学分解,释放出活性原子。例如:

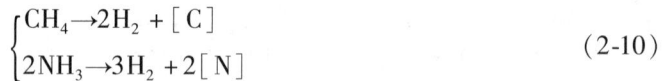

$$\begin{cases} CH_4 \rightarrow 2H_2 + [C] \\ 2NH_3 \rightarrow 3H_2 + 2[N] \end{cases} \qquad (2\text{-}10)$$

②工件表面的吸收　活性原子被工件表面吸收,进入钢的晶格内向固溶体溶解或与钢中的某些元素形成化合物。

③渗入元素的扩散　工件表面吸收的渗入元素原子的浓度高,使该元素原子由钢件表面向内部迁移,形成一定厚度的扩散层。表面和内部的浓度差越大,温度越高,扩散越快,渗层也越厚。

以下论述一些主要的化学热处理方法。

(1)渗碳

渗碳广泛用于在磨损情况下工作并承受冲击载荷、交变载荷的工件,如汽车、拖拉机的传动齿轮,内燃机的活塞销等。

将低碳钢或低合金钢的工件放在大量含碳的固体(木炭粉和碳酸盐 $BaCO_3$ 或 Na_2CO_3 混合而成)或气体(天然气、煤气等)介质中,加热到 $900 \sim 950℃$ 达到单相奥氏体区,保温足够时间后,使渗碳介质中分解出的活性碳原子渗入钢件表层,使表面层的含碳量达到 $0.8\% \sim 1.2\%$。再经淬火和低温回火,获得表层高碳,心部仍保持原有成分,从而使工件获得高硬度和耐磨性。

根据所用渗碳介质的工作状态,渗碳方法一般分为气体渗碳、固体渗碳和盐浴渗碳等。常用的是气体渗碳和固体渗碳,尤其是气体渗碳方法。近几年来,为进一步提高渗碳效率和质量,还有采用真空渗碳技术的。

①气体渗碳　气体渗碳法是将工件放入密封的渗碳炉炉罐内,使工件在 $900 \sim 950℃$ 的渗碳气氛中进行渗碳,如图 2-5 所示。

炉内的渗碳气氛有两种供给方式:一种是将

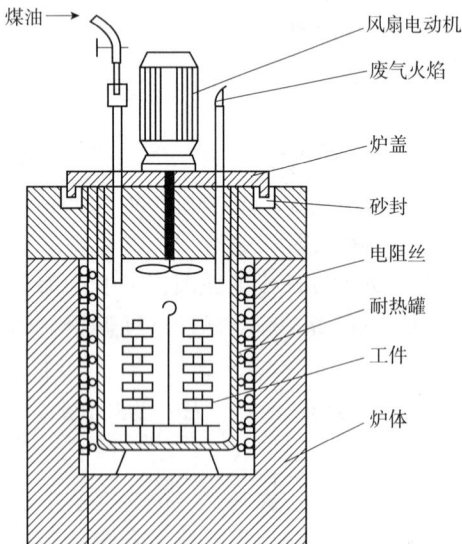

煤油→

风扇电动机
废气火焰
炉盖
砂封
电阻丝
耐热罐
工件
炉体

图 2-5　气体渗碳法示意图

富化气(如煤气、液化石油气等)直接通入炉内;另一种是将易分解的有机物液体(如煤油、苯、丙酮、甲醇等)滴入炉内,使其在高温下裂解成渗碳气氛。渗碳气氛在高温下分解产生的活性碳原子被钢件表面吸收并向内部扩散而形成渗碳层,在一定温度下,渗碳层厚度取决于保温时间,保温时间越长,渗碳层越深。

气体渗碳法的优点是生产效率高,渗层质量好,劳动强度低,便于直接淬火。

②固体渗碳　固体渗碳法是将工件埋在固体渗碳剂中,装箱密封,放入一般的加热炉中加热到渗碳温度保温,使工件表面增碳,是一种古老的方法。固体渗碳剂是由主渗剂(木炭粒)和催渗剂($BaCO_3$)组成的混合物。在渗碳温度下,渗碳剂发生如下反应:

$$\begin{cases} BaCO_3 \rightarrow BaO + CO_2 \\ CO_2 + C(木炭粒) \rightarrow 2CO \\ 2CO \rightarrow CO_2 + [C](渗入钢中) \\ CO_2 + BaO \rightarrow BaO_3 \end{cases} \tag{2-11}$$

固体渗碳法的渗碳速度,大约每保温 1h,平均渗入 0.1mm。

固体渗碳的优点是设备简单,成本较低,大小零件都可用。缺点是渗碳速度慢,生产效率低,劳动条件差,渗碳后不易直接淬火。

③真空渗碳　真空渗碳是将零件放入特制的真空渗碳炉中,先抽真空达到一定的真空度,然后将炉温升至渗碳温度,再通入一定量的富化气进行渗碳。由于炉内无氧化性气体等其他不纯物质,零件无吸附气体,因而工件表面活性大,通入富化气后,渗碳速度快(获得同样渗层厚度,渗碳时间约为普通气体渗碳的 1/3),而且表面光亮。

工件渗碳后,必须经过淬火和低温回火,才能达到性能要求。根据工件材料和性能要求的不同,其淬火方法有以下三种:

①延时淬火法　工件渗碳后出炉,自渗碳温度预冷到略高于心部 A_{c3} 的温度后立即淬火。这种方法不需重新加热淬火,因而减少了热处理变形,节省了时间和费用。但由于渗碳温度高,加热时间长,因而奥氏体晶粒易粗大,淬火后残余奥氏体量较多,所以只适用于本质细晶粒钢和性能要求不高的工件。

②一次淬火法　是将工件渗碳后缓冷,然后再重新加热进行淬火。淬火温度的选择应兼顾表层和心部,使表层不过热而心部得到充分的强化。有时也偏重于心部或强化表层,如强化心部则加热到 A_{c3} 以上完全淬火,如要强化表层则应加热到 A_{c1} 以上不完全淬火。

③二次淬火法　是将工件渗碳缓冷后再进行两次淬火,或正火加一次淬火。第一次淬火或正火是为了细化心部晶粒和消除网状渗碳体,加热温度应高于心部 A_{c3} 温度;第二次淬火选在表层 A_{c1} 以上加热,这样可细化表层组织,对于心部影响不大。两次淬火法工艺复杂,周期长,成本高,且工件变形、氧化脱碳倾向增大,应尽量少用。

渗碳件经淬火和 170~200℃ 低温回火后,表层组织为回火马氏体 + 粒状碳化物 + 少量残余奥氏体,硬度可达 HRC58~64。心部组织淬透时为低碳回火马氏体,未淬透时为索氏体 + 铁素体。

(2)渗氮

渗氮是在一定温度、下一定介质中使氮原子渗入工件表层的化学热处理工艺。可将钢件放入含有氮的介质或利用氨气加热分解的氮气中,加热到 500~620℃,持续保温 20~

50h，使氮扩散渗入钢件表面层内。经氮化处理的钢件不再经淬火便具有很高的表面层硬度及耐磨性，并大大提高了疲劳极限、耐腐蚀性能及耐热性。

渗氮方法较多，根据处理目的及工艺过程的不同，可分为气体渗氮、抗蚀渗氮、离子渗氮等。

①气体渗氮　通常指的是抗磨渗氮，主要目的是强化钢件，获得高的表面硬度，固又称强化渗氮或"硬氮化"。它是利用氨气加热时分解出的活性氮原子被工件表面吸收后，逐渐向内部扩散而形成氮化层。

渗氮可在专用设备或井式渗碳炉内进行。为了获得理想的硬度和耐磨性，需采用专门的氮化钢。其渗氮处理温度较低，一般为 500～570℃。但渗氮所用的时间很长，这是它的最大缺点，例如为了获得 0.5mm 左右的氮化层，便需要渗氮 40～60h。

②抗蚀渗氮　目的是在工件表面得到一层薄而致密的白色氮化物层，使工件在自来水、潮湿空气、过热蒸汽及弱碱溶液等介质中具有不同程度的抗腐蚀能力。但不耐酸液的腐蚀。抗蚀渗氮温度通常为 550～700℃，时间为 1～3h，渗层厚度为 0.015～0.06mm。可用于碳钢、低合金钢及铸铁等，尤以用于低碳钢效果最好。

③离子渗氮　离子渗氮是一种较为先进的渗氮工艺，其方法是以真空容器为阳极，工件为阴极，通以 400～700V 的直流电，迫使电离后的氮离子高速轰击工件表面，使工件表面温度升高到 450～650℃，同时氮离子在阴极上捕获电子形成氮原子，渗入工件表面并向内层扩散而形成氮化层。

离子渗氮的优点是：处理周期短，仅为气体渗氮的 1/3～1/4，例如 38CrMoAlA 钢，氮化层深度若达到 0.53～0.7mm，气体氮化一般需 70h，而离子渗氮仅需 15～20h。同时，其氮化层的韧性和抗疲劳强度比气体渗氮高，变形也较小。

渗氮后不需再进行淬火便可达到高的表面硬度和耐磨性。因此，为了获得理想的渗氮效果，应注意如下技术要领：

①渗氮前的预先热处理应进行调质，以保证心部力学性能和提高渗氮层质量。

②为了减少渗氮时的变形，在切削加工后可进行去应力退火（温度低于调质的回火温度）。对重要及复杂的工件尤应如此，因渗氮层较脆，一旦变形则难于校正。同时在渗氮前后的磨削加工后，可进行低温时效，尽量减少加工应力。

③因渗氮层很薄，所以放精磨余量在直径方向不应超过 0.1～0.15mm，否则会磨去渗氮层而使表面硬度大为下降，失去渗氮的意义。

④对不需渗氮的部位可镀铜或镀锡保护防渗，亦可放 1mm 余量，渗氮后磨去。

与渗碳相比，渗氮的特点如下：

①具有更高的表面硬度（HV1000～1200），耐磨性好，并具有良好的热硬性。

②抗疲劳强度显著提高。这是由于渗氮后表层比容量大，产生较大的残余表面压应力。

③因处理温度低，且不需随后作热处理，所以零件变形很小。

④渗氮层具有较高的抗腐蚀能力。

渗氮虽有以上优点，但工艺周期长，生产率低，成本高，渗氮层薄。因此，它主要用于耐磨性及精度均要求很高的传动件，或要求耐热、耐磨及耐腐蚀的零件，如高精度机床丝杠、镗床及磨床主轴、精密传动齿轮、汽轮机阀门及阀杆、发动机汽缸和排气阀以及热作模具等。

（3）碳氮共渗

碳氮共渗是将碳和氮同时渗入钢件表层的化学热处理工艺。因早期是采用含氰根（CN）的盐浴作渗剂来产生活性炭、氮原子，故该方法又称作"氰化"。

按处理温度，可分为高温碳氮共渗、中温碳氮共渗和低温氮碳共渗。共渗层的碳、氮含量主要取决于共渗温度，共渗温度低时，以渗氮为主，随着共渗温度的升高，共渗层的含氮量减少，而含碳量增加。高温碳氮共渗与渗碳相似，应用较少，目前以中温气体碳氮共渗和低温气体氮碳共渗应用较广泛。

中温气体碳氮共渗的主要目的是提高钢件的硬度、耐磨性和抗疲劳强度；低温气体氮碳共渗则以提高钢件的耐磨性和抗咬合性为主。

①中温气体碳氮共渗　以渗碳为主，其工艺与渗碳相似。最常用的方法是在井式气体渗碳炉内滴入煤油，并通入氨气。在共渗温度下，煤油和氨除了前述的渗碳和氮化的作用外，它们之间相互作用还生成了[C]和[N]活性原子，反应形态如下：

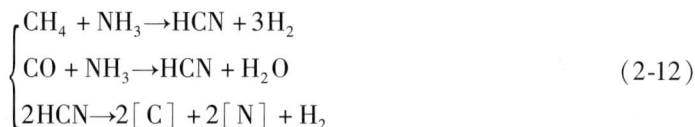

$$\begin{cases} CH_4 + NH_3 \rightarrow HCN + 3H_2 \\ CO + NH_3 \rightarrow HCN + H_2O \\ 2HCN \rightarrow 2[C] + 2[N] + H_2 \end{cases} \tag{2-12}$$

活性炭、氮原子被工件表面吸收并向内扩散形成共渗层。此外，共渗剂还可用煤气＋氨气，甲醇＋丙烷＋氨气，三乙醇胺＋尿素等。

由于氮能扩大 γ 相区，降低钢的临界点，并能增加碳的扩散速度，故共渗温度比单纯渗碳低，渗速也较快。一般共渗温度为 $820 \sim 860℃$，保温时间取决于要求的共渗层深度，见表2-4所列。

表2-4　850℃碳氮共渗的渗层深度与共渗时间的关系

共渗时间（h）	1～1.5	2～3	4～5	7～9
渗层深度（mm）	0.2～0.3	0.4～0.5	0.6～0.7	0.8～0.9

工件经共渗处理后，需进行淬火和低温回火，才能提高表面硬度和心部强度。由于共渗温度不高，钢的晶粒不会长大，所以一般都采用直接淬火。碳氮共渗件淬火并低温回火后，渗层组织为含碳、氮的回火马氏体＋少量的碳氮化合物＋少量残余奥氏体。心部组织为低碳或中碳回火马氏体。淬透性差的钢也可能出现极细珠光体和铁素体。

与渗碳相比，共渗层的硬度与渗碳层接近或略高，耐磨性和抗疲劳强度则优于渗碳层，且具有处理温度低、变形小、生产周期短等优点，目前常用于处理形状较复杂、要求热处理变形小的小型零件，如缝纫机、纺织机零件及各种轻载齿轮等。

②低温气体氮碳共渗　也称"气体软氮化"。常用氨气和渗碳气体的混合气、尿素等作共渗剂。共渗温度为 $520 \sim 570℃$，由于处理温度低，实质上以渗氮为主，但因为有活性炭原子与活性氮原子同时存在，渗氮速度大为提高。一般保温时间为 $1 \sim 3h$，渗层深度为 $0.01 \sim 0.02mm$。

工件经氮碳共渗后，其共渗层的硬度比纯气体氮化低，但仍具有较高的硬度、耐磨性和高的抗疲劳强度，渗层韧性好而不易剥落，并有减磨的特点，在润滑不良和高磨损条件下，有抗咬合、抗擦伤的优点，耐磨性也有明显提高。由于处理温度低，时间短，所以零件变形小。气体氮碳共渗不受钢种限制，适于碳钢、合金钢和铸铁等材料。在某些场合，也有采用液体氮碳共渗的，液体氮碳共渗渗入速度快，渗层质量也好，但要采取防止环境污染的措施。

2.3.2.2　金属零件的表面处理

表面处理是在金属表面附上一层覆盖层，以达到防腐、改善性能及装饰的作用。通常分电镀、化学处理和涂漆三种。

1. 电镀

电镀是指在含有欲镀金属的盐类溶液中，在直流电的作用下，以被镀基体金属为阴极，以欲镀金属或其他惰性导体为阳极，通过电解作用，在基体表面上获得结合牢固的金属膜的表面工程技术。电镀的目的是改善基体材料的外观，赋予材料表面的各种物理化学性能，如耐蚀性、装饰性、耐磨性、钎焊性以及导电、磁、光学性能等。电镀具有工艺设备简单、操作方便、加工成本低、操作温度低等特点，是表面工程技术中最常用的方法之一。

目前，工业化生产上使用的电镀溶液大多是水溶液，在有些特殊情况下，也使用有机溶液或熔盐镀液。在水溶液和有机溶液中进行的电镀称为湿法电镀，在熔融盐中进行的电镀称为熔融盐电镀。在已发现的七十多种金属中，能从水溶液中直接电沉积的还不到一半；但是，若使用熔盐镀液，则几乎所有的金属都可以实现电沉积。能从水溶液和非水溶液中电沉积出来的金属种类见表2-5。

表2-5　可电沉积的金属种类及方式

沉积类别	元　　素
水溶液中可直接沉积的金属	Cr、Mn、Pe、Co、Ni、Cu、Zn、Ca、Te、Ru、Pd、Ag、Cd、In、Sn、Sb、Re、Os、Ir、Au、Hg、Tl、Pb、Bi、Po、Al
水溶液中难以沉积或不能获得纯态镀层	Mg、Ti、C、Zr、Nb、Mo、Hf、Ta、W、Mg
自水溶液获得汞齐沉积	Na、K、Ca、Se、Rb、Sr、Y、Cs、Ba、La

不同电镀溶液和工艺参数下得到的镀层，性能和用途也不同。

（1）镀铬

铬是稍带蓝色的银白色金属，相对原子质量为52.00。电解铬的密度为 $6.9 \sim 7.1 g/cm^3$，熔点1890℃，适用于钢件、铜及铜合金件。镀铬层具有很高的硬度，根据镀液成分和工艺条件不同，其硬度可在 $400 \sim 1200HV$ 范围内变化。镀铬层有较好的耐热性，在500℃以下加热，其光泽性、硬度均无明显变化，温度大于500℃开始氧化变色，大于700℃硬度开始降低。镀铬层的摩擦因数小，特别是干摩擦因数在所有的金属中是最低的，所以镀铬层具有很好的耐磨性。镀铬的成本较高。

按照镀层的用途，可将镀铬分为装饰性镀铬和功能性镀铬两种。装饰性镀铬是在光亮

的底层上镀上 $0.25 \sim 2\mu m$ 的铬层，以提高零件的装饰性，底层一般是经抛光或电沉积的光亮镀层，如铜—锡合金、光亮镍层等。该镀铬层广泛应用于仪器、仪表、日用五金、家用电器、飞机、汽车、摩托车、自行车等的外露部件上。功能性镀铬则包括镀硬铬、松孔铬（多孔铬）、黑铬、乳白铬等。硬铬层主要用在各种测量卡、量规、切削工具和各种类型的轴上，利用硬铬层的表面硬度来提高其使用寿命；松孔铬主要用于内燃机气缸内腔、活塞环等，利用其微孔中夹入的润滑油来提高零件的耐磨性；黑铬则用于需要消光而又耐磨的零件上，如航空仪表、光学仪器、照相器材等；乳白铬主要用于各种量具上。

（2）镀镍

镍是银白微黄的金属，具有铁磁性，相对原子质量为58.7，密度为 $8.9g/cm^3$。在空气中镍表面极易形成一层极薄的钝化膜，因而具有极高的化学稳定性。常温下，镍能很好地防止大气、水、碱液的侵蚀，在碱、盐和有机酸中稳定，在硫酸和盐酸中溶解缓慢，易溶于稀硝酸中。镍层易出现微孔。镍容易具有磁性，不适合镀防磁零件。镀镍适用于钢、铜及铜合金、铝合金零件，或用于装饰和某些导电元件的防腐处理。

通过电解或化学方法在金属或某些非金属上镀上一层镍的方法，称为镀镍。镀镍分电镀镍和化学镀镍。电镀镍是在由镍盐（称主盐）、导电盐、pH 缓冲剂、润湿剂组成的电解液中操作，阳极用金属镍，阴极为镀件，通以直流电，在阴极（镀件）上便沉积上一层均匀、致密的镍镀层；从加有光亮剂的镀液中获得的是亮镍，而在没有加入光亮剂的电解液中获得的是暗镍。化学镀镍是在加有金属盐和还原剂等的溶液中，通过自催化反应在材料表面上获得镀镍层的方法。

（3）镀锌

锌是一种银白色的金属，相对原子质量为65.38，密度为 $7.17g/cm^3$，熔点420℃。在大气环境中，纯锌表面易形成一层致密的氧化物薄膜，阻止了内层锌的进一步氧化，使它在空气中的稳定性大大提高。锌镀层纯度很高，属阳极性镀层。锌层对钢铁基体在起到机械保护作用的同时，还可以起到电化学保护作用。此外，锌在地球上的蕴藏量较丰富，而且提炼方便，因此，锌镀层被广泛用于机械、五金、电子、仪器仪表、轻工等方面，是应用最为广泛的镀种之一，约占总电镀量的60%以上。

镀锌层的防护能力与镀层厚度有关，镀层越厚，防护性越强。通常镀锌层分为三级，一级镀锌层的厚度在 $25\mu m$ 以上，主要用于军工行业；二级镀锌层的厚度为 $15 \sim 20\mu m$，主要用于机械、轻工等产品；三级镀锌层的厚度为 $8 \sim 10\mu m$，在五金、电子、仪器仪表等行业应用最为普遍。

镀锌适用于钢、铜及铜合金，镀层具有中等硬度，在大气条件下具有很高的防护性能，但在湿热性地带及海洋蒸气地区易受腐蚀。镀锌的成本比镀铬、镀镍低。

（4）镀铜

铜是玫瑰红色富有延展性的金属，相对原子质量为63.54，密度为 $8.9g/cm^3$，熔点1083℃。铜具有良好的导电性、导热性和延展性，在空气中易氧化，氧化后将失掉本身的颜色和光泽。铜在电化学序中位于正电性金属之列，因此，铁、锌等金属上的铜镀层属阴极性镀层，它仅能对基体金属起到机械保护作用。当镀层有针孔、缺陷或损伤时，在腐蚀介质的作用下，基体金属将作为阳极而首先被腐蚀，其速度比未镀铜时更快。因此，铜镀层通常不单独用作防护装饰性镀层，而是作为其他镀层的底层或中间层，以提高表面镀层与基体金属的结合力。对于需局部渗碳的零件，常用铜镀层来保护不需要渗碳的部位。此外，在铁丝上镀上一定厚度的铜来代替纯铜导线，已在电力工业中得到应用。在电子领域，印制线路板上通孔镀铜获得了极好的效果。

（5）镀锡

锡有两种晶体形式，常见的银白色锡是金属型的 β 锡，俗称白锡。锡的相对原子质量为 118.69，β 锡在 20℃ 时的密度是 $7.28g/cm^3$。锡的熔点为 232℃，硬度为 112HV。常温下锡在空气中不发生化学反应，对潮湿、水溶性盐溶液和弱酸具有较好的耐腐蚀性能。相对于钢铁基体而言，锡是阴极性镀层，而相对于铜基体而言，则是阳极性镀层。

锡是无毒金属，且食品中的有机酸对它影响不大，因此，锡镀层主要用于制罐工业用薄板的防护层，95% 以上的可锻铁皮就是采用薄铁板电镀锡制成的。锡镀层的另一主要用途是在电子和电力工业中，因为锡的熔点低，硬度小，具有良好的钎焊性，常被用来代替银。

（6）镀银

银是一种白色金属，相对原子质量为 107.9。金属银具有良好的可锻性、可塑性和易抛光性，还有极强的反光性能和良好的导热导电性及可焊性。

银镀层具有较高的化学稳定性，水和大气中的氧对它不产生作用，但遇卤化物、硫化物时表面很快变色，使其反光性能和导电性能遭破坏。银易溶于稀硝酸和热浓硫酸中。银镀层有功能性和装饰性两方面的用途。在电子工业、仪器仪表、核工业等方面广泛采用银镀层以减少表面接触电阻，提高焊接能力和密封性。在日用五金中，餐具及其他家庭用具、各种工艺品等通过镀银达到装饰目的，提高该产品的附加值。反射器中的金属反光镜也是镀银的。

（7）镀金

金是一种黄色金属，具有极高的化学稳定性。金镀层具有极好的耐蚀性、导电性和抗高温性，广泛应用于精密仪器仪表、印制线路板、集成电器、电子管壳、电接点等要求电参数性能长期稳定的零件上。此外，首饰、钟表零件、艺术品等的金镀层也占有相当大的比例。

工业上常用的镀金溶液有碱性氰化物镀液、酸性镀液、中性镀液等。比较而言，使用最普遍的还是氰化物镀液。镀金溶液的显著特征是允许阴极电流密度较低。在工业化生产中，为了降低零件的造价，节约生产金属成本，提高金镀层的装饰性效果，如光亮度、整平性等，一般在镀金前需镀上一层或多层金属底层。作为镀金层的底层，使用最多的是光亮镍层。

2. 化学处理

金属零件表面的化学处理，主要有氧化和磷化。氧化是在零件表面形成该金属的氧化膜，以保护金属不受侵蚀，并起美化作用；磷化是在金属表面生成一层不溶于水的磷酸盐薄膜，可以保护金属。

（1）黑色金属的氧化与磷化

氧化处理是将零件放入浓碱和氧化剂溶液中加热，使其表面生成一层约 $0.6 \sim 0.8\mu m$

的 Fe_3O_4 薄膜。氧化多用于碳钢和低合金钢。氧化膜可呈黄、橙、红、紫、蓝、黑等颜色，一般要求为蓝黑或黑色，故氧化又称发蓝或发黑。黑色磷化膜的结晶很细，色泽均匀，呈黑灰色，厚度约为 $2\sim4\mu m$，膜层与基体结合牢固，耐磨性强，所以黑色磷化膜层的保护能力比氧化膜层的保护能力强。氧化与磷化都不会影响零件的尺寸精度。

（2）铝及铝合金的阳极氧化

铝氧化膜的化学性能十分稳定，膜层与基体结合牢固，提高了铝及铝合金的耐磨性及硬度，也提高了其防腐蚀性能。铝及铝合金的阳极氧化还能染成不同的颜色，纯铝可以染成任何颜色，而硅铝合金只能染成灰黑色。

（3）铜及铜合金的氧化

铜的氧化膜层为黑色，在大气条件下容易变色。膜层不影响尺寸精度及表面粗糙度，它的耐磨能力不强。黄铜用氨液氧化后能获得良好的氧化膜层，膜层很薄，其表面不易附着灰尘。电解氧化层可得到较厚的膜层，性能比较稳定，但易附着灰尘。

3. 涂漆

涂漆是在零件或制品的表面涂上漆，使零件或制品表面与外界环境中的有害作用机械地隔开，并对零件、制品起装饰作用，有时还可起绝缘作用。

2.3.3 常用金属材料

1. 铸铁

铸铁是含碳量大于 2.11% 的铁碳合金。工业上常用的铸铁一般含碳量为 $2.11\%\sim4.05\%$，此外，铸铁还含有硅（Si）、锰（Mn）、磷（P）、硫（S）等杂质。碳和硅是铸铁中最重要的元素，它们对铸铁的性能起着两方面的作用：一是使铸铁的熔点降低，增加了熔化状态下的流动性，可使复杂的铸件得以成型；二是碳与硅在铸铁凝固时促使碳的成分自铁中以片状石墨的形式析出，使铸铁变成脆性材料，降低了抗拉强度。

铸铁具有许多优良的性能，如良好的铸造性（即在熔化状态的铸铁具有良好的流动性，能充满复杂的铸模），良好的耐磨性及切削加工性能，而且价格低廉，生产设备简单，有良好的吸振性等。因此，从重量百分比的角度来看，它是应用最多的一种金属。

（1）灰口铸铁

碳在此种铸铁组织中以片状石墨的形态存在，断口呈灰色，故称灰口铸铁（简称灰口铁或灰铸铁）。它的性能是软而脆，但具有良好的铸造性、耐磨性、减振性和切削加工性，所以灰铸铁常用于制造受力不大、冲击载荷小、需要减振或耐磨的各种零件，如机床床身、机座、箱壳、阀体等。灰口铸铁是生产中使用最多的一种铸铁，其牌号用"HT"及最低抗拉强度的一组数字表示，如 HT150，表明它是最低抗拉强度为 150MPa 的灰口铸铁。

（2）可锻铸铁

碳在此种铸铁组织中以团絮状石墨形态存在，它是由白口铸铁经长期高温退火而得到的铸铁。团絮状石墨对金属基体的割裂作用较片状石墨小得多，所以有较高的力学性能，尤其是它的塑性、韧性较灰铸铁有明显的提高。但可锻铸铁仍然不能进行锻造，常用来制造汽车、拖拉机的薄壳零件、低压阀门和各种管接头等。可锻铸铁牌号用"KT"及两组数字组成，如 KT300 - 06，表示它的最低抗拉强度为 300MPa，延伸率为 6%。

（3）球墨铸铁

碳在此种铸铁组织中以球状石墨形态存在。球化处理是在浇注前，向一定成分的铁水中加入一定数量的球化剂（镁或稀土镁合金）和墨化剂（硅铁或硅钙合金），使石墨呈球状，对基体的割裂作用及应力集中都大为减小，因而有较高的力学性能，抗拉强度甚至高于碳钢。因此广泛应用于机械制造、交通、冶金等工业部门，目前常用来制造汽缸套、曲轴、活塞等机械零件。球墨铸铁的牌号用"QT"及两组数字组成，分别表示最低抗拉强度和延伸率，如 QT600 - 3，表示其最低抗拉强度为 600MPa，延伸率为 3%。

（4）合金铸铁

在此种铸铁中加入了合金元素。如在铸铁中加入磷、铬、钼、铜等元素，可得到具有较高耐磨性的耐磨铸铁；在铸铁中加入硅、铝、铬等合金元素，可得到各种耐热铸铁；在铸件中加入 Cr、Mo、Cu、Ni、Si 等元素，可得到各种耐蚀铸铁等。它们主要用于制造内燃机活塞环、水泵叶轮等耐磨、耐热、耐蚀的零件。

2. 碳素钢

通常把含碳量在 0.02% ~ 2.11% 之间的铁碳合金称为钢（碳素钢）。实际应用的碳素钢或多或少地含有一些杂质，如硅（Si）、锰（Mn）、硫（S）、磷（P）等。碳素钢可以轧制成板材和型材，也可以锻造成各种形状的锻件，但锻件的形状一般比铸件简单。

杂质对碳素钢性能的影响如下：

①硅、锰的影响　使钢的强度、硬度增加。在含量不多而仅作为杂质存在（含硫 0.17% ~ 0.37%，含锰 0.5% ~ 0.8%）时，对钢的影响不显著。此外，锰还可以减少硫对钢的危害性。

②硫的影响　使钢的热加工性能不良，使钢在轧制或锻造时易产生开裂现象，这种现象称为"热脆"。

③磷的影响　使钢的强度、硬度增加，而使钢的塑性、韧性显著降低，特别在低温时影响更为严重，这种现象称为"冷脆"。

但是，磷与硫化锰（MnS）可使切屑易断，在高速切削的条件下对刀具磨损较轻，且工件表面光洁，所以有一种叫做"易切削钢"的钢中含磷、硫量较高。

（1）普通碳素结构钢

该类钢对化学成分要求不甚严格，碳、锰含量可在较大范围内变动，有害杂质磷、硫的允许含量相对较高。普通碳素结构钢的牌号是以钢的屈服极限（σ_s）数值划分的，并且还有质量等级和脱氧方法的细分，共分为五类 20 种。牌号的表示方法是用屈服极限"屈"字汉语拼音首位字母 Q、屈服极限数值、质量等级符号（A、B、C、D）、脱氧方法等四部分按顺序组成。

Q195、Q215 主要用于制作薄板、焊接钢管、铁丝和钉等。Q255 和 Q275 主要用于制造强度要求较高的某些零件，如拉杆、连杆、轴等。

（2）优质碳素结构钢

该类钢既要保证力学性能，又要保证化学成分，且钢中的硫、磷等有害杂质较少。常用于制造比较重要的机械零件，一般要进行热处理。牌号用两位数字表示，代表钢中平均含碳量的万分数，如 45 号钢表示平均含碳量为 0.45%。

优质碳素钢根据含碳量又可分为低碳钢（含碳量在 0.25% 以下）、中碳钢（含碳量为 0.25% ~0.6%）和高碳钢（含碳量为 0.60% 以上）。低碳钢强度低，而塑性、韧性好，易于冲压加工，主要用于制造受力不大、不需淬火的零件，如螺钉、螺母、冲压件和焊接件等；中碳钢强度较高，塑性和韧性也较好，一般需经正火或调质后使用，应用广泛，多用于制造齿轮、丝杠、连杆和各种轴类零件等；高碳钢热处理后具有高强度和良好的弹性，但切削性、淬透性和焊接性差，主要用于制造弹簧和易磨损的零件。

（3）碳素铸钢

铸钢主要用于制造承受重载的大型零件，较少受尺寸、形状和重量的限制。铸钢的牌号以"ZG"表示，后面的两组数字分别表示其屈服极限和抗拉强度值，如 ZG310 – 570。

（4）碳素工具钢

该类钢通常指含碳量为 0.65% ~1.35% 的高碳钢，既保证化学成分，又要符合规定的退火或淬火状态下的硬度。按质量分为普通碳素工具钢和高级优质碳素工具钢两种。碳素工具钢的牌号以"T"表示，后面的数字表示含碳量的千分数，如 T10 表示含碳量为 1% 的普通碳素工具钢。如为高级优质钢，则后面加注"A"，如 T10A。

3. 合金钢

为了改善钢的性能，专门在钢中加入一种或数种合金元素的钢称为合金钢。常用的合金元素，有铬（Cr）、锰（Mn）、镍（Ni）、硅（Si）、铝（Al）、硼（B）、钨（W）、钼（Mo）、钒（V）、钛（Ti）、铌（Nb）、锆（Zr）和稀土元素（Re）等。加入这些元素的目的在于使钢获得一般碳素钢达不到的性能，如硬度、强度、塑性和韧性等，提高耐磨、防腐、防酸性能，获得高弹性、高抗磁或导磁性等。下面对各种元素的影响作简单介绍：

Mn 使钢增加硬度、强度和韧性，提高耐磨性和抗磁性。

Si 使钢增加弹性，略降低韧性，提高导磁性与耐酸性。

Ni 使钢提高强度、塑性及韧性，增强防腐性能，降低钢的线膨胀系数。

Cr 能提高钢的强度及硬度，略降低塑性与韧性，使钢具有高温时的防锈、耐酸能力。

Mo 能提高钢的强度与硬度，略降低塑性和韧性，它的最大特点是使钢具有较高的耐热性能。

V 能增加钢的硬度，提高塑性及韧性。加入少量的钒可以使钢内无气泡，组织细密。

Ti 能使钢组织细化，使钢在高温下仍能保持相当高的强度，而且耐腐蚀。钛钢在航空、船舶中得到应用。

W 能使钢组织细化，提高钢的硬度。

B 少量地加入钢组织中，可增加钢的淬透性。

合金钢按用途来分，一般可分为三大类：合金结构钢、合金工具钢和特殊性能钢。

（1）合金结构钢

该类钢牌号以"两位数字 + 合金元素符号 + 数字"表示。前面的两位数表示含碳量的万分数，合金元素符号后的数字表示该元素含量的百分数，含量低于 1.5% 的元素后面不加注数字。如 30SiMn2MoV，表示 C 为 0.26% ~0.33%，Mn 为 1.6% ~1.8%，Si、Mo、V 含量均低于 1.5%。

在机械制造中，合金结构钢可分为以下四类：

①渗碳钢 含碳量为 0.15% ~ 0.25%，经渗碳淬火及低温回火后应用，主要用于表面耐磨并承受动力载荷的零件。如 20Cr、20Mn2 等，可用来制造齿轮、凸轮、轴、销等。

②调质钢 含碳量为 0.25% ~ 0.50%，主要经淬火及高温回火（调质处理）后应用，可制作高强度、高韧性的零件。如 40Cr、40Mn2 等，可用来制造主轴、齿轮等。

③弹簧钢 含碳量为 0.60% ~ 0.70%，经淬火及中温回火后应用，如 60Si2Mn 等，可制作各类弹性零件。

④轴承钢 含碳量为 0.95% ~ 1.10%，经淬火及低温回火后应用，如 GCr15 等（含Cr1.3% ~ 1.65%），主要用于制造滚珠、滚柱、套圈、导轨等。

上述各类钢的成分及牌号繁多，可参考材料手册选用。

（2）合金工具钢

合金工具钢按用途，分为刃具钢、模具钢和量具钢三类。

①刃具钢 用于制造各种刀具。刀具的硬度必须大大高于被加工材料的硬度时才能进行切削，切削金属所用刀具的硬度一般都在 HRC60 以上，它的含碳量一般都在 0.6% ~ 1.5% 的较高范围内。此外，还要求有高的耐磨性与热硬性，以保证工作寿命与性能。如 W18Cr4V 等，用于制作车、铣、刨刀等。

②模具钢 按使用要求，可分为热模具钢（用于热锻模、压铸模）和冷模具钢（用于落料模、冷冲模、冷挤压模）两种。热模具钢常用 5CrMnMo 和 5CrNiMo，冷模具钢常用Cr12、Cr12MoV 等。

③量具钢 量具钢要求有一定的硬度及耐磨性，经热处理后不易变形，而且有良好的加工工艺性。块规可使用变形小的钢，如 CrWMn 等，简单的量具、量规可使用 9SiCr 等。

（3）特殊性能合金钢

特殊性能合金钢，是指具有特殊的物理性能、化学性能的钢，如不锈钢、耐热钢等。

①不锈钢 在腐蚀介质中具有高的抗腐蚀性能的钢称为不锈钢，它可抵抗空气、水、酸、碱类溶液和其他介质的腐蚀。常用的铬不锈钢，有 1Cr13、2Cr13、3Cr13、4Cr13 等，铬镍不锈钢有 0Cr18Ni9、1Cr18Ni9Ti、1CrNi9 等。

②耐热钢 这种钢具有抗高温氧化性能和在高温下强度较高的性能。常用的耐热钢有1Cr5Mo、4Cr9Si2、0Cr18Ni13 Si4、4CrNi14W2Mo 等。

4. 有色金属材料

与钢铁相比，有色金属的强度较低，应用它们的目的，主要是利用其某些特殊的物理化学性能，如铝、镁、钛及其合金密度小，铜、铝及其合金导电性好，镍、钼及其合金能耐高温等。因此在工业上除大量使用黑色金属外，有色金属也得到广泛的应用。有色金属及其合金种类繁多，一般工业部门最常用的，有铜及其合金、铝及其合金、滑动轴承合金等。

（1）铝及其合金

纯铝显著的特点是密度小（约为铁的1/3），导电性和塑性好，在空气中有良好的耐蚀性，但强度和硬度低。纯铝主要用做导电材料或制造耐蚀零件，而不能用于制造承载零件。

铝中加入适量的铜、镁、硅、锰等元素即构成铝合金。它有足够的强度、较好的塑性和良好的抗腐蚀性，且多数可以热处理强化，所以要求质量轻、强度高的零件多用铝合金制作。

铝合金分为形变铝合金和铸造铝合金两大类。

形变铝合金具较高的强度和良好的塑性，可通过压力加工制作各种半成品，可以焊接，主要用作各类型材和结构件，如发动机机架、飞机大梁等。形变铝合金又分为防锈铝合金(代号 LF)、硬铝合金(代号 LY)、超硬铝合金(代号 LC)和锻铝合金(代号 LD)等。

铸造铝合金包括铝镁、铝锌、铝硅、铝铜等合金。它们有良好的铸造性能，可以铸成各种形状复杂的零件，但塑性低，不宜进行压力加工。应用最广的是硅铝合金，称为硅铝明。各类铸造铝合金的代号均以"ZL"(铸铝)加三位数字组成，第一位数字表示合金类别，第二、三位数字是顺序号。

(2)铜及其合金

纯铜外观呈紫红色，又称紫铜。因它是用电解法获得的，故又名电解铜。纯铜具有很高的导电性和导热性，塑性好但强度低，主要用作各种导电材料。工业上大多使用铜合金，分为青铜和黄铜两大类。

①黄铜 以铜和锌为主组成的合金统称黄铜，其强度、硬度和塑性随含锌量增加而升高，含锌量为30%~32%时，塑性达最大值，含锌量为45%时强度最高。除了铜和锌以外，再加入少量其他元素的铜合金称为特殊黄铜，如锡黄铜、铅黄铜等。黄铜一般用于制造耐蚀和耐磨零件，如弹簧、阀门、管件等。

黄铜的牌号用"黄铜"或"H"与后面两位数字来表示，数字表示含铜量，其余量为锌，例如 H65 表示含铜65%，含锌35%。特殊黄铜则在牌号中标出合金元素的含量，例如 HSn90-1 表示含铜90%、含锡1%、其余为锌的黄铜。

②青铜 是以除锌和镍以外元素为主加元素的铜合金。青铜有锡青铜和无锡青铜之分。铜与锡组成的合金称为锡青铜，有良好的力学性能、铸造性能、耐蚀性和减磨性，是一种很重要的减摩材料，主要用于摩擦零件和耐蚀零件的制造，如蜗轮、轴瓦等，以及制作在水、水蒸气和油中工作的零件。

除锡以外的其他合金元素与铜组成的合金，统称为无锡青铜，主要包括铝青铜、铍青铜、铅青铜等，它们通常作为锡青铜的廉价代用材料使用。

压力加工青铜的牌号以"Q"为代号，后面标出主要元素的符号和含量，如 QSn4-3，表示含 Sn3.5%~4.5%、含 Zn2.7%~3.3%，其余为铜。铸造铜合金的牌号用"ZCu"及合金元素符号和含量组成，如 ZCuSn5Pb5Zn5，表示含锡、铅、锌各为4%~6%，其余为铜。

(3)轴承合金

轴承合金是用来制造滑动轴承轴瓦(或轴承衬)的特定材料，主要为有色金属合金，这些合金可根据其中含量较多的元素来分类，应用比较广泛的轴承合金有锡基轴承合金(如 ZSnSb12Pb10Cu4)、铅基轴承合金(如 ZPbSb16Sn16Cu2)等，这两种轴承合金，习惯上称为巴氏合金。轴承合金常在铸态下使用。

2.3.4 常用非金属材料

随着生产的发展，非金属材料应用日益广泛。非金属材料的种类繁多，本节只介绍作为工程结构和机械零件使用的工程塑料、工业陶瓷和复合材料。

1. 工程塑料

塑料是以高分子聚合物(通常称为树脂)为基础,加入一定添加剂,在一定温度、压力下可塑制成型的材料。按塑料的应用范围,可分为通用塑料、工程塑料和耐高温塑料等。工程塑料是指常在工程技术中用作结构材料的塑料,它们的机械强度高、质轻、绝缘、减摩、耐磨,或具备耐热、耐蚀等特种性能,而且成型工艺简单,生产效率高,是一种良好的工程材料,因而可代替金属制作某些机械零件或用于其他特殊用途。

常用工程塑料种类甚多,如聚酰胺(PA)在商业上称作尼龙或锦纶,及聚甲醛(POM)、ABS塑料、聚碳酸酯(PC)等。

2. 工业陶瓷

陶瓷是用天然或人工合成的粉状化合物(由金属元素和非金属元素形成的无机化合物),经过成型和高温烧结制成的多相固体材料。

利用天然硅酸盐矿物(如黏土、长石、石英等)为原料制成的陶瓷,称为普通陶瓷或传统陶瓷;用纯度高的人工合成原料(如氧化物、氮化物、碳化物、硅化物、硼化物、氟化物等)制成的陶瓷,称为特种陶瓷或现代陶瓷。现代陶瓷具有独特的物理、化学、力学性能,如耐高温、抗氧化、耐腐蚀、高温强度高,但几乎不能产生塑性变形,脆性大。陶瓷是一种高温结构材料,可用于制作切削刀具、高温轴承、泵的密封圈等。

3. 复合材料

复合材料是两种或两种以上不同性质的原材料用某种工艺方法组成的多相材料。目前复合材料常以树脂、橡胶、陶瓷和金属为基体相,以纤维、粒子和片状物为增强相,从而构成不同的复合材料。

(1)玻璃纤维增强树脂基复合材料(增强塑料)

由玻璃纤维与树脂组成的复合材料,称为增强塑料。增强塑料集中了玻璃纤维和树脂的优点,具有较高的比强度、良好的绝缘性和绝热性,它们加工方便,生产率高,目前已被大量采用,主要用于制作航空、汽车、车辆、船舶和农机中要求质量轻、强度高的零件,也用于制作电机、电器上的绝缘零件和薄壁压力容器等。

(2)层合复合材料

层合复合材料是由两层或两层以上不同材料结合而成的,其目的是更有效地发挥各层材料的优点,获得最佳性能的组合。常见的层合复合材料,有双层金属复合材料和塑料—金属多层复合材料。

双层金属复合材料是最简单的层合复合材料,是通过胶合、熔合、铸造、热轧、钎焊等方法将不同性质的金属复合在一起形成的。它可以是普通钢与不锈钢或其他合金钢的复合,也可以是钢与有色金属的复合,这样既能满足零件对心部的要求,又能满足对表层的要求,可节约贵重金属,降低成本。

塑料—金属多层复合材料以SF型三层复合材料为例,它以钢板为基体,以烧结钢网或多孔青铜为中间层,以聚四氟乙烯或聚甲醛塑料为表层,构成具有高承载能力的减摩自润滑复合材料。它的物理、机械性能取决于钢基体,减摩和耐磨性能取决于塑料表层,中间层是用于获得高的粘结力和储存润滑油。目前应用较多的材料有SF-1(以聚四氟乙烯为表面层）和 SF－2（以聚甲醛为表面层）。

2.3.5 选用材料的一般原则

要保证机器在工作中能正常运行，并有一定的工作寿命，除了工作原理及结构设计等合理外，还应使其零件材料选择合理。材料选择是一个复杂的决策问题，需要在掌握工程材料理论及其应用知识的基础上，明确限制条件，进行具体分析，进行必要的试验和选材方案的对比，最后才能确定选材方案。材料选择一般根据以下基本原则：

（1）使用性原则

若零件尺寸取决于强度，且尺寸和重量又有所限制时，则应选用强度较高的材料；若零件尺寸取决于刚度，则应选用弹性模量较大的材料（如调质钢、渗碳钢等）；在滑动摩擦下工作的零件，应选用减摩性能好的材料；在高温下工作的零件应选用耐热材料；在腐蚀介质中工作的零件应选用耐腐蚀材料等。

（2）工艺性原则

用金属制造零件的方法基本上有四种：铸造、压力加工（锻造、冲压）、焊接和机械切削加工（车、铣、刨、磨、钻等）。热处理是作为改善机械加工性能和保证零件的使用性能而安排在有关工序间进行的工艺。采用何种加工方法，取决于对零件的要求及生产批量。

壳体、底座等形状比较复杂的零件适合用铸造方法制造，其材料应选用铸铁、铸铝、铸造钢合金。

单件生产或结构复杂的壳体，可用板材冲压成元件后焊接而成。

一些较小的齿轮和轴等回转体零件，大多直接用金属棒料或线材加工，因此可选用钢、铜合金及铝合金等材料。

某些薄壁和具有一定深度或高度的零件，如批量很大，可以采用黄铜、铝、低碳钢等塑性较好的材料，用压力加工的方法成型。较大的钢结构零件，不便采用棒料及板料直接加工，可选用锻造毛坯，选用适于压力加工及切削加工的材料。此时不宜选合金钢。

在小批量生产，特别是单件生产时，工艺性能的好坏并不突出，而在大量生产时，加工工艺有时可以成为决定性的因素。此时必须选择适合加工方法的材料，以保证达到所要求的机械性能及必要的生产率。

（3）经济性原则

在满足使用要求的前提下，选用材料时还应注意降低零件的总成本。零件的总成本包括材料本身的价格和加工制造的费用。各种金属之间的价格差是十分明显的。合金钢比碳素钢贵，有色金属比黑色金属价格高，而铜合金及特殊的合金工具钢则因其冶炼加工中的特殊要求，更是价格昂贵。

机械化、自动化的生产对材料的加工性能及尺寸规格的一致性要求十分严格，因此不能轻易采用劣质材料来达到降低成本的目的，否则，严重时可能破坏生产设备。所以片面追求材料成本低廉，有时反而增加总成本。

另一方面，单件和小批量生产的劳动成本占总成本的大部分，材料成本变得次要了。此时采用较贵的高质量材料来加工制造是合算的。

2.4 现代设计方法

现代设计方法是随着当代科学技术的飞速发展和计算机技术的广泛应用而在设计领域发展起来的一门新兴的多元交叉学科，是对以满足市场产品的质量、性能、时间、成本、价格综合效益最优为目的，以计算机辅助设计技术为主体，以知识为依托，以多种科学方法和技术手段，在研究、改进、创造产品和工艺等活动过程中所用到的技术和知识群体的总称。

2.4.1 现代设计方法的主要内容

本节主要介绍目前国际上已在各个设计领域广泛应用而我国正在大力推广应用的现代设计方法，内容包括：系统分析设计法、创造性设计法、价值分析法、模糊论方法、相似理论及相似设计方法、机电产品造型设计等。现代设计是以设计产品为目标的一个总的知识群体的统称，它在设计各阶段中以合宜、有效的方法来解决设计中总体问题和各个具体问题。设计和人类的生产活动密切相连，设计就是把各种先进技术成果转化为生产力的一种手段和方法，总能反映当时的生产力和技术水平。不同时期设计内容不同，人们对设计的理解也不同。为了保证设计质量，加快设计速度，避免及减少设计失误，适应科学技术发展的要求，使设计工作现代化，引发了现代设计方法的研究。

2.4.2 现代设计方法的种类

现代设计方法种类繁多，内容广泛，下面以计算机辅助设计、优化设计、可靠性设计、有限元法、工业艺术造型设计、反求工程设计、模块化设计、相似设计、设计方法学等为例，来说明现代设计方法的基本内容。

1. 计算机辅助设计

计算机辅助设计（Computer Aided Design，CAD），是把计算机技术引入设计过程，利用计算机来完成计算、选型、绘图及其他作业的一种现代设计方法。CAD 是设计中应用计算机进行设计信息处理的总称，它包括产品分析计算和自动绘图两部分功能，甚至已扩展到具有逻辑能力的智能 CAD。计算机、自动绘图机及其他外围设备构成 CAD 的系统硬件，而操作系统、文件管理系统、语言处理程序、数据库管理系统和应用软件等构成 CAD 的系统软件。通常所说的 CAD 系统，是指由系统硬件和软件组成，兼有计算、图形处理、数据库等功能，并能综合地利用这些功能完成设计作业的系统。CAD 是产品或工程的设计系统，要求支持设计过程各个阶段，即从方案设计入手，使设计对象模型化；依据提供的设计技术参数进行总体设计和总图设计；通过对结构的静态或动态性能分析，最后确定技术参数；在此基础上，完成详细设计和产品设计。所以，CAD 系统应能支持分析、计算、综合、模拟及绘图等各项基本设计活动。

CAD 的基础工作，是建立产品设计数据库、图形库、应用程序库。

2. 优化设计

优化设计（Optimal Design）是把最优化数学原理应用于工程设计问题，在所有可行方案中寻求最佳设计方案的一种现代设计方法。进行工程优化设计，首先需将工程问题按优化设计所规定的格式建立数学模型，然后选用合适的优化计算方法在计算机上对数学模型进行寻优求解，得到工程设计问题的最优设计方案。

在建立优化设计数学模型的过程中，把影响设计方案选取的那些参数称为设计变量；设计变量应当满足的条件称为约束条件；而设计者选定来衡量设计方案优劣并期望得到改进的指标表现为设计变量的函数，称为目标函数。设计变量、目标函数和约束条件组成了优化设计问题的数学模型。优化设计需要把数学模型和优化算法放到计算机程序中，用计算机自动寻估求解。常用的优化算法有0.618法、鲍威尔(Powell)法、变尺度法、惩罚函数法等。

3. 可靠性设计

可靠性设计(Reliability Design)是以概率论和数理统计为理论基础，以失效分析、失效预测及各种可靠性试验为依据，以保证产品的可靠性为目标的现代设计方法。可靠性设计的基本内容是：选定产品的可靠性指标及量值，对可靠性指标进行合理的分配，再把规定的可靠性指标设计到产品中去。

4. 有限元法

有限元法(Finite Element Method)是以计算机为工具的一种现代数值计算方法。目前，该法不仅能用于工程中复杂的非线性问题、非稳态问题(如结构力学、流体力学、热传导、电磁场等方面问题)的求解，而且还可用于在工程设计中进行复杂结构的静态和动态分析，并能准确地计算形状复杂零件(如机架、汽轮机叶片、齿轮等)的应力分布和变形，成为复杂零件强度和刚度计算的有力分析工具。

有限元法的基本思想是：首先假想将连续的结构分割成数目有限的小块体，称为有限单元；各单元之间仅在有限个指定结合点处相连接，用组成单元的集合体近似代替原来的结构；在结点上引入等效结点力以代替实际作用单元上的动载荷；对每个单元，选择一个简单的函数来近似地表达单元位移分量的分布规律，并按弹性力学中的变分原理建立单元结点力与结点位移(速度、加速度)的关系(质量、阻尼和刚度矩阵)，最后把所有单元的这种关系集合起来，就可以得到以结点位移为基本未知量的动力学方程。给定初始条件和边界条件后，就可求解动力学方程而得到系统的动态特性。依据这一思想，有限元法的计算过程如下：①结构离散化(即将连续构件转化为若干个单元)；②单元特性分析与计算(即建立各单元的结点位移和结点力之间的关系式，求出各单元的刚度矩阵)；③单元组集求解方程(利用结构力的平衡条件和边界条件，求出结点位移及各单元内的应力值)。所以，有限元法的计算过程思想是"一分一合"，先分是为了进行单元分析，后合则是为了对整个结构进行综合分析。

近些年来，有限元法的应用得到蓬勃发展，国际上不仅研制了有完善功能的各类有限元分析通用程序，如NASTARN、ANSYS、ASKA、SAP等，而且还形成了功能强大的前处理(自动生成单元网格，形成输入数据文件)和后处理(显示计算结果，绘制变形图、等值线图、振型图并动态显示结构的动力响应等)程序。由于有限元法通常程序使用方便，计算精度高，其计算结果已成为各类工业产品设计和性能分析的可靠依据。

5. 工业艺术造型设计

工业艺术造型设计是工程技术与美学艺术相结合的一门新兴学科，是指在保证产品实用功能的前提下，用艺术手段按照美学法则对工业产品进行造型活动，对相关产品的结构尺寸、体面形态、色彩、材质、线条、装饰及人机关系等因素进行有机的综合处理，从而设计出优质美观的产品造型。实用和美观的最佳统一，是工业艺术造型设计的基本原则，最终使产品在保证实用的前提下，具有美的、富有表现力的审美特性。

6. 反求工程设计

反求工程(Reverse Engineering)是改进国内外先进技术的一系列工作方法和技术的总和，对提高我国的科技和管理水平有着重要的意义，是通过实物或技术资料对已有的先进产品进行分析、解剖、试验，了解其材料、组成、结构、性能、功能，掌握其工艺原理和工作机理，以进行消化仿制、改进或发展、创造新产品的一种方法和技术。它是针对消化吸收先进技术的系列分析方法和应用技术的组合。反求工程包括设计反求、工艺反求、管理反求等各个方面。但这一技术在欧美一些地方是受禁止的。

7. 模块化设计

模块化设计是在对一定范围内的不同功能或相同功能不同性能、不同规格的产品进行功能分析的基础上，划分并设计出一系列功能模块，通过模块的不同选择和组合就可以构成不同的产品，以满足市场的不同需求。产品模块设计的主要目标之一，是用尽可能少的种类和数量的模块组成尽可能多种类和规格的产品。模块化设计相对传统设计具有如下优点：能减少产品的设计和制造时间，缩短供货周期，有利于争取客户；有利于产品的更新换代和新产品的开发，增强企业对市场的快速应变能力；有利于提高产品质量，降低生产成本，增强产品的市场竞争能力；便于产品的维修。

8. 相似设计

相似设计是相似性理论在机械领域的具体应用。它可以解决模型试验如何进行、系列产品如何设计以及计算机仿真原理等问题。

模型试验(模化)是指不直接研究自然现象或过程本身，而是用与这些现象或过程相似的模型来进行研究的一种方法。许多工程问题，由于其复杂性，难以列出微分方程，即使列出微分方程求解也很困难，因此，单靠数学方法并不能完全解决问题，而又难以直接对实物进行试验研究，因此，在模型上进行模化研究是探索自然规律和解决工程实际问题的一种实用、有效的方法，是工业产品开发的重要环节。

为满足使用者的不同需求，工厂常设计和生产系列产品。产品系列设计时，首先选定某一中档型号的产品为基型，对它进行最佳方案设计，定出其材料参数和尺寸，然后通过相似性原理求出系列中其他产品的参数和尺寸。

仿真是对所研究和设计系统的模型进行试验的过程。仿真模型和实际现象一般是不同的物理过程，但过程的本质是能用相同的数学方程描述的。仿真研究的主要优点是：一旦模型确定以后，既可以用来进行分析和综合，又可以在各种不同的条件下检验设计。即使设计完成了，仿真模型还可以用来判明系统中许多无法预知的问题来源，以制定系统的改进计划。

9. 设计方法学

设计方法学(Design Methodology)是以系统的观点来研究产品的设计程序、设计规律和设计中的思维与工作方法的一门综合性学科。它研究的内容包括：

（1）设计过程及程序

设计方法学从系统观点出发来研究产品的设计过程，它将产品（即设计对象）视为由输入、转换、输出三要素组成的系统，重点讨论将功能要求转化为产品结构图样的这一设计过程，并分析设计过程的特点，总结设计过程的思维规律，寻求合理的设计程序。

（2）设计思维

设计是一种创新，设计思维应是创造性思维。设计方法学通过研究设计中的思维规律，总结设计人员应具备的科学的创造性思维方法和技术。

（3）设计评价

设计方案的优劣如何评价？其核心取决于设计评价指标体系。设计方法学研究和总结评价指标体系的建立，以及应用价值工程和多目标优化技术进行各种定性、定量的综合评价的方法。

（4）设计信息

设计方法学研究设计信息库的建立和应用，即探讨如何把分散在不同学科领域的大量设计信息集中起来，建立各种设计信息库，使之可通过计算机等先进设备方便快速地调阅参考。

（5）现代设计理论与方法的应用

为了改善设计质量，加快设计进度，设计方法学研究如何把不断涌现出的各种现代设计理论与方法应用到设计过程中去，以进一步促进设计自动化的实现。

由上述可知，设计方法是在深入研究设计过程本质的基础上，以系统论的观点研究设计进程和具体设计方法的科学。其目的是总结设计规律性、启发创造性，在给定条件下，实现高效、优质的设计，培养开发性、创造性产品的设计人才。

2.4.3　现代设计方法的特点

通过上述几种典型现代设计方法的内容介绍，可总结出现代设计方法的基本特点如下：

①程式性　研究设计的全过程。要求设计者从产品规则、方案设计、技术设计、施工设计到试验、试制进行全面考虑，按步骤有计划地进行设计。

②创造性　突出人的创造性，发挥集体智慧，力求探寻更多突破性方案，开发创新产品。

③系统性　强调用系统工程处理技术系统的问题。设计时应分析各部分的有机关系，力求系统整体最优，同时考虑技术系统与外界的联系，即人—机—环境的大系统关系。

④最优化　设计的目的是生产出功能全、性能好、成本低、价值最优的产品。设计中不仅考虑零部件参数和性能的最优，更重要的是争取产品的技术系统整体最优。

⑤综合性　现代设计方法建立在系统工程、创造工程的基础上，综合运用信息论、优化论、相似论、模糊论、可靠性理论等自然科学理论和价值工程、决策论、预测论等社会科学理论，同时采用集合、矩阵、图论等数学工具和电子计算机技术，总结设计规律，以提供多种解决设计问题的科学途径。

⑥计算机化　将计算机全面地引入设计，通过设计者和计算机的密切配合，采用先进

的设计方法，提高设计质量和速度。计算机不仅用于设计计算和绘图，同时在信息贮存、评价决策、动态模拟、人工智能等方面将发挥更大作用。

最后要指出，设计是一项涉及多种学科、多种技术的交叉工程，它既需要方法论的指导，也依赖于各种专业理论和专业技术，更离不开技术人员的经验和实践。现代设计方法是在继承和发展传统设计方法的基础上融会新的科学理论和新的技术成果而形成的。因此，学习使用现代设计方法，并不是要完全抛弃传统的方法和经验，而是要让广大设计人员在传统方法和实践经验的基础上掌握一把新的思想钥匙。所以，不能把现代设计与传统设计截然分开，传统设计方法在一些适合的工业产品设计中还在应用。当然，现代设计方法也并非万能良药，现代设计中各种方法都有其特定作用和应用场合，例如优化设计，目前只能在指定方案下进行参数优化，不能自行创造最优设计方案。而计算机辅助设计也只能在"寻找"方面帮助人的脑和手工作，尚不能代替人脑进行"创造性思维"。这就是现代设计与传统设计方法继承与改革的辩证关系。

现代设计方法是一门种类繁多、知识面广的学科群，它所涉及的内容十分广泛，而且随着科学技术的飞速发展，必将会有许多新的设计方法不断涌现，因此它的内容还会不断扩展。

本 章 小 结

本章阐述了机械和机器的概念，从结构和功能的角度分析机器的组成，给出了机构、构件、零件及部件的概念；明确机械设计的基本要求和机械设计的类型，概述了开发型设计一般过程的五个阶段及内容；简述了机械系统方案设计和零部件设计的要求及内容，零件失效的常见形式和六个计算准则；概述了标准化的意义、内容及我国的标准；指出零件材料选用应从使用要求、工艺性及经济性等三方面综合考虑。在分析传统机械设计的局限性的基础上，综述了现代机械设计的两个思想和主要设计方法。

思 考 题

1. 简述机械设计的基本要求。
2. 简述机械设计的一般程序。
3. 什么是零件的标准化，标准化的意义是什么？
4. 机械零件的设计步骤有哪些？
5. 机械零件的主要失效形式有哪些？防止机械零件发生失效的设计准则有哪些？
6. 设计机械零件时应从哪几方面考虑其结构工艺性？试举例并画图说明。
7. 金属材料有哪些基本的机械性能和工艺性能？
8. 何谓钢的热处理？钢的热处理包括哪几种？
9. 金属零件表面处理的目的是什么？处理方法有哪些？
10. 按钢的质量，碳素钢可分为几大类？各类钢的应用范围如何？
11. 钢、合金钢与铸铁的牌号是怎样表示的？说明下列牌号表示的金属材料的含义及主要用途：45、T10A、HT150、5CrMnMo、2Cr13、Q195、20Mn2、40Cr、65Mn、GCr15、9SiCr、W18Cr4V。

12. 钢和铸铁的区别是什么？

13. 机械零件材料选择的一般原则有哪些？

14. 现代设计方法包括哪些内容？

15. 现代设计方法的特点有哪些？

第3章　机构运动简图及平面机构自由度

本章提要

　　了解机构运动简图及平面机构的自由度，是了解机构、对机构进行分析与综合的基础。机构要能正常工作，一般必须具有确定的运动，因而应掌握机构具有确定运动的条件，并在此基础上对机构进行结构分析和速度分析。

3.1　运动副及其分类

3.2　平面机构运动简图

3.3　平面机构自由度

3.4　机构的组成原理和机构分析

3.5　用速度瞬心法对平面机构作速度分析

3.1　运动副及其分类

3.1.1　运动副

当构件组成机构时，各个构件要以一定的方式连接起来，构成保持相对运动的可动连接，这种连接显然不能是刚性的。我们把这种由构件直接接触而组成的可动连接称为运动副。而把构件上能够参加接触而构成运动副的表面称为运动副元素。例如，轴与轴承的配合（图 3-1），滑块与导轨的接触（图 3-2），球面与平面的接触（图 3-3），两齿轮轮齿的啮合（图 3-4）等，都构成了运动副。它们的运动副元素分别为圆柱面和圆孔面、棱柱面和棱孔面，球面与平面，两齿廓曲面。可见，运动副是组成机构的基本要素。

图 3-1　轴与轴承的配合

图 3-2　滑块与导轨的接触

图 3-3　球面与平面的接触

图 3-4　两齿轮轮齿的啮合

两构件在未构成运动副之前，在空间中共有 6 个相对运动的自由度。当两构件构成运动副之后，它们之间的相对运动将受到约束。但由于两构件间还要产生某些相对运动，可知两构件构成运动副后受到的约束最少为 1（如图 3-3 所示的运动副），最多为 5（如图 3-2 所示的运动副）。运动副的自由度（以 f 表示）和约束数（以 s 表示）的关系为 $f = 6 - s$。

3.1.2　运动副的分类

运动副的主要分类方式有以下几种：

①根据引入的约束的数目进行分类　两构件构成运动副后受到的约束最少为 1，最多为 5。我们把引入一个约束的运动副称为Ⅰ级副，引入两个约束的运动副称为Ⅱ级副，依

此类推。

②根据构成运动副的两构件的接触情况进行分类　凡是两构件通过点或线接触而构成的运动副，统称为高副（如图 3-3 所示的运动副）；通过面接触而构成的运动副，称为低副（如图 3-1、图 3-2 所示的运动副）。

③根据封闭方式不同分类　为了使运动副元素始终保持接触，运动副必须封闭。凡借助于构件形状所产生的几何约束来封闭的运动副，称为几何封闭或形封闭运动副（图 3-1、图 3-2）；而借助于重力、弹簧力、气液压力等来封闭的运动副，称为力封闭运动副（图 3-3）。

④根据构成运动副的两构件间的相对运动的不同分类　两构件之间的相对运动为转动的运动副称为转动副，也称铰链（图 3-1）；相对运动为移动的运动副称为移动副（图 3-2）；相对运动为球面运动的运动副称为球面副［图 3-5（a）］；相对运动为螺旋运动的运动副称为螺旋副［图 3-5（b）］。

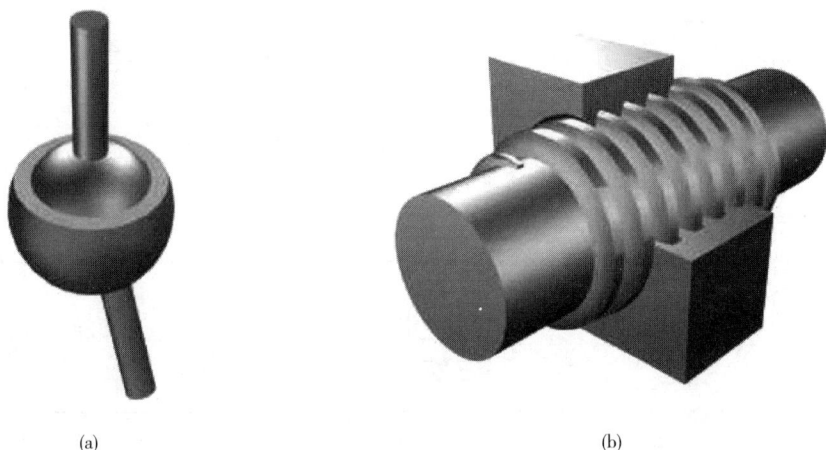

(a)　　　　　　　　　　　　　　　　(b)

图 3-5　球面副和螺旋副

此外，还可以把构成运动副的两构件之间的相对运动为平面运动的运动副统称为平面运动副，两构件之间的相对运动为空间运动的运动副统称为空间运动副。

为了便于表示运动副和绘制机构运动简图，运动副常用简单的图形符号来表示。表 3-1 为常用运动副的类型及其代表符号（图中画有阴影线的构件代表固定构件）。

表 3-1　常用运动副的符号

运动副名称	运动副符号	
	两运动构件构成的运动副	两构件之一为固定时的运动副
转动副		
移动副		

运动副名称	运动副符号	
	两运动构件构成的运动副	两构件之一为固定时的运动副
平面高副		
点接触高副		
圆柱副		
球面副 球销副		
螺旋副		

3.1.3 机 构

构件通过运动副的连接而构成的可相对运动的系统称为运动链。在运动链中，如果将其中某一构件加以固定而成为机架，则该运动链便成为机构，一般情况下，机架相对于地面是固定不动的，但机械若是安装在车、船、飞机等上时，那么机架相对于地面则可能是运动的。机构中按给定的已知运动规律独立运动的构件称为原动件，常在其上画转向箭头表示；而其余活动构件则称为从动件，从动件的运动规律取决于原动件的运动规律和机构的结构及构件的尺寸。机构也可分为平面机构和空间机构两类，其中平面机构应用最为广泛。

3.2 平面机构运动简图

在对现有机械进行分析或设计新机械时，都需要绘出其机构运动简图。由于机构各部分的运动是由其原动件的运动规律、该机构中各运动副的类型和机构的运动尺寸(确定各运动副相对位置的尺寸)来决定的，而与构件的外形(高副机构的运动副元素除外)、断面尺寸、组成构件的零件数目及固联方式等无关，所以，只要根据机构的运动尺寸，按一定的比例尺定出各运动副的位置，就可将机构的运动传递情况表示出来，这种用以表示机构运动传递情况的简化图形，称为机构运动简图。根据该图对机械进行运动及动力分析，就变得十分简明和方便了。

绘制机构运动简图的方法和步骤如下：

①定出原动件和输出构件，然后搞清楚原动件和输出构件之间运动的传递路线，组成机构的构件数目及连接各构件的运动副的类型和数目，测量出各个构件上与运动有关的尺寸。

②恰当地选择投影面，一般可以选择机构的多数构件的运动平面作为投影面。必要时也可以就机构的不同部分选择两个或两个以上的投影面，然后展到同一图面上，或者把主机构运动简图上难以表示清楚的部分另绘成局部简图。

③选择适当的比例，定出各运动副的相对位置，以简单的线条和规定的符号给出机构运动简图。

运动简图中的常用符号见表 3-2 所列。

表 3-2　运动简图中的常用符号

名称	符　号	名称	符　号
活动构件	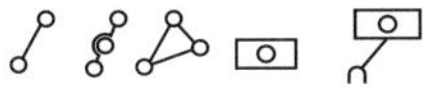	圆柱齿轮传动	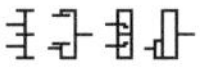
固定构件	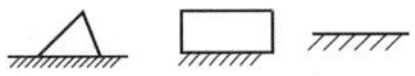	圆锥齿轮传动	
回转副		齿轮齿条	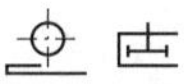
移动副	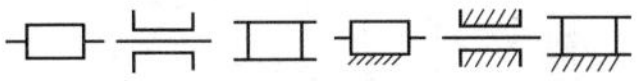	蜗轮蜗杆	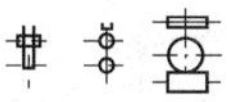
球面副		向心轴承	
螺旋副		推力轴承	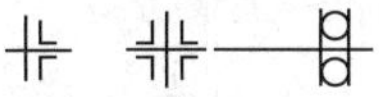
零件与轴连接	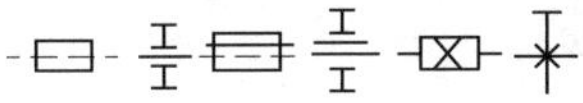	向心推力轴承	
凸轮与从动件	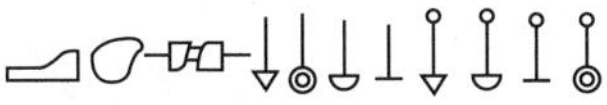	弹簧	
槽轮传动	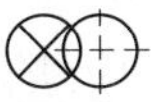	联轴器	
棘轮传动		离合器	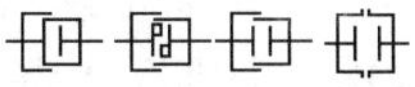
带传动		制动器	
链传动	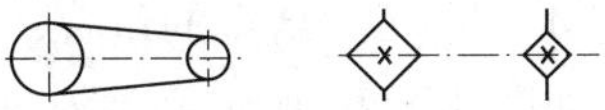	原动机	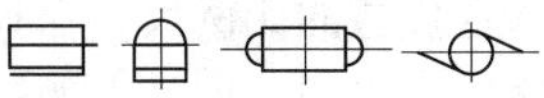

在绘制机构运动简图时，首先要搞清楚该机械的实际构造和运动传递情况。为此，需确定其原动件和执行部分(即直接执行生产任务的部分或最后输出运动的部分)，然后再沿运动传递的路线搞清楚原动件的运动是怎样经过传动部分传递到执行部分的，从而认清该机械是由多少构件组成的，各构件之间组成了何种运动副以及它们所在的相对位置(如转动副中心的位置、移动副导路的方位和平面高副接触点的位置等)，这样，才能正确地绘出其机构运动简图。

为了将机构运动简图表示清楚，一般选择机械多数构件的运动平面为视图平面，允许把机械不同部分的不同视图展到同一视图面上，或对难于表示清楚的部分，另外绘制一局部简图。总之，以能简单清楚地把机械的结构及运动传递情况正确地表示出来为原则。

在选定视图平面和机械原动件的某一适当位置后，便可选择适当的比例尺，定出各运动副之间的相对位置，并用各种运动副的代表符号和常用机构运动简图符号等，将机构运动简图画出来。

下面举例说明机构运动简图的画法。

【例 3-1】　图 3-6(a)所示为一颚式破碎机。当曲轴 1 绕轴心 A 连续转动时，动颚板 2 绕轴心 B 往复摆动，从而把矿石轧碎。试绘制此破碎机构运动简图。

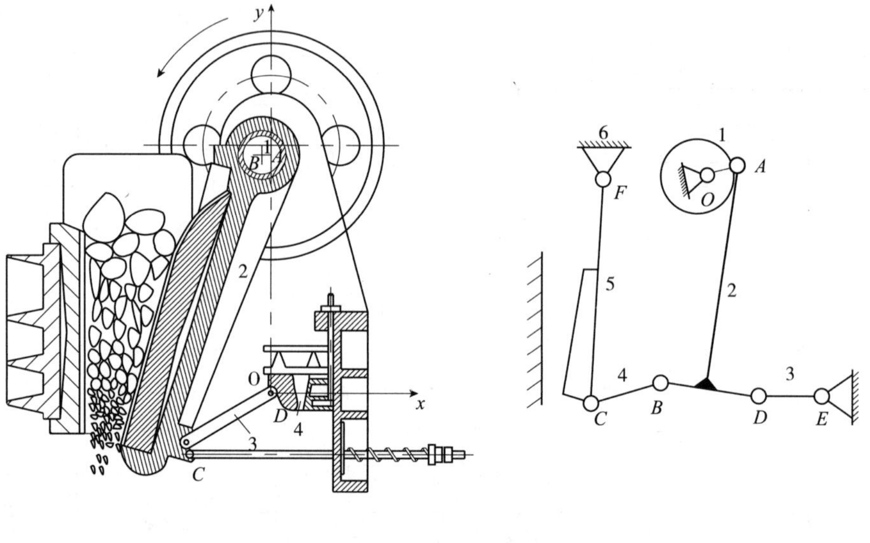

(a)　　　　　　　　　　　　　(b)

图 3-6　颚式破碎机

解　此破碎机的原动件是曲轴 1，输出构件是动颚板。运动是由曲轴传递给动颚板 2。由此可知，该破碎机是由曲轴 1、构件 2、构件 3 和机架 4 共四个构件组成。其中曲轴 1 与机架 4 及构件 2 分别在 A 点及 B 点构成转动副，构件 2 与构件 3 在 C 点构成转动副，构件 3 与机架 4 在 D 点构成转动副。由此可见，连接组成破碎机的四个构件共构成了四个转动副。

由于破碎机的三个活动构件的运动平面都平行于绘图的纸面，所以选择该纸面为投影面，选定合适的比例尺，在投影面上画出转动副在 A、B、C、D 点的位置，然后，分别用直线段连接属于同一构件上的运动副。这样就绘出了如图 3-6(b)所示的破碎机机构运动简图。

3.3　平面机构自由度

3.3.1　平面机构的自由度

（1）机构自由度

机构能够产生的独立运动的数目，称为机构的自由度。在对机构进行结构、运动及动力分析之前，必须研究机构的自由度，以确定使机构有确定运动规律所需的独立运动数目。

（2）平面机构自由度计算公式

自由运动构件通过运动副连接而组成机构时，由于运动副的约束，其构件自由度将减少。而平面机构中的运动副只能由平面低副（转动副和移动副）和平面高副组成。对于构成运动副的两构件，转动副和移动副分别限制了两个运动（即两个移动和一个移动、一个转动）从而减少了两个自由度；平面高副仅限制了一个方向的移动，即减少一个自由度。设平面机构有 n 个活动构件，P_L 个低副，P_H 个高副，则组成机构前构件共有 $3n$ 个自由度，组成机构后将减少 $2P_L + P_H$ 个自由度，因此可得平面机构的自由度计算公式为

$$F = 3n - 2P_L - P_H \tag{3-1}$$

式（3-1）就是平面机构自由度的计算公式（又称契贝谢夫公式）。显然，机构自由度 F 取决于活动构件的数目及运动副的类型和数目。

【例3-2】　图3-7所示为铰链四杆机构，试计算其自由度。

解　该机构的活动构件数 $n=3$，低副数 $P_L=4$，高副数 $P_H=0$，由式（3-1）得机构自由度为

$$F = 3n - 2P_L - P_H = 3 \times 3 - 2 \times 4 - 0 = 1$$

【例3-3】　图3-8所示为凸轮机构，试计算其自由度。

解　该机构的活动构件数 $n=2$，低副数 $P_L=2$，高副数 $P_H=1$，故该机构自由度为

$$F = 3n - 2P_L - P_H = 3 \times 2 - 2 \times 2 - 1 = 1$$

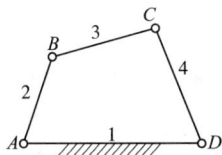

图3-7　铰链四杆机构　　　　　　图3-8　凸轮机构

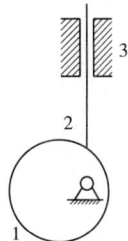

3.3.2　平面机构具有确定运动的条件

为了按照一定的要求进行运动的传递及变换，当机构的原动件按给定的运动规律运动时，该机构中的其余构件的运动也都应是完全确定的。一个机构在什么条件下才能实现确定的运动呢？为了说明这个问题，下面我们先来分析几个例子。

图 3-9 所示为由四个构件组成的铰链四杆机构。在此机构中，如果给定一个独立的运动参数，例如构件 1 的角位移规律 $\Phi(t)$，则不难看出，此时其余构件的运动便都完全确定了。

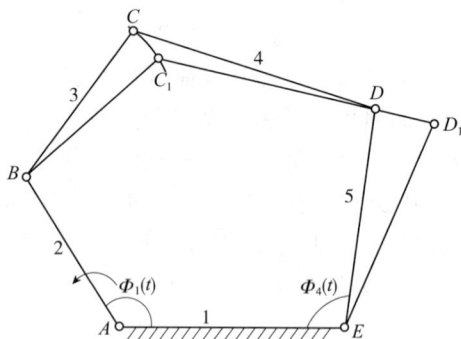

而图 3-10 所示为铰链五杆机构，在此机构中，如果也只给定一个独立的运动参数，如构件 1 的角位移规律 $\Phi_1(t)$，此时构件 2、3、4 的运动并不能确定。例如当构件 1 占有位置 AB 时，构件 2、3、4 可以占有位置 $BCDE$，也可以占有位置 BC_1D_1E 或其他位置；但是，如果再给定另一个独立的运动参数，如构件 4 的角位移规律 $\Phi_4(t)$，即同时给定两个独立的运动参数，则不难看出，此机构各构件的运动便完全确定了。

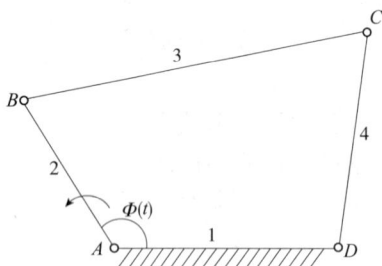

图 3-9　铰链四杆机构　　　　　　　　图 3-10　铰链五杆机构

上述铰链四杆机构的自由度为 1，而铰链五杆机构的自由度为 2。由于一般机构的原动件都是和机架相连的，对于这样的原动件，只能给定一个独立的运动参数。所以，在此情况下，为了使机构具有确定的运动，则机构的原动件的数目应等于机构的自由度的数目，这就是机构具有确定运动的条件。当机构不满足这一条件时，如果机构的原动件数目小于机构的自由度，机构的运动将不确定；如果原动件数目大于机构的自由度，则将导致机构中最薄弱环节的损坏。

下面我们通过实例分析平面机构具有确定的相对运动的条件。

【例 3-4】　试计算图 3-6 所示颚式破碎机主体机构的自由度。

解　由机构运动简图可知，该机构共有 5 个活动构件，各构件间构成了 7 个转动副，没有高副，即 $n=5$，$P_L=7$，$P_H=0$，故该机构的自由度为

$$F = 3n - 2P_L - P_H = 3 \times 5 - 2 \times 7 = 1$$

该机构具有一个原动件（曲轴 1），与机构的自由度相等，故当原动件运动时，则从动件随之作确定的运动。

【例 3-5】　试计算图 3-11 所示平面五杆机构的自由度。

解　由图可知，该机构共有 4 个活动构件和 5 个转动副，没有高副，故该机构的自由度为

$$F = 3n - 2P_L - P_H = 3 \times 4 - 2 \times 5 - 0 = 2$$

在此机构中，如果构件 1 按运动参数 $\Phi_1 = \Phi_1(t)$ 独立运动，此时，构件 2、3、4 的运动并不能确定。例如，当构件 1 占据位置 AB 时，构件 2、3、4 可以占据位置 BC、CD 和 DE，也可以占据位置 BC_1、C_1D_1 和 D_1E，或者是占据其他位置。但是，再给定另一个独

立的运动参数，使构件 4 按运动参数 $\Phi_4 = \Phi_4(t)$ 独立运动，即同时给定两个独立的运动参数，则不难看出，当构件 1 和构件 4 占据位置 AB 和 DE 时，构件 2 和构件 3 的位置 BC 和 CD 是唯一确定的，也就是说，此时机构的运动是确定的。

【例 3-6】 试计算图 3-12 所示平面机构的自由度。

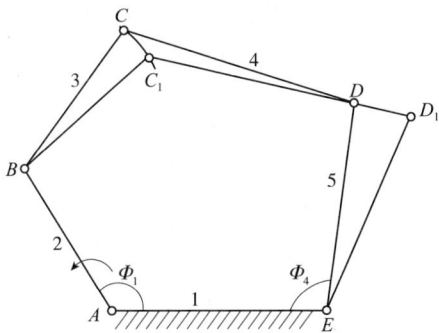

图 3-11 平面五杆机构   图 3-12 平面机构

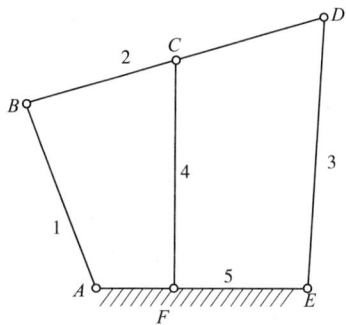

解 由图可知，该机构共有 4 件活动构件和 6 个转动副，没有高副，故该机构的自由度为

$$F = 3n - 2P_L - P_H = 3 \times 4 - 2 \times 6 = 0$$

显然，该机构的各构件间不可能产生相对运动，严格地讲，已不能称其为机构了。

综上所述，机构具有确定运动的条件是：

① 机构的自由度 $F > 0$；

② 机构的原动件数目等于机构的自由度 F。

3.3.3 计算平面机构的自由度时注意事项

在计算机构的自由度时，往往会遇到按公式计算出的自由度数与机构的实际自由度数不相符合的情况。这是因为在计算机构的自由度时，还有某些应注意的事项未能正确处理的缘故。现将应注意的主要事项简述如下。

3.3.3.1 要正确计算运动副的数目

在计算机构的运动副数时，必须注意如下三种情况：

① 三个或三个以上构件在同一轴线上用转动副相连接构成复合铰链。图 3-13 所示为三个构件的同一轴线上构成两个转动副的复合铰链。可以类推，若有 m 个构件构成同轴复合铰链，则应具有 $m - 1$ 个转动副。在计算机构的自由度时，应注意识别复合铰链，以免漏算运动副的数目。

【例 3-7】 试计算图 3-14 所示摇筛机构的自由度。

解 图中粗看似乎是 5 个活动构件和 A、B、C、D、E、F 铰链组成六个转动副，由公式得

$$F = 3n - 2P_L - P_H = 3 \times 5 - 2 \times 6 - 0 = 3$$

如果真如此，则必须有三个原动件才能使机构有确定的运动，但这与实际情况显然不符，事实上，整个机构只要一个构件即构件 1 作为原动件即能使运动完全确定下来。这种

计算错误是因为忽略了构件 2、3、4 在铰链 C 处构成了复合铰链，组成两个同轴转动副而非一个转动副之故，故总的转动副数 $P_\mathrm{L}=7$，而非 $P_\mathrm{L}=6$，据此按式(3-1)计算得 $F=3\times5-2\times7-0=1$，便与实际情况相符了。

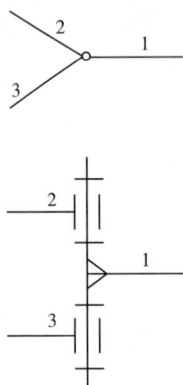

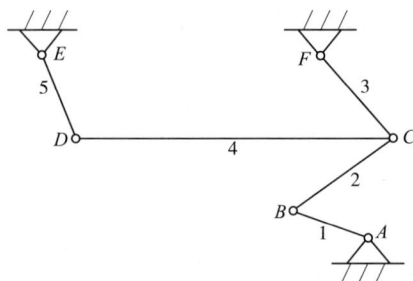

图 3-13　复合铰链　　　　　　　　图 3-14　摇筛机构

②如果两构件在多处接触而构成移动副，且移动方向彼此平行或重合(图 3-15)，则只能算一个移动副；如果两构件在多处相配合而构成转动副，且转动轴线重合(图 3-16)，则只能算一个转动副；如果两构件在多处相接触而构成平面高副，且各接触点处的公法线彼此重合(图 3-17)，则只能算一个运动副(一个转动副、一个移动副或一个平面高副)。

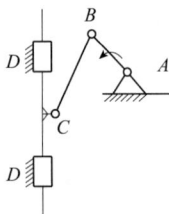
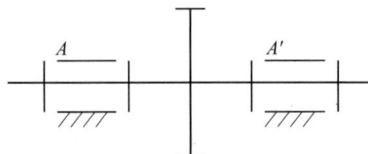
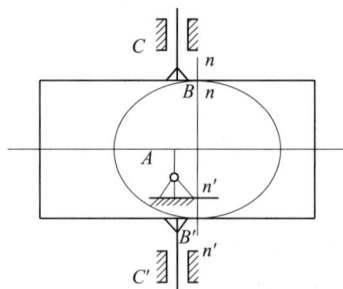

图 3-15　移动副　　　　　　图 3-16　转动副　　　　　　图 3-17　平面高副

③如果两构件在多处接触而构成平面高副，但各接触点处的公法线方向并不彼此重合(图 3-18)，则相当于一个低副[图(a)相当于一个转动副，图(b)相当于一个移动副]。

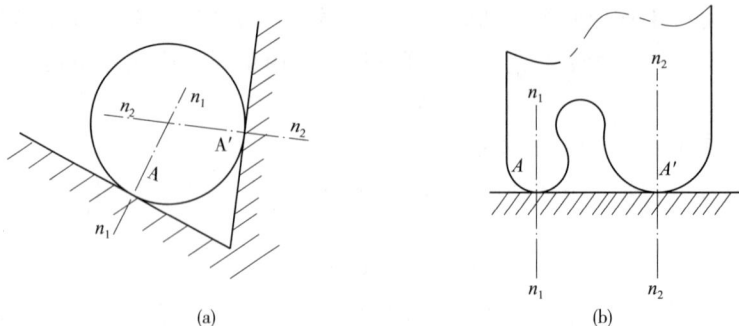

(a)　　　　　　　　　　　　　　(b)

图 3-18　平面高副

3.3.3.2 要除去局部自由度

不影响机构中输出与输入运动关系的个别构件的独立运动，称为局部自由度（或多余自由度），在计算机构自由度时应予排除。

【例3-8】 试计算图3-19所示滚子从动件凸轮机构的自由度。

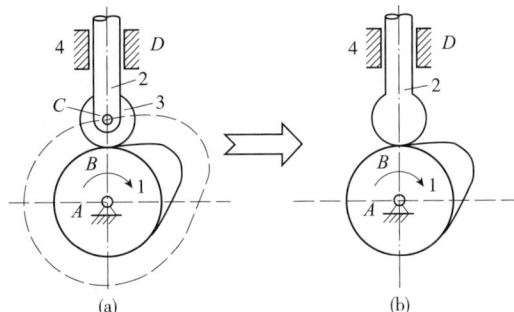

图3-19 滚子凸轮机构

解 粗分析，图示凸轮1、从动杆2、滚子3三个活动构件，组成两个转动副、一个移动副和一个高副，按公式得 $F = 3n - 2P_L - P_H = 3 \times 3 - 2 \times 3 - 1 = 2$，表明该机构有两个自由度；这与实际情况不符，因为实际上只要有凸轮1一个原动件，从动杆2即可按一定规律作确定的运动。进一步分析可知，滚子3绕其轴线 C 的自由转动不论正转或反转甚至不转都不影响从动杆2的运动规律，因此滚子3的转动应看作是局部自由度，即多余自由度，在正确计算自由度时应予除去不计。这时可如图3-19（b）所示，将滚子与从动杆固联作为一个构件看待，即按 $n = 2$、$P_L = 2$、$P_H = 1$ 来考虑，则由公式得

$$F = 3n - 2P_L - P_H = 3 \times 2 - 2 \times 2 - 1 = 1$$

这便与实际情况相符了。

局部自由度虽然不影响机构输入与输出运动关系，但上例中的滚子可使高副接触处的滑动摩擦变成滚动摩擦，从而提高效率、减少磨损。在实际机械中常有这类局部自由度出现。

3.3.3.3 要除去虚约束

在运动副引入的约束中，有些约束对机构自由度的影响与其他约束重复，这些重复的约束称为虚约束（或消极约束），在计算机构自由度时也应除去不计。

【例3-9】 图3-20所示机构，各构件的长度为 $l_{AB} = l_{CD} = l_{EF}$，$l_{BC} = l_{AD}$，$l_{CE} = l_{DF}$，试计算其自由度。

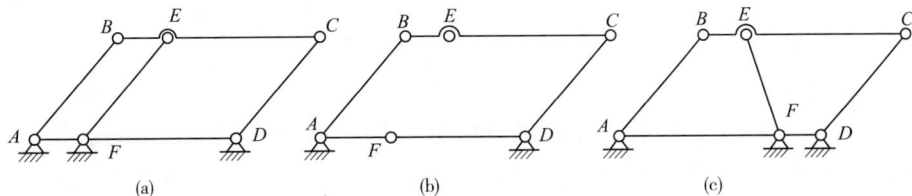

图3-20 虚约束示例

解 粗分析，$n=4$，$P_L=6$，$P_H=0$，由公式得 $F=3n-2P_L-P_H=3\times4-2\times6-0=0$，显然这也与实际情况不符。若将构件 EF 除去，转动副 E、F 也就不复存在，则成为图 3-20(b) 所示的平行四边形机构；此时，$n=3$，$P_L=4$，$P_H=0$，由公式得 $F=3n-2P_L-P_H=3\times3-2\times4-0=1$，而其运动情况仍与图 3-20(a) 所示一样，$E$ 点的轨迹为以 F 点为圆心、以 $l_{CD}(l_{EF})$ 为半径的圆。这表明构件 EF 与转动副 E、F 存在与否对整个机构的运动并无影响，加入构件 EF 和两个转动副引入了三个自由度和四个约束，增加的这个约束是虚约束，它是构件间几何尺寸满足某些特殊条件而产生的，计算机构自由度时，应将产生虚约束的构件连同带入的运动副一起除去不计，化为图 3-20(b) 的形式计算。但若机构如图 3-20(c) 所示，$l_{CE}\neq l_{DF}$，则构件 EF 并非虚约束，该传动链的自由度为零，不能运动。

机构中经常会有消极约束存在，如两个构件之间组成多个导路平行的移动副[图 3-21(a)]，只有一个移动副起约束作用，其余都是虚约束；如两个构件之间组成多个轴线重合的转动副[图 3-21(b)]，也只有一个转动副起约束作用，其余都是虚约束。机械中常设计有虚约束，对运动情况虽无影响，但往往能使受力情况得到改善。

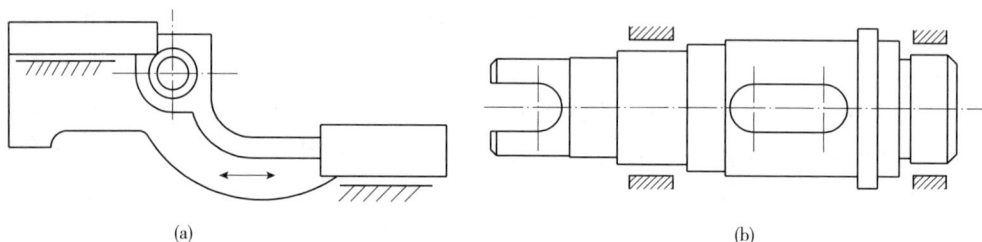

(a)　　　　　　　　　　　　　　　　　(b)

图 3-21　虚约束示例

3.4　机构的组成原理和机构分析

3.4.1　机构的组成原理

我们知道，机构具有确定运动的条件是其原动件数应等于其所具有的自由度数。因此，如将机构的机架及与机架相连的原动件从机构中拆分开来，则由其余构件组成的构件组必然是一个自由度为零的构件组，而这个自由度为零的构件组，有时还可以再拆成更简单的自由度为零的构件组。我们把最后不能再拆的最简单的自由度为零的构件组，称为基本杆组或阿苏尔杆组，简称杆组。根据上面的分析可知，任何机构都可以看作是由若干个基本杆组依次连接于原动件和机架上而构成的。这就是机构的组成原理。

根据上述原理，当对现有机构进行运动分析或动力分析时，可将机构分解为机架和原动件及若干个基本杆组，然后对相同的基本杆组以相同的方法进行分析。例如，对于图 3-22(a) 所示的平面机构，因其自由度 $F=1$，故只有一个原动件。如将原动件 1 及机架 6 与其余构件拆开[图 3-22(b)]，则由构件 2、3、4、5 所构成的杆组的自由度为零，且其还可以再拆分为由构件 2 与 3 和构件 4 与 5 所组成的两个基本杆组[图 3-22(c)]，它们的自由度均为零。反之，当设计一新机构的简图时，可选定一机架，并将数目等于机构自由度数的 F 个原动件用运动副联于机架上，然后再将一个个基本杆组依次联于机架和原动件上而构成。如上述平面机构就可看作是由两个基本杆组依次连接于原动件 1 和机架 6 上而构成的(图 3-23)。

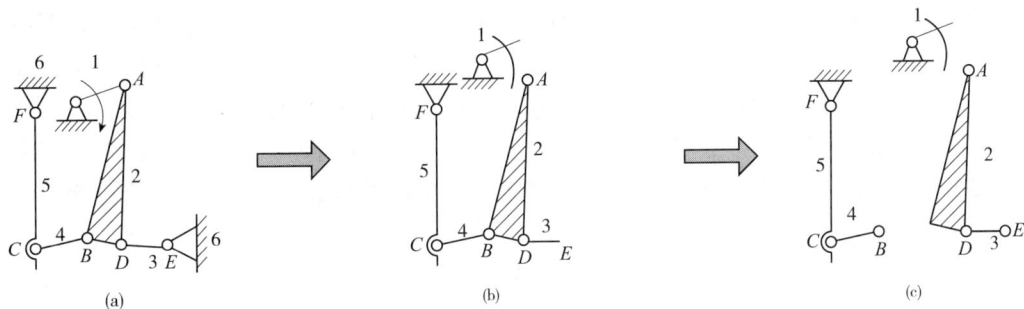

图 3-22 杆组拆分示例

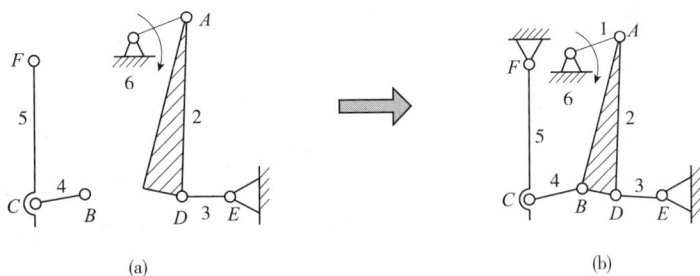

图 3-23 杆组组合示例

3.4.2 平面机构的结构分析

机构结构分析的目的是了解机构的组成，并确定机构的级别。在对机构进行结构分析时，首先应正确计算机构的自由度(注意除去机构中的虚约束和局部自由度)，并确定原动件，然后从远离原动件的构件开始拆杆组。先试拆Ⅱ级组，若不成，再拆Ⅲ级组。每拆出一个杆组后，留下的部分仍应是一个与原机构有相同自由度的机构，直至全部杆组拆出只剩下原动件和机架为止。最后确定机构的级别。如对上述机构进行结构分析时，取构件 1 为原动件，可依次拆出构件 5 与 4 和构件 2 与 3 两个Ⅱ级杆组，最后剩下原动件 1 和机架 6。由于拆出的最高级别的杆组是Ⅱ级组，故该机构为Ⅱ级机构。如果取原动件为构件 5，则这时只可拆下一个由构件 1、2、3 和 4 组成的Ⅲ级杆组，最后剩下原动件 5 和机架 6，此时机构将成为Ⅲ级机构。由此可见，同一机构因所取的原动件不同，有可能成为不同级别的机构。但当机构的原动件确定后，杆组的拆法和机构的级别即为一定。

上面所介绍的是假设机构中的运动副全部为低副的情况。如果机构中尚含有高副，则为了分析研究方便，可根据一定的条件将机构中的高副虚拟地以低副来代替，然后再如上述进行结构分析和分类。

3.5 用速度瞬心法对平面机构作速度分析

3.5.1 速度瞬心的概念及机构中速度瞬心的数目

做平面运动的两构件，在任一瞬时都可认为它们是在绕某一点作相对转动。该点即为两构件的速度瞬心，简称瞬心。显然，两构件在瞬心处的相对速度为零，或者说绝对速度相等。故瞬心可定义为两构件上的瞬时等速重合点。若该点的绝对速度为零，为绝对瞬心，否则便为相对瞬心。今后将用符号 P_{ij} 表示构件 i 和 j 间的瞬心。因为机构中每两个构件间就有一个瞬心，故由 N 个构件(含机架)组成的机构的瞬心总数 K，根据排列组合的知识可知为

$$K = N(N-1)/2 \tag{3-2}$$

3.5.2 速度瞬心的求法

各瞬心位置的确定方法如下：

(1)由瞬心定义确定瞬心的位置

对于通过运动副直接相连的两构件间的瞬心很易确定，如图 3-24 所示，以转动副相连接的两构件的瞬心就在转动副的中心处[图 3-24(a)]；以移动副相连接的两构件间的瞬心位于垂直于导路方向的无穷远处[图 3-24(b)]；以平面高副相连接的两构件间的瞬心，当高副两元素作纯滚动时就在接触点处[图 3-24(c)]，当高副两元素间有相对滑动时，则在过接触点高副元素的公法线上[图 3-24(d)]。

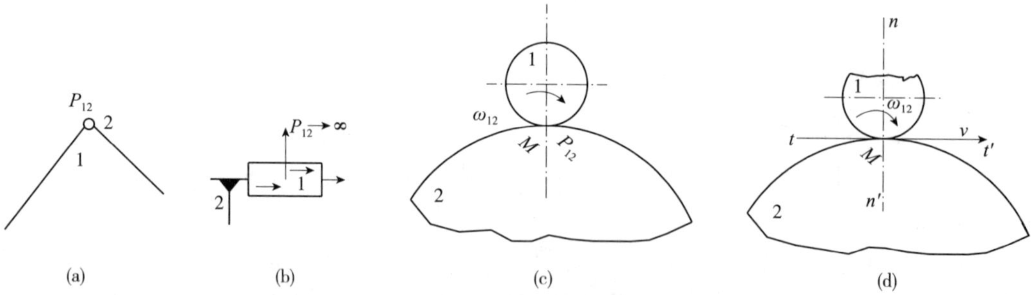

图 3-24 瞬心位置确定

(2)借助三心定理确定瞬心的位置

对于不通过运动副直接相连的两构件间的瞬心位置，可借助三心定理来确定。三心定理即指三个彼此作平面平行运动的构件的三个瞬心必位于同一直线上。因为只有三个瞬心位于同一直线上，才有可能满足瞬心为等速重合点的条件。

下面举例说明其应用：

在图 3-25 所示的平面铰链四杆机构中，瞬心 P_{12}、P_{23}、P_{34}、P_{14} 的位置可直观地加以确定，面其余两瞬心 P_{13}、P_{24} 则不能直观地予以确定。但根据三心定理，对于构件 1、2、3 来说，P_{13} 必在 P_{12} 及 P_{23} 的连线上，对于构件 1、4、3 来说，P_{13} 又应在 P_{14} 及 P_{34} 的连线上，故上述两线的交点即为瞬心 P_{13}；同理可求得瞬心 P_{24}。

3.5.3 速度瞬心在机构速度分析中的应用

下面举例来说明应用速度瞬心概念对机构进行速度分析的方法。

试求图 3-25 在图示位置时从动件 4 的角速度。因为已确定的瞬心 P_{24} 为构件 2、4 的等速重合点，故有

$$\omega_2 \overline{P_{12}P_{24}}\mu_1 = \omega_4 \overline{P_{14}P_{24}}\mu_1$$

式中，μ_1 为机构的比例尺，是构件的真实长度与图示长度之比，单位为 m/mm 或 mm/mm。

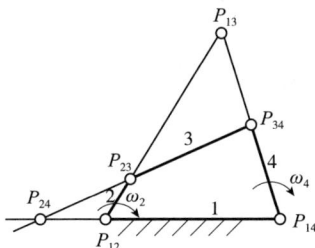

图 3-25 铰链四杆机构   图 3-26 凸轮机构

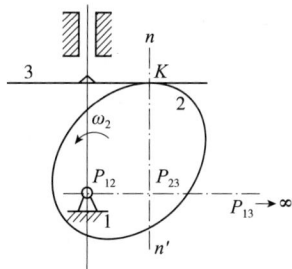

由上式可得

$$\omega_4 = \omega_2 \overline{P_{12}P_{24}}/\overline{P_{14}P_{24}} \quad （顺时针）$$

或

$$\omega_2/\omega_4 = \overline{P_{14}P_{24}}/\overline{P_{12}P_{24}}$$

上式中，ω_2/ω_4 为机构中原动件 2 与从动件 4 的瞬时角速度之比，称为机构的传动比（或传递函数）。由式可见，该传动比等于该两构件的绝对瞬心至其相对瞬心距离的反比。

又如图 3-26 所示的凸轮机构，设已知各构件的尺寸及凸轮的角速度 ω_2，求从动件 3 的移动速度。

如图 3-26 所示，过高副元素的接触点 K 作其公法线 nn'，由前述可知，其与瞬心连线 $P_{12}P_{13}$ 的交点即为瞬心 P_{23}，为 2、3 两构件的等速重合点。故可得所求速度为

$$v = v_{P_{23}} = \omega_2 \overline{P_{12}P_{23}}\mu_1 \quad （方向垂直向上）$$

利用瞬心法对机构进行速度分析虽较简便，但当某些瞬心位于图样之外时，将给求解造成困难。同时，速度瞬心法不能用于机构的加速度分析。

本 章 小 结

本章主要介绍了运动副及机构运动简图的相关基本概念，重点讲解了平面机构自由度的概念及计算方法，以及机构的组成原理和速度分析等内容。通过本章的学习，要求了解和掌握机构运动简图的绘制和平面机构自由度的计算方法，以及运用速度瞬心法对平面机构进行速度分析。

思 考 题

1. 何为构件？何为运动副及运动副元素？运动副是如何进行分类的？

2. 机构运动简图有何用处？它能表示出原机构哪些方面的特征？

3. 机构具有确定运动的条件是什么？当机构的原动件数少于或多于机构的自由度时，机构的运动将发生什么情况？

4. 在计算平面机构的自由度时，应注意哪些事项？你自己身上腿部的髋关节、膝关节和踝关节分别可视为何种运动副？试画出仿腿部机构的机构运动简图，并计算其自由度。

5. 何为三心定理？何种情况下的瞬心需要三心定理来确定？

6. 指出题图 3-1 所示机构简图中的复合铰链、局部自由度和虚约束，并计算各机构的自由度。

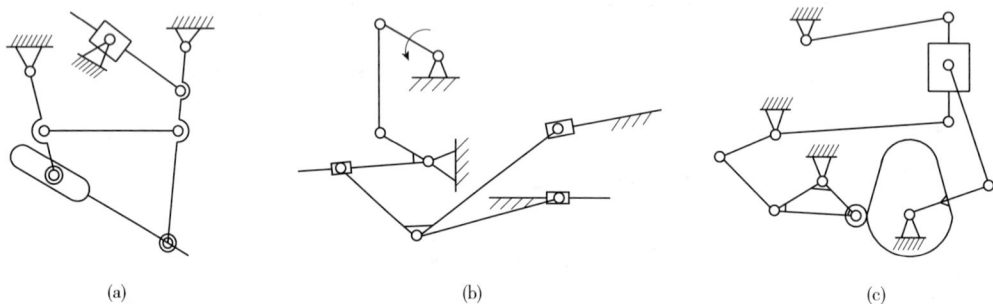

(a)   (b)   (c)

题图 3-1

（a）平炉渣口堵塞机构　（b）加药泵加药机构　（c）锯木机机构

7. 指出题图 3-2 所示机构中的虚约束是什么引起的，并说明有几种可能。

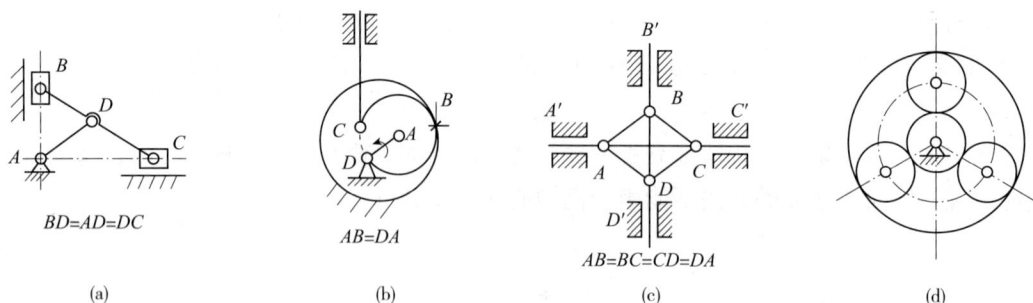

BD=AD=DC   AB=DA   AB=BC=CD=DA

(a)   (b)   (c)   (d)

题图 3-2

（a）椭圆规机构　（b）直线运动机构　（c）对称八杆机构　（d）行星轮机构

8. 验算题图 3-3 所示机构的运动是否确定，并提出其具有确定运动的修改方法（提示：标有箭头的构件为原动件）。

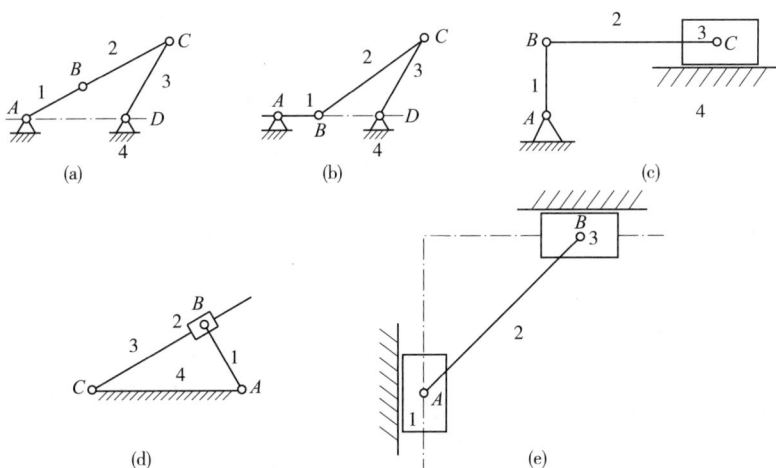

题图3-3

9. 试求题图3-4所示机构在相应图示位置时的所有瞬心。

题图3-4

10. 在题图3-5所示的凸轮机构中，已知 $r = 50\text{mm}$，$l_{OA} = 22\text{mm}$，$l_{AC} = 80\text{mm}$，凸轮1以等角速度 $\omega_1 = 10\text{rad/s}$，逆时针方向转动。试用瞬心法求从动件2的角速度 ω_2。

11. 求出题图3-6所示导杆机构的全部瞬心和构件1、3的角速比。

12. 求出题图3-7所示正切机构的全部瞬心。设 $\omega_1 = 10\text{rad/s}$，求构件3的速度 v_3。

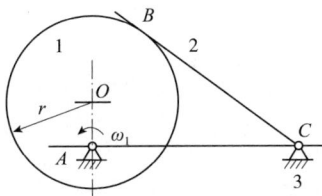

题图3-5

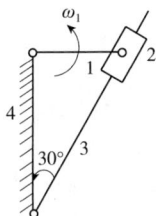

题图3-6

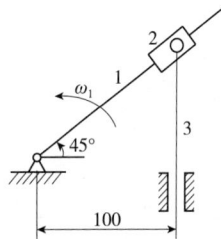

题图3-7

13. 题图3-8所示为摩擦行星传动机构，设行星轮2与构件1、4保持纯滚动接触，试用瞬心法求轮1与2的角速比 ω_1/ω_2。

14. 题图3-9所示为曲柄滑块机构，已知 $l_{AB} = 100\text{mm}$，$l_{BC} = 250\text{mm}$，$\omega_1 = 1\text{rad/s}$，求机构全部瞬心、滑块速度 v_3 和连杆角速度 ω_2。

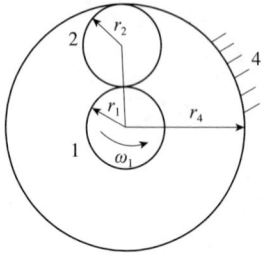

题图3-8

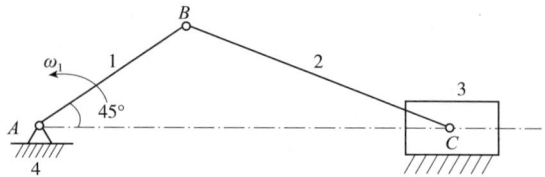

题图3-9

第4章 平面连杆机构

本章提要

平面连杆机构由若干构件用低副连接而成，其基本形式是铰链四杆机构。本章主要以铰链四杆机构为主要研究对象，研究平面四杆机构的基本类型、类型判别及其演化，并对四杆机构的工作特性与设计方法进行阐述。

4.1 铰链四杆机构的基本类型和演化

4.2 平面四杆机构的基本工作特性

4.3 四杆机构的设计

连杆机构由若干构件通过低副连接而成，若各构件均在同一平面或相互平行的平面内运动，就称为平面连杆机构。平面连杆机构的主要作用是传递运动和动力、实现运动形式的转化以及获得设计所需要的运动规律和运动轨迹。平面连杆机构应用广泛，在各行各业的机械设备中，以及在人们日常生活所用的许多器械中处处可见。

连杆机构具有以下优点：①各构件之间均为面接触，接触面积大，压强小，磨损小；②结构简单，易于制造。缺点是：①运动副中存在间隙，数目较多的低副会引起运动误差累积；②高速运转时动载荷较大；③设计比较复杂，不易精确地实现复杂的运动规律。

简单的平面连杆机构是平面四杆机构，它不仅应用最广，而且是组成多杆机构的基础。在四杆机构中，低副全部是铰链的为铰链四杆机构，它是四杆机构的基本形式，其他机构均可以由铰链四杆机构演化得到。

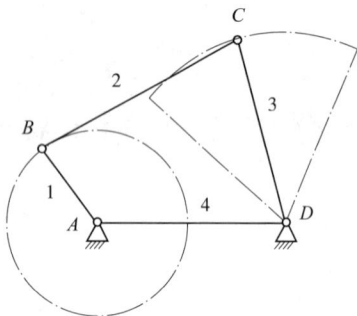

图 4-1　铰链四杆机构

4.1　铰链四杆机构的基本类型和演化

图 4-1 所示为铰链四杆机构，其中固定构件 4 称为机架；与机架相连的杆 1 和杆 3 称为连架杆；不直接与机架相连的构件 2 称为连杆。连架杆中，能绕固定铰链中心做整周转动的称为曲柄，只能在一定角度范围内作摆动的称为摇杆。

4.1.1　铰链四杆机构的基本类型及应用

根据连架杆的运动形式不同，可将铰链四杆机构分为三种基本类型，即曲柄摇杆机构、双曲柄机构和双摇杆机构。

4.1.1.1　曲柄摇杆机构

在铰链四杆机构的两个连架杆中，如果一个是曲柄，另一个是摇杆，即称为曲柄摇杆机构。在这种机构中，当曲柄为原动件时，可将曲柄的匀速转动转变成从动摇杆的变速往复摆动，如图 4-2 所示雷达天线俯仰机构；也有以摇杆为原动件的，这时可将原动件的摆动转化为从动件的转动，如图 4-3 所示缝纫机脚踏板机构。

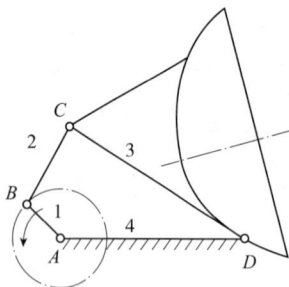

图 4-2　雷达天线俯仰机构

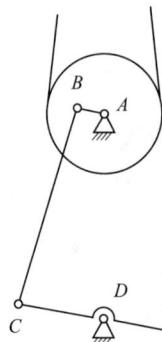

图 4-3　缝纫机脚踏板机构

4.1.1.2 双曲柄机构

若铰链四杆机构中的两个连架杆均为曲柄，则称其为双曲柄机构。当主动曲柄以等角速度连续转动时，从动曲柄则以变角速度连续转动，且其变化幅度相当大，最大值和最小值之比可达2～3。图4-4所示的惯性筛就是利用双曲柄机构的这个特性，使筛子(滑块)6的往复运动具有较大的变动加速度，从而使物料因惯性而达到筛分的目的。

在双曲柄机构中，若相对两杆平行且相等，如图4-5所示，则称为平行双曲柄机构(又称平行四边形机构)。这种机构的运动特点是：两曲柄以相同的角速度同向转动，连杆作平移运动。

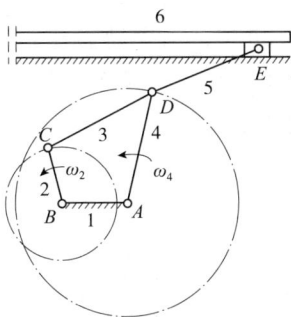

图4-4 惯性筛机构 　　图4-5 平行四边形机构

图4-6所示的机车车轮联动机构就是利用了其两曲柄等速同向转动的特性；图4-7所示天平机构，则利用了连杆(与秤盘固联)做平动的特性。

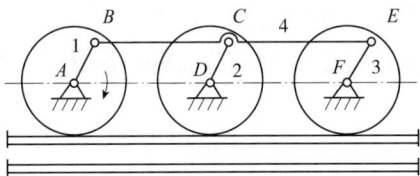

图4-6 车轮联动机构 　　图4-7 天平机构

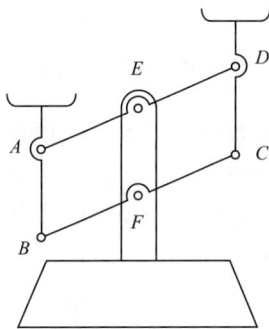

在图4-5所示的平行四边形机构中，当主动曲柄转到与机架共线的位置时，机构处于运动不确定状态，即可能出现如图4-8所示反向双曲柄机构。工程上防止从动曲柄反转常采用如下两种方法：①利用惯性维持从动曲柄转向不变；②利用多组机构来消除运动不确定现象，图4-6所示机车车轮联动机构就是应用实例。

有时也会利用双曲柄机构的曲柄反向转动特性。如图4-9所示车门启闭机构中的ABCD就是反向双曲柄机构，它可使两扇车门同时反向对开或关闭。

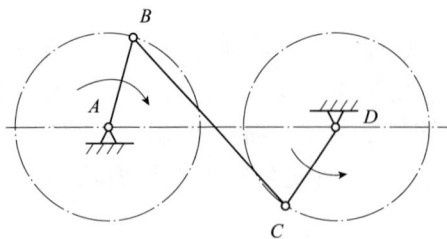

图 4-8 反向双曲柄机构

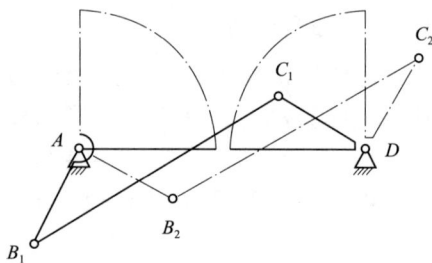

图 4-9 车门启闭机构

4.1.1.3 双摇杆机构

若铰链四杆机构中的两连架杆均为摇杆，如图 4-10 所示，则称为双摇杆机构。如图 4-11所示鹤式起重机中，四杆机构 ABCD 即为一双摇杆机构，当主动摇杆 AD 摆动时，从动摇杆 BC 也随之摆动，而且通过设计，可以找到连杆 CD 上的一点 E，使其运动轨迹近似直线，以避免移动重物过程中的不必要升降所造成的能量消耗。

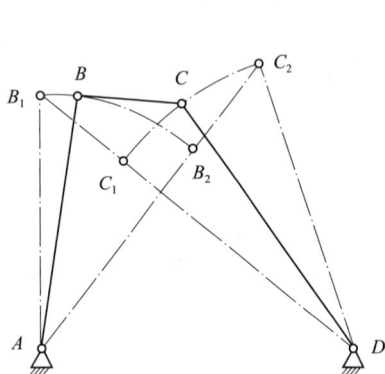

图 4-10 双摇杆机构

图 4-11 鹤式起重机

在双摇杆机构中，若两摇杆长度相等，则称为等腰梯形机构，图 4-12 所示即为等腰梯形机构在汽车前轮转向中的应用。当车轮转向时，通过设计，可近似使两前轮的瞬时转动中心与后轮瞬时转动中心重合为一点 O，以保证各轮相对于路面做纯滚动，减少轮胎因滑动引起的磨损。

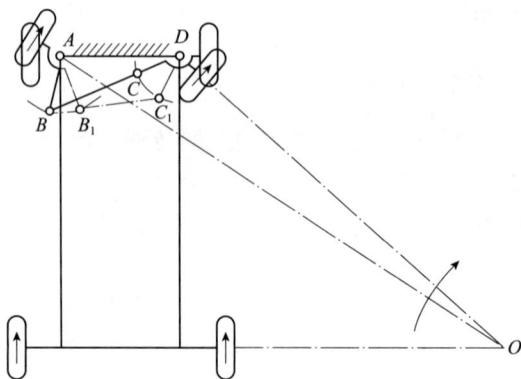

图 4-12 汽车前轮的转向机构

4.1.2　铰链四杆机构的曲柄存在条件

4.1.2.1　曲柄存在的条件

如上所述，铰链四杆机构三种基本类型的区别就在于是否存在曲柄和有几个曲柄，这也是判别铰链四杆机构类型的依据。那么，如何判断机构中有无曲柄存在呢？

曲柄是能够相对机架做360°整周回转的连架杆，在如图4-13所示的曲柄摇杆机构中，倘若 AB 是曲柄，那么 AB 肯定能绕转动副 A 做整周转动，也就是说，AB 必须能顺利通过与机架 AD 共线的两个位置 AB_1 和 AB_2。

设各杆长度分别为 l_1、l_2、l_3 和 l_4，$l_1 < l_4$。从图上可以看出，如果 AB 为曲柄，那么在机构运动过程中，将始终有 $\triangle BCD$ 存在，即使是在曲柄与机架共线的极限情况下，也会构成 $\triangle B_1 C_1 D$ 和 $\triangle B_2 C_2 D$。由三角形 $\triangle B_1 C_1 D$ 的边长关系知，各杆的长度应满足以下关系：

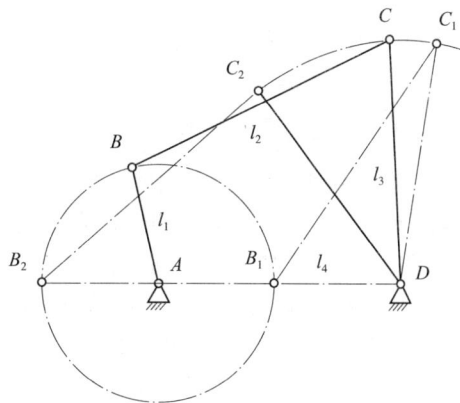

图4-13　曲柄摇杆机构

$$l_2 \leqslant (l_4 - l_1) + l_3$$
$$l_3 \leqslant (l_4 - l_1) + l_2$$

即

$$l_1 + l_2 \leqslant l_3 + l_4 \tag{4-1a}$$
$$l_1 + l_3 \leqslant l_2 + l_4 \tag{4-1b}$$

在 $\triangle B_2 C_2 D$ 中，则又有如下关系：

$$l_1 + l_4 \leqslant l_2 + l_3 \tag{4-1c}$$

将以上三式两两相加可得

$$l_1 \leqslant l_2, \ l_1 \leqslant l_3, \ l_1 \leqslant l_4 \tag{4-2}$$

倘若 $l_1 \geqslant l_4$，可得

$$l_4 + l_1 \leqslant l_2 + l_3 \tag{4-3a}$$
$$l_4 + l_2 \leqslant l_3 + l_1 \tag{4-3b}$$
$$l_4 + l_3 \leqslant l_2 + l_1 \tag{4-3c}$$
$$l_4 \leqslant l_2, \ l_4 \leqslant l_3, \ l_4 \leqslant l_1 \tag{4-4}$$

综合以上诸式，即可得出铰链四杆机构中曲柄存在的条件：

①最短杆与最长杆长度之和小于或等于其他两杆长度之和；

②连架杆或机架为四杆中的最短杆。

4.1.2.2　铰链四杆机构类型的判别

铰链四杆机构的类型与组成机构的各杆件长度有关，也与最短杆所处的位置有关。

当最短杆长度与最长杆长度之和小于或等于其他两杆长度之和时：

①若最短杆做连架杆，机构为曲柄摇杆机构；

②若最短杆做机架，机构为双曲柄机构；

③若最短杆做连杆，机构为双摇杆机构。

当最短杆长度与最长杆长度之和大于其他两杆长度之和时，曲柄不存在，机构为双摇杆机构。

4.1.3 铰链四杆机构的演化

除铰链四杆机构三种基本类型外，在实际机械中，还广泛应用着其他各种类型的四杆机构，这些类型的四杆机构可认为是由铰链四杆机构通过演化而得到的。

4.1.3.1 曲柄滑块机构

在图 4-14(a)所示的曲柄摇杆机构中，摇杆上 C 点的轨迹是以 D 为圆心，以 $\overline{CD}$ 为半径的圆弧 $m-m$。当 $\overline{CD} \to \infty$，如图 4-14(b)所示，C 点的轨迹 $m-m$ 变为直线，于是摇杆演化成为做直线运动的滑块，转动副 D 演化为移动副，机构演化为曲柄滑块机构，如图 4-14(c)所示。

根据滑块的运动轨迹是否通过曲柄转动中心，曲柄滑块机构可分为对心曲柄滑块机构[图 4-14(c)]和偏置曲柄滑块机构(图 4-15)两种。偏置曲柄滑块机构中，C 点的运动轨迹 $m-m$ 与曲柄转动中心 A 之间的距离称为偏距 e。曲柄滑块机构广泛应用于内燃机、空气压缩机、冲床以及许多其他机械中。

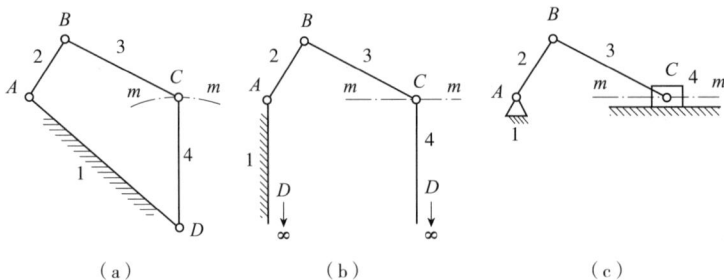

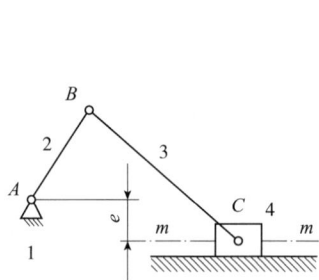

图 4-14　曲柄滑块机构的演化过程　　　图 4-15　偏置曲柄滑块机构

图 4-16 为内燃机工作示意图，构件 1、2、3、4 构成对心曲柄滑块机构，滑块 4(气缸活塞)为原动件，通过其上下移动，带动曲柄 2(曲轴)转动；图 4-17 为自动送料机构的示意图，曲柄 2 每转一周，滑块 4 就从料槽中推出一个工件 5。

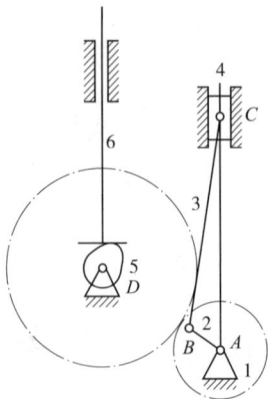

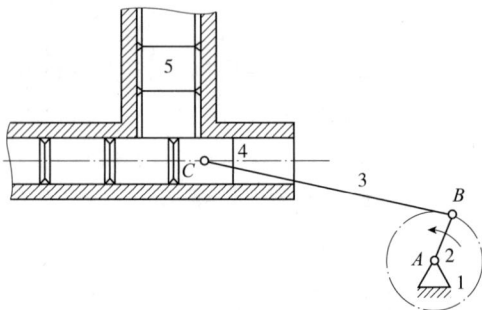

图 4-16　内燃机工作示意图　　　图 4-17　自动送料机构

4.1.3.2 导杆机构

在图4-18(a)所示曲柄滑块机构中，能够相对滑块3做移动的构件4称作导杆，通过选用不同的构件做机架，以及通过改变构件相对尺寸，可形成不同的导杆机构。曲柄滑块机构可以看作是以导杆作机架的导杆机构。

将曲柄滑块机构中的曲柄1作为机架，如图4-18(b)所示，则得到曲柄转动导杆机构，此时杆件2、4都可做整周转动；若在此机构中，$l_1 > l_2$，如图4-19所示，则得到曲柄摆动导杆机构，此时只有杆件2做整周转动，导杆4只能做摆动。将曲柄滑块机构中的连杆2作为机架，如图4-18(c)所示，则得到曲柄摇块机构，此时杆件1做转动，滑块3只能在平面内往复摆动。将曲柄滑块机构中的滑块3作为机架，如图4-18(d)所示，则得到移动导杆机构，此时导杆只能做往复移动。

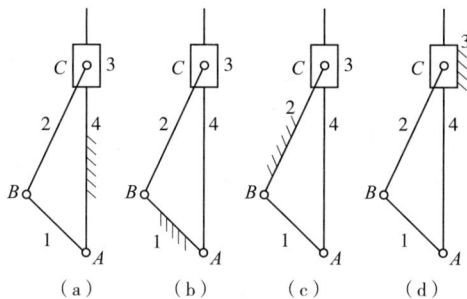

图4-18　变换不同的构件作机架形成不同的导杆机构

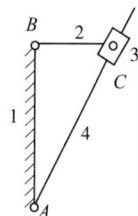

图4-19　曲柄摆动导杆机构

图4-20～图4-23分别为上述四种导杆机构在实际中的应用。

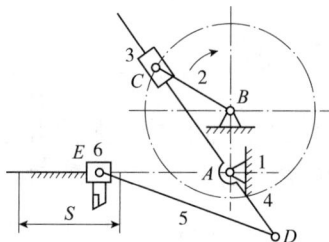

图4-20　简易刨床中的曲柄转动导杆机构

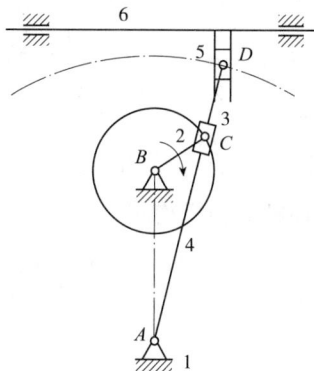

图4-21　牛头刨床中的曲柄摆动导杆机构

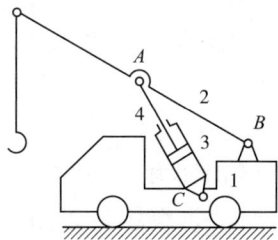

图4-22　吊车曲柄摇块机构

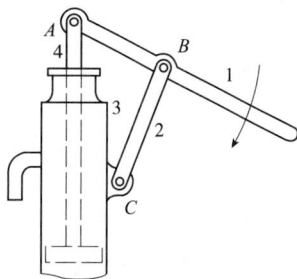

图4-23　手摇唧筒中的移动导杆机构

4.1.3.3 偏心轮机构

在图 4-24(a)所示的曲柄摇杆机构中，如将转动副 B 的半径逐渐扩大到超过曲柄的长度，就得到图 4-24(c)所示的偏心轮机构；此时偏心轮 1 即为曲柄，转动副 B 中心位于偏心轮的几何中心处，而 A、B 间的距离即为曲柄的长度。这种演化并不影响机构原有的运动情况，但机构结构的承载能力大大提高，它常用于冲床、剪床等机器中。

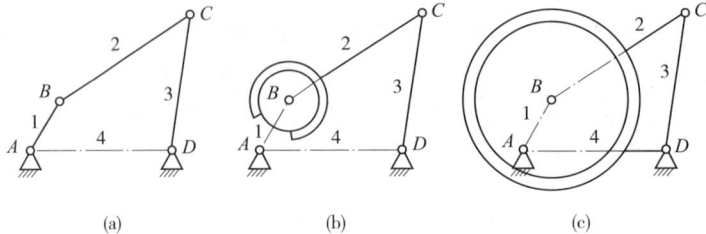

图 4-24　机构演化过程

由上述分析可见，铰链四杆机构可以通过改变构件长度、扩大转动副、选取不同构件作为机架等途径，演变成为其他类型的四杆机构，以满足各种工作需要。

4.2　平面四杆机构的基本工作特性

4.2.1　急回特性和行程速比系数

四杆机构中，从动杆件在两个位置之间做往复循环运动，若返回的速度 v_2 大于去时的速度 v_1，则称其具有急回运动特性。急回运动特性可以用行程速比系数 K 来表示，即 $K = \dfrac{v_2}{v_1}$，$K = 1$ 时无急回特性。在工程实际中，常利用机构的急回运动特性来缩短非生产时间，以提高劳动生产率。如牛头刨床、往复式运输机等都是如此。

4.2.1.1 曲柄摇杆机构

图 4-25 所示为一曲柄摇杆机构，取曲柄 AB 为原动件，曲柄在转动一周的过程中，有

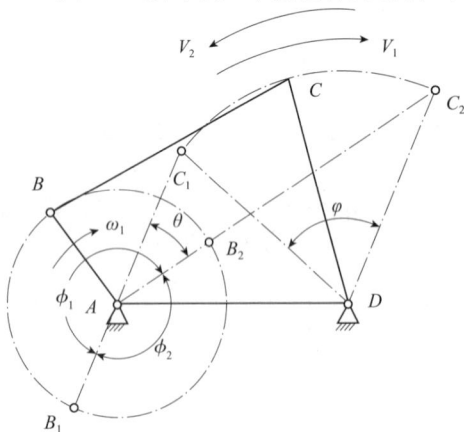

图 4-25　曲柄摇杆机构中的极位夹角

两次与连杆 BC 共线，即 B_1AC_1 和 AB_2C_2 位置，这时从动摇杆处于其左右两个极限位置 C_1D 和 C_2D，这两个极限位置间的夹角 φ 为摇杆的摆角。摇杆处在两极限位置时，曲柄所对应的两个位置之间的锐角 θ 称为极位夹角。

由图 4-25 可见，当曲柄以匀角速 ω_1 由位置 AB_1 顺时针方向转到位置 AB_2 时，曲柄的转角 $\phi_1 = 180° + \theta$，这时摇杆由左极限位置 C_1D 摆到右极限位置 C_2D，设所需时间为 t_1，摆杆上 C 点的平均速度为 v_1。当曲柄再继续转过角度 $\phi_2 = 180° - \theta$，即曲柄从位置 AB_2 转到 AB_1 时，摇杆

由位置 C_2D 返回到 C_1D，所需时间为 t_2，C 点的平均速度为 v_2。显然，当摇杆在两个极限位置之间往返时，由于对应的曲柄转角不相等，$\phi_1 > \phi_2$，因而平均速度不相等，$v_1 < v_2$，表明机构具有急回运动特性，其行程速比系数 K 为

$$K = \frac{v_2}{v_1} = \frac{\overline{C_1C_2}/t_2}{\overline{C_1C_2}/t_1} = \frac{t_1}{t_2} = \frac{180° + \theta}{180° - \theta} \qquad (4-5)$$

由上式可知，曲柄摇杆机构有无急回特性，取决于是否存在极位夹角 θ。若 $\phi_1 > \phi_2$，$\theta \neq 0°$，则该机构就必定具有急回特性。

4.2.1.2 其他常见机构

图 4-26 所示为曲柄滑块机构，原动件曲柄做匀速转动，带动滑块在其两个极限位置 C_1 和 C_2 之间往复移动。对心曲柄滑块机构，如图 4-26（a）所示，由于滑块在两个极限位置往返时，对应的曲柄转角相等，$\phi_1 = \phi_2$，$\theta = 0°$，平均速度相等，$v_1 = v_2$，故无急回特性；偏置曲柄滑块机构，如图 4-26（b）所示，由于滑块在两个极限位置往返时，对应的曲柄转角不相等，$\phi_1 > \phi_2$，$\theta \neq 0°$，平均速度不相等，$v_1 < v_2$，故有急回特性。

图 4-27 所示为曲柄摆动导杆机构，当曲柄 AB 两次转到与导杆垂直时，导杆处于两个极限位置。导杆在两个极限位置往返摆动时，对应的曲柄转角不相等，$\phi_1 > \phi_2$，导杆摆动平均速度不相等，$v_1 < v_2$，所以也具有急回特性。

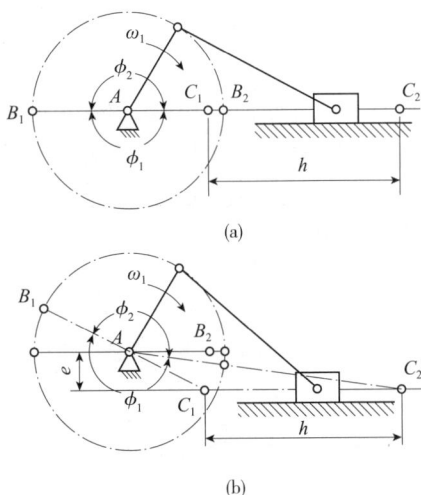

(a)

(b)

图 4-26 曲柄滑块机构中的极位夹角

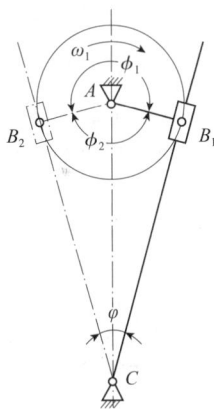

图 4-27 导杆机构

4.2.2 压力角与传动角

四杆机构中，从动杆件所受力的方向与受力点速度方向所夹的锐角 α 称为压力角，压力角的余角 γ 称为传动角。压力角的大小，直接影响机构的传力性能。

4.2.2.1 曲柄摇杆机构

在图 4-28 所示的曲柄摇杆机构中，曲柄 AB 为原动件，若不计各构件的重力、惯性力和运动副中的摩擦力，则曲柄通过连杆 BC（连杆为二力杆）作用于从动摇杆 C 点处的力 F 的作用线沿 BC 方向。C 点的速度 v_C 方向垂直于摇杆 CD，与摇杆转动方向一致，其与力 F

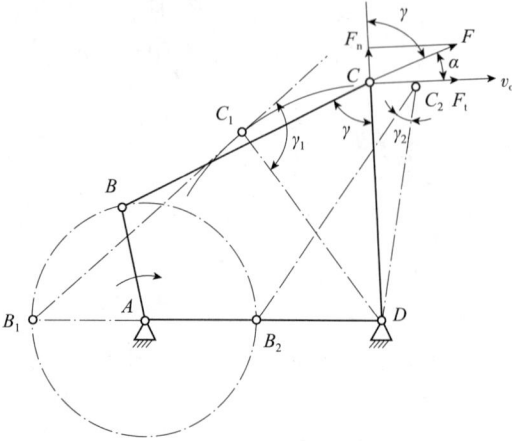

图 4-28 曲柄摇杆机构中压力角与传动角

的夹角为压力角 α。为便于分析，将力 F 沿 C 点的速度方向及与速度垂直的方向进行分解，在 v_C 方向上，分力 $F_t = F\cos\alpha$ 是推动摇杆转动的有效分力，而力在从动摇杆 CD 方向上的分力 $F_n = F\sin\alpha$ 对推动摇杆无益，只能增加铰链中的约束反力，是有害分力。显然，压力角 α 越小，有效分力越大，机构传力性能越好。在连杆机构中，由于传动角 γ 在数值上正好等于 $\angle BCD$ 或其补角，为方便度量和直观分析，便常用传动角 γ 来衡量传力性能的好坏，γ 越大，机构的传力性能越好。

在机构运转过程中，其传动角的大小是变化的，为了保证机构传动良好，避免效率过低或机构自锁，设计时使 $\gamma_{min} \geqslant [\gamma]$。对于一般机械，通常取 $[\gamma] = 40°$；对于高速和大功率机械，通常取 $[\gamma] = 50°$。对于曲柄摇杆机构，可以证明，最小传动角 γ_{min} 出现在机构处于曲柄 AB 与机架 AD 两次共线之一的位置。对于图 4-28 所示机构，γ_{min} 为 γ_1 和 γ_2 之中的较小值。

4.2.2.2 其他常见机构

在对心曲柄滑块机构中，如图 4-29 所示，最小传动角 γ_{min} 出现在机构处于曲柄与滑块导路相垂直的位置。在如图 4-30 所示导杆机构中，不计摩擦，由于滑块 3 对从动导杆 4 的作用力 F 始终垂直于导杆，即力 F 与导杆在该点速度方向始终一致，因此传动角始终为 90°。从力传递的角度看，导杆机构具有良好的传力性能。

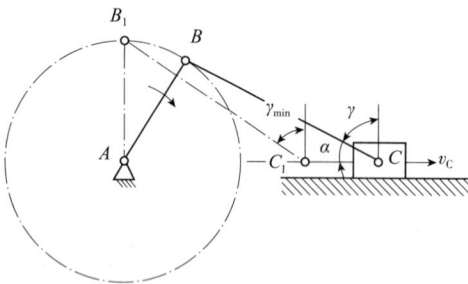

图 4-29 曲柄摇杆机构中的传动角

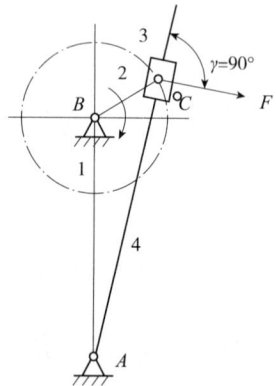

图 4-30 导杆机构的传动角

4.2.3 死点位置

在连杆机构中，当从动件受力方向与受力点速度方向垂直时，传动角 $\gamma = 0°$，有效驱动力或力矩为零，因而不能驱使从动件运动，机构这样的位置称为死点位置，也称止点位置。

图 4-31 所示的曲柄摇杆机构，若以摇杆为原动件，曲柄为从动件，则当摆杆摆到两极限位置 C_1D 和 C_2D 时，连杆与从动曲柄共线，传动角 $\gamma = 0°$，连杆作用于曲柄上的力通过曲柄转动中心 A，有效驱动力矩为零，因而不能使曲柄转动，机构处于死点位置。

在图 4-32 所示的曲柄滑块机构中，当以滑块为主动件时，若连杆与从动曲柄共线，机构也处于死点位置。

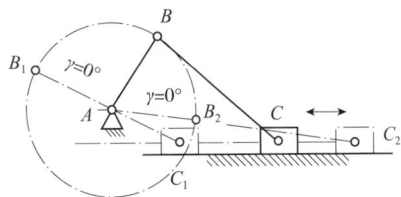

图 4-31 曲柄摇杆机构中的死点位置   图 4-32 曲柄滑块机构中的死点位置

死点位置使机构处于"顶死"状态并使从动曲柄出现运动不确定现象。为了消除死点位置对机构传动的不利影响，使机构顺利通过死点位置，常采用以下几种方法：

①对从动曲柄施加外力，如当缝纫机脚踏板机构(曲柄摇杆机构)处于死点位置时，可用手转动小带轮，从而对曲柄施加外力，使机构走过死点位置。

②利用传动构件的惯性力，如缝纫机在其工作过程中，始终是借助于固连在曲轴上转动惯量较大的带轮惯性，使机构顺利通过死点位置。

③采用死点位置错位排列，如图 4-33 所示。

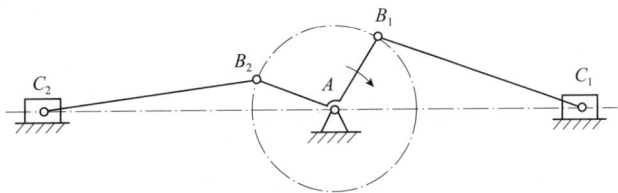

图 4-33 死点位置错开的曲柄滑块机构

在工程实践中，也常利用机构的死点来实现特定的工作要求。

如图 4-34 所示电气设备上开关的分合闸机构，合闸时机构处于死点位置(图中实线所示)，虽然触点的接合反力 F_Q 和弹簧拉力 F 对构件 CD 产生很大的力矩，但因 AB 和 BC 共线，所以机构不能运动。分闸时，只要在 AB 杆上略施以力，即可使机构离开死点位置，构件 CD 在弹簧力 F 的作用下迅速顺时针方向转动，从而减小分闸时的拉电弧现象。又如图 4-35 所示的工件夹紧机构，当夹紧工件时，杆 BC 和 CD 成一直线，机构处于死点位置，此时无论工件对夹头 AB 的作用力有多大，也不能使 CD 转动，从而保持着夹紧状态。日常生活中利用机构死点位置的实例也很多，如折叠桌椅等。

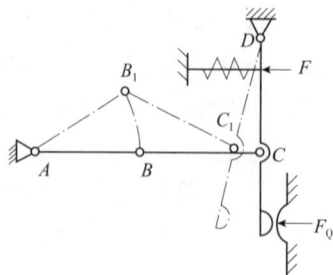

图 4-34　开关的分合闸机构

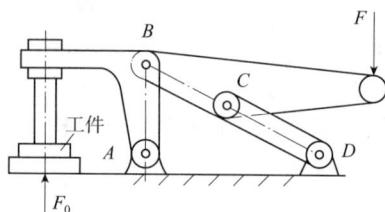

图 4-35　工件夹紧机构

4.3　四杆机构的设计

平面四杆机构的设计，首先要根据工作的需要选择合适的机构类型，再按照所给定的运动要求和其他附加要求（如传动角的限制等）确定机构中与运动有关的尺寸参数（如杆件的长度及导路偏距 e 等）。

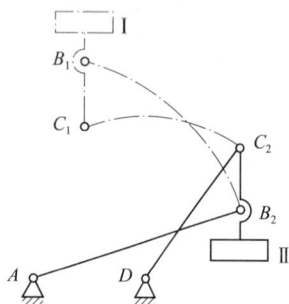

图 4-36　铸造造型机砂箱翻转机构

平面四杆机构的设计，按照给定的运动要求不同，可归纳为三类问题：①按从动件预期运动规律设计四杆机构，如图 4-20 和图 4-21 所示刨床连杆机构；②按从动件运动轨迹设计四杆机构，如图 4-11 所示鹤式起重机；③按从动件给定位置设计四杆机构，如图 4-36 所示铸造造型机砂箱翻转机构。

平面四杆机构设计的方法有解析法、图解法和实验法。其中，图解法直观简便，但作图误差较大；解析法精确，但计算求解比较麻烦；实验法常需试凑，花费比较大。在实际工程设计中，图解法和解析法应用较多。

4.3.1　按给定从动件的位置设计四杆机构

4.3.1.1　给定连杆长度及其三个位置设计铰链四杆机构

如图 4-37 所示，当给定连杆 BC 的长度及其三个位置 B_1C_1、B_2C_2 和 B_3C_3 时，设计此机构的实质是确定两个固定铰链中心 A 和 D 的位置。由于连杆上 B、C 两点分别在以铰链中心 A、D 为圆心，以连架杆 AB、CD 为半径的圆弧上，因此铰链中心 A 必为 B_1B_2 和 B_2B_3 的垂直平分线 b_{12} 和 b_{23} 的交点，铰链中心 D 必为 C_1C_2 和 C_2C_3 的垂直平分线 c_{12} 和 c_{23} 的交点。因此，设计步骤为：

①连接 B_1B_2 和 B_2B_3，再分别做这两条线段的垂直平分线 b_{12} 和 b_{23}，其交点即为固定铰链中心 A。

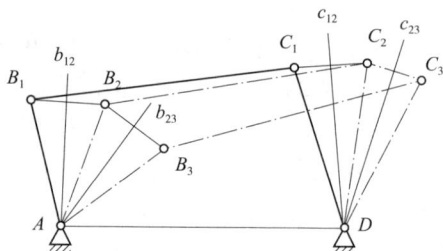

图 4-37　按照给定连杆的三个位置
　　　　　设计四杆机构

②连接 C_1C_2 和 C_2C_3，再分别做这两条线段的垂直平分线 c_{12} 和 c_{23}，其交点即为固定铰链中心 D。

③则 AB_1C_1D 即为所求四杆机构在第一个位置时的机构运动简图。

这种机构的设计有唯一解。

4.3.1.2　给定连杆长度及其两个位置设计铰链四杆机构

当只给定连杆的两个位置时，铰链中心的位置并不唯一确定，设计时可通过考虑一些附加条件，如满足最小传动角要求或给定机架长度和位置等来确定铰链中心位置。

如图 4-36 所示铸造造型机砂箱翻转机构，连杆 BC 与砂箱固联。当连杆 BC 处于 I、II 两个位置时，砂箱实现拔模和造型振实两个动作。按与上述相同的设计方法，固定铰链中心 A、D 可有无穷解。

4.3.2　按给定连架杆对应位置设计四杆机构

如图 4-38（a）所示，已知四杆机构中连架杆 AB 和机架 AD 的长度，及连架杆 AB 和 CD 上某一直线 DE 的三对对应角位置 ϕ_1、φ_1，ϕ_2、φ_2 和 ϕ_3、φ_3，试设计该机构（即求出连杆 BC 和 CD 的长度）。

设计此四杆机构的关键是求出连架杆 CD 上活动铰链中心 C 的位置，一旦确定了 C 点的位置，连杆 BC 和另一连架杆 CD 的长度也就确定了。

从图 4-38（b）可以看出，假如把连架杆 CD 作为机架，那么，BC 和 AD 将分别绕铰链中心 C、D 作摆动，B、A 的运动轨迹将分别是以铰链中心 C、D 为圆心的圆弧。

因此，按照反转法原理，作图步骤如下：

①连架杆 AB_1 及其对应的 DE_1 位置不动，将 AB_2 及其对应的 DE_2 整体（可把 AB_2E_2D 看做刚体）绕铰链中心 D 点转动至 DE_2 与 DE_1 位置重合，得到 AB_2 和 AD 的新位置 $A_2{}'B_2{}'$ 和 $A_2{}'D$。

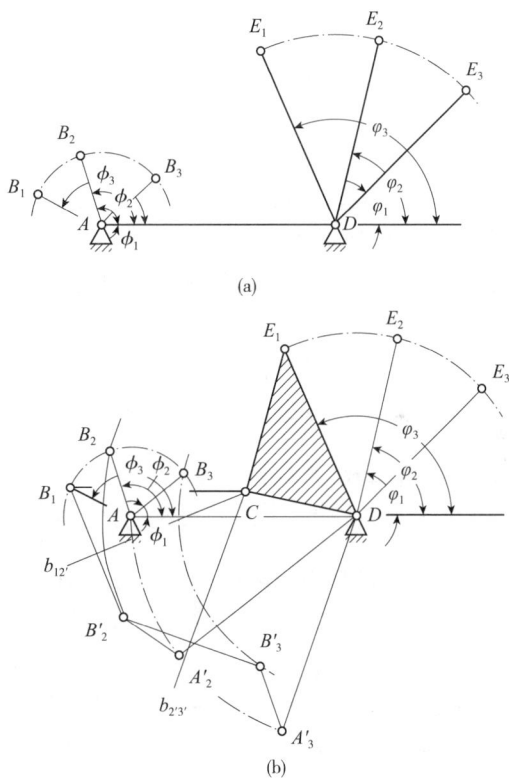

图 4-38　按照给定连架杆对应位置设计四杆机构

②与①作法相同，得到 AB_3 和 AD 的新位置 $A_3{}'B_3{}'$ 和 $A_3{}'D$。

③分别作 $B_1B_2{}'$ 和 $B_2{}'B_3{}'$ 的垂直平分线 b_{12} 和 $b_{2'3'}$，并相交于 C 点，C 即为连架杆 CD 上的活动铰链中心。AB_1CD 即为所求四杆机构在第一个位置时的机构运动简图。

4.3.3 按给定行程速比系数 K 设计四杆机构

如图 4-39 所示，已知摇杆 CD 的长度及其摆角 φ 和行程速比系数 K，设计四杆机构。此时，设计四杆机构的关键是确定铰链中心 A。从图 4-39 中可以看出，在以 C_1C_2 为弦的圆周上，极位夹角 $\theta = 180° \times \dfrac{K-1}{K+1}$ 为 C_1C_2 对应的圆周角，因此，若以 C_1C_2 为弦，以 θ 为其对应圆周角作圆，铰链中心 A 必在此圆周上。因此，设计步骤如下：

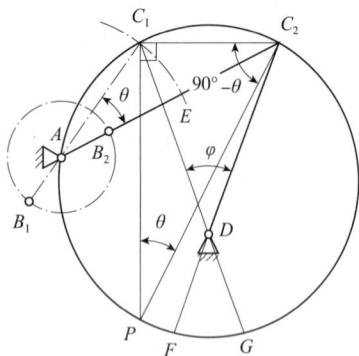

图 4-39　按照行程速比系数
设计丝杆机构

①由行程速比系数 K 求出极位夹角 θ，$\theta = 180° \times \dfrac{K-1}{K+1}°$。

②任选摇杆回转中心 D 的位置，作 C_1D 和 C_2D，并使其夹角为 φ。连接 C_1C_2。

③以 C_1C_2 为一直角边，$90°-\theta$ 为一内角，构建直角 ΔC_1C_2P（如此可使 $\angle C_1PC_2 = \theta$）。作 ΔC_1C_2P 的外接圆。

④分别作 C_1D 和 C_2D 的延长线，使与圆周交于点 F 和 G。固定铰链中心 A 便在圆弧 $\overline{C_1F}$ 或 $\overline{C_2G}$ 上。注意，A 点的位置并非唯一，还需按其他辅助条件来确定。

从图 4-39 中可以看出，A 点确定后，连接 AC_1、AC_2，由于 C_1D 和 C_2D 是摇杆所处的极限位置，因此曲柄长度 $l_{AB} = (l_{AC_2} - l_{AC_1})/2$，连杆长度 $l_{BC} = l_{AC_2} - l_{AB}$。所以接下来的作图步骤是：

⑤连接 AC_1、AC_2，以 A 为圆心过 C_1 画弧与 AC_2 交于点 E，再以 A 为圆心以 $C_2E/2$ 为半径画圆，与 AC_1 的反向延长线及 AC_2 分别交于 B_1、B_2，则 AB_2C_2D 即为所求四杆机构在一极限位置时的机构运动简图。

4.3.4 用解析法设计四杆机构

与 4.3.2 节题目相同。在图 4-40 所示铰链四杆机构中，已知连架杆 AB 和 CD 的三对对应角位置 ϕ_1、φ_1，ϕ_2、φ_2 和 ϕ_3、φ_3，试设计该机构。

设 l_1、l_2、l_3、l_4 分别代表各杆长度。当机构各杆长度按同一比例增减时，各杆转角间的关系将不变，故只需确定各杆的相对长度。因此可取 $l_1 = 1$，则该机构的待求参数就只有 l_2、l_3、l_4 三个了。

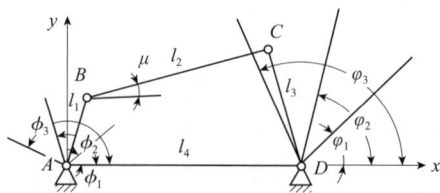

图 4-40　用解析法设计四杆机构

当该机构在任意位置时，取各杆在坐标轴 x、y 上的投影，可得以下关系式

$$\begin{cases} \cos\phi + l_2\cos\mu = l_4 + l_3\cos\varphi \\ \sin\phi + l_2\sin\mu = l_3\sin\varphi \end{cases}$$

将上式移项、整理、消去 μ 后可得

$$\cos\phi = \frac{l_4^2 + l_3^2 + 1 - l_2^2}{2l_4} + l_3\cos\varphi - \frac{l_3}{l_4}\cos(\varphi - \phi) \tag{4-6}$$

为简化上式，令

$$\lambda_0 = l_3, \quad \lambda_1 = -l_3/l_4, \quad \lambda_2 = (l_4^2 + l_3^2 + 1 - l_2^2)/(2l_4) \tag{4-7}$$

则式(4-6)变为

$$\cos\phi = \lambda_0\cos\varphi + \lambda_1\cos(\varphi - \phi) + \lambda_2 \tag{4-8}$$

式(4-8)即为两连架杆 AB 与 CD 转角之间的关系式。将已知的三对对应转角 ϕ_1、φ_1，ϕ_2、φ_2 和 ϕ_3、φ_3 分别代入式(4-8)，可得如下方程组：

$$\begin{cases} \cos\phi_1 = \lambda_0\cos\varphi_1 + \lambda_1\cos(\varphi_1 - \phi_1) + \lambda_2 \\ \cos\phi_2 = \lambda_0\cos\varphi_2 + \lambda_1\cos(\varphi_2 - \phi_2) + \lambda_2 \\ \cos\phi_3 = \lambda_0\cos\varphi_3 + \lambda_1\cos(\varphi_3 - \phi_3) + \lambda_2 \end{cases} \tag{4-9}$$

由方程组可解出三个未知数 λ_0、λ_1、λ_2，将它们代入式(4-7)即可求得 l_2、l_3、l_4。这里求出的杆长为相对于 $l_1 = 1$ 的相对杆长，按结构情况乘以同一比例常数后所得的机构均能实现对应的转角。

4.3.5 用实验法设计四杆机构

与4.3.2节题目相似。当给定的两连架杆对应角位置多于三对时，运用图解法已无法求解。这时可借助实验法。下面举例说明。

设计一四杆机构，其原动件的角位移 a_i（顺时针方向）和从动件的角位移 φ_i（逆时针方向）的对应关系如下所列：

位置	1→2	2→3	3→4	4→5	5→6	6→7
a_i	15°	15°	15°	15°	15°	15°
φ_i	5.4°	11.7°	14.9°	15.1°	14.0°	12.7°

如图4-41(a)所示，设计时，可现在一张纸上选取一点为固定铰链中心 A，并选取适当的长度 $\overline{AB}$，按角位移 a_i 作出原动件的一系列位置 AB_1、AB_2、$\cdots$、AB_7，再选择一适当的连杆长度 $\overline{BC}$ 为半径，分别以点 B_1、B_2、$\cdots$、B_7 为圆心画弧 K_1、K_2、$\cdots$、K_7。然后，如图4-41(b)所示，在一张透明纸上选一点作为固定铰链中心 D，并按已知的角位移 φ_i 作出从动件的一系列位置 DD_1、DD_2、$\cdots$、DD_7，再以点 D 为圆心，以不同长度为半径作系列同心圆，即得透明纸样板。

最后如图4-41(c)所示，把透明纸样板覆盖在第一张纸上，并移动样板，力求找到这样的位置，即从动件位置线 DD_1、DD_2、$\cdots$、DD_7 与相应的圆弧线 K_1、K_2、$\cdots$、K_7 的交点，位于（或近似位于）以 D 为圆心的某一个圆上，此时把样板固定下来，其上 D 点即为所求固定铰链中心 D 所在的位置，$\overline{AD}$ 为机架长，$\overline{CD}$ 为从动件的长度。四杆机构各杆件长度已完全确定。

但必须指出，上述各点一般只能近似落在以 D 为圆心的某一圆周上，因而会有误差存在，若误差较大，不能满足设计要求时，则应重新选择原动件和连杆长度，重复以上设计步骤，直至满足要求为止。

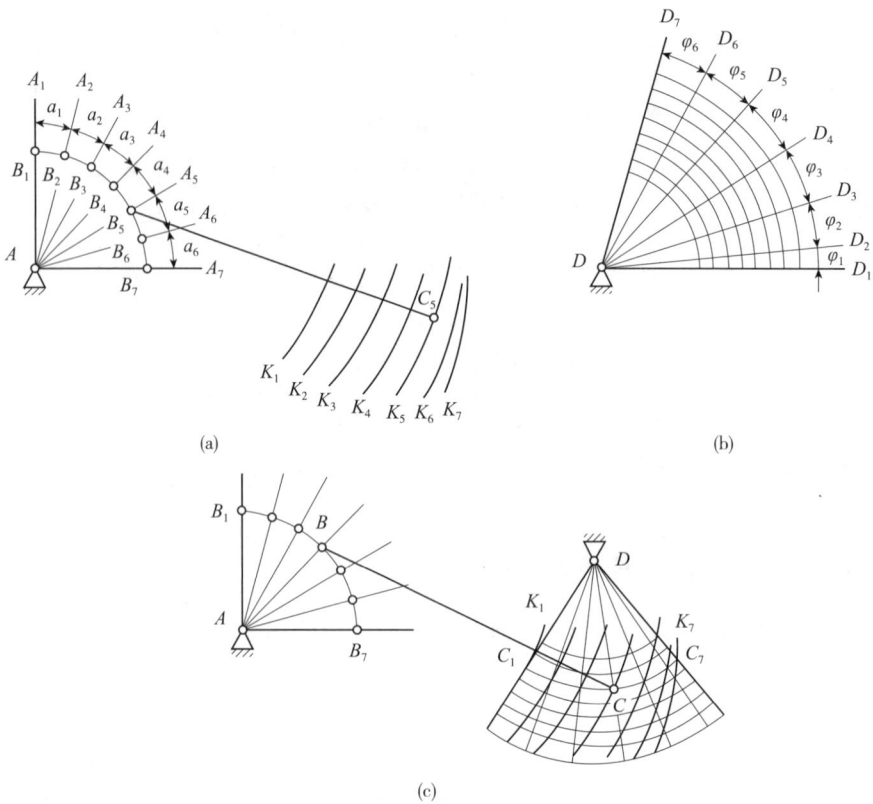

图 4-41　用实验法设计四杆机构

本 章 小 结

连杆机构的类型很多，本章重点介绍了平面四杆机构。最基本的平面四杆机构是铰链四杆机构，根据是否有曲柄，有几个曲柄，铰链四杆机构分为三种类型，即曲柄摇杆机构、双曲柄机构和双摇杆机构，其他机构如导杆机构、偏心轮机构等都可以由铰链四杆机构演化而成。

在连杆机构基本特性中，讲述了急回特性与行程速度变化系数、压力角与传动角以及死点位置等。急回特性常被用于缩短非生产时间，提高劳动生产率。压力角和传动角是机构的传力特性参数，在机构设计时应满足最大压力角或最小传动角要求。传动角为零的机构位置称为死点位置，机构死点位置的存在既有不利的一面，也有有利的一面，应正确加以认识。

关于平面四杆机构设计，本章分别介绍了几种已知条件下机构的设计问题，并使用了不同的设计方法，如图解法、解析法和实验法。这些都是连杆机构设计的基本问题、基本技能，应能掌握并灵活应用。

思　考　题

1. 平面四杆机构的基本形式是什么？它有哪几种基本类型？可演化成为哪些常用机构？

2. 判断铰链四杆机构类型的条件是什么？

3. 什么是连杆机构的急回特性？机构有无急回特性取决于什么？

4. 什么是连杆机构的压力角、传动角？四杆机构的最大压力角发生在什么位置？研究传动角的意义是什么？

5. 什么是"死点"？它在什么情况下发生？如何利用和避免"死点"位置？

6. 平面连杆机构设计的方法有哪些？它们分别适用在什么设计条件下？

7. 根据题图4-1中的尺寸(mm)，判断各机构属于铰链四杆机构的哪种类型。

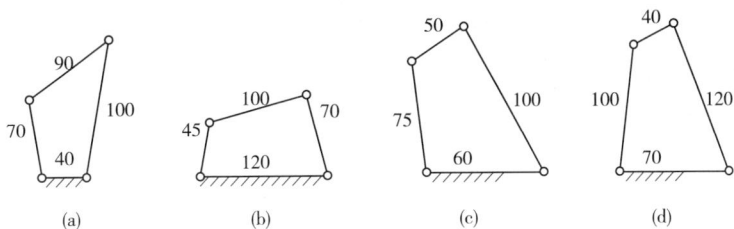

题图4-1

8. 一铰链四杆机构，已知曲柄、摇杆和机架的长度分别为 $AB = 10\text{mm}$，$CD = 45\text{mm}$，$AD = 50\text{mm}$，欲使该机构成为曲柄摇杆机构，求连杆 BC 的长度范围。

9. 在偏置曲柄滑块机构中，已知极位夹角 $\theta = 60°$，问该机构的返回行程平均速度是工作行程平均速度的几倍？

10. 一铰链四杆机构，已知曲柄、连杆、摇杆和机架的长度分别为 $AB = 150\text{mm}$，$BC = 200\text{mm}$，$CD = 175\text{mm}$，$AD = 210\text{mm}$。试用图解法求其行程速比系数和最小传动角。

11. 当机构处于两极限位置时，连杆 BC 处于如题图4-2所示两给定位置，试设计此曲柄摇杆机构。

12. 设计一铰链四杆机构，已知连杆的两个位置如题图4-3所示，连杆处于 B_2C_2 时，机构处于死点位置，且摇杆位于与 B_1C_1 垂直的方向。

13. 设计如题图4-4所示铰链四杆机构，已知行程速比系数 $K = 1.5$，摇杆的一个极限位置与机架的夹角为 $\beta = 45°$。

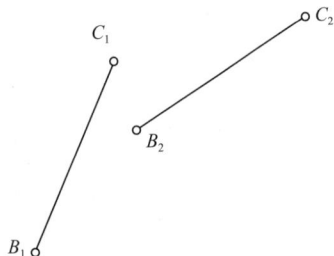

题图4-2

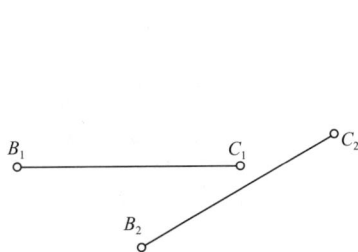

题图4-3

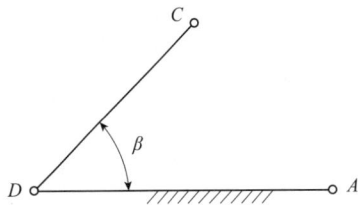

题图4-4

第5章 凸轮机构

🏵 本章提要

凸轮机构是一种高副机构，它广泛应用于各种机械与自动控制装置中。本章主要介绍凸轮机构的分类，凸轮机构中从动件的常用运动规律，各种盘形凸轮轮廓曲线的设计以及凸轮机构设计中应该注意的问题。

5.1 凸轮机构的应用和分类
5.2 从动件的运动规律
5.3 凸轮轮廓曲线的设计
5.4 凸轮机构基本尺寸的确定
5.5 凸轮机构的强度计算及结构设计

凸轮机构是一种常用的高副机构，它主要由凸轮、从动件和机架三个构件组成。其中凸轮是一个表面具有曲线轮廓的构件，它通常作连续的等速转动或移动；从动件与凸轮点、线接触，在凸轮轮廓控制下，从动件按预定的运动规律做往复移动或摆动。

5.1 凸轮机构的应用和分类

5.1.1 凸轮机构的应用

凸轮机构结构简单紧凑，因此，在各种机械，特别是自动控制装置和仪器中得到了广泛的应用。但由于凸轮轮廓与从动件之间属高副接触，易磨损，所以凸轮机构多用于传力不大的场合。

图 5-1 所示为一内燃机的配气机构。当凸轮 1 回转时，其轮廓将迫使推杆 2 做往复移动，从而使气阀开启或关闭，以控制可燃物质在规定的时间进入汽缸或排出废气。气阀开启和关闭时间的长短及其速度和加速度的变化规律，取决于凸轮轮廓曲线的形状。

图 5-2 所示为绕线机中的凸轮机构。绕线时，凸轮 1 的工作轮廓迫使从动件 2 按一定规律往复摆动，从而使线均匀地绕在绕线轴 3 上。

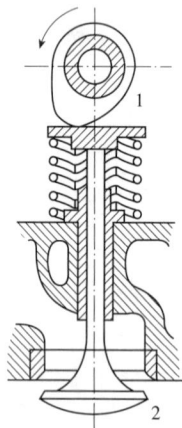

图 5-1　内燃机配气机构

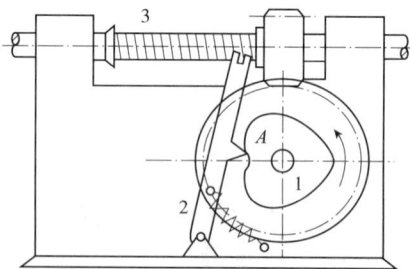

图 5-2　绕线机中的凸轮机构

5.1.2 凸轮机构的分类

凸轮机构的类型繁多，常用的分类方法如下：

（1）按凸轮形状分

①盘形凸轮　盘状凸轮是绕固定轴转动且具有变化向径的盘形构件，如图 5-1 和图 5-2所示，这是凸轮最基本的形式。

②移动凸轮　当盘状凸轮的转动中心趋于无穷远时，就变为移动凸轮。移动凸轮相对于机架做往复直线运动，如图 5-3 所示。

③圆柱凸轮　圆柱凸轮是在圆柱表面上加工出曲线工作表面的凸轮，也可认为是将移动凸轮卷成圆柱体而构成的，如图 5-4 所示。

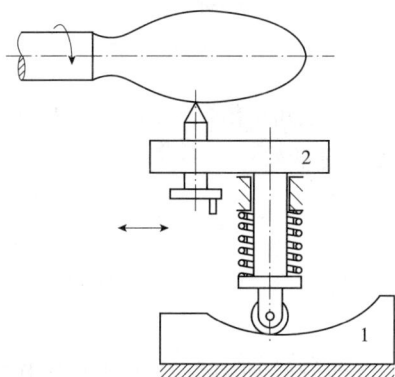

图5-3 移动凸轮机构　　图5-4 圆柱凸轮机构

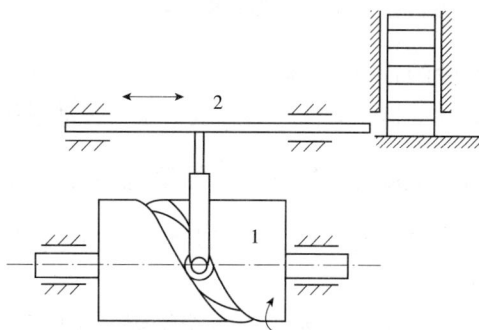

（2）按从动件端部形状分

①尖顶从动件　如图5-5（a）所示，尖顶从动件构造最简单，而且不论凸轮轮廓曲线如何，从动件的尖顶都能与轮廓上的所有点保持接触，从而实现复杂的运动规律，但尖顶易磨损，故只宜用于传力不大的低速凸轮机构中，如仪表机构等。

②滚子从动件　如图5-5（b）所示，从动件的端部装有可自由回转的滚子，从而将滑动摩擦转变为滚动摩擦，减小了摩擦和磨损，因此可用来传递较大的力。滚子从动件是一种常用的从动件。

③平底从动件　如图5-5（c）所示，从动件的端部为平底，其平底与凸轮轮廓接触处构成楔形间隙，有利于润滑油膜的形成，故能减小摩擦、磨损，且不计摩擦时，凸轮对从动件的作用力始终与从动件的平底垂直，压力角为零，传力性能好，常用于高速凸轮机构中。

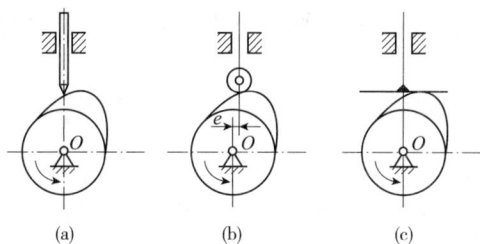

图5-5 凸轮机构从动件端部形状

（3）按从动件的运动形式分

①直动从动件　从动件相对于机架做往复直线移动，如图5-5所示。若从动件的导路通过凸轮轴心，称为对心直动从动件盘形凸轮机构，如图5-5（a）（c）所示；否则称为偏置直动从动件盘形凸轮机构，如图5-5（b）所示，e为偏距。

②摆动从动件　从动件相对于机架做往复摆动，如图5-2所示。

（4）按凸轮与推杆维持高副接触的方式分

①力封闭　利用从动件的重力或弹簧力等使从动件与凸轮轮廓始终保持接触，如图5-1、图5-2、图5-3所示。

②形封闭　依靠凸轮与从动件的几何结构来保持两者始终接触，如图5-4所示。

5.2 从动件的运动规律

凸轮的轮廓曲线取决于从动件的运动规律。设计凸轮机构时，首先应根据工作要求确定从动件的运动规律，然后根据这一运动规律设计凸轮轮廓曲线。

5.2.1 凸轮机构的运动循环及基本名词术语

下面以尖顶对心直动从动件盘形凸轮机构为例，介绍几个与凸轮机构及其运动有关的名词术语。

如图 5-6(a) 所示，以凸轮轮廓最小向径为半径，以凸轮转动中心 O 为圆心所作的圆称为基圆，基圆半径用 r_b 表示。当从动件的尖顶与凸轮轮廓上 A 点接触时，从动件位于最低位置。凸轮按顺时针方向转动，从动件的尖顶首先是与凸轮轮廓曲线的 $\overset{\frown}{AB}$ 部分接触，由于这一段轮廓的向径逐渐由最小变化到最大，因此从动件将按一定的运动规律逐渐从最低位置 A 移动到最高位置 B'，这个过程称为推程。距离 $\overline{AB'}$ 即为从动件的最大位移，称为行程或升程，用 h 表示，对应的凸轮转角 δ_1 称为推程运动角。当凸轮继续转动，从动件的尖顶与 $\overset{\frown}{BC}$ 段相接触，由于 $\overset{\frown}{BC}$ 段是以 O 为圆心的圆弧，向径不变，从动件将在最高位置 B' 处停留不动，这时对应的凸轮转角 δ_2 称为远休止角。凸轮继续转动，从动件的尖顶与凸轮的轮廓 $\overset{\frown}{CD}$ 部分相接触，$\overset{\frown}{CD}$ 部分的向径逐渐由最大变化到最小，因此从动件将按一定的运动规律逐渐从最高位置下降到最低位置，这一运动过程称为回程，所对应的凸轮转角 δ_3 称为回程运动角。同理，当从动件的尖顶与 $\overset{\frown}{DA}$ 段相接触，由于 $\overset{\frown}{DA}$ 是以 O 为圆心的圆弧，向径不变，从动件将在最低位置停止不动，与此对应的凸轮转角 δ_4 称为近休止角。凸轮再继续转动，从动件将重复上述运动过程。凸轮运动过程中，转过角度 δ_k 时对应的从动件位移 $s_k = r_k - r_b$。

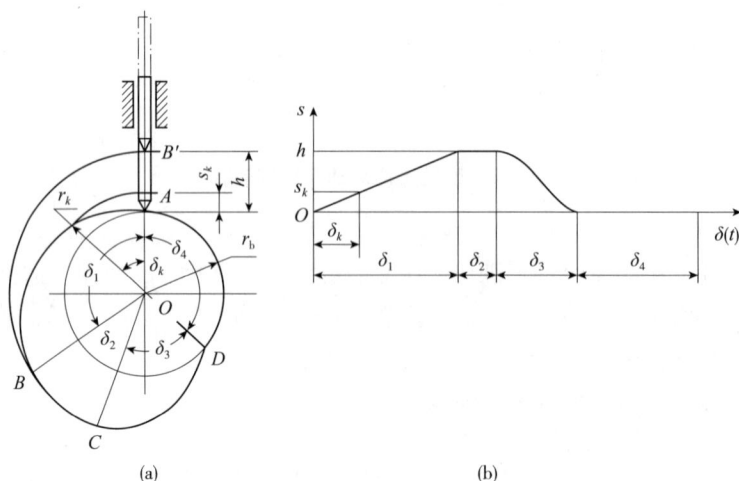

(a)　　　　　　　(b)

图 5-6　尖顶直动从动件盘形凸轮机构工作过程和从动件位移图

所谓从动件的运动规律，就是指从动件在运动过程中，其位移 s、速度 v、加速度 a 随时间 t 的变化规律。由于凸轮一般以等角速度 ω 转动，故其转角 δ 与时间 t 成正比，所以从动件的运动规律经常表示为随凸轮转角 δ 的变化规律，将这些运动规律在直角坐标系中表示出来，就得到从动件的位移线图、速度线图和加速度线图，如图 5-6（b）所示为从动件的位移线图。

5.2.2　几种常用的从动件运动规律

在机器的工作过程中，有的对凸轮机构从动件的运动在每一瞬间都有完全确定的要求，比如绕线机凸轮机构，此时，从动件的运动规律将别无选择；有的对从动件的运动并不是在每一瞬间都有严格的要求，只需要凸轮转过某一角度时，从动件完成一定的行程，如内燃机配气机构，在这种情况下，可以考虑选择简单的、常用的曲线作为从动件的运动规律。

常用的从动件运动规律有如下几种：

（1）等速运动规律

设凸轮以等角速度 ω 回转，当凸轮转过推程运动角 δ_1 时，从动件等速上升 h，其推程的运动方程为

$$\begin{cases} s = h\delta/\delta_1 \\ v = h\omega/\delta_1 \\ a = 0 \end{cases} \tag{5-1}$$

图 5-7 所示为其推程的运动线图。由图 5-7 可知，从动件在运动开始和终了的瞬时，因速度有突变，瞬时加速度及其由此产生的惯性力在理论上将趋于无穷大。尽管由于材料具有弹性，加速度和惯性力实际上不会达到无穷大，但仍很大，从而产生强烈的冲击，这种冲击称为刚性冲击，会引起机械的振动，加速凸轮的磨损，甚至损坏构件，因此，等速运动规律只适用于低速、轻载的场合。

（2）等加速等减速运动规律

在这种运动规律中，通常取推程或回程的前半段做等加速运动，后半段做等减速运动，加速度的绝对值相等（根据工作需要也可以取为不等）。因此，从动件做加速运动和减速运动的位移各为 $h/2$，凸轮的转角各为 $\delta_1/2$，分别相等。

在推程的前半段，运动方程为

$$\begin{cases} s = 2h\delta^2/\delta_1^2 \\ v = 4h\omega\delta/\delta_1^2 \\ a = 4h\omega^2/\delta_1^2 \end{cases} \tag{5-2a}$$

在推程的后半段，运动方程为

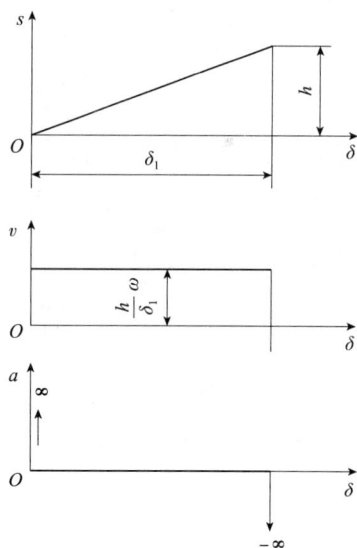

图 5-7　等速运动规律

$$\begin{cases} s = h - 2h(\delta_1 - \delta)^2/\delta_1{}^2 \\ v = 4h\omega(\delta_1 - \delta)/\delta_1{}^2 \\ a = -4h\omega^2/\delta_1{}^2 \end{cases} \tag{5-2b}$$

推程时的等加速等减速运动线图如图 5-8 所示。由图 5-8 可见，在行程的起始点、中点及终点处加速度发生有限的突然变化，因而从动件产生有限的惯性力。机构由此产生的冲击称为柔性冲击。因此，等加速等减速运动规律只适用于中、低速的场合。

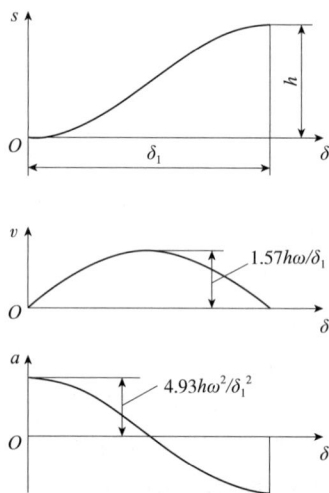

（3）余弦加速度运动（简谐运动）规律

当从动件的加速度按余弦规律变化时，其推程的运动方程式为

$$\begin{cases} s = h[1 - \cos(\pi\delta/\delta_1)]/2 \\ v = \pi h\omega\sin(\pi\delta/\delta_1)/(2\delta_1) \\ a = \pi^2 h\omega^2\cos(\pi\delta/\delta_1)/(2\delta_1^2) \end{cases} \tag{5-3}$$

其从动件推程时运动线图如图 5-9 所示。由图 5-9 可见，在首末两点从动件的加速度有突变，故也有柔性冲击，一般只适用于中速场合。

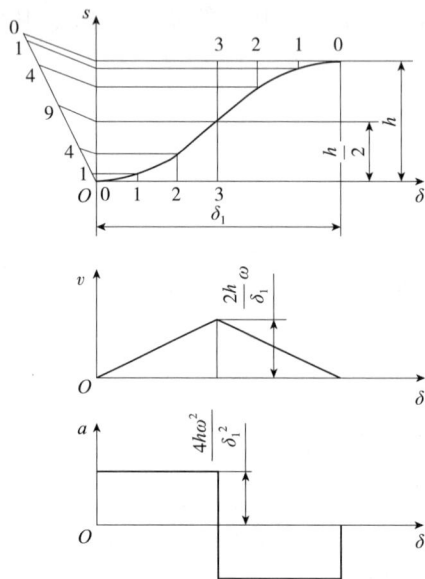

图 5-8　等加速等减速运动规律　　　　图 5-9　余弦加速度运动规律

上述式（5-1）~式（5-3）为推程时从动件的运动方程，而回程时的运动方程可以用下式得出

$$\begin{cases} s_{回} = h - s_{推} \\ v_{回} = -v_{推} \\ a_{回} = -a_{推} \end{cases} \tag{5-4}$$

式（5-4）中 $s_{推}$、$v_{推}$、$a_{推}$ 按相同运动规律下推程时的方程式（5-1）~式（5-3）确定，但其中 δ_1 要用回程运动角 δ_3 代替，凸轮转角 δ 应从回程运动规律的起始位置计量起。

上述各项运动规律各有其优点和缺点。为了扬长避短，可以以某种基本运动规律为基础，用其他运动规律与其组合，构成组合型运动规律，以改善运动特性，从而避免在运动始、末位置发生刚性冲击或柔性冲击。如在等速运动规律从动件位移线图的两端点处选择使用圆弧、抛物线或其他曲线，即可避免刚性冲击或强烈振动。

5.3 凸轮轮廓曲线的设计

凸轮工作轮廓的设计是凸轮设计的主要内容。根据工作要求，合理地选择从动件运动规律、凸轮机构的形式和凸轮的基圆半径等基本尺寸后，就可以进行凸轮轮廓线设计了。凸轮轮廓曲线的设计方法有图解法和解析法两种，它们所依据的基本原理是相同的。图解法比较直观简便，但作图误差较大，适用于设计精度要求较低的凸轮和一些圆弧直线凸轮。解析法适用于精度要求较高的高速凸轮、靠模凸轮等，计算机辅助设计和计算机辅助制造为使用解析法设计制造凸轮创造了条件。

5.3.1 凸轮轮廓曲线设计的基本原理

图 5-10 所示为尖顶对心直动从动件盘形凸轮机构。凸轮以等角速度 ω 绕轴心 O 顺时针方向转动，这时从动件沿导路(机架)做往复移动。为便于绘制凸轮轮廓曲线，需要凸轮相对固定，可假设给整个凸轮机构加上一个公共角速度"$-\omega$"，使其绕凸轮轴心回转，根据相对运动原理，这时凸轮与从动件之间的相对运动关系并未改变，但是凸轮已"固定不动"，而从动件一方面以角速度"$-\omega$"绕轴心转动(即所谓反转运动)，另一方面还相对于导路做预期的往复移动。由于从动件尖顶和凸轮轮廓曲线始终接触，因此从动件尖顶在这种运动中所描绘的轨迹就是凸轮的轮廓曲线。

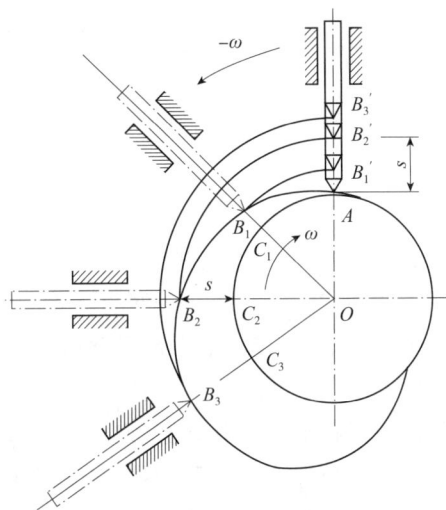

图 5-10 凸轮廓线设计的反转法原理

也就是说，设计凸轮轮廓线的关键就在于找出从动件尖顶在这种反转运动中的轨迹。这种设计凸轮轮廓曲线的方法称为反转法。

5.3.2 用图解法设计凸轮轮廓曲线

下面通过实例来介绍用反转法绘制盘形凸轮轮廓曲线的方法。

(1)对心直动尖顶从动件盘形凸轮机构

设计一对心直动尖顶从动件盘形凸轮机构。已知凸轮的基圆半径 $r_b = 18\text{mm}$，凸轮以 ω 沿逆时针方向等速回转，从动件运动规律如表 5-1 所列。

表 5-1 从动件运动规律

凸轮转角 δ	0°～120°	120°～180°	180°～300°	300°～360°
推杆位移 s	等速上升 $h = 15\text{mm}$	上停	等加速等减速下降 $h = 15\text{mm}$	下停

该凸轮轮廓曲线设计步骤如下：

①选取合适的长度比例尺 μ_L 和角度比例尺 μ_ϕ，绘制位移线如图 5-11（a）所示。并将推程运动角 δ_1 和回程运动角 δ_3 各细分成若干等分（例如 4 等分和 6 等分）。

②选用与位移线图中相同的长度比例尺 μ_L，绘出凸轮基圆，如图 5-11（b）所示。

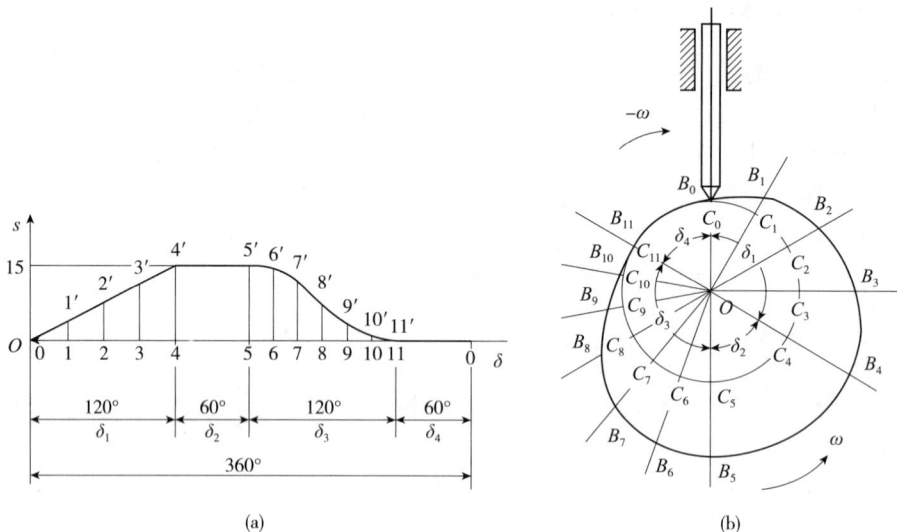

图 5-11　对心直动尖顶从动件盘形凸轮轮廓曲线设计

③画反转过程中从动件的导路位置。在基圆上由起始点位置 C_0 出发，沿 $-\omega$ 回转方向依次量取 δ_1、δ_2、δ_3、δ_4，并将推程运动角 δ_1 和回程运动角 δ_3 各细分为与前述位移线图相同的等分。在基圆上得各分点 C_0、C_1、$\cdots C_{10}$、C_{11}，这些点即从动件尖顶的起始位置。过凸轮回转中心 O 作这些等分点的射线，即得反转运动中从动件导路的一系列位置。

④画凸轮工作轮廓。在反转运动中从动件的各导路上，从基圆开始量取从动件的相应位移，即取 $C_0B_0=0$、$C_1B_1=1-1'$、$C_2B_2=2-2'\cdots$ 得到从动件尖顶在反转运动中的一系列位置 B_0、B_1、$\cdots B_{10}$、B_{11}。将 B_0、B_1、$\cdots B_{10}$、B_{11} 等点连成光滑曲线，即为所求的凸轮轮廓曲线。

（2）滚子从动件盘形凸轮机构

对于滚子从动件，其凸轮轮廓设计方法如图 5-12 所示。首先把滚子中心看作尖顶从动件的尖顶，按照上述方法求出一条轮廓曲线 β，称为凸轮的理论轮廓线。再以 β 上一系列点为中心，以滚子半径为半径，按照相同的比例画一系列小圆，最后做这些小圆的内包络线 β'，便是滚子从动件盘形凸轮的实际轮廓线。

如果改变滚子半径，将得到新的轮廓曲线，但从动件的运动规律保持不变。另外需要指出，滚子从动件盘形凸轮的基圆半径是指凸轮理论轮廓曲线上的基圆半径。

（3）平底从动件盘形凸轮机构

平底从动件凸轮轮廓曲线的画法，与尖顶从动件凸轮轮廓的画法相仿。如图 5-13 所示，先用画尖顶从动件

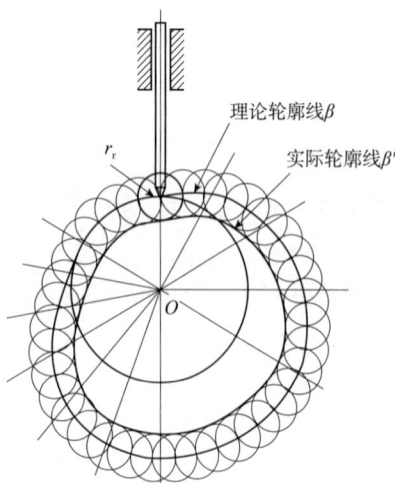

图 5-12　滚子推杆盘状凸轮

凸轮轮廓的画法找出尖顶的一系列位置点 B_0、B_1、$\cdots$、B_{10}、B_{11}，这些点即导路与平底的交点，过这些点画出各个位置的平底直线，这些平底直线的包络线即为凸轮的实际轮廓线。

（4）偏置直动尖顶从动件盘形凸轮机构

由于结构上的需要或为了改善受力情况，实际机构中的直动从动件盘形凸轮机构常设计成偏置式的。如图 5-14 所示，凸轮转动中心 O 到从动件导路中的距离 e 称为偏距；以 O 为圆心，e 为半径所作的圆称为偏距圆。从动件在反转过程中依次占据的位置为偏距圆的切线，因此，从动件的位移应在相应的切线上从基圆圆周上的 C_0、C_1、$\cdots$、C_{10}、C_{11} 点开始量取。其余的作图方法与对心直动尖顶从动件盘形凸轮类同。

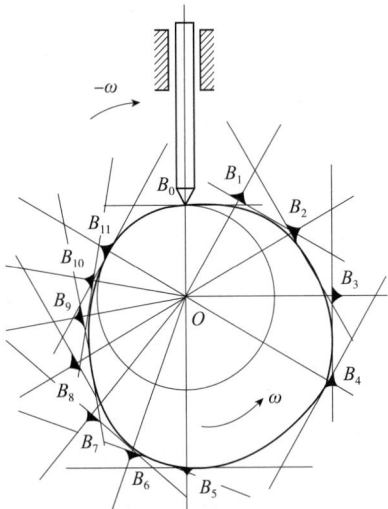

图 5-13　平底从动件盘形凸轮

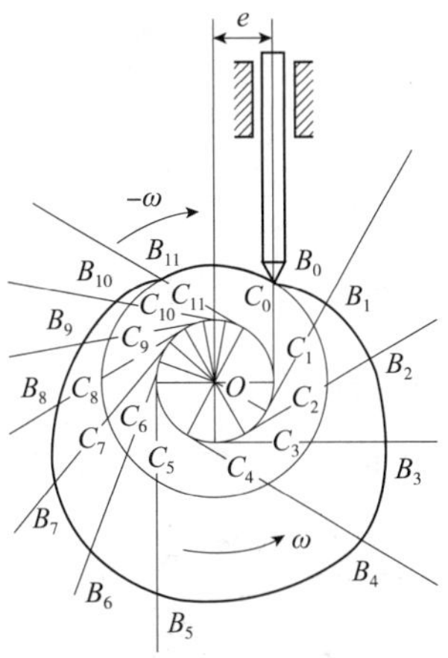

图 5-14　偏置尖顶从动件盘形凸轮

5.3.3　用解析法设计凸轮廓线

以图 5-15 所示的偏置直动滚子从动件盘形凸轮机构为例。设已知凸轮以角速度 ω 逆时针方向转动，并给定从动件的运动规律、偏距 e 及基圆半径 r_b。选取 Oxy 坐标系，B_0 点为凸轮廓线的起始点。这时，从动件处于最低位置，其高度为 s_0。当凸轮转过 δ 角度时，从动件沿导路按预定运动规律上升 s 的位移量。由反转法作图可以看出，这时滚子中心在 B 点，其直角坐标为

$$\begin{cases} x = (s_0 + s)\sin\delta + e\cos\delta \\ y = (s_0 + s)\cos\delta - e\sin\delta \end{cases} \quad (5\text{-}5)$$

式中 $s_0 = \sqrt{r_b^2 - e^2}$，式（5-5）即为凸轮的理论轮廓线方程式。

对于滚子从动件盘形凸轮机构，其理

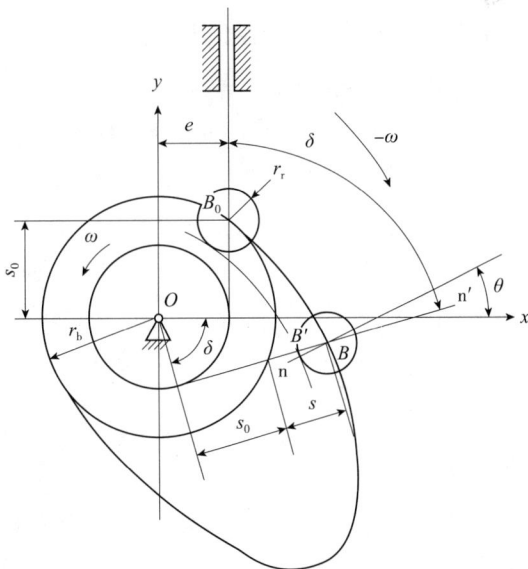

图 5-15　凸轮廓线的解析设计方法

论廓线与实际廓线为一对等距曲线，两者之间的法向距离等于滚子半径 r_r。故当已知理论廓线上任意一点 $B(x, y)$ 时，只要沿理论轮廓线在该点的法线方向 $n-n'$ 量取距离为 r_r，即得实际廓线上的相应点 $B'(X, Y)$：

$$\begin{cases} X = x - r_r\cos\theta \\ Y = y - r_r\sin\theta \end{cases} \tag{5-6}$$

式(5-6)为凸轮的实际轮廓线方程。因理论轮廓线 B 点处法线 $n-n'$ 的斜率与其切线斜率互为负倒数，所以得

$$\tan\theta = \frac{\mathrm{d}x}{-\mathrm{d}y} = \frac{\mathrm{d}x}{\mathrm{d}\delta} \bigg/ \left(-\frac{\mathrm{d}y}{\mathrm{d}\delta} \right) = \sin\theta/\cos\theta \tag{5-7}$$

由式(5-5)对 δ 求导得

$$\begin{cases} \mathrm{d}x/\mathrm{d}\delta = (\mathrm{d}s/\mathrm{d}\delta - e)\sin\delta + (s_0 + s)\cos\delta \\ \mathrm{d}y/\mathrm{d}\delta = (\mathrm{d}s/\mathrm{d}\delta - e)\cos\delta - (s_0 + s)\sin\delta \end{cases} \tag{5-8}$$

从而可求得

$$\begin{cases} \sin\theta = (\mathrm{d}x/\mathrm{d}\delta) / \sqrt{(\mathrm{d}x/\mathrm{d}\delta)^2 + (\mathrm{d}y/\mathrm{d}\delta)^2} \\ \cos\theta = -(\mathrm{d}y/\mathrm{d}\delta) / \sqrt{(\mathrm{d}x/\mathrm{d}\delta)^2 + (\mathrm{d}y/\mathrm{d}\delta)^2} \end{cases} \tag{5-9}$$

式(5-8)中偏距 e 为代数值，其正、负号规定如下：当凸轮沿逆时针方向转动时，从动件导路方向位于凸轮回转中心的右侧时，e 为正；反之 e 为负。若凸轮沿顺时针方向回转，则相反。

5.4 凸轮机构基本尺寸的确定

前面在讨论凸轮轮廓曲线的设计时，凸轮的基圆半径、滚子半径等均为已知，而在实际设计时，则需要考虑到机构的受力情况、运动情况以及结构是否紧凑等因素，合理确定这些尺寸。下面将就这些尺寸的确定加以讨论。

5.4.1 凸轮基圆半径的确定

(1)凸轮机构的压力角

图5-16 所示为对心直动尖顶从动件盘形凸轮机构，从动件与凸轮在 B 点接触，G 为作用在从动件上的载荷，F 为凸轮对从动件的作用力，当不计摩擦时，力 F 沿接触点处凸轮轮廓曲线的法线 $n-n'$ 方向。α 为从动件上所受法向力方向与受力点速度 v 方向之间所夹的锐角，称为凸轮机构的压力角。将推动力 F 沿从动件运动方向和垂直于运动方向分解，分力 $F\cos\alpha$ 将推动从动件运动，是有效力；分力 $F\sin\alpha$ 不仅于推动从动件无益，还会使从动件压紧导路，产生摩擦力，成为有害力。显然，压力角 α 越大，有效分力越小，有害分力越大，凸轮推动从动件就越费力，从而使凸轮机构运动不灵活，效率低。当压力角 α 增大到有效分力不足以克服有害分力所产生的摩擦力时，机构将处于自锁状态。为了保证在载荷 G 一定的条件下，凸轮机构

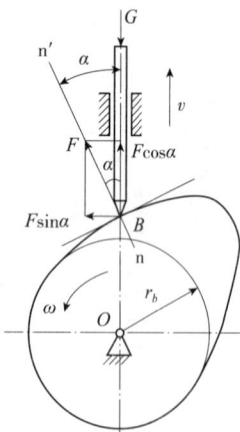

图5-16 凸轮机构的受力分析

中的作用力 F 不至过大，必须对压力角 α 予以限制，使其不超过某一许用值 $[\alpha]$，一般推荐许用压力角 $[\alpha]$ 的数值如下：直动从动件取 $[\alpha]=30°$，摆动从动件取 $[\alpha]=35°\sim45°$，在回程时，从动件是靠重力或弹簧力的作用下返回的，故可采用较大的压力角，通常取 $[\alpha]'=70°\sim80°$。由于凸轮轮廓上各点压力角通常是不一样的，因此只需限制凸轮最大压力角不超过许用值即可，即 $\alpha_{max}\leqslant[\alpha]$。

凸轮最大压力角一般出现在从动件位移线图上斜率最大的位置，也就是速度线图上速度最大的位置。用图解法检查时，可在理论轮廓曲线较陡的地方取几个点进行测量。

（2）凸轮基圆半径的确定

图 5-17 所示为对心直动尖顶从动件盘形凸轮机构，由于从动件和凸轮在接触点处的相对运动速度只能沿接触点处的公切线 t – t′ 方向，故有

$$v_2 = v_1 \tan\alpha = \omega(r_b + s)\tan\alpha$$

即

$$r_b = v_2 / (\omega\tan\alpha) - s \qquad (5\text{-}10)$$

式中，r_b 为凸轮的基圆半径，s 为从动件的位移量，v_2 为从动件的速度。当从动件运动规律给定后，对应于凸轮的某一转角 $\delta=\omega t$，v_2 与 s 均为确定值。因此，基圆半径的大小仅与压力角大小有关；反之，若选取小的基圆半径，压力角过大，将影响机构的运动，若选取大的基圆半径，又会增大结构尺寸，因此，在实际设计中，可在

图 5-17 压力角与基圆半径的关系

保证凸轮机构的最大压力角 $\alpha_{max}\leqslant[\alpha]$ 的前提下，利用公式（5-10）确定基圆半径。同时，还要考虑凸轮的结构及强度要求，保证凸轮的基圆半径 $r_b\geqslant(1.6\sim2)R$，式中 R 为安装凸轮的轴半径。

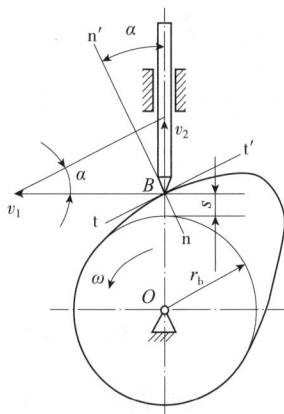

5.4.2 滚子半径的选择

当采用滚子从动件时，应注意滚子半径的选取，否则有可能使从动件不能准确地实现预期的运动规律。设滚子半径为 r_r，理论轮廓线曲率半径为 ρ，实际轮廓线曲率半径为 ρ_a。

凸轮理论轮廓曲线内凹时，有 $\rho_a=\rho+r_r$，无论滚子半径多大，凸轮工作轮廓总是光滑曲线，如图 5-18（a）所示。

对于外凸的凸轮轮廓线 [图 5-18（b）] 有 $\rho_a=\rho-r_r$。当 $\rho=r_r$ 时，$\rho_a=0$，在凸轮实际轮廓上出现尖点 [图 5-18（c）]，这种现象为变尖，尖点很容易被磨损；当 $\rho<r_r$ 时，$\rho_a<0$，实际廓线发生相交 [图 5-18（d）]，交叉线的上一部分在实际加工中将被切掉（称为过切），使得从动件在这一部分的运动规律无法实现，这种现象称为运动失真。为了避免以上两种情况的产生，就必须保证 $\rho_{a\,min}>0$，亦即必须保证 $\rho_{min}>r_r$，通常取 $r_r\leqslant0.8\rho_{min}$。但滚子半径也不宜过小，因过小的滚子将会使滚子与凸轮之间的接触应力增大，且滚子本身的强度不足。为了解决上述问题，一般可增大凸轮的基圆半径 r_b，以使 ρ_{min} 增大。

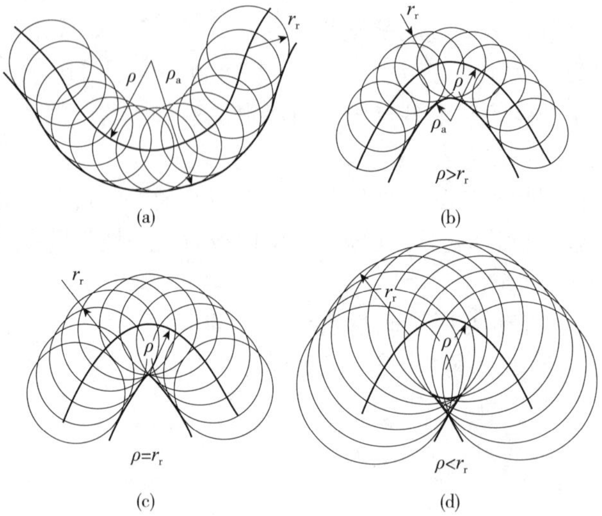

(a)

(b)

(c)

(d)

图 5-18　滚子半径与实际廓线的关系

5.5　凸轮机构的强度计算及结构设计

设计凸轮机构，除了前述根据从动件运动规律设计出凸轮轮廓曲线外，还要选择适当的材料，确定合理的凸轮传动的结构，必要时对凸轮进行强度计算。

5.5.1　凸轮和滚子材料的选择

凸轮机构中，凸轮轮廓与从动件之间理论上为点接触或线接触。接触处有相对运动并产生较大的接触应力，因此容易发生磨损和疲劳点蚀，这就要求凸轮和滚子的工作表面具有足够的强度和耐磨性。凸轮机构还经常受到冲击载荷，故还要求凸轮芯部有较大的韧性。凸轮常用的材料及热处理可参考表 5-2。

表 5-2　凸轮常用材料及热处理

材料类型	热处理	硬度	接触疲劳极限 $\sigma_{H\,lim}$（MPa）	特点和用途
碳素钢	正火	HBS150～190	2HBS＋70	低速、轻载凸轮或从动件
	调质	HBS220～250	2HBS＋70	综合性能较好，用于中低速、中载的凸轮或从动件
	调质后表面淬火	HRC45～50	17HRC＋200	中高速、中载、中等精度的凸轮或从动件
合金钢	调质	HBS220～285	2HBS＋70	性能优于碳素钢调质，应用情况同碳素钢
	调质后表面淬火	HRC45～50	17HRC＋200	淬透性好，应用情况同碳素钢
	氮化	HV550～750	1050	接触抗疲劳强度高，用于中高速、中载、高精度的凸轮或从动件

滚子材料可采用与凸轮相同的材料。由于滚子半径一般都小于凸轮实际轮廓曲线的曲率半径，滚子参与接触的次数较多，故当两者材料及硬度相同时，一般是滚子先损坏。由于滚子的制造和更换比凸轮容易得多，因此，常使滚子的材料硬度与凸轮的相同或更小些。

5.5.2　凸轮传动的强度计算

一般凸轮传动主要用于传递运动，传力不是主要的，因此可以不作强度计算。但对受力较大或转速较高的凸轮(惯性力大)以及受到冲击载荷的凸轮，则应进行接触应力计算。根据赫兹公式计算接触应力 σ_H，使满足下式要求：

$$\sigma_H = \sqrt{\frac{F_n}{\pi b} \cdot \frac{\dfrac{1}{\rho_1} + \dfrac{1}{\rho_2}}{\dfrac{1-\mu_1^2}{E_1} + \dfrac{1-\mu_2^2}{E_2}}} \leqslant [\sigma_H] \qquad (N/mm^2) \qquad (5-10)$$

式中　F_n——凸轮与从动件接触处的法向力，N；

b——从动件与凸轮接触处的接触长度，mm；

ρ_1，ρ_2——凸轮廓线的最小曲率半径和从动件接触处的曲率半径，mm，当廓线内凹时，ρ_1 应以负值代入，当为平底从动件时，$\rho_2 = \infty$；

E_1，E_2——凸轮和滚子材料的弹性模量，N/mm^2；

μ_1，μ_2——凸轮和滚子材料的泊松比；

$[\sigma_H]$——凸轮的许用接触应力，N/mm^2；其值可按下式计算：

$$[\sigma_H] = \frac{\sigma_{H\,lim}}{S_H} \qquad (5-11)$$

式中　S_H——安全系数，可取 $1.1 \sim 1.2$。

5.5.3　凸轮传动的结构

因凸轮的工作轮廓已经确定，凸轮传动的结构设计主要是确定凸轮的轴向厚度、凸轮的结构形式和凸轮与传动轴的连接方式等。

当工作载荷较小时，凸轮的轴向厚度一般取为凸轮轮廓曲线最大矢径的 $1/10 \sim 1/5$，对于在重要场合使用或受力较大的凸轮，需按凸轮工作面与从动件间的接触强度进行确定。

凸轮结构有整体式、组合式和镶块式三种。最简单、最常见的是整体式凸轮，不经常更换、凸轮较小时一般采用这种凸轮。图 5-19 所示为组合式凸轮，盘状凸轮与轮毂是分离的，用螺栓将它们紧固成整体，盘状凸轮上螺栓的通过孔开成长圆弧槽状，以便于调节凸轮与轴的周向相对位置。图 5-20 所示为镶块式凸轮，其凸轮轮廓曲线由若干镶块拼接、固定在鼓轮上组合而成；鼓轮上加工出许多螺纹孔，供固定镶块用；这种凸轮可以通过更换镶块，改变凸轮轮廓曲线形状，适应工作情况变化，用于需要经常更换凸轮的场合(如自动机)。

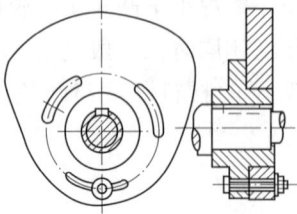

图 5-19　组合式凸轮结构

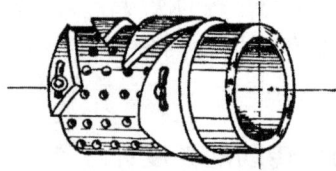

图 5-20　镶块式凸轮结构

在确定凸轮与传动轴的连接方式时，应综合考虑凸轮的装拆、调整和固定等问题。对于执行机构较多的设备，其各执行构件之间的运动协调性通常由运动循环图确定，因此在装配凸轮机构时，凸轮轮廓曲线起始点（推程开始点）的相对位置需按运动循环图进行调整，以保证各执行构件能按预定程序协调动作；工程中实现凸轮周向调整的结构形式很多，图 5-19 即为一例。

本 章 小 结

凸轮机构结构简单、紧凑，广泛应用于各种自动化机械中。凸轮机构的类型很多，设计时应根据使用场合的工作要求合理选择其类型。

根据工作要求和使用场合选择和设计从动件运动规律，是凸轮机构设计中的关键一步，它直接影响凸轮机构的运动和动力特性。本章主要介绍了等速运动规律、等加速等减速运动规律和余弦加速度运动规律。是否存在冲击可根据加速度线图的连续性来判断：当加速度曲线不连续且发生无穷大突变时存在刚性冲击；当加速度曲线不连续且发生有限值突变时存在柔性冲击。这一判断原则对任意运动规律都适用。在工程实际中，为了获得更好的运动和动力特性，可选择使用运动规律组合。

凸轮轮廓曲线的设计是本章的核心内容，无论图解法还是解析法，设计的基本原理均基于反转法。

凸轮机构的基圆半径、滚子半径等基本参数需从凸轮传力特性（压力角）、运动是否失真、结构是否紧凑等方面综合考虑加以确定。本章介绍了按凸轮机构许用压力角确定凸轮最小基圆半径的方法以及不发生运动失真时滚子半径等参数的设计原则。

思 考 题

1. 从动件的常用运动规律有哪几种？它们各有什么特点？适用于什么场合？

2. 凸轮机构的类型有哪些？在选择凸轮机构类型时应考虑哪些因素？

3. 什么是凸轮机构传动中的刚性冲击和柔性冲击？它们分别在什么情况下发生？

4. 滚子从动件盘形凸轮机构，在使用过程中改用直径较大的滚子，是否可行？为什么？

5. 理论轮廓线相同而实际轮廓线不同的两个对心移动滚子从动件盘形凸轮机构，其从动件的运动规律是否相同？

6. 什么是凸轮机构的压力角？最大压力角发生在什么地方？若发现压力角超过许用值，可采用什么措施减小推程压力角？

7. 什么是运动失真？如何避免运动失真现象？

8. 题图 5-1 所示为一对心移动滚子从动件盘形凸轮机构，凸轮为一圆盘，要求：

①画出凸轮机构的基圆，并标出基圆半径 r_b、推杆的行程 h。

②标出凸轮机构在图示位置时的位移 s 和压力角 α。

③标出推程运动角 δ_1、远休止角 δ_2、回程运动角 δ_3 和近休止角 δ_4。

④以推杆位于最低点为起始点，标出凸轮机构运动至图示位置转过的角度回程运动角 δ。

⑤每30°取一分点，画出从动件的位移线图。

9. 设计一尖顶对心移动从动件盘形凸轮。已知凸轮以等角速度顺时针方向转动，基圆半径为 30mm，滚子半径为 8mm，从动件的运动规律如下：

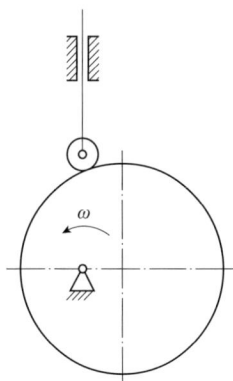

题图 5-1

凸轮转角 δ	0°～150°	150°～180°	180°～300°	300°～360°
推杆位移 s	等速上升 $h=16mm$	上停	等加速等减速下降 $h=16mm$	下停

10. 按题9给定的从动件运动规律设计一尖顶偏置移动从动件盘形凸轮，基圆半径为 30mm，偏距为 20mm。

第6章　轴

本章提要

　　轴是所有机器的重要零件之一。对于一般用途的轴，其设计主要包括结构设计和工作能力的计算两个方面。本章以阶梯轴的设计为主要内容，重点讨论轴的结构设计和工作能力计算。本章的难点是轴的结构设计，它是强度计算的依据，同时还要综合考虑轴的装配、加工工艺和使用等方面的要求。学习时应注意这方面能力的培养。

6.1　轴的分类和材料

6.2　轴的结构设计

6.3　轴的计算

　　轴是机器最重要的零件之一，比如机床主轴、减速器的轴、自行车轴等，其主要功用是支撑回转零件(如齿轮、带轮、链轮等)，同时传递运动和动力。

　　轴是非标准件。轴的设计主要包括两方面的内容：结构设计和工作能力的校核计算，必要时还要考虑振动稳定性。

6.1　轴的分类和材料

6.1.1　轴的分类

　　轴有多种分类方法，分类依据不同。常用的有两种分类方法：按轴所承受的载荷性质分和按轴的结构类型分。

　　根据轴所承受的载荷性质不同，可分为心轴、转轴、传动轴三类。比如自行车的前轴，仅承受弯矩，所以为心轴；自行车中间轴、汽车的传动轴，仅传递扭矩，不传递弯矩或仅承受较小的弯矩，为传动轴；自行车后轴、减速箱里的轴，既承受弯矩又承受扭矩，为转轴。

　　根据轴线的形状不同，又可以分为直轴、曲轴和钢丝软轴三类。直轴根据其外形不同，又分为光轴和阶梯轴，阶梯轴便于零件的定位和安装，应用比较广泛；曲轴常用于多点支撑或者往复式机械中，如发动机等；钢丝软轴可以把转矩和旋转运动灵活的传送到任何位置。

　　本章仅讨论直轴。

6.1.2　轴的材料

　　轴的工作应力多为变应力，所以其失效形式主要为疲劳破坏。这就要求轴的材料具有足够的抗疲劳强度，对应力集中具有较低的敏感性，同时还要有较好的工艺性和经济性。轴的材料主要采用碳素钢和合金钢，钢轴的毛坯多数用轧制圆钢和锻件，也有的直接用圆钢。

　　碳素钢比合金钢价格价廉，对应力集中的敏感性较小，可用热处理或化学处理的办法提高其力学性能和抗抗疲劳强度，故应用广泛。其中最常用的是 45 钢。对不重要或受力较小的轴，则可采用 Q235、Q275 等普通碳素钢。

　　合金钢比碳素钢具有更好的力学性能和淬火性能，所以对于重要的、承载能力要求高的、具有耐磨损要求或工作环境比较恶劣、结构紧凑的场合，可采用合金钢。钢材的种类和热处理对其弹性模量影响较小，因此选用高性能钢材对提高轴的刚度并无实效。

　　对于形状复杂的轴，可选用铸造性能好、具有良好的吸振性和耐磨性、对应力集中不敏感的高强度铸铁和球墨铸铁，但其冲击韧性低，质量不够稳定。

　　设计轴时，应根据其用途和受载情况选用材料。

　　表 6-1 列出了轴的常用材料及其主要力学性能，其他材料的相关力学性能可以参阅相关文献。

表 6-1 轴的常用材料及其主要力学性能

材料		热处理	毛坯直径（mm）	硬度（HBS）	力学性能（MPa）				备注
类别	牌号				强度极限 σ_b	屈服极限 σ_s	弯曲疲劳强度	剪切疲劳强度	
碳素钢	Q235		≤16	—	460	235	200	105	用于不重要或承载不大的轴
			≤40	—	440	225			
	45	正火调质	≤100	170~217	600	300	275	140	应用最为广泛
			≤200	217~255	650	360	300	155	
合金钢	40Gr	调质	≤100	214~266	750	550	350	200	用于载荷较大而无很大冲击的重要轴
			>100~300	214~266	700	550	340	185	
	35SiMn 42SiMn	调质	≤100	229~286	800	520	400	205	性能接近40Gr，用于中等型轴
			>100~300	217~269	750	450	350	185	
	40MnB	调质	25	—	1000	800	485	280	性能接近40Gr，用于重要轴
			≤200	241~286	750	500	835	195	
	20Gr	渗碳淬火回火	15	表面50~60HRC	850	550	375	215	用于要求强度和韧性均较高的轴
			≤60	—	650	400	280	160	
	20GrMnTi	渗碳淬火回火	15	表面50~62HRC	1100	850	525	300	

6.2 轴的结构设计

影响轴的结构因素有：①轴上零件的类型、数量、尺寸及其安装位置、定位方法；②载荷的性质、大小、分布情况；③轴的制造工艺性等。

轴的结构设计主要要求是：①满足轴的强度条件，尽量减小应力集中，提高抗疲劳强度；②满足零件安装要求，轴上的零件要便于拆装和调整；③定位要求，轴和轴上零件有准确的工作位置，各零件牢固可靠定位；④满足结构工艺性要求，使加工方便，节省材料。

轴结构设计的任务就是要定出轴的合理外形和全部结构尺寸，包括各轴段的直径、长度以及各细小部分的结构尺寸。

为了便于轴上零件的装拆，常将轴做成阶梯形，其直径由轴端向中间逐渐增大。轴主要由轴颈、轴头、轴伸三部分组成。安装轮毂的部分称为轴头，如图 6-1 中的轴段 4、1；与轴承相配合的轴段称为轴颈，如图 6-1 中的轴段 7；连接轴头与轴颈的部分称为轴身，如图 6-1 中的轴段 3、5、6。

下面以图 6-1 所示单级齿轮减速器的输入轴为例，讨论轴的结构设计的一般步骤。

6.2.1 拟定轴上零件的装配方案

装配方案决定轴的结构形式，进而影响轴的受力。在进行轴的结构设计时，应该设计多种不同的结构形式，从中选择比较合理的一种。

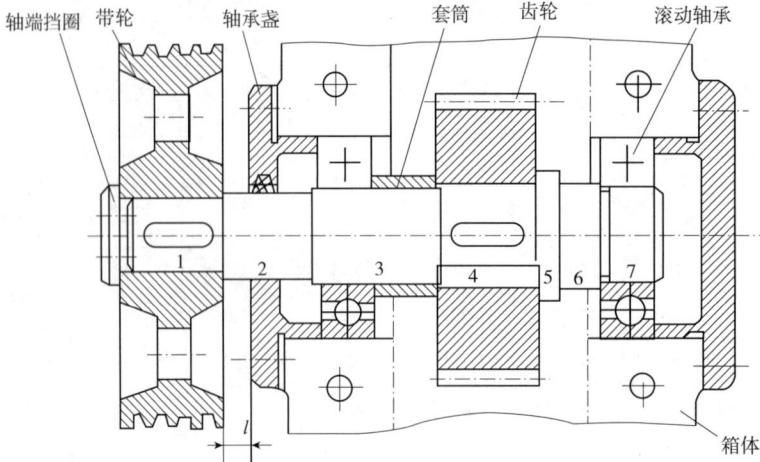

图 6-1　轴的结构

在图 6-1 中，齿轮、套筒、左边轴承、轴承端盖、带轮依次从左边装入，右边轴承、轴承端盖从右边装入，轴的结构如图 6-1 所示。如果齿轮从右边装入，那么轴的结构和图 6-1 就不相同。至于哪种合理，要从装配、受力、加工、工艺等方面综合考虑。

6.2.2　轴上零件的定位

6.2.2.1　轴向定位

轴上零件的轴向定位常采用轴肩、轴环、套筒、圆螺母、弹性挡圈、轴端挡圈、轴承端盖等来实现，其特点和应用见表 6-2。

表 6-2　轴上零件的轴向定位方法及特点

固定方法	简　　图	特点和应用场合
轴肩轴环	 (a)轴肩　　　　(b)轴环	结构简单、定位可靠，可承受较大的轴向力。但是阶梯处有应力集中现象。为保证零件定位可靠，轴上的过渡圆角半径 r 应小于轴上零件圆角半径 R 或倒角 C。一般取 $a = (0.07 \sim 0.1)d$。 轴环宽度根据轴上零件相互位置决定。
套筒轴承端盖		套筒结构简单，定位可靠，装拆方便，能承受较大的轴向力。 套筒与轴的配合较松，故不宜用于高速场合。套筒不能过长，以免增大套筒质量。 轴承端盖与箱体相连而使轴承定位与固定。整个轴的轴向定位也常利用端盖来实现。

（续）

固定方法	简　　图	特点和应用场合
弹性挡圈	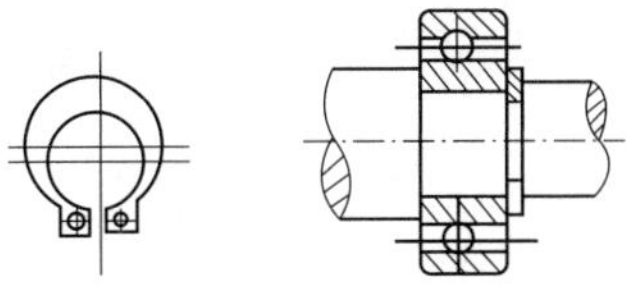	结构简单，装拆方便。能承受比较小的轴向力。
圆螺母	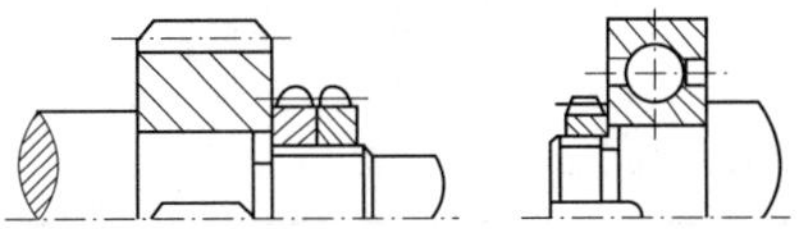	定位可靠，可承受较大的轴向力。但在螺纹处有较大的应力集中，会降低轴的抗疲劳强度。常用双螺母或圆螺母与止动垫圈配合固定零件。常用于轴上两零件距离较大处，也可用于轴端。

在轴上零件定位方案确定后，各段轴的直径、长度才能确定下来。

6.2.2.2　周向定位

轴上零件除了需要轴向定位外，齿轮、带轮、联轴器等零件还必须有可靠的周向固定，以传递运动和动力。周向定位常采用键、花键、过盈配合和紧固螺钉等。

周向固定方式根据载荷的大小、性质、轮毂与轴的对中要求等因素确定。例如，传递动力可用键连接；传递精确运动可用过盈配合；紧定螺钉或销连接仅用在传递扭矩小且不重要的场合。

6.2.3　各轴段直径和长度的确定

6.2.3.1　各轴段直径的确定原则

各轴段直径的确定，首先要确定最小轴段的轴径，然后根据轴上零件的装配、定位和固定等要求逐段确定。轴的直径除满足强度和刚度要求外，还要根据具体情况确定轴的实际直径。

①与零件有配合关系的轴段，应符合标准直径。

②与标准件（如滚动轴承、联轴器等）相配合的轴段直径，应符合各标准件内径系列的规定。

③定位轴肩高度可取为$(0.07 \sim 0.1)d$，其中d为定位零件处的直径，如图6-1中轴段5的定位高度应根据轴段4的直径计算；与滚动轴承配合处的a值要考虑轴承的装拆要求，参考滚动轴承的安装尺寸，如图6-1中轴段6的轴肩高度要查右边轴承的安装尺寸。过渡轴肩的高度是考虑加工和装配方便而设置，可取为$1 \sim 2$mm，如图6-1中的轴段2、轴段4。

确定轴的最小直径有两种方法：一种是类比法，另一种是根据轴的受力进行理论计算。

对于一般转速轴，可用经验公式来估算轴的最小直径。与电动机相联的轴径d可按

电动机轴径 D 来估算：$d = (0.8 \sim 1.2)D$；还可按同级齿轮中心距 a 来估算：$d = (0.3 \sim 0.4)a$。

理论计算时，根据轴的强度公式 $\tau_T = \dfrac{T}{W_T} = \dfrac{9.55 \times 10^6 P}{0.2 d^3 n} \leqslant [\tau_T]$ （MPa）推导出一般常用公式为

$$d \geqslant \sqrt[3]{\dfrac{9.55 \times 10^6}{0.2[\tau_T]}} \sqrt[3]{\dfrac{P}{n}} = A_0 \sqrt[3]{\dfrac{P}{n}} \tag{6-1}$$

式中　A_0——与材料有关的常数，取决于轴的材料及受载情况，见表6-3；

　　　　P——轴所传递的功率，kW；

　　　　n——轴的转速，r/min。

表6-3　轴常用材料的 A_0 值

轴的材料	Q235、20	35	45	40Cr、35SiMn
A_0	160～135	135～118	118～107	107～98

注：当轴所受弯矩较小或只受转矩时，A_0 取小值；否则取大值。

对于 $d > 100\text{mm}$ 的轴，当轴的同一截面开有一个键槽时，轴径应加大 3%；有两个键槽时，应加大 7%。对于 $d \leqslant 100\text{mm}$ 的轴，当轴的同一截面上开有一个键槽时，轴径加大 7%；开有两个键槽时，轴径加大 13%。

最小轴径位置分两种情况：外伸轴的最小轴径在外伸轴端，如图 6-1 中的最小轴径在配合带轮处；中间轴的最小轴径在两端配合轴承处。对于中间轴的最小轴径 d，根据上述方法计算或类比出的直径应取为轴承相应的内径；对于外伸轴，计算或类比出的最小轴径应与相配合的零件内径相符，如图 6-1 中的轴段 1，直径应和带轮的内径一致。

6.2.3.2　各轴段长度应满足的要求

①阶梯轴各轴段的长度，应根据轴上零件的轴向尺寸和有关零件间的相互配合位置要求确定。如图 6-1 中的轴段 1、4、7 的长度分别取决于带轮、齿轮和轴承的宽度，而轴段 2 的长度则应考虑轴承端盖的装拆，有足够的空间。

②为保证轴上零件定位的可靠性，与齿轮或带轮相配合部分的轴段长度，一般应比轮毂宽度短 2～3mm，确保定位件紧靠定位零件端面而不是紧靠在轴肩，如图 6-1 中的轴段 1、4。

6.2.4　轴的结构工艺性

轴的结构工艺性是指轴的结构形式便于加工和装配，生产效率高，成本低。从工艺方面考虑，轴的形状应力求简单，阶梯数尽可能少；对于需要磨制或有螺纹的轴段，须相应留有砂轮越程槽或退刀槽（图 6-2）；轴上各处的圆角半径、环形切槽宽度、中心孔（图 6-3）等尺寸应尽可能统一；为了减少装夹工件的时间，轴上不同轴段的键槽应布置在同一条母线上（图 6-4）。此外，加工精度要适当，过高的加工精度会增加加工成本。

图6-2 砂轮越程槽和退刀槽　　图6-3 中心孔　　图6-4 键槽的布置

从装配工艺性方面考虑，各零件装配时，轴端应有倒角，便于导向，避免擦伤零件的配合表面。

6.2.5 提高轴的强度和刚度的措施

从轴的结构和工艺方面考虑，提高轴的强度和刚度的措施主要有：

①合理布置和设计轴上零件，改善轴的受力情况。如图 6-5 所示的转轴，动力由轮 1 输入，通过轮 2、3、4 输出。按图 6-5(a) 布置，轴所受的最大转矩为 $T_{max} = T_2 + T_3 + T_4$，若按图 6-5(b) 布置，则轴所受的最大转矩变为 $T_{max} = T_3 + T_4$。

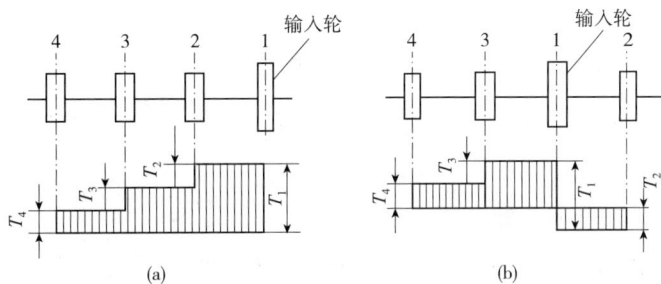

图6-5 轴上零件的合理布置

又如图 6-6 所示的卷扬机卷筒的两种结构方案中，图 6-6(a) 将卷筒与大齿轮分别安装在轴上，轴上承受较大的转矩；图 6-6(b) 将大齿轮与滚筒制成一体并空套在轴上，转矩经大齿轮直接传给卷筒，使卷筒轴只受弯矩而不受扭矩，提高了其承载能力。此外，轴上受力较大的零件应尽可能靠近轴承处。

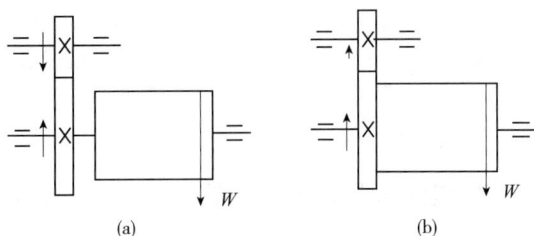

图6-6 卷扬机卷筒的两种结构方案

②改善轴的受力状况的另一种主要措施是减少应力集中。合金钢对应力集中比较敏感，尤其应该注意。

③大多数轴是在变应力下工作，其破坏始发于应力集中部位。为了减少直径突变处的应力集中，改善轴的抗疲劳强度，应适当增加轴肩处的圆角半径。

6.3 轴的计算

轴的计算通常是在初步完成轴的结构设计后进行校核计算。轴的计算准则是满足轴的强度或刚度要求，必要时还要进行轴的振动稳定性校核。

6.3.1 轴的强度计算

轴的强度计算应根据轴的承载情况，采用相应的计算准则。一般用途的传动轴，按扭转强度条件计算；心轴和转轴则按弯扭合成强度条件计算，对于重要转轴在按弯扭强度计算完成初步校核外，还要按抗疲劳强度条件进行精确校核；对于瞬时过载很大的轴，则按静强度条件计算。

6.3.1.1 按扭转强度条件计算

根据材料力学知识，轴的抗扭强度条件为

$$\tau_{\mathrm{T}} = \frac{T}{W_{\mathrm{T}}} = \frac{955000 \times P/n}{0.2d^3} \leqslant [\tau_{\mathrm{T}}] \tag{6-2}$$

式中　τ_{T}——扭转切应力，MPa；

$\quad\quad T$——轴传递的扭矩，N·m；

$\quad\quad W_{\mathrm{T}}$——轴的抗扭截面系数，mm^3；

$\quad\quad n$——轴的转速，r/min；

$\quad\quad P$——轴传递的功率，kW；

$\quad\quad d$——计算截面处的直径，mm；

$\quad\quad [\tau_{\mathrm{T}}]$——许用扭转切应力，MPa，见表6-4。

表6-4　几种常用材料的$[\tau_{\mathrm{T}}]$和 A_0 值

轴的材料	Q235	Q275、35、45		40Cr、35SiMn、38SiMnMo 2Cr13、42SiMn、20CrMnTi	1Cr18Ni9Ti
$[\tau_{\mathrm{T}}]$(MPa)	12~20	20~30	30~40	40~52	15~25
A_0	160~135	135~118	118~107	107~98	148~125

6.3.1.2 按弯扭合成强度条件计算

根据材料力学知识，按弯扭合成强度条件为

$$\sigma_{\mathrm{e}} = \frac{M_{\mathrm{e}}}{W} = \frac{\sqrt{M^2 + (\alpha T)^2}}{0.1d^3} \leqslant [\sigma_{-1}]_{\mathrm{b}} \tag{6-3}$$

式中　M_{e}——当量弯矩，$M_{\mathrm{e}} = \sqrt{M^2 + (\alpha T)^2}$(N·mm)；

$\quad\quad W$——抗弯截面系数，$W \approx 0.1d^3$；

α——根据扭矩性质而定的折合系数。$\alpha = 1$，扭矩按对称循环变化；$\alpha = 0.6$，扭矩按脉动循环变化；$\alpha = 0.3$，扭矩为常数。

按弯扭合成强度条件计算，一般计算步骤如下：

①作出轴的计算简图(力学模型)　把轴视为置于铰链上的梁，将轴上零件的受力分解到水平面和垂直面，分别计算出水平面、垂直面的支反力。

轴上载荷在计算时要做一些简化，将齿轮等零件上的均布载荷简化为集中载荷作用在零件宽度的中点位置。支反力的作用点可以近似认为在轴承的宽度中点位置，精确计算时可以查轴承手册确定其有关尺寸。

②作弯矩图　分别计算水平面弯矩 M_H、垂直面内的弯矩 M_V。

③作合成弯扭图　将水平面弯矩 M_H、垂直面弯矩 M_V 合成为弯矩 M。

④作扭矩图　根据轴所传递扭矩 T 在水平面或垂直面作出其扭矩图。

⑤作当量弯矩图　根据式(6-3)将弯矩、扭矩合成为一个总弯矩 M_e。

⑥计算轴的强度　按式(6-3)计算轴的强度。

在同一轴上各截面的直径不相同，各处所受的应力也不相同，设计计算时应选择若干危险截面(弯矩和扭矩大、截面积小的截面)分别计算。

应当指出，在上述计算中，没有考虑轴向力所引起的压应力或拉应力，这是因为这部分压应力或拉应力相对于弯曲应力而言较小，可以忽略不计。

对于按抗疲劳强度条件、静强度条件计算轴的方法，可参考有关书籍。

6.3.2　轴的刚度计算概念

轴受弯矩作用会产生弯曲变形，受转矩作用会产生扭转变形，如图 6-7 所示。若轴的刚度不足，将产生过大的弯曲或扭转变形，影响轴和轴上零件的正常工作，甚至影响机械的正常工作。比如电机转子轴的挠度过大，会改变转子与定子间的间隙而影响电机的性能；又比如机床主轴的刚度不够，将影响其加工精度。因此，为了避免轴因刚度不足失效，必须根据轴的工作条件进行刚度校核计算。

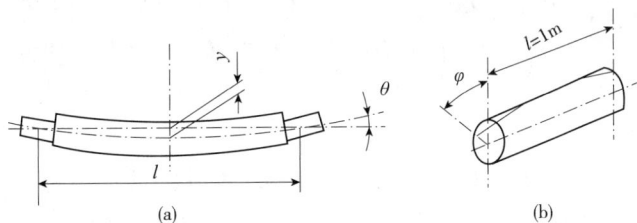

图 6-7　轴的挠度 y、转角 θ 和扭角 φ

轴的弯曲刚度条件：

$$y \leqslant [y] \text{ 或 } \theta \leqslant [\theta] \tag{6-4}$$

轴的扭转刚度条件：

$$\varphi \leqslant [\varphi] \tag{6-5}$$

式中　$[y]$，$[\theta]$，$[\varphi]$——轴的许用挠度、许用转角和许用扭角。

轴的刚度计算可参照材料力学中的有关公式进行，其值见表6-5。

表 6-5　轴的变形允许值

变形种类	度量参数	名称	变形允许值	说　明
弯曲变形	挠度 y	一般用途的轴	$(0.0003 \sim 0.0004)L$	L—两端支撑间跨距 δ—电动机定子与转子间的间隙 m_n—齿轮法面模数 m—蜗轮端面模数
		车床主轴	$0.0002L$	
		安装齿轮的轴	$(0.01 \sim 0.03)m_n$	
		安装蜗轮的轴	$(0.02 \sim 0.03)m$	
		感应电动机轴	0.1δ	
	转角 θ	滑动轴承	0.06	
		深沟球轴承	0.3	
		调心球轴承	3	
		圆柱滚子轴承	0.15	
		圆锥滚子轴承	0.09	
		安装齿轮处	$0.06 \sim 0.12$	
扭转变形	扭角 φ	一般传动	$0.5 \sim 1$	
		精密传动	$0.25 \sim 0.5$	
		要求不高的传动	>1	

6.3.4　轴的振动稳定性概念

由于回转件的结构不对称、材质不均匀、加工误差等原因，回转件的轴线与几何轴线存在偏距，回转时产生惯性力，使轴受到周期性的干扰。

轴所受到的外界频率与轴的自振频率一致，运转时轴会产生显著的振动，这种现象称为轴的共振。产生共振时轴的转速称为轴的临界转速。轴的转速如果接近其临界转速，轴的振动会比较剧烈，甚至会引起整个机器破坏，所以，对于重要的或者是高转速的轴，必须计算其临界转速，实际转速不得与任何一阶临界转速相接近，也不得与一阶临界转速的简单倍数和分数相接近。轴理论上有无穷多个临界转速，数值由小到大分别称为一阶、二阶、……、n 阶。临界转速大小主要与材料的弹性特性、轴的形状和尺寸、轴的支撑形式和轴上的零件质量等有关。

工作转速低于一阶临界转速的轴称为刚性轴，应使其满足 $n < (0.75 \sim 0.8)n_{c1}$ 的条件，其中 n_{c1} 为轴的一阶临界转速。若 n 超过 n_{ck}，则称为挠性轴，挠性轴应满足 $1.4n_{ck} < n < 0.7n_{ck+1}$，其中 n_{ck} 为第 k 阶临界转速。满足上述条件的轴，就具有了弯曲的稳定性。

【例 6-1】　试设计图 6-8 所示传动装置中减速器的输出轴。已知输出轴上的功率 $P = 6.5\text{kW}$，转速 $n = 100\text{r/min}$，单向旋转；大齿轮的分度圆直径 $d = 325.20\text{mm}$，轮载长度 $L = 65\text{mm}$；作用在大齿轮上的圆周力 $F_t = 3820\text{N}$，径向力 $F_r = 1413\text{N}$，轴向力 $F_a = 688\text{N}$。

解　(1)选择轴的材料

选用 45 钢，正火处理。查表 6-1，得 $\sigma_b = 600\text{MPa}$。

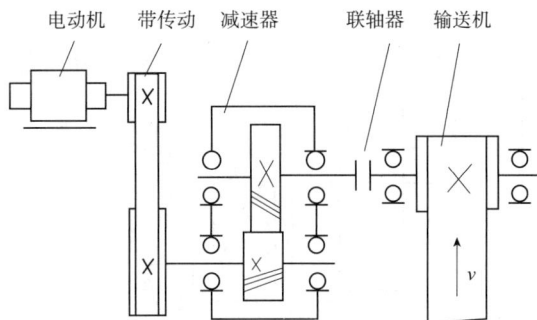

图 6-8　传动装置示意图

（2）初步确定轴的最小直径

输出轴的最小直径是安装联轴器处的轴的直径。取 $A_0 = 118 \sim 107$，于是由式（6-1）得

$$d \geqslant A_0 \cdot \sqrt[3]{P/n} = (118 \sim 107)\sqrt[3]{6.5/100} = 47.4 \sim 43.0\,(\text{mm})$$

有一个键槽，直径增大 7%，$d = 50.72 \sim 46.0\,\text{mm}$。

此段轴的直径还应与联轴器的孔径相适应。根据工作条件，选用弹性套柱销联轴器，其型号由手册查得，孔径范围 $d_1 = 40 \sim 60\,\text{mm}$，故取 $d = 48\,\text{mm}$，半联轴器轮毂长 $L_1 = 90\,\text{mm}$。

（3）轴的结构设计

轴的结构设计一般是在绘制轴系结构草图过程中逐步完成的。

输出轴的结构草图如图 6-9 所示。

①根据轴向定位的要求确定轴的各段轴径和长度。

a）初步确定出安装联轴器处轴的直径 $d_{1-2} = 48\,\text{mm}$。因半联轴器的轮毂长度 $L_1 = 90\,\text{mm}$，故取 1－2 轴段的长度 $L_{1-2} = 88\,\text{mm}$。为使联轴器轴向定位，取 $d_{2-3} = 54\,\text{mm}$，以形成轴肩 II。

b）取安装轴承处的直径 $d_{3-4} = d_{4-5} = 55\,\text{mm}$，以便于轴的加工（安装轴承处的轴颈的精度和粗糙度都要求较高）和安装轴承。查表初选一对型号为 6311 的深沟球轴承，其尺寸 $d \times D \times B = 55 \times 120 \times 29$。

c）参考减速器设计的有关资料，定出轴承座处箱体的凸缘宽度 $L' = 49\,\text{mm}$；轴承端盖的尺寸 $m = 10\,\text{mm}$，端盖外端面至联轴器左端面的距离 $L'' = 20\,\text{mm}$；轴承与箱体内壁之间的距离 $S = 5\,\text{mm}$。于是可确定 2－3 轴段的长度 $L_{2-3} = L' + m + L'' = 45\,\text{mm}$。取齿轮端面至箱体内壁之间的距离 $a = 15\,\text{mm}$。

d）取安装沿轮处轴的直径 $d_{4-5} = 56\,\text{mm}$。为了套筒端面紧贴齿轮轮毂，取 $d_{4-5} = 63\,\text{mm}$，即略短于轮毂长；而 $L_{3-4} = B + S + a + (L - 63) = 51\,\text{mm}$。齿轮左端面用轴肩 V 定位，取 $d_V = 70\,\text{mm}$，$L_{5-6} = 20\,\text{mm}$。

e）根据轴承的安装尺寸（查相关手册），取轴肩 VII 的直径 $d_{VII} = 65\,\text{mm}$，$L_{VI-VII} = 33\,\text{mm}$。至此，已初步定出了轴的各段直径和长度。

②确定轴上零件的周向定位方法

齿轮、联轴器与轴的周向定位均采用平键连接，并用较紧的配合以保证对中精度。滚动轴承与轴则采用过盈配合（图 6-9）。

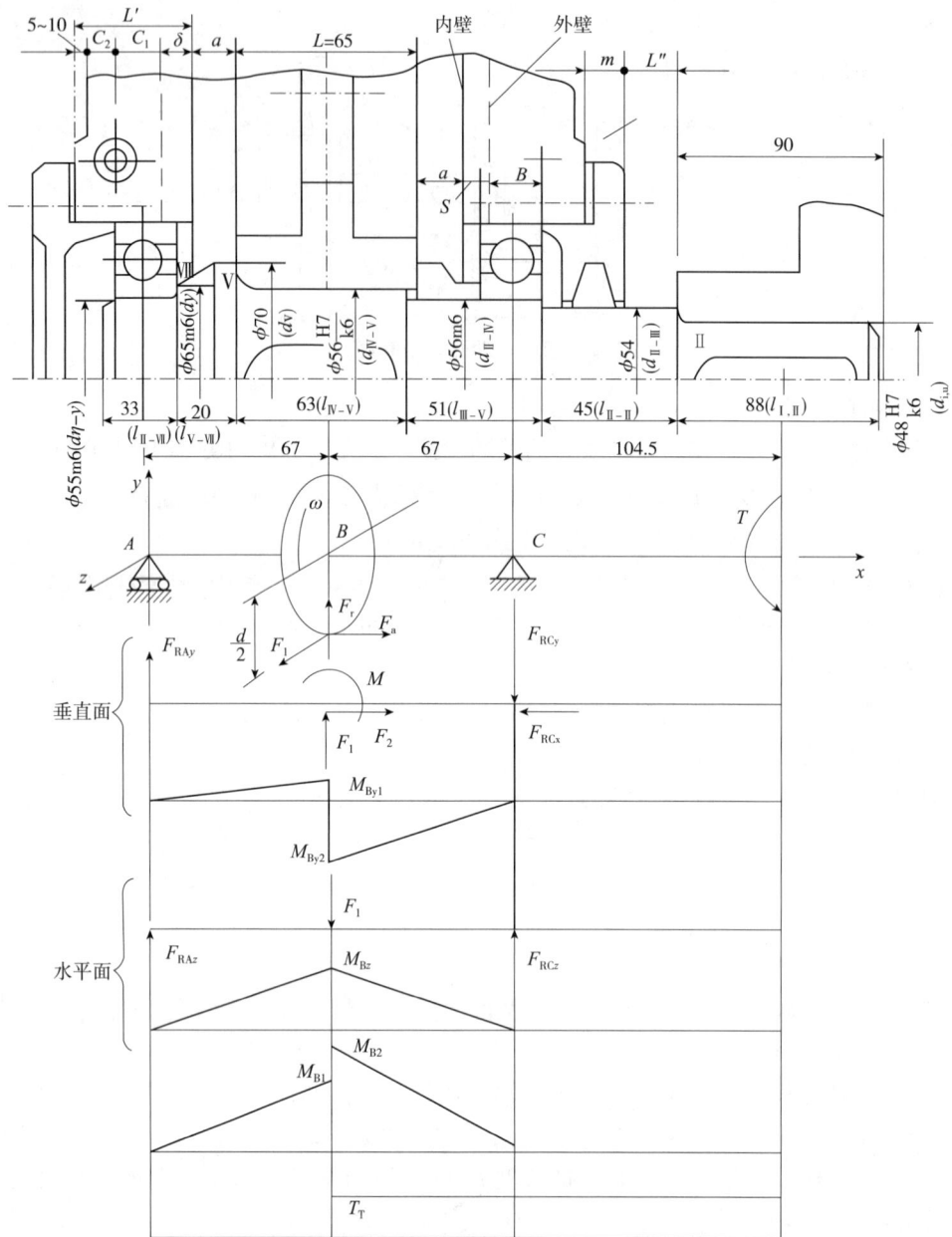

图 6-9 输出轴的结构草图及弯、扭矩图

（4）按弯扭合成强度校核轴的强度

①根据轴系结构草图，可作出轴的计算简图，如图 6-9 所示，把轴当作简支梁，支点取在轴承中点处。

②求作用在轴上的外力和支反力。

由于轴所受的力一般为空间力系，为了简化计算，将作用在轴上的力向水平面和垂直面分解，然后按水平面和垂直面分别计算。

在此轴上所受的外力有作用在齿轮上的三个分力：圆周力 F_t（水平曲上）、径向力 F_γ 和轴向力 F_α（垂直面上），力的方向如图 6-9 所示；作用在齿轮和半联轴器之间轴段上的扭矩为 T_T。

a）在垂直面上的支反力为

$$F_{RAy} = \frac{-F_r \times 67 + \frac{F_a d}{2}}{2 \times 67} = \frac{-1413 \times 67 + 688 \times \frac{325.2}{2}}{2 \times 67} = 128.3(\text{N})$$

$$F_{RCy} = \frac{F_t \times 67 + \frac{F_a d}{2}}{2 \times 67} = \frac{1413 \times 67 + 688 \times \frac{325.2}{2}}{2 \times 67} = 1541.3(\text{N})$$

$$F_{RCx} = F_a = 688(\text{N})$$

轴向力对轴所产生的压应力和轴上的弯曲应力相比，一般较小，对轴的强度影响不大，故在作轴的强度计算时，通常不考虑轴向力所产生的压应力。但在作轴承的强度计算时，则应考虑轴向力的影响。

b）在水平面上的支反力为

$$F_{RAx} = F_{RAz} = \frac{1}{2} \times 3820 = 1910(\text{N})$$

③求弯矩。

a）在垂直面上截面 B 左侧的弯矩为

$$M_{By1} = F_{RAy} \times 67 = 128.3 \times 67 = 8600(\text{N} \cdot \text{mm})$$

截面 B 右侧的弯矩为

$$M_{By2} = -F_{RCy} \times 67 = -1541.3 \times 67 = -103300(\text{N} \cdot \text{mm})$$

b）在水平面上截面 B 处的弯矩为

$$M_{Bz} = F_{RAz} \times 67 = 1910 \times 67 = 128000(\text{N} \cdot \text{mm})$$

c）合成弯矩。把水平面和垂直面上的弯矩按矢量合成起来，其大小为

$$M_{B1} = \sqrt{M_{Bz}^2 + M_{By1}^2} = \sqrt{128000^2 + 8600^2} = 128300(\text{N} \cdot \text{mm})$$

$$M_{B2} = \sqrt{M_{Bz}^2 + M_{By2}^2} = \sqrt{128000^2 + 103000^2} = 164500(\text{N} \cdot \text{mm})$$

d）作各弯矩图，如图 6-9 所示。

④求扭矩得

$$T = 9.49 \times 106 \times \frac{6.5}{100} = 620800(\text{N} \cdot \text{mm})$$

作扭矩图，如图 6-9 所示。扭矩只作用在齿轮和半联轴器中间平面之间的一段轴上。

⑤按弯扭合成求当量弯矩为

$$M_{Re} = \sqrt{M_{B2}^2 + (\alpha T_T)^2} = \sqrt{164500^2 + (0.6 \times 620800)^2} = 407200(\text{N} \cdot \text{mm})$$

在没有特别指明的情况下，一般认为扭矩为脉动循环，取折算系数 $\alpha = 0.6$。

⑥危险截面 B 的校核如下：

$$\sigma_\tau = \frac{M_{Be}}{0.1 d^3} = \frac{407200}{0.1 \times 56^3} = 23.2\text{MPa} < [\sigma_{-1}]_b$$

式中，$[\sigma_{-1}]_b = 0.1\sigma_b = 0.1 \times 600\text{MPa} = 60\text{MPa}$，故安全。

（5）绘制轴的零件工作图（略）

本 章 小 结

本章分别介绍了轴的结构设计、工作能力的校核计算以及其振动稳定性概念。重点是轴的结构设计，设计时应根据实际情况，不能闭门造车仅仅照理论想当然。轴的工作能力的校核计算，首先要清楚每个公式的适用范围，明确要设计的轴属于哪种类型，应使用哪个公式来校核。

思 考 题

1. 轴的作用是什么？心轴、转轴、传动轴的区别是什么？自行车的前轴、中轴、后轴分别属于哪一类轴？

2. 轴的常用材料有哪些？为提高轴的刚度，把轴的材料由碳钢改为合金钢是否有效？为什么？

3. 轴的强度计算方法有哪几种？分别适用于什么类型的轴？

4. 在齿轮减速器中，不拆开减速器，你能否判断哪根轴是输入轴，哪根轴是输出轴？依据是什么？

5. 指出题图 6-1 的轴中结构不合理和不完善的地方，并提出改进意见并画出改进后的结构图。

6. 题图 6-2 所示为二级斜齿圆柱齿轮减速器，$Z_1 = 22$，$Z_2 = 77$，$Z_3 = 21$，$Z_4 = 78$，由高速轴 I 输入的功率 $P = 40\text{kW}$，转速 $n_1 = 590\text{r/min}$，轴的材料为 45 钢，试计算三根轴的最小直径（不考虑摩擦损失）。

7. 设计题图 6-3 所示单级斜齿圆柱齿轮减速器的低速轴（包括选择轴承及外伸端的联轴器）。要求完成轴的全部结构设计。已知：电动机额定功率 $P = 4\text{kW}$，转速 $n_1 = 720\text{r/min}$，低速轴转速 $n_2 = 130\text{r/min}$；大齿轮节圆直径 $d_2 = 300\text{mm}$，宽度 $B_2 = 90\text{mm}$，轮毂宽度 $L = B_2$；轮齿螺旋角 $\beta = 12°$，法向压力角 $\alpha_n = 20°$。设减速器箱体凸缘宽度为 $L' = 45\text{mm}$。

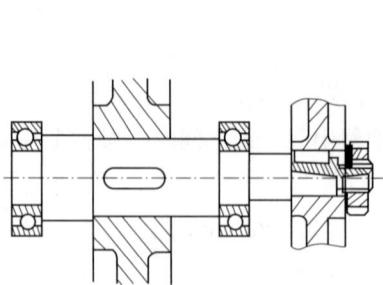

题图 6-1

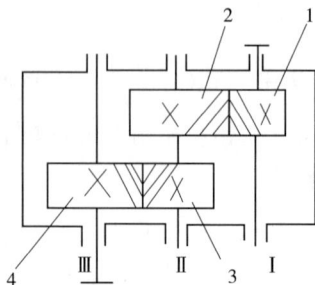

题图 6-2

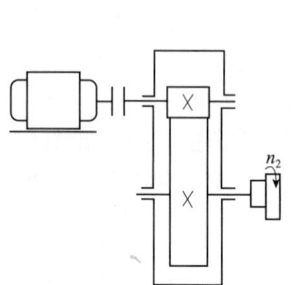

题图 6-3

第7章 蜗杆传动

本章提要

　　本章首先对蜗杆传动的分类及特点进行介绍，简述蜗杆传动的主要参数及几何尺寸、蜗杆强度、蜗杆传动效率、润滑及热平衡的计算方法。最后介绍蜗杆传动中蜗杆及蜗轮的一般机构。

7.1　蜗杆传动的特点和类型

7.2　普通圆柱蜗杆传动的主要参数和几何尺寸

7.3　蜗杆传动的失效形式、设计准则和材料选择

7.4　普通圆柱蜗杆的强度计算

7.5　蜗杆传动的效率、润滑和热平衡计算

7.6　蜗杆和蜗轮的结构

蜗杆传动是在空间交错的两轴间传递运动和动力的一种传动方式，两轴线间的夹角可为任意值，常用的为90°。这种传动由于具有结构紧凑、传动比大、传动平稳以及在一定的条件下具有可靠的自锁性等优点，广泛应用在机床、汽车、仪器、起重运输机械、冶金机械及其他机器或设备中。

7.1 蜗杆传动的特点和类型

蜗杆传动装置由蜗杆、蜗轮和机架组成，用来传递空间两交错轴的运动和动力，如图7-1所示。通常两轴交错角Σ为90°，蜗杆为主动件。

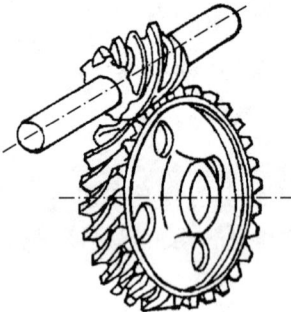

图7-1 蜗杆传动

7.1.1 蜗杆传动的类型

如图7-2所示，根据蜗杆的形状，蜗杆传动可分为圆柱蜗杆传动[图7-2(a)]，环面蜗杆传动[图7-2(b)]和锥面蜗杆传动[图7-2(c)]。

圆柱蜗杆传动，按蜗杆轴面齿型又可分为普通蜗杆传动和圆弧齿圆柱蜗杆传动。

普通蜗杆多用直母线刀刃的车刀在车床上切制，可分为阿基米德蜗杆(ZA型)、渐开蜗杆(ZI型)和法面直齿廓蜗杆(ZH型)等几种。

| (a) | (b) | (c) |

图7-2 蜗杆传动的类型

如图7-3所示，车制阿基米德蜗杆时，刀刃顶平面通过蜗杆轴线。该蜗杆轴向齿廓为直线，端面齿廓为阿基米德螺旋线。阿基米德蜗杆易车削难磨削，通常在无需磨削加工情况下被采用，广泛用于转速较低的场合。

如图7-4所示，车制渐开线蜗杆时，刀刃顶平面与基圆柱相切，两把刀具分别切出左、右侧螺旋面。该蜗杆轴向齿廓为外凸曲线，端面齿廓为渐开线。渐开线蜗杆可在专用机床上磨削，制造精度较高，可用于转速较高功率较大的传动。

蜗杆传动类型很多，本章仅讨论目前应用最为广泛的阿基米德蜗杆传动。

7.1.2 蜗杆传动的特点

①传动比大，结构紧凑 单级传动比一般为10~40(<80)，只传动运动时(如分度机构)，传动比可达1000。

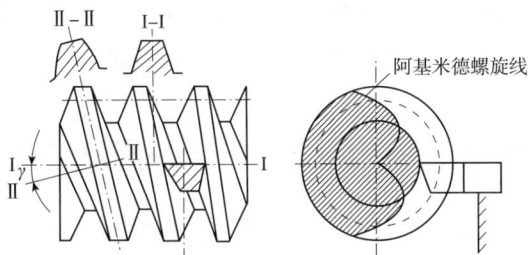

图 7-3　阿基米德蜗杆　　　　　　　　　图 7-4　渐开线蜗杆

②传动平稳，噪声小　由于蜗杆上的齿是连续的螺旋齿，蜗轮轮齿和蜗杆是逐渐进入啮合又逐渐退出啮合的，故传动平稳，噪声小。

③有自锁性　当蜗杆导程角小于当量摩擦角时，蜗轮不能带动蜗杆转动，呈自锁状态。手动葫芦和浇铸机械常采用蜗杆传动来满足自锁要求。

④传动效率低　蜗杆蜗轮啮合处有较大的相对滑动，摩擦剧烈、发热量大，故效率低。一般效率 $\eta = 0.7 \sim 0.9$，具有自锁性能的蜗杆效率仅 0.4。

⑤蜗轮造价较高　为了减摩和耐磨，蜗轮常用青铜制造，材料成本较高。

由上述特点可知：蜗杆传动适用于传动比大、传递功率不大、两轴空间交错的场合。

7.2　普通圆柱蜗杆传动的主要参数和几何尺寸

图 7-5 所示为阿基米德蜗杆传动，通过蜗杆轴线并垂直于蜗轮轴线的平面称为主平面（中间平面）。在主平面上蜗轮与蜗杆的啮合相当于渐开线齿轮与齿条的啮合。为了加工方便，规定主平面的几何参数为标准值。

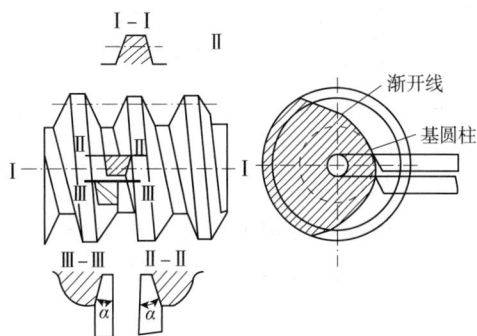

图 7-5　阿基米德蜗杆传动的几何尺寸

7.2.1　蜗杆传动的基本参数

（1）蜗杆头数 z_1、蜗轮齿数 z_2 和传动比 i

蜗杆头数 z_1，即为蜗杆螺旋线的数目。蜗杆的头数一般取 $z_1 = 1 \sim 6$。当传动比大于40或要求自锁时取 $z_1 = 1$；当传动功率较大时，为提高传动效率取较大值，但蜗杆头数过多，加工精度难以保证。

蜗轮的齿数一般取 $z_2 = 27 \sim 80$。z_2 过少将产生根切；z_2 过大，蜗轮直径增大，与之相应的蜗杆长度增加，刚度减小。

蜗杆传动的传动比 i 等于蜗杆与蜗轮转速之比。当蜗杆回转一周时，蜗轮被蜗杆推动转过 z_1 个齿（或 z_1/z_2 周），因此传动比为

$$i = \frac{n_1}{n_2} = \frac{z_2}{z_1} \tag{7-1}$$

式中　n_1，n_2——蜗杆和蜗轮的转速，r/min。

在蜗杆传动设计中，传动比的公称值按下列数值选取：5、7.5、10、12.5、15、20、25、30、40、50、60、70、80。其中 10、20、40、80 为基本传动比，应优先选用。z_1、z_2 可根据传动比 i 按表7-1选取。

表 7-1　z_1 和 z_2 的推荐值

i	7～8	9～13	14～24	25～27	28～40	>40
z_1	4	3～4	2～3	2～3	1～2	1
z_2	28～32	27～52	28～72	50～81	28～80	>40

（2）模数 m 和压力角 α

由于蜗杆传动在主平面内相当于渐开线齿轮与齿条的啮合，而主平面是蜗杆的轴向平面又是蜗轮的端面（图7-5），与齿轮传动相同，为保证轮齿的正确啮合，蜗杆的轴向模数 m_{a1} 应等于蜗轮的端面模数 m_{t2}；蜗杆的轴向压力角 α_{a1} 应等于蜗轮的端面压力角 α_{t2}；蜗杆分度圆导程角 γ 应等于蜗轮分度圆螺旋角 β，且两者螺旋方向相同。即

$$m_{a1} = m_{t2} = m$$

$$\alpha_{a1} = \alpha_{t2} = \alpha$$

$$\gamma = \beta$$

（3）蜗杆的分度圆直径 d_1 和导程角 γ

如图7-6所示，将蜗杆分度圆柱展开，其螺旋线与端平面的夹角 γ 称为蜗杆的导程角。由图可得

$$\tan\gamma = \frac{z_1 p_{a1}}{\pi d_1} = \frac{z_1 m}{d_1} \tag{7-2}$$

式中　p_{a1}——蜗杆轴向齿距，mm；
　　　d_1——蜗杆分度圆直径，mm。

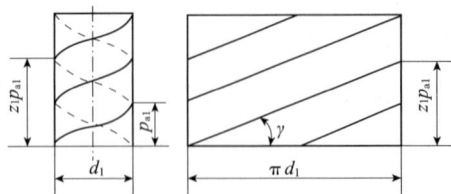

蜗杆的螺旋线与螺纹相似也分左旋和右旋，一般多为右旋。动力传动为提高效率，应采用较大的 γ 值，即采用多头蜗杆；对要求具有自锁性能的传动，应采用 $\gamma < 3°30''$ 的蜗杆传动，此时蜗杆的头数为1。由式(7-2)得

图 7-6　分度圆柱展开图

$$d_1 = m \frac{z_1}{\tan\gamma} = mq \tag{7-3}$$

式中 q ——蜗杆的直径系数，$q = \dfrac{z_1}{\tan\gamma}$。

当 m 一定时，q 值增大，则蜗杆直径 d_1 增大，蜗杆的刚度提高。小模数蜗杆一般有较大的 q 值，以使蜗杆有足够的刚度。

蜗杆与蜗轮要想正确啮合，加工蜗轮的滚刀直径和齿形参数必须与相应的蜗杆相同，为限制蜗轮滚刀的数量，d_1 应标准化。d_1 与 m 有一定的匹配关系，见表 7-2 所列。

表 7-2　蜗杆基本参数($\Sigma = 90°$)

模数 m （mm）	分度圆直径 d_1 （mm）	蜗杆头数 z_1	直径系数 q	$m^2 d_1$ （mm³）	模数 m （mm）	分度圆直径 d_1 （mm）	蜗杆头数 z_1	直径系数 q	$m^2 d_1$ （mm³）
1	18	1	18.000	18	6.3	(80)	1, 2, 4	12.698	3175
1.25	20	1	16.000	31.25		112	1	17.778	4445
	22.4	1	17.920	35	8	(63)	1, 2, 4	7.875	4032
1.6	20	1, 2, 4	12.500	51.2		80	1, 2, 4, 6	10.000	5376
	28	1	17.500	71.68		(100)	1, 2, 4	12.500	6400
2	(18)	1, 2, 4	9.000	72		140	1	17.500	8960
	22.4	1, 2, 4, 6	11.200	89.6	10	(71)	1, 2, 4	7.100	7100
	(28)	1, 2, 4	14.000	112		90	1, 2, 4, 6	9.000	9000
	35.5	1	17.750	142		(112)	1, 2, 4	11.200	11200
2.5	(22.4)	1, 2, 4	8.960	140		160	1	16.000	16000
	28	1, 2, 4, 6	11.200	175	12.5	(90)	1, 2, 4	7.200	14062
	(35.5)	1, 2, 4	14.200	221.9		112	1, 2, 4	8.960	17500
	45	1	18.000	281		(140)	1, 2, 4	11.200	21875
3.15	(28)	1, 2, 4	8.889	278		200	1	16.000	31250
	35.5	1, 2, 4, 6	11.27	352	16	(112)	1, 2, 4	7.000	28672
	45	1, 2, 4	14.286	447.5		140	1, 2, 4	8.750	35840
	56	1	17.778	556		(180)	1, 2, 4	11.250	46080
4	(31.5)	1, 2, 4	7.875	504		250	1	15.625	64000
	40	1, 2, 4, 6	10.000	640	20	(140)	1, 2, 4	7.000	56000
	(50)	1, 2, 4	12.500	800		160	1, 2, 4	8.000	64000
	71	1	17.750	1136		(224)	1, 2, 4	11.200	89600
5	(40)	1, 2, 4	8.000	1000		315	1	15.750	126000
	50	1, 2, 4, 6	10.000	1250	25	(180)	1, 2, 4	7.200	112500
	(63)	1, 2, 4	12.600	1575		200	1, 2, 4	8.000	125000
	90	1	18.000	2250		(280)	1, 2, 4	11.200	175000
6.3	(50)	1, 2, 4	7.936	1985		400	1	16.000	250000
	63	1, 2, 4, 6	10.000	2500					

注：①表中模数和分度圆直径仅列出了第一系列的较常用数据；②括号内的数字应尽可能不用。

（4）中心距 a

蜗杆传动中，当蜗杆节圆与蜗轮分度圆重合时称为标准传动，其中心距为

$$a = \frac{1}{2}(d_1 + d_2) \tag{7-4}$$

规定标准中心距为 40、50、63、80、100、125、160、（180）、200、（225）、250、（280）、315、（355）、400、（450）、500mm。在蜗杆传动设计时，中心距应按上述标准圆整。

7.2.2 蜗杆传动的几何尺寸计算

标准阿基米德蜗杆传动主要几何尺寸计算公式见表 7-3 所列。

表 7-3 阿基米德蜗杆传动的几何尺寸计算

名 称	计 算 公 式	
	蜗 杆	蜗 轮
齿顶高和齿根高	$h_{a1} = h_{a2} = m$，$h_{f1} = h_{f2} = 1.2m$	
分度圆直径	$d_1 = mq$	$d_2 = mz_2$
齿顶圆直径	$d_{a1} = m(q+2)$	$d_{a2} = m(z_2+2)$
齿根圆直径	$d_{f1} = m(q-2.4)$	$d_{f2} = m(z_2-2.4)$
顶隙	$c = 0.2m$	
蜗杆轴向齿距 蜗轮端面齿距	$p_{a1} = p_{t2} = \pi m$	
蜗杆分度圆导程角 蜗轮分度圆螺旋角	$\gamma = \arctan(z_1/q)$	$\beta = \gamma$
中心距	$a = \dfrac{m}{2}(q+z_2)$	
蜗杆螺纹部分长度 蜗轮齿顶圆弧半径	$z_1 = 1、2$，$L \geqslant (11 + 0.06z_2)m$ $z_1 = 3、4$，$L \geqslant (12.5 + 0.09z_2)m$	$r_{a2} = a - \dfrac{1}{2}d_{a2}$
蜗轮外圆直径	—	$z_1 = 1$，$d_{e2} \leqslant d_{a2} + 2\,m$ $z_1 = 2、3$，$d_{e2} \leqslant d_{a2} + 1.5\,m$ $z_1 = 4 \sim 6$，$d_{e2} \leqslant d_{a2} + m$
蜗轮轮缘宽度	—	$z_1 = 1、2$，$b \leqslant 0.75d_{a1}$ $z_1 = 4 \sim 6$，$b \leqslant 0.67d_{a1}$

7.3 蜗杆传动的失效形式、设计准则和材料选择

7.3.1 蜗杆传动的失效形式和设计准则

1. 齿面相对滑动速度 v_s

蜗杆传动中蜗杆的螺旋面和蜗轮齿面之间有较大的相对滑动。滑动速度 v_s 沿蜗杆螺旋

线的切线方向。如图 7-7 所示，v_1 为蜗杆的圆周速度，v_2 为蜗轮的圆周速度，作速度三角形得

$$v_s = \sqrt{v_1^2 + v_2^2} = \frac{v_1}{\cos\gamma} \tag{7-5}$$

较大的滑动速度 v_s，对齿面的润滑情况、齿面的失效形式及传动效率都有很大的影响，其概略值如图 7-8 所示。

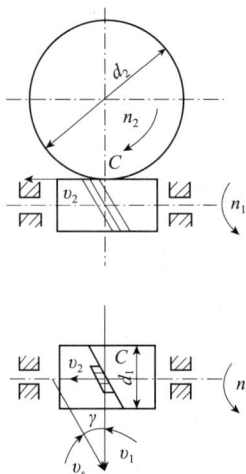

图 7-7 蜗杆传动滑动速度

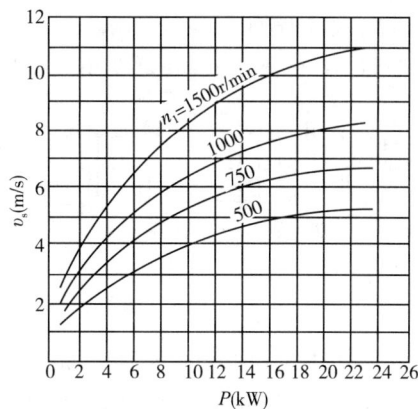

图 7-8 滑动速度 v_s 的概略值

2. 轮齿的失效形式和设计准则

蜗杆传动的失效形式与齿轮传动相似，有轮齿折断、齿面点蚀、齿面磨损和胶合等，但由于蜗杆、蜗轮的齿廓间相对滑动速度较大、发热量大而效率低，因此传动的主要失效形式为胶合、磨损和点蚀。由于蜗杆的齿是连续的螺旋线，且蜗杆的强度高于蜗轮，因而失效多发生在蜗轮轮齿上。在闭式传动中，蜗轮的主要失效形式是胶合与点蚀；在开式传动中，主要失效形式是磨损。

综上所述，蜗杆传动的设计准则为：闭式蜗杆传动按齿面接触抗疲劳强度设计，并校核齿根弯曲抗疲劳强度，为避免发生胶合失效还必须做热平衡计算；对开式蜗杆传动，通常只需按齿根弯曲抗疲劳强度设计。实践证明，闭式蜗杆传动，当载荷平稳无冲击时，蜗轮轮齿因弯曲强度不足而失效的情况多发生于齿数 $z_2 > 80$ 时，所以在齿数少于以上数值时，弯曲强度校核可不考虑。

7.3.2 蜗杆、蜗轮的材料和结构

（1）蜗杆、蜗轮的材料选择

根据蜗杆传动的主要失效形式可知，蜗杆和蜗轮材料不仅要求有足够的强度，更重要的是要有良好的减摩性、耐磨性和抗胶合能力。

蜗杆一般用碳钢或合金钢制造。对高速重载传动，常用 15Cr、20Cr、20CrMnTi 等，经渗碳淬火，表面硬度 56～62HRC，须经磨削；对中速中载传动，蜗杆材料可用 45、40Cr、35SiMn 等，表面淬火，表面硬度 45～55HRC，须要磨削；对速度不高、载荷不大

的蜗杆，材料可用45钢调质或正火处理，调质硬度220～270HBS。

蜗轮材料可参考相对滑动速度 v_s 来选择。铸造锡青铜抗胶合性、耐磨性好，易加工，允许的滑动速度 v_s 高，但强度较低，价格较贵。一般 ZCuSn10P1 允许滑动速度达 25m/s，ZCuSn5Pb5Zn5 常用于 $v_s<12m/s$ 的场合。铸造铝青铜，如 ZCuAl10Fe3，其减磨性和抗胶合性比锡青铜差，但强度高，价格便宜，一般用于 $v_s\leq4m/s$ 的传动。灰铸铁（HT150、HT200）用于 $v_s\leq2m/s$ 的低速轻载传动中。

（2）蜗杆、蜗轮的结构

蜗杆常和轴做成一体，称为蜗杆轴，如图7-9所示（只有 $d_f/d\geq1.7$ 时才采用蜗杆齿圈套装在轴上的形式）。车制蜗杆需有退刀槽，$d=d_f-(2～4)mm$，故刚性较差[图7-9(a)]；铣削蜗杆无退刀槽时，d 可大于 d_f[图7-9(b)]，则刚性较好。

(a)　　　　　　　　　　　　(b)

图7-9　蜗杆轴结构

蜗轮结构分为整体式和组合式两种，如图7-10所示。图7-10(a)所示的整体式蜗轮用于铸铁蜗轮及直径小于100mm的青铜蜗轮。图7-10(b)(c)(d)均为组合式结构，其中图7-10(b)为齿圈式蜗轮，轮芯用铸铁或铸钢制造，齿圈用青铜材料，两者采用过盈配合（H7/s6 或 H7/r6），并沿配合面安装4～6个紧定螺钉，该结构用于中等尺寸而且工作温度变化较小的场合；图7-10(c)为螺栓式蜗轮，齿圈和轮芯用普通螺栓或铰制孔螺栓连接，常用于尺寸较大的蜗轮；图7-10(d)为镶铸式蜗轮，将青铜轮缘铸在铸铁轮芯上然后切齿，适用于中等尺寸批量生产的蜗轮。

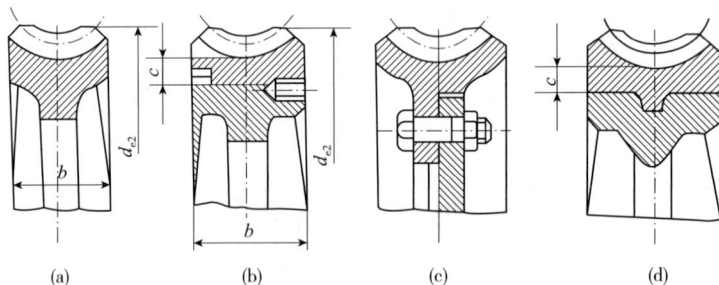

(a)　　　　　(b)　　　　　(c)　　　　　(d)

图7-10　蜗轮结构

7.4　普通圆柱蜗杆的强度计算

7.4.1　蜗杆传动的受力分析

蜗杆传动受力分析与斜齿圆柱齿轮的受力分析相似，齿面上的法向力 F_n 可分解为三个相互垂直的分力：圆周力 F_t、轴向力 F_a、径向力 F_r，如图7-11所示。蜗杆为主动件，轴向力

F_{a1} 的方向由左、右手定则确定。图 7-11 为右旋蜗杆，用右手四指指向蜗杆转向，拇指所指方向就是轴向力 F_{a1} 的方向；圆周力 F_{t1} 与主动蜗杆转向相反；径向力 F_{r1} 指向蜗杆中心。

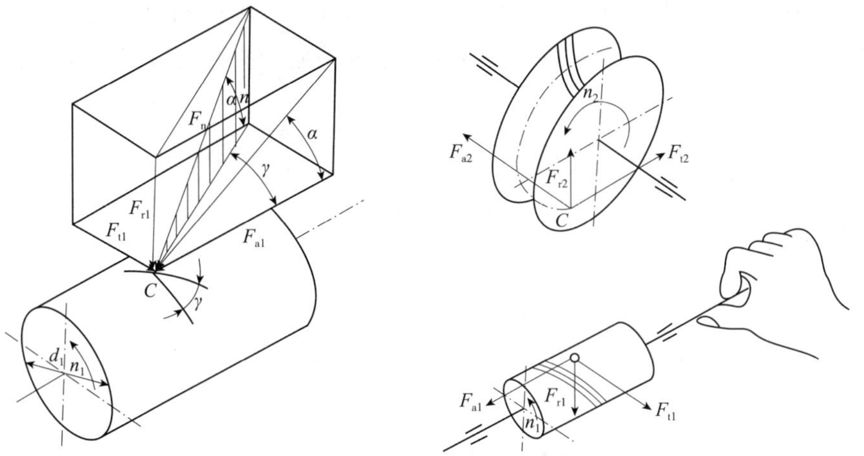

图 7-11 蜗杆传动受力分析

蜗轮受力方向，由 F_{t1} 与 F_{a2}、F_{a1} 与 F_{t2}、F_{r1} 与 F_{r2} 的作用力与反作用力关系确定（图 7-11）。各力的大小可按下式计算：

$$F_{t1} = F_{a2} = \frac{2T_1}{d_1} \tag{7-6}$$

$$F_{a1} = F_{t2} = \frac{2T_2}{d_2} \tag{7-7}$$

$$F_{r1} = F_{r2} = F_{t2}\tan\alpha \tag{7-8}$$

$$T_2 = T_1 i\eta \tag{7-9}$$

式中　T_1，T_2——作用在蜗杆和蜗轮上的转矩；

　　　η——蜗杆传动的总效率。

7.4.2　蜗轮齿面接触抗疲劳强度计算

蜗轮齿面接触抗疲劳强度计算与斜齿轮相似，以赫兹公式为计算基础，按节点处的啮合条件计算齿面接触应力，可推出对钢制蜗杆与青铜蜗轮或铸铁蜗轮的校核公式如下：

$$\sigma_H = 520\sqrt{\frac{kT_2}{d_1 d_2^2}} = 520\sqrt{\frac{kT_2}{m^2 d_1 z_2^2}} \leqslant [\sigma_H] \tag{7-10}$$

设计公式为

$$m^2 d_1 \geqslant kT_2 \left(\frac{520}{z_2 [\sigma_H]}\right)^2 \tag{7-11}$$

式中　T_2——蜗轮轴的转矩，N·mm；

　　　k——载荷系数，$k = 1 \sim 1.5$，当载荷平稳相对滑动速度较小（$v_S < 3\text{m/s}$）时取较小值，反之取较大值，严重冲击时取 1.5；

　　　$[\sigma_H]$——蜗轮材料的许用接触应力，MPa。

当蜗轮材料为锡青铜（$\sigma_b < 300\text{MPa}$）时，其主要失效形式为疲劳点蚀，$[\sigma_H] =$

$Z_N[\sigma_{0H}]$。其中 $[\sigma_{0H}]$ 为蜗轮材料的基本许用接触应力，见表 7-4 所列；Z_N 为寿命系数，$Z_N = \sqrt[8]{10^7/N}$。N 为应力循环次数，$N = 60n_2L_h$，n_2 为蜗轮转速（r/min），L_h 为工作寿命（h）；$N > 25 \times 10^7$ 时应取 $N = 25 \times 10^7$，$N < 2.6 \times 10^5$ 时应取 $N = 2.6 \times 10^5$。当蜗轮的材料为铝青铜或铸铁（$\sigma_b > 300\mathrm{MPa}$）时，蜗轮的主要失效形式为胶合，许用应力与应力循环次数无关，其值见表 7-5 所列。

表 7-4　锡青铜蜗轮的基本许用接触应力 $[\sigma_{0H}]$（$N = 10^7$）

蜗轮材料	铸造方法	适用的滑动速度 v_S（m/s）	蜗杆齿面硬度	
			≤350HB	>45HRC
ZCuSn10P1	砂　型	≤12	180	200
	金属型	≤25	200	220
ZCuSn5Pb5Zn5	砂　型	≤10	110	125
	金属型	≤12	135	150

表 7-5　铸铝青铜及铸铁蜗轮的许用接触应力 $[\sigma_H]$

蜗轮材料	蜗杆材料	滑动速度 v_S（m/s）						
		0.5	1	2	3	4	6	8
ZCuAl10Fe3	淬火钢	250	230	210	180	160	120	90
HT150，HT200	渗碳钢	130	115	90	—	—	—	—
HT150	调质钢	110	90	70	—	—	—	—

7.4.3　蜗轮轮齿的齿根弯曲抗疲劳强度计算

由于蜗轮轮齿的齿形比较复杂，要精确计算轮齿的弯曲应力比较困难，通常近似地将蜗轮看作斜齿轮按圆柱齿轮抗弯强度公式来计算，化简后齿根抗弯强度的校核公式为

$$\sigma_F = \frac{2.2kT_2}{d_1 d_2 m\cos\gamma}Y_{F2} \leq [\sigma_F] \tag{7-12}$$

设计公式为

$$m^2 d_1 \geq \frac{2.2kT_2}{z_2[\sigma_F]\cos\gamma}Y_{F2} \tag{7-13}$$

式中　Y_{F2}——蜗轮的齿形系数，按蜗轮的实有齿数 z_2 查表 7-6；

$[\sigma_F]$——蜗轮材料的许用弯曲应力，$[\sigma_F] = Y_N[\sigma_{0F}]$。

表 7-6　蜗轮的齿形系数 Y_{F2}（$\alpha = 20°$，$h_a^* = 1$）

z_2	10	11	12	13	14	15	16	17	18	19	20	22	24	26
Y_{F2}	4.55	4.14	3.70	3.55	3.34	3.22	3.07	2.96	2.89	2.82	2.76	2.66	2.57	2.51
z_2	28	30	35	40	45	50	60	70	80	90	100	150	200	300
Y_{F2}	2.48	2.44	2.36	2.32	2.27	2.24	2.20	2.17	2.14	2.12	2.10	2.07	2.04	2.04

$[\sigma_{0F}]$为蜗轮材料的基本许用弯曲应力，见表 7-7 所列。Y_N 为寿命系数，$Y_N = \sqrt[9]{10^6/N}$，$N = 60\phi_2 L_h$；当 $N > 25 \times 10^7$ 时，取 $N = 25 \times 10^7$，当 $N < 10^5$ 时，取 $N = 10^5$。

表 7-7 蜗轮材料的基本许用弯曲应力 $[\sigma_{0F}]$（$N = 10^6$）

材　料	铸造方法	σ_b	σ_s	蜗杆硬度 ≤45HRC		蜗杆硬度 >45HRC	
				单向受载	双向受载	单向受载	双向受载
ZCuSn10P1	砂　模	200	140	51	32	64	40
	金属模	250	150	58	40	73	50
ZCuSn5Pb5Zn5	砂　模	180	90	37	29	46	36
	金属模	200	90	39	32	49	40
ZCuAl10Fe3	金属模	500	200	90	80	113	100
HT150	砂　模	150	—	38	24	48	30
HT200	砂　模	200	—	48	30	60	38

7.4.4　蜗杆传动的强度计算

当蜗轮材料为强度极限 $\sigma_b < 300$MPa 的青铜，蜗轮传动的主要失效形式为蜗轮齿面接触疲劳失效。因此，承载能力取决于蜗轮的接触抗疲劳强度。则 $[\sigma]_H = K_{HN}[\sigma]_{H'}$，其中 $[\sigma]_{H'}$ 为基本许用应力，查表 7-8；K_{HN} 为接触抗疲劳强度的寿命系数，$K_{HN} = \sqrt[8]{10^7/N}$。

表 7-8 铸锡青铜蜗轮的基本许用接触应力 $[\sigma]_{H'}$

蜗轮材料	铸造方法	蜗杆螺旋面的硬度	
		≤45HRC	>45HRC
铸 锡 磷 青 铜　ZCuSn10P1	砂模铸造	150	180
	金属模铸造	220	268
铸 锡 锌 铅 青 铜　ZCuSn5Pb5Zn5	砂模铸造	113	135
	金属模铸造	128	140

注：当 $N = 10^7$ 时，铸锡青铜蜗轮的基本许用接触应力对应为应力循环次数；当 $N \neq 10^7$ 时，需将表中数值乘以寿命系数 K_{HN}。当 $N > 25 \times 10^7$ 时，取 $N = 25 \times 10^7$；当 $N < 2.6 \times 10^5$ 时，取 $N = 2.6 \times 10^5$。

如果蜗轮材料为 $\sigma_b > 300$MPa 的青铜或灰铸铁，蜗轮传动的主要失效形式为蜗轮齿面胶合，因尚无完善的胶合强度计算公式，可按接触抗疲劳强度进行条件性计算。由于胶合不属于疲劳失效，$[\sigma]_H$ 与应力循环次数 N 无关，可直接查表 7-9。

蜗轮的许用弯曲应力 $[\sigma]_F = K_{FN}[\sigma]_{F'}$，其中 $[\sigma]_{F'}$ 为基本许用应力，查表 7-10，K_{FN} 为寿命系数。

表7-9 灰铸铁及铸铝铁青铜蜗轮许用接触应力$[\sigma]_H$

材料		滑动速度v_s(m/s)						
蜗杆	蜗轮	<0.25	0.25	0.5	1	2	3	4
20 或 20Cr 渗碳，淬火，45 号钢淬火，齿面硬度大于45HRC	灰铸铁 HT150	206	166	150	127	95	—	—
	灰铸铁 HT200	250	202	182	154	115	—	—
	铸铝铁青铜 ZCuAl10Fe3	—	—	250	230	210	180	160
45 号钢或 Q275	灰铸铁 HT150	172	139	125	106	79	—	—
	灰铸铁 HT200	208	168	152	128	96	—	—

表7-10 蜗轮的基本许用弯曲应力$[\sigma]_{F'}$

蜗轮材料		铸造方法	单侧工作$[\sigma]_{F'}$	双侧工作$[\sigma]_{F'}$
铸锡磷青铜 ZCuSn10P1		砂模铸造	40	29
		金属模铸造	56	40
铸锡锌铅青铜 ZCuSn5Pb5Zn5		砂模铸造	26	22
		金属模铸造	32	26
铸铝铁青铜 ZCuAl10Fe3		砂模铸造	80	57
		金属模铸造	90	64
灰铸铁	HT150	砂模铸造	40	28
	HT200	砂模铸造	48	34

注：当$N=10^6$时，表中各种青铜的基本许用弯曲应力对应为应力循环次数；当$N\neq10^6$时，需将表中数值乘以寿命系数K_{FN}，当$N>25\times10^7$时取25×10^7，当$N<10^5$时取10^5。

7.5 蜗杆传动的效率、润滑和热平衡计算

7.5.1 蜗杆传动的效率

闭式蜗杆传动的总效率η包含了啮合效率η_1、搅油效率η_2和轴承效率η_3，即

$$\eta = \eta_1\eta_2\eta_3 \tag{7-14}$$

啮合效率η_1是总效率的主要部分，蜗杆为主动件时，啮合效率以下按螺旋传动公式求出：

$$\eta_1 = \frac{\tan\gamma}{\tan(\gamma+\rho_v)}$$

通常取$\eta_2\eta_3=0.95\sim0.97$，故有

$$\eta = (0.95\sim0.97)\frac{\tan\gamma}{\tan(\gamma+\rho_v)} \tag{7-15}$$

式中 γ——蜗杆螺旋升角(导程角)；

ρ_v——当量摩擦角，$\rho_v=\arctan f_v$，其值见表7-11所列。

表 7-11 当量摩擦因数 f_v 和当量摩擦角 ρ_v

蜗轮材料	锡青铜				铝青铜		灰铸铁			
蜗杆齿面硬度	≥45HRC		<45HRC		≥45HRC		≥45HRC		<45HRC	
滑动速度 v_s(m/s)	f_v	ρ_v	f_v	ρ_v	f_v	ρ_v	f_v	ρ_v	f_v	ρ_v
0.01	0.110	6°17′	0.120	6°51′	0.180	10°12′	0.018	10°12′	0.190	10°45′
0.05	0.090	5°09′	0.100	5°43′	0.140	7°58′	0.140	7°58′	0.160	9°05′
0.10	0.080	4°34′	0.090	5°09′	0.130	7°24′	0.130	7°24′	0.140	7°58′
0.25	0.065	3°43′	0.075	4°17′	0.100	5°43′	0.100	5°43′	0.120	6°51′
0.50	0.055	3°09′	0.065	3°43′	0.090	5°09′	0.090	5°09′	0.100	5°43′
1.00	0.045	2°35′	0.055	3°09′	0.070	4°00′	0.070	4°00′	0.090	5°09′
1.50	0.040	2°17′	0.050	2°52′	0.065	3°43′	0.065	3°43′	0.080	4°34′
2.00	0.035	2°00′	0.045	2°35′	0.055	3°09′	0.055	3°09′	0.070	4°00′
2.50	0.030	1°43′	0.040	2°17′	0.050	2°52′				
3.00	0.028	1°36′	0.035	2°00′	0.045	2°35′				
4.00	0.024	1°22′	0.031	1°47′	0.040	2°17′				
5.00	0.022	1°16′	0.029	1°40′	0.035	2°00′				
8.00	0.018	1°02′	0.026	1°29′	0.030	1°43′				
10.0	0.016	0°55′	0.024	1°22′						
15.0	0.014	0°48′	0.020	1°09′						
24.0	0.013	0°45′								

注：对于硬度 ≥45HRC 的蜗杆，ρ_v 值对应 $Ra = 0.32 \sim 1.25\mu m$，经跑合并充分润滑的情况。

在初步计算时，蜗杆的传动效率可近似取下列数值：

闭式传动：$z_1 = 1$，$\eta = 0.7 \sim 0.75$；$z_1 = 2$，$\eta = 0.75 \sim 0.82$；$z_1 = 4$，$\eta = 0.82 \sim 0.92$；$z_1 = 6$，$\eta = 0.86 \sim 0.95$。

开式传动：$z_1 = 1$、2，$\eta = 0.60 \sim 0.70$。

7.5.2 蜗杆传动的润滑

润滑对蜗杆传动特别重要，因为润滑不良时，蜗杆传动的效率将显著降低，并会导致剧烈的磨损和胶合。通常采用黏度较大的润滑油，为提高其抗胶合能力，可加入油性添加剂以提高油膜的刚度，但青铜蜗轮不允许采用活性大的油性添加剂，以免被腐蚀。

闭式蜗杆传动的润滑油黏度和润滑方法可参考表 7-12 选择。开式传动则采用黏度较高的齿轮油或润滑脂进行润滑。闭式蜗杆传动用油池润滑，在 $v_s \leqslant 5m/s$ 时常采用蜗杆下置式，浸油深度约为一个齿高，但油面不得超过蜗杆轴承的最低滚动体中心，如图 7-12(a)、(b)所示；$v_s > 5m/s$ 时常用上置式[图 7-12(c)]，油面允许达到蜗轮半径 1/3 处。

表 7-12 蜗杆传动的润滑油黏度及润滑方法

蜗杆传动的相对滑动速度（m/s）	0~1	1~2.5	0~5	>5~10	>10~15	>15~25	>25
载荷类型	重	重	中	不限	不限	不限	不限
运动黏度 v_{40}(cSt)	900	500	350	220	150	100	80
给油方法	油池润滑			喷油润滑或油池润滑	喷油润滑时的压力(MPa)		
					0.7	2	3

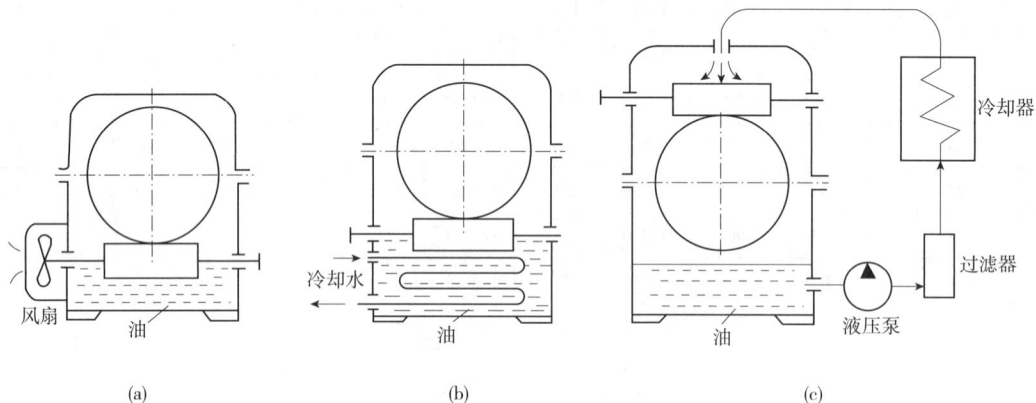

图 7-12　蜗杆传动的散热方法

(1) 蜗杆传动的润滑油

润滑油的种类很多，需根据蜗杆、蜗轮配对材料和运转条件合理选用。在钢蜗杆配青铜蜗轮时，常用的润滑油见表 7-13。

表 7-13　蜗杆传动常用的润滑油

全损耗系统用油牌号 L-AN	68	100	150	220	320	460	680
运动黏度 v_{40}(cSt)	61.2~74.8	90~110	135~165	198~242	288~352	414~506	612~748
黏度指数 不小于	90						
闪点(开口)不低于(℃)	180			200			220
倾点不高于(℃)	-8						-5

(2) 润滑油黏度及给油方法

润滑油黏度及给油方法，一般根据相对滑动速度及载荷类型进行选择。对于闭式传动，常用的润滑油黏度及给油方法见表 7-12；对于开式传动，则采用黏度较高的齿轮油或润滑脂。如果采用喷油润滑，喷油嘴要对准蜗杆啮入端；蜗杆正反转时，两边都要装有喷油嘴，而且要控制一定的油压。

(3) 润滑油量

对闭式蜗杆传动采用油池润滑时，在搅油损耗不致过大的情况下，应有适当的油量。这样不仅有利于动压油膜的形成，而且有助于散热。对于蜗杆下置式或蜗杆侧置式的传动，浸油深度应为蜗杆的一个齿高；当为蜗杆上置式时，浸油深度约为蜗轮外径的1/3。

7.5.3 蜗杆传动的热平衡计算

蜗杆传动效率低，发热量大，若产生的热量不能及时散逸，将使油温升高，油黏度下降，油膜破坏，磨损加剧，甚至产生胶合破坏。因此对连续工作的蜗杆传动应进行热平衡计算。在单位时间内，蜗杆传动由于摩擦损耗产生的热量为

$$Q_1 = 1000P_1(1-\eta)$$

式中　P_1——蜗杆传动的输入功率，kW；

η——蜗杆传动的效率。

自然冷却时单位时间内经箱体外壁散逸到周围空气中的热量为

$$Q_2 = K_S A(t_1 - t_0)$$

式中　K_S——散热系数，可取 $K_S = (8 \sim 17)\mathrm{W/(m^2 \cdot ℃)}$，通风良好时取大值；

A——散热面积，$\mathrm{m^2}$；

t_1——箱体内的油温，一般取许用油温 $[t_1] = 60 \sim 80℃$，最高不超过 $90℃$；

t_0——周围空气的温度，通常取 $t_0 = 20℃$。

按热平衡条件 $Q_1 = Q_2$，可得工作条件下的油温为

$$t_1 = \frac{1000(1-\eta)P_1}{K_S A} + t_0 \leqslant [t_1] \tag{7-16}$$

若工作温度超过许用温度，可采用下列措施：①在箱体壳外铸出散热片，增加散热面积 A。②在蜗杆轴上装风扇[图 7-12(a)]，提高散热系数，此时 $K_S \approx 20 \sim 28\mathrm{W/(m^2 \cdot ℃)}$。③加冷却装置，如在箱体油池内装蛇形冷却管[图 7-12(b)]，或用循环油冷却[图 7-12(c)]。

【例 7-1】　设计用于带式运输机的一级闭式蜗杆传动。蜗杆轴输入功率 $P_1 = 4\mathrm{kW}$，转速 $n_1 = 960\mathrm{r/min}$，传动比 $i = 20$，连续单向运转，载荷平稳，一班制，预期寿命 10 年。

解　设计计算过程如下表所列：

计算项目	计算与说明	计算结果
1. 选择材料确定许用应力	(1)选择材料 蜗杆：45 号钢表面淬火 45～50HRC 蜗轮：ZCuSn10P1 砂模铸造(由图 7-8 初估 $v_s = 4\mathrm{m/s}$) (2)确定许用应力 $[\sigma_{0H}] = 200\mathrm{MPa}$(按表 7-4) $n_2 = \dfrac{n_1}{i} = \dfrac{960}{20} = 48(\mathrm{r/min})$ $L_h = 8 \times 300 \times 10 = 24000(\mathrm{h})$ $N = 60 \times n_2 \times L_h = 60 \times 48 \times 24000 = 6.9 \times 10^7$ $Z_N = \sqrt[8]{\dfrac{10^7}{N}} = \sqrt[8]{\dfrac{10^7}{6.9 \times 10^7}} \approx 0.79$ $[\sigma_H] = Z_N[\sigma_{0H}] \approx 200 \times 0.79 = 158(\mathrm{MPa})$	$[\sigma_H] = 158$ MPa 蜗杆 45 钢表面淬火达 45～50HRC；蜗轮 ZCuSn10P1 砂模铸造

（续）

计算项目	计算与说明	计算结果
2. 确定 z_1、z_2	$z_1 = 2$（按表 7-1），$z_2 = i \times z_1 = 20 \times 2 = 40$	$z_1 = 2$，$z_2 = 40$
3. 计算蜗轮转矩 T_2	$T_2 = 9.55 \times 10^6 \times (P_1 \eta / n_2)$ $\qquad = 9.55 \times 10^6 \times (4 \times 0.8/48) = 6.37 \times 10^5 (\mathrm{N \cdot mm})$ （取 $\eta = 0.8$）	$T_2 = 6.37 \times 10^5 \mathrm{N \cdot mm}$
4. 按齿面接触抗疲劳强度计算	$k = 1.1$（工作载荷稳定，速度较低） $m^2 d_1 \geqslant k T_2 \left(\dfrac{520}{z_2 [\sigma_H]} \right)^2$ $\qquad = 1.1 \times 6.37 \times 10^5 \times \left(\dfrac{520}{40 \times 158} \right)^2$ $\qquad = 4744 (\mathrm{mm}^3)$ 由表 7-2 取 $m^2 d_1 = 5376 \mathrm{mm}^3$ 得： $m = 8$，$q = 10$，$d_1 = 80 \mathrm{mm}$ $d_2 = m z_2 = 8 \times 40 = 320 (\mathrm{mm})$ $\gamma = \arctan(z_1 m / d_1) = \arctan(2 \times 8/80) = 11.31°$	$m = 8$ $q = 10$ $d_1 = 80 \mathrm{mm}$ $d_2 = 320 \mathrm{mm}$ $\gamma = 11.31°$
5. 校核齿根弯曲抗疲劳强度（略）		
6. 验算传动效率 η	$v_1 = \pi d_1 n_1 / (60 \times 1000)$ $\qquad = 3.14 \times 80 \times 960 / (60 \times 1000) \approx 4.02 (\mathrm{m/s})$ $v_s = v_1 / \cos\gamma = 4.02 / \cos 11.31° \approx 4.1 (\mathrm{m/s})$ 查表 7-8 得 $\rho_v = 1.36°$ $\eta = (0.95 \sim 0.97) \dfrac{\tan\gamma}{\tan(\gamma + \rho_v)}$ $\qquad = (0.95 \sim 0.97) \dfrac{\tan 11.31°}{\tan(11.31° + 1.36°)}$ $\qquad = 0.84 \sim 0.86$	$\eta = 0.84 \sim 0.86$，与初估值 $\eta = 0.8$ 相近
7. 几何尺寸计算（按表 7-3） 蜗杆	$d_1 = 80 \mathrm{mm}$ $d_{a1} = m(q+2) = 8 \times (10+2) = 96 (\mathrm{mm})$ $d_{f1} = m(q-2.4) = 8(10-2.4) = 60.8 (\mathrm{mm})$ $p_{a1} = \pi m = 3.14 \times 8 = 25.12 (\mathrm{mm})$ $L \geqslant (11 + 0.06 z_2) m$ $\qquad = (11 + 0.06 \times 40) \times 8 \approx 107 (\mathrm{mm})$	$d_1 = 80 \mathrm{mm}$ $d_{a1} = 96 \mathrm{mm}$ $d_{f1} = 60.8 \mathrm{mm}$ $p_{a1} = 25.12 \mathrm{mm}$ $L \geqslant 107 \mathrm{mm}$
蜗轮	$d_2 = m z_2 = 8 \times 40 = 320 (\mathrm{mm})$ $d_{a2} = m(z_2+2) = 8 \times (40+2) = 336 (\mathrm{mm})$ $d_{f2} = m(z_2-2.4) = 8 \times (40-2.4) = 300.8 (\mathrm{mm})$ $d_{e2} = d_{a2} + 1.5m = 336 + 1.5 \times 8 = 348 (\mathrm{mm})$ $b \leqslant 0.75 d_{a1} = 0.75 \times 96 = 72 (\mathrm{mm})$	$d_2 = 320 \mathrm{mm}$ $d_{a2} = 336 \mathrm{mm}$ $d_{f2} = 300.8 \mathrm{mm}$ $d_{e2} = 348 \mathrm{mm}$ $b \leqslant 72 \mathrm{mm}$
中心距	$a = m(q + z_2)/2 = 8 \times (10 + 40)/2 = 200 (\mathrm{mm})$	$a = 200 \mathrm{mm}$

（续）

计算项目	计算与说明	计算结果
8. 热平衡计算	取 $t_0 = 20℃$、$t_1 = 65℃$、$K_S = 14W/m^2 \cdot ℃$，得 $$A = \frac{1000(1-\eta)P_1}{K_S(t_1-t_0)} = \frac{1000 \times (1-0.85) \times 4}{14 \times (65-20)} \approx 0.95(m^2)$$	所需散热面积： $A \approx 0.95m^2$
9. 结构设计绘制工作图（略）		

7.6 蜗杆和蜗轮的结构

蜗杆螺旋部分的直径不大，所以常和轴做成一个整体，结构形式如图7-13所示，其中图7-13(a)所示的结构无退刀槽，加工螺旋部分时只能用铣制的办法；图7-13(b)所示的结构则有退刀槽，螺旋部分可以车制，也可以铣制，但这种结构的刚度比前一种差。当蜗杆螺旋部分的直径较大时，可以将蜗杆与轴分开制作。

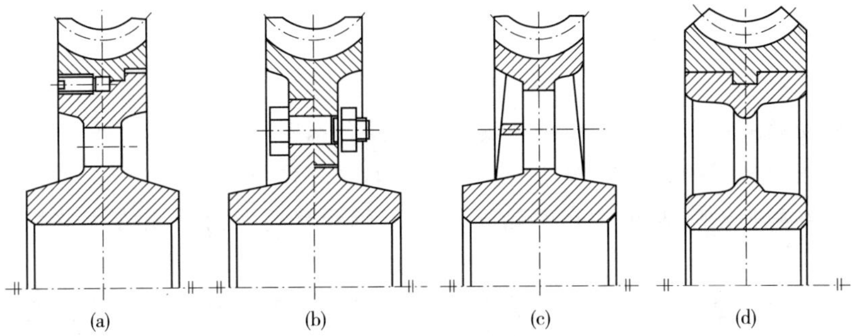

图7-13 蜗轮的结构形式

常用的蜗轮结构形式有以下几种：

① 齿圈式[图7-13(a)]。这种结构由青铜齿圈及铸铁轮芯所组成，齿圈与轮芯多用H7/r6配合，并加装4~6个紧定螺钉（或用螺钉拧紧后将头部锯掉），以增强连接的可靠性。螺钉直径取作$(1.2~1.5)m$，m为蜗轮的模数。螺钉拧入深度为$(0.3~0.4)B$，B为蜗轮宽度。

为了便于钻孔，应将螺孔中心线由配合缝向材料较硬的轮芯部分偏移2~3mm。这种结构多用于尺寸不太大或工作温度变化较小的地方，以免热胀冷缩影响配合的质量。

② 螺栓连接式[图7-13(b)]。可用普通螺栓连接，或用铰制孔用螺栓连接，螺栓的尺寸和数目可参考蜗轮的结构尺寸而定，然后作适当的校核。这种结构装拆比较方便，多应用于尺寸较大或易磨损的蜗轮。

③ 整体浇注式[图7-13(c)]。主要用于铸铁蜗轮或尺寸很小的青铜蜗轮。

④ 拼铸式[图7-13(d)]。这是在铸铁轮芯上加铸青铜齿圈，然后切齿。只应用于成批制造的蜗轮。

本 章 小 结

本章阐述了蜗杆传动的基本知识，介绍了蜗杆传动的特点及类型；简述了蜗杆传动的主要参数和几何尺寸的计算方法，对于蜗杆传动设计时需要注意的失效形式、设计准则和材料的选择进行了介绍；另外，对蜗杆传动时的受力情况进行了分析，对传动的强度计算方法进行了叙述；并结合计算实例，针对蜗杆传动的效率、润滑方式的选择、热平衡的计算方法等进行了介绍，最后介绍了蜗杆和蜗轮的结构。

思 考 题

1. 蜗杆传动有何特点？适用于什么场合？

2. 蜗杆传动的模数和压力角是在哪个平面上定义的？蜗杆传动正确啮合的条件是什么？

3. 如何选择蜗杆的头数 z_1、蜗轮的齿数 z_2？

4. 设计蜗杆传动时，如何确定蜗杆的分度圆直径 d_1 和模数 m？为什么要规定 m 和 d_1 的对应标准值？

5. 蜗杆传动的失效形式有哪几种？设计准则是什么？

6. 蜗杆、蜗轮常用的材料有哪些？选择材料的主要依据是什么？

7. 为什么蜗杆传动常采用青铜蜗轮而不采用钢制蜗轮？为什么青铜蜗轮常采用组合结构？

8. 蜗杆传动的啮合效率与哪些因素有关？对于动力用蜗杆传动，为提高其效率常采用什么措施？

9. 为什么对连续工作的闭式蜗杆传动要进行热平衡计算？若蜗杆传动的温度过高，应采取哪些措施？

10. 已知一蜗杆减速器中蜗杆的参数为 $z_1 = 2$（右旋）、$d_{a1} = 48\text{mm}$、$p_{a1} = 12.56\text{mm}$、中心距 $a = 100\text{mm}$，试计算蜗轮的几何尺寸 d_2、z_2、d_{a2}、d_{f2}、β。

11. 设计一电动机驱动的单级闭式蜗杆减速器。已知电动机功率 $P = 3\text{kW}$，转速 $n_1 = 1440\text{r/min}$，传动比 $i = 24$，载荷平稳，单向运转，预期寿命 $L_h = 15000\text{h}$。

第8章 轮 系

本章提要

包含很多对齿轮传动的传动系统，我们称之为轮系。轮系可以把原动机和工作机联系起来并传递运动和力。本章主要介绍轮系的类型、应用以及轮系各类型传动比的计算，并简要介绍一些特殊的行星轮系。

8.1 轮系的分类

轮系可以分为定轴轮系和周转轮系。如果轮系中所有齿轮的几何轴线都是固定不变的，也就是在齿轮传动过程中位置始终不变的轮系，我们称之为定轴轮系；如果轮系中至少有一个齿轮的几何轴线相对机架是变化的，它的几何轴线是绕另一个齿轮的中心轴线转动的，这样的轮系我们称之为周转轮系。图8-1和图8-2所示分别为定轴轮系和周转轮系。

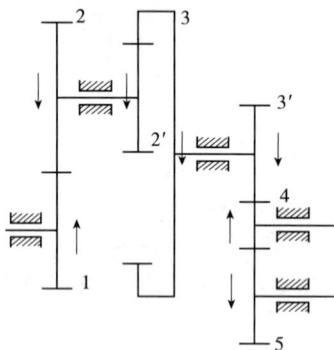

图 8-1　定轴轮系　　　　图 8-2　周转轮系

8.2 定轴轮系传动比

当只有一对齿轮传动时，若齿轮 1 表示主动齿轮，齿轮 2 表示从动齿轮，那么它们的传动比 i_{12} 为

$$i_{12} = \frac{n_1}{n_2} = \frac{\omega_1}{\omega_2} = \frac{z_2}{z_1} \tag{8-1}$$

对于轮系来说，若输入齿轮标为 1，输出齿轮标为 k，则轮系的传动比表示为

$$i_{1k} = \frac{n_1}{n_k} = \frac{\omega_1}{\omega_k} \tag{8-2}$$

图 8-1 所示为一定轴轮系，其输入轮为 1，输出轮为 5，故它的传动比可表示为

$$i_{15} = \frac{n_1}{n_5} = \frac{\omega_1}{\omega_5} \tag{8-3}$$

定轴轮系的传动比，包含传动比的大小和方向两个方面。

8.2.1 定轴轮系传动比大小的计算

如图 8-1 所示，定轴轮系的传动比等于 $i_{15} = \dfrac{n_1}{n_5} = \dfrac{\omega_1}{\omega_5}$，此定轴轮系是由若干对互相啮合的齿轮传动组合成的，每一对齿轮的传动比如下：

$$i_{12} = \frac{n_1}{n_2} = \frac{z_2}{z_1}, \quad i_{2'3} = \frac{n_{2'}}{n_3} = \frac{z_3}{z_{2'}}$$

$$i_{3'4} = \frac{n_{3'}}{n_4} = \frac{z_4}{z_{3'}}, \quad i_{45} = \frac{n_4}{n_5} = \frac{z_5}{z_4}$$

那么该定轴轮系的传动比为

$$i_{15} = i_{12}i_{2'3}i_{3'4}i_{45} = \frac{z_2 z_3 z_4 z_5}{z_1 z_{2'} z_{3'} z_4} \tag{8-4}$$

从以上计算可以看出，定轴轮系的传动比的大小等于组成该轮系的各对啮合齿轮传动比的连续乘积，即等于所有各啮合齿对中从动齿轮的乘积与主动齿轮的乘积之比。

把以上结论推广到一般情况。则定轴轮系的传动比为

$$i_{1k} = \frac{n_1}{n_k} = \frac{\omega_1}{\omega_k} = \frac{\text{所有从动齿轮齿数的乘积}}{\text{所有主动齿轮齿数的乘积}} \tag{8-5}$$

在上面的定轴轮系中，齿轮4既为上一对齿轮的从动轮，又为下一对齿轮的主动轮，所以它对轮系的传动比大小没有影响，但改变了齿轮的转动方向。这种只改变从动齿轮的转向而不影响轮系传动比的齿轮，我们称之为惰轮。

8.2.2 定轴轮系传动比方向的确定

定轴轮系的传动比不仅包含大小，而且还需要知道主动轮和从动轮的转动方向关系。

定轴轮系中各轮的相对转动方向关系，可以用标注箭头的方法来确定。各种类型的齿轮机构传动方向标注方法如下：

①一对平行轴外啮合齿轮，如图8-3(a)所示，两轮的转动方向相反，用方向相反的箭头表示。

②一对平行轴内啮合齿轮，如图8-3(b)所示，两轮的转动方向相同，用方向相同的箭头表示。

③一对圆锥齿轮传动，如图8-3(c)所示，在节点具有相同的速度，故用同时指向节点或同时背离节点的箭头来表示两轮的转向关系。

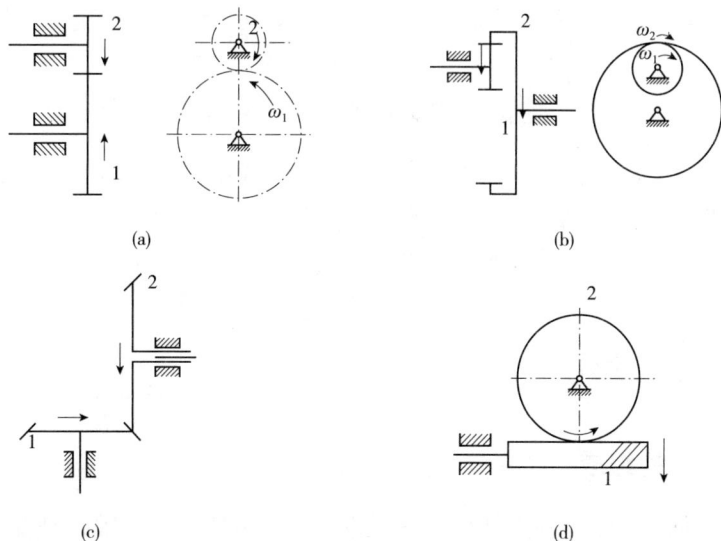

图8-3　定轴轮系的类型

④一对蜗轮蜗杆的传动，如图8-3(d)所示，蜗轮蜗杆的方向判断用左右手定则。把蜗杆看成一螺杆，把蜗轮看成一螺母来看它们相对转动关系。首先判断蜗杆的旋向，如果是左旋便使用左手定则，右旋便使用右手定则。图8-3(d)所示蜗杆为右旋，故用右手握住蜗杆，大拇指伸直，其余四指指向蜗杆的转动方向，大拇指指向蜗杆相对于蜗轮的运动方向。根据相对运动，蜗轮相对于蜗杆的运动方向相反，从而可以判断出蜗轮的转动方向。

若在定轴轮系中，主动轮与从动轮的轴线平行，那么可以不标注箭头，可以直接用正负号来表示相对转动关系。若轮系中外啮合齿对数为偶数，那么主从动轮的转动方向相同，传动比为"＋"；若啮合齿对数为奇数，那么主从动轮的转动方向相反，传动比为"－"。传动比的计算公式可以表示为

$$i_{1k} = \frac{n_1}{n_k} = (-1)^m \frac{z_2 z_3 z_4 \cdots z_k}{z_1 z_{2'} z_{3'} \cdots z_{(k-1)'}} \tag{9-6}$$

式中　m——全平行轴定轴轮系齿轮1至齿轮k之间外啮合的次数。

【例8-1】　在图8-4所示的定轴轮系中，已知$z_1 = 19$，$z_2 = 57$，$z_{2'} = 30$，$z_3 = 60$，$z_{3'} = 23$，$z_4 = 20$，$z_5 = 46$，$z_{5'} = 18$，$z_6 = 36$，$z_{6'} = 2$(左旋)，$z_7 = 64$，求整个轮系的传动比。

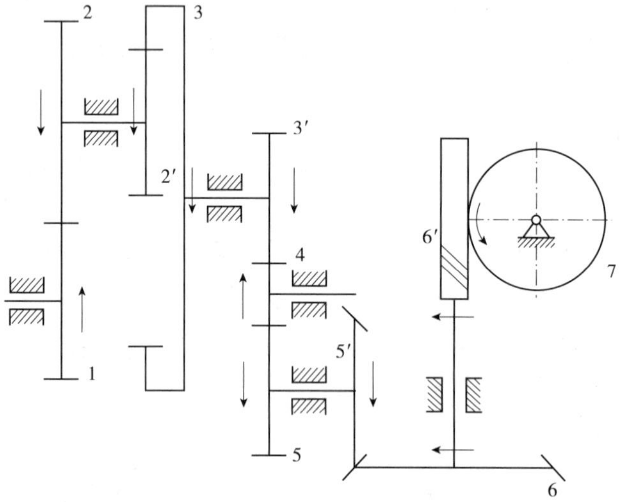

图8-4　例8-1

解　输入轮为1，输出轮为7，因轮1与轮7的轴线不平行，故传动比公式只计算传动比大小，轮7的转动方向通过判断为逆时针，在图8-4中标出。传动比大小计算得

$$i_{17} = \frac{n_1}{n_7} = \frac{z_2 z_3 z_4 z_5 z_6 z_7}{z_1 z_{2'} z_{3'} z_4 z_{5'} z_{6'}} = \frac{57 \times 60 \times 20 \times 46 \times 36 \times 64}{19 \times 30 \times 23 \times 20 \times 18 \times 2} = 768$$

8.3　周转轮系传动比

8.3.1　周转轮系的组成

图8-2所示为周轴轮系，在周转轮系中至少有一个齿轮的中心轴线是变化的。在图中齿轮2一边自转，同时其中心轴线绕齿轮1的中心轴线转动。这种转动位置不固定，一边

自转一边公转的齿轮称为行星轮。支撑行星轮并使其公转的构件称为行星架。图 8-2 中 H 为行星架。轮系中中心轴线不变的齿轮，称为太阳轮或中心轮。图 8-2 中 1、3 为太阳轮。在周转轮系中，太阳轮的中心轴线与行星架的转动轴线是重合的。故在周转轮系中，必包含行星轮、行星架和太阳轮。

图 8-5 所示均为周转轮系，但其中图 8-5(a)的机构自由度为 1，我们称为行星轮系；图 8-5(b)中机构的自由度为 2，我们称为差动轮系。

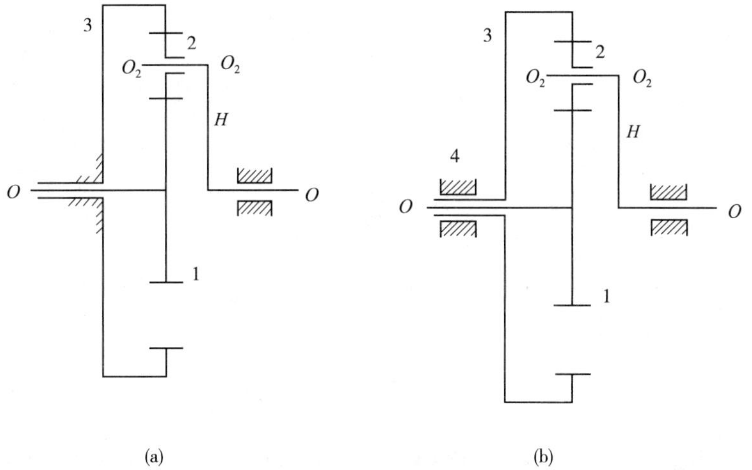

(a)   (b)

图 8-5　周转轮系的类型

8.3.2　周转轮系的传动比

由前面的分析可知，在周转轮系中至少有一个齿轮的中心轴线是变化的。那么周转轮系的传动比就不能按照定轴轮系的方法来计算。但是我们可以通过"反转法"，把周转轮系转化成定轴轮系来计算。

在如图 8-6 所示的周转轮系中，假设行星轮不公转，即行星架不动，并且使周转轮系中各构件的相对运动不发生变化，那么我们就可以把它看成一假想的定轴轮系。

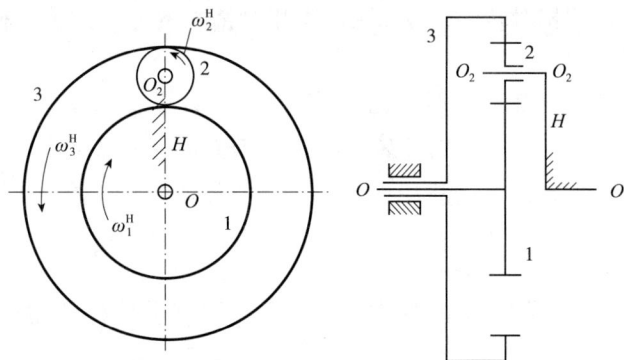

图 8-6　周转轮系

如图 8-6 所示，给整个周转轮系加一与行星架转速大小相等、方向相反的公共转速（$-\omega_H$）后，各构件的相对运动并没有发生变化，此时行星架不动，这时周转轮系变成了一假想的定轴轮系，然后可以用前面的定轴轮系传动的计算公式来计算它的传动比。这个假想的定轴轮系，称为周转轮系的转化轮系。这种转化的方法即反转法。

转化前后轮系中各构件的转速见表 8-1 所列。其中 ω_1^H、ω_2^H、ω_3^H 分别表示转化轮系中各构件的转速。

图 8-1　转化前后轮系中各构件的转速

构件	周转轮系角速度	转化轮系角速度
齿轮 1	ω_1	$\omega_1^H = \omega_1 - \omega_H$
齿轮 2	ω_2	$\omega_2^H = \omega_2 - \omega_H$
齿轮 3	ω_3	$\omega_3^H = \omega_3 - \omega_H$
机架 4	$\omega_4 = 0$	$\omega_4^H = \omega_4 - \omega_H = -\omega_H$
行星架 H	ω_H	$\omega_H^H = \omega_H - \omega_H = 0$

当周转轮系转化为定轴轮系后，就可以应用前面定轴轮系的计算方法来计算周转轮系。于是转化轮系的传动比为

$$i_{13}^H = \frac{\omega_1^H}{\omega_3^H} = \frac{\omega_1 - \omega_H}{\omega_3 - \omega_H} = -\frac{z_2 z_3}{z_1 z_2} = -\frac{z_3}{z_1} \qquad (8\text{-}7)$$

式中，齿数比前面的"−"号表示在转化轮系中轮 1 与轮 3 的转向相反，即 ω_1^H 与 ω_3^H 的方向相反。

在以上公式中，若各轮的齿数已知，ω_1、ω_3、ω_H 三个转数中有两个是已知的，那么就可以计算出第三个参数，从而可求出转化轮系的实际传动比，即 ω_1、ω_3 的大小和方向关系。

推广到一般情况，假设周转轮系中的任意两个齿轮 G、K 的角速度分别为 ω_G、ω_K，行星架的角速度为 ω_H，那么

$$i_{GK}^H = \frac{\omega_G^H}{\omega_K^H} = \frac{\omega_G - \omega_H}{\omega_K - \omega_H} = (\pm)\frac{\text{转化轮系中从 } G \text{ 到 } K \text{ 间所有从动齿轮齿数的乘积}}{\text{转化轮系中从 } G \text{ 到 } K \text{ 间所有主动齿轮齿数的乘积}} \qquad (8\text{-}8)$$

转化轮系中齿轮 G、K 的相对转向，可以在图上用画箭头的方法判定，相同时齿数比前取"+"号，相反时取"−"号。

若转化轮系中齿轮的各轴线平行，也可用以下公式计算：

$$i_{GK}^H = \frac{\omega_G^H}{\omega_K^H} = \frac{\omega_G - \omega_H}{\omega_K - \omega_H} = (-1)^m \frac{\text{转化轮系中从 } G \text{ 到 } K \text{ 间所有从动齿轮齿数的乘积}}{\text{转化轮系中从 } G \text{ 到 } K \text{ 间所有主动齿轮齿数的乘积}} \qquad (8\text{-}9)$$

式中　m——外啮合齿对的个数。

应用以上公式时应注意以下几点：

①G、K、H 三个构件的轴线必须是平行的，这样三个构件的角速度才可以用代数运算。

②在公式中，ω_G、ω_K、ω_H 的角速度必须代入正负号，表示它们在周转轮系里的实际相对关系。

③传动比 i_{GK} 和 i_{GK}^H 是不相同的。i_{GK} 表示的是周转轮系中 G、K 两轮的实际传动比，而

i_{GK}^H 表示的是在转化轮系中 G、K 的传动比。

④齿数比前的"±"号，表示的是在转化轮系中 G、K 两齿轮的转动方向关系，并不代表在周转轮系中的实际转动关系。

【例8-2】 在图 8-7 所示的周转轮系中，已知各轮的齿数分别为 z_1 $=24$，$z_2=20$，$z_3=60$，齿轮 1 的转速 $n_1=4400\text{r/min}$，求传动比 i_{1H} 及行星架 H 的转速 n_H。

解 将周转轮系转化为定轴轮系，假设 H 固定，那么其他齿轮在定轴轮系里的转动方向如图 8-7 中箭头所示（不表示齿轮的实际转动方向），则可得

$$i_{13}^H = \frac{n_1^H}{n_3^H} = \frac{n_1 - n_H}{n_3 - n_H} = (-)\frac{z_2 z_3}{z_1 z_2}$$

代入 $n_3=0$ 及各轮齿数得

$$i_{13}^H = \frac{n_1 - n_H}{0 - n_H} = -\frac{20 \times 60}{24 \times 20} = -2.5$$

$$i_{1H} = \frac{n_1}{n_H} = 3.5$$

$$n_H = \frac{n_1}{3.5} = \frac{4400}{3.5} \approx 1257 \,(\text{r/min})$$

图 8-7　例 8-2

其转动方向与 n_1 相同。

【例8-3】 在图 8-8 所示的锥齿轮组成的差动轮系中，已知 $z_1=60$，$z_2=40$，$z_{2'}=z_3=$ 20，若 n_1 和 n_3 都为 120r/min，但转动方向是相反的，求 n_H 的大小和方向。

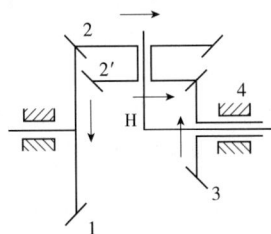

图 8-8　例 8-3

解 假设 H 固定，将差动轮系转化为定轴轮系，在定轴轮系中各轮的转动方向如图 8-8 中箭头所示。则可得

$$i_{13}^H = \frac{n_1^H}{n_3^H} = \frac{n_1 - n_H}{n_3 - n_H} = (-)\frac{z_2 z_3}{z_1 z_{2'}}$$

上式中的正负号是由在转化轮系中齿轮 1 与齿轮 3 的转动方向关系决定的，与齿轮的实际转动方向无关。假设 n_1 为正，代入上式则可得

$$\frac{120 - n_H}{-120 - n_H} = -\frac{40}{60}$$

解得

$$n_H = 24\text{r/min}$$

n_H 的转动方向与 n_1 相反。

8.4　混合轮系传动比

在轮系中，除了定轴轮系和周转轮系，还有一种称为混合轮系，在这种轮系中，不单单只有定轴轮系或周转轮系，而且同时有定轴轮系和周转轮系。混合轮系中不能按定轴轮系的传动比来计算，也不能按周转轮系的方法计算。给整个轮系加一个公共转速以后，也

不可能变成一个定轴轮系。因此在混合轮系的计算过程中，需要将定轴轮系和周转轮系分别区分开来，然后按各自的方法列出传动比的计算公式，然后联立求解得出所需要的传动比。

计算混合轮系的传动比，最主要的是对混合轮系中定轴轮系和周转轮系的正确划分。在划分时找出周转轮系是关键。在一个周转轮系中，包含有行星轮，支撑行星轮的行星架，与行星轮相啮合并且中心轴线不动的太阳轮。且需要注意在一个基本的周转轮系中，行星架和太阳轮的中心轴线是共线的。根据以上组成，可划分出周转轮系和定轴轮系（一般一个行星架对应一个基本的周转轮系，在一个混合轮系中可以有若干个周转轮系）。

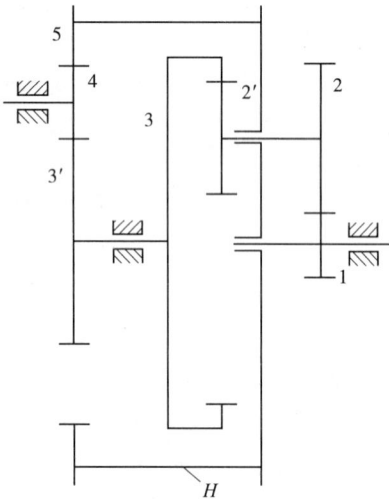

图 8-9　例 8-4

【例 8-4】 图 8-9 所示为一电动卷扬机减速器，$z_1 = 30$，$z_2 = 60$，$z_{2'} = 25$，$z_3 = 90$，$z_{3'} = 20$，$z_4 = 30$，$z_5 = 80$，试求传动比 i_{15}。

解 该复合轮系中既有周转轮系又有定轴轮系，在计算时需将各轮系区分出来。在周转轮系中有太阳轮、行星轮和行星架。从图 8-9 中可以看出，双联齿轮 2 和 2′既自转同时它们的轴线又不固定，而是绕 1 的轴线公转，所以 2 和 2′是两个行星轮，支撑行星轮的构件为行星架，所以 5 就是行星架 H，1 和 3 为太阳轮。

由 1、2、2′、3、5 组成了一周转轮系。3′、4、5 组成了一定轴轮系。

在周转轮系中可得

$$i_{13}^{\mathrm{H}} = \frac{n_1 - n_5}{n_3 - n_5} = (\ -\ )\frac{z_2 z_3}{z_1 z_{2'}} = -\frac{60 \times 90}{30 \times 25} = -7.2 \qquad (\text{a})$$

对定轴轮系有

$$i_{3'5} = \frac{n_{3'}}{n_5} = (\ -\ )\frac{z_4 z_5}{z_{3'} z_4} = -\frac{80}{20} = -4 \qquad (\text{b})$$

由图 8-9 可知有

$$n_3 = n_{3'} \qquad (\text{c})$$

联立（a）（b）（c）三式，求得

$$i_{15} = \frac{n_1}{n_5} = 37$$

齿轮 1 与 5 的转动方向相同。

8.5　轮系的应用

轮系在机械工程中的应用非常广泛，按其功能可分为如下几种。

8.5.1　大传动比传动

当机械传动中需要大的传动比时，若采用一对齿轮传动，那么大小齿轮的尺寸相差太大，小齿轮容易被损坏，并且使得齿轮传动的外廓尺寸太大。如果采用轮系来进行传动，不仅可以使结构变得紧凑，如图 8-10 所示，而且可以用较少的齿轮实现很大的传动比。当 $z_1 = 100$，$z_2 = 101$，$z_{2'} = 100$，$z_3 = 99$ 时，传动比计算如下：

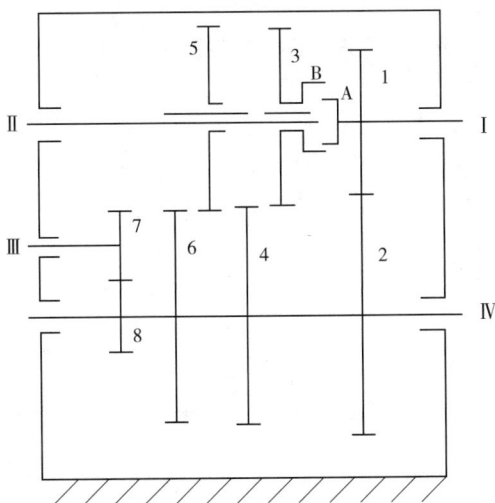

图 8-10

$$i_{13}^{H} = \frac{n_1^H}{n_3^H} = \frac{n_1 - n_H}{n_3 - n_H} = (+) \frac{z_2 z_3}{z_1 z_{2'}}$$

代入已知数据得

$$\frac{n_1 - n_H}{0 - n_H} = \frac{101 \times 99}{100 \times 100}$$

解得

$$i_{H1} = 10000$$

这种类型的行星齿轮传动，传动比很大，但是效率较低，在传递大功率时不宜选用。在增速传动中甚至可能发生自锁。

8.5.2　相距较远距离传动

当两轴相距较远时，若选用一对齿轮传动，外廓的径向尺寸会过大，占用空间较大。而用轮系传动时，可改善结构尺寸，使结构变得紧凑。

8.5.3　实现变速传动

在主动轴转速、转向均不变时，从动轴利用轮系可以获得多种不同的转速和轴转方向。图 8-11 所示为一汽车变速箱中轮系的应用。主动轴Ⅰ为动力输入轴，由发动机驱动。通过轮系中的齿轮 1 到 8 齿轮及离合器 A、B 的不同组合，输出轴Ⅱ可以得到三挡不同的前进转速和一挡倒车转速。当齿轮 5、6 啮合而齿轮 3、4 和离合器 A、B 均脱离时，得到第一挡速度；当齿轮 3、4 啮合而齿轮 5、6 和离合器脱离时，得到第二挡速度；当离合器 A、B 嵌合而其余齿轮均脱离时，得到第三挡速度；当齿轮 5、7 啮合而其余齿轮均脱离时，输出轴的转动方向与输入轴的方向相反，即得到倒退挡。

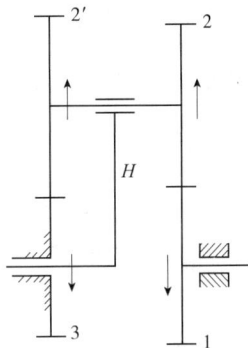

图 8-11　汽车变速箱轮系

8.5.4　运动的合成与分解

运动的合成，即可以将两个独立输入的主动轮的运动合成为一个从动轮的输出运动。反之轮系也可以将一个主动轮的输入运动分解为两个从动轮的输出运动。合成运动和分解运动都可以通过差动轮系来实现。图 8-12 所示为一差动轮系，$z_1 = z_3$，根据周转轮系的计算公式可得

$$i_{13}^{\mathrm{H}} = \frac{n_1^{\mathrm{H}}}{n_3^{\mathrm{H}}} = \frac{n_1 - n_H}{n_3 - n_H} = -\frac{z_3}{z_1} = -1$$

从而得

$$2n_H = n_1 + n_3$$

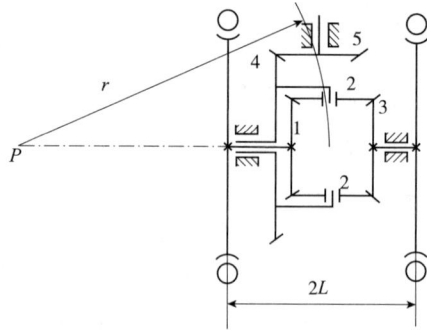

如图 8-13 所示的汽车后桥差速器就利用了轮系的这一特点。当汽车直线行驶时，左右两轮速度相同，差速器作为一个整体一起转动。当汽车绕 P 点转弯时，由于左右两轮转弯半径不一样，为使在运动过程中轮胎与地面不产生相对滑动加剧磨损，那么左轮 3 的转速必须高于右轮 1 的转速；故齿轮 1、3 有了相对转速，齿轮 2 一边随齿轮 4 绕后车轴线公转，一边绕自己的轴线自转，这时由 1、2、3、4 齿轮组成的差动轮系开始发挥作用，发动机输出的动力先传递给齿轮 5，然后通过齿轮 4 带动差速器工作，从而把不同的转速分配给左右两轮。

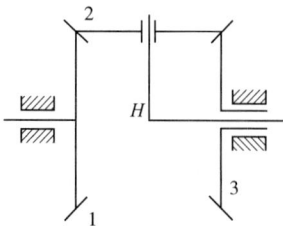

图 8-12　差动轮系　　　　图 8-13　汽车后桥差速器

由图 8-13 中可以看出，在 1、2、3、4 组成的差动轮系中，有

$$2n_4 = n_1 + n_3$$

又由于车轮绕 P 点转动，故左右两轮的转速与到 P 点的距离成正比。可得

$$\frac{n_1}{n_3} = \frac{r - L}{r + L}$$

联立两式可得

$$n_1 = \frac{r - L}{r} n_4$$

$$n_3 = \frac{r + L}{r} n_4$$

由此可以看出，差动轮系可以将一个输入运动分解成两个输出运动。同时也可以把

两个输入运动合成为一个输出运动。这种合成和分解的特性，在工程机械中应用相当广泛。

8.6 特殊行星传动简介

在周转轮系中还有一些特殊的传动类型，它们具有体积小、结构紧凑、重量小、传动比大、传动效率高等特点，在工程中有广泛的应用。

8.6.1 渐开线少齿差行星传动

图 8-14 所示为一渐开线少齿差行星传动系统简图。齿轮 1 为固定的太阳轮，齿轮 2 为行星轮，H 为行星架。传动时一般 H 为输入，带动行星轮 2，经过 3 然后从 V 轴输出。3 是一等角速比机械，因此 V 的转速就是行星轮 2 的绝对转速。因内齿轮 1 与行星轮 2 的齿数相差很少（一般为 1 ~ 4），并且齿廓为渐开线，故称为渐开线少齿差行星传动。其转化轮系的传动比为

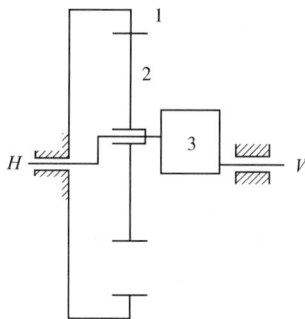

图 8-14　渐开线少齿差行星传动

$$i_{21}^{H} = \frac{n_2 - n_H}{n_1 - n_H} = \frac{z_1}{z_2}$$

因 $n_1 = 0$，代入上式得

$$i_{21}^{H} = \frac{n_2 - n_H}{0 - n_H} = 1 - i_{2H} = \frac{z_1}{z_2}$$

即

$$i_{H2} = \frac{n_H}{n_2} = -\frac{z_2}{z_1 - z_2}$$

公式中的负号，表明行星架 H 和齿轮 2 转向是相反的。

因为 1 和 2 的齿数相差很小，所以得出的传动比很大。前一差值越小，传动比越大。当齿差为 1 时，称为一齿差行星传动。

在机构中，3 称为等角速比机构。因为行星轮 2 是既有自转又有公转的平面复合运动，它的几何轴线不是固定的，为了将它的转动等值的传递到输出轴 V 上，需要在两者之间安装一角速比传动机构 3。等角速比输出机构可采用传递平行轴间运动的联轴器，如双万向联轴器、十字滑块联轴器、孔销式输出机构。孔销式输出机构是目前工程上用得较广泛的一种。图 8-15 所示为一孔销式输出机构的结构简图。在输出轴 V 上带有一圆盘 1，在圆盘 1 上沿半径为 O_1N 的圆周上均匀安装若干圆柱销，然后将圆柱销分别插入行星轮辐板上的孔中，从而使 V 轴和行星齿轮 2 连接起来。在设计中，要求 $O_1O_p = O_2O_h$，$O_1O_2 = O_hO_p$，这时 $O_1O_2O_hO_p$ 构成一平行四边形。因此不论行星齿轮运动到何位置，总能使 O_1O_p 平行于 O_2O_h，所以输出轴 V 始终与行星轮 2 做同速等向运动。

渐开线少齿差行星传动具有传动比大、结构紧凑、效率高等优点，因此得到广泛应用。但是在输出时需要等角速比机构，而且齿轮需在正变位以避免产生齿廓重叠干涉，因此一般用于中、小功率的传动。

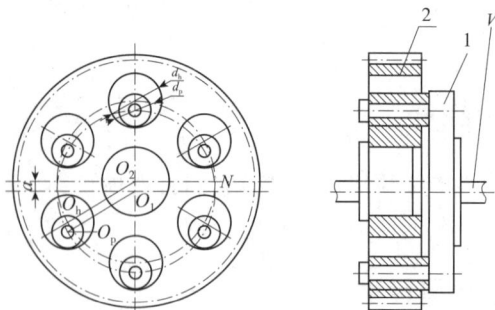

图 8-15　孔销式输出机构

图 8-16　摆线针轮行星传动

8.6.2　摆线针轮行星传动

摆线针轮的传动工作原理及结构形式与渐开线少齿差行星齿轮传动基本相同。不同的地方是齿廓曲线变为变幅外摆线而不再是渐开线，故称为摆线轮。图 8-16 所示为一摆线针轮行星传动简图。1 为固定针轮，其上有 z_1 个带套筒的圆柱销，2 为行星轮，齿数为 z_2，偏心轴 O_1O_2 即行星架 H，带动行星轮 2 运动。摆线轮 2 与针轮 1 相差一个齿，那么可得出

$$i_{H2} = \frac{n_H}{n_2} = -\frac{z_2}{z_1 - z_2} = -z_2$$

即利用摆线针轮也可以获得大的传动比。

摆线针轮行星传动除具有渐开线少齿差行星传动的优点外，还具有传动效率更高、同时啮合的齿对数多、承载能力大、轮齿磨损小、使用寿命长等优点。但缺点是需要采用等角速比输出机构，制造精度要求高，摆线齿轮的磨削需要专门的加工设备，工艺复杂，成本高。摆线针轮传动在轻工、冶金、军工等设备中得到了广泛的应用。

8.6.3　谐波齿轮传动

图 8-17 为谐波传动示意图。该系统主要由钢轮 1、柔轮 2、波发生器 3 三部分组成。波发生器由转臂和滚轮组成；钢轮在工作时始终保持原状，具有内齿；柔轮为弹性很好的薄壁齿轮。谐波齿轮传动的工作原理如图 8-17 所示，钢轮固定，当波发生器装入柔轮内孔后，柔轮 2 的截面形状由原来的圆形变为了椭圆形，其长轴两端处的轮齿与钢轮啮合，短轴两端附近的轮齿则与钢轮完全脱开，其余的轮齿处在啮合和脱离的过渡阶段。柔轮和钢轮的齿距相同，齿数不同。当波发生器转动时，柔轮的变形部位也随之转动，使柔轮的齿依次进入和脱离啮合，从而实现柔轮相对于钢轮的转动。所以谐波传动与少齿差行星传动相似。波发生器相当于转臂 H，一般作为主动件，钢轮 1 相当于中心轮，柔轮 2 相当于行星轮，钢轮和柔轮之一作为从动件，另一个作为固定件，相应传动比可按周转轮系传动比来计算。如图 8-17 所示，钢轮不动，则传动比为

$$i_{H2} = \frac{1}{i_{2H}} = \frac{1}{1 - i_{21}^H} = \frac{1}{1 - \frac{z_1}{z_2}} = -\frac{z_2}{z_1 - z_2}$$

这时，主、从动件转向相反。

当柔轮固定时，可得

$$i_{H1} = \frac{1}{i_{1H}} = \frac{z_1}{z_1 - z_2}$$

这时，主、从动件转向相同。

波发生器 H 每转一周，柔轮2上某点变形的次数称为波数。波数与波发器上的滚轮数目相同，常用的有两波和三波。图8-17所示为两波传动。谐波传动的齿数差应该是滚轮数目的整数倍。

谐波齿轮传动的优点是结构简单、紧凑、效率高、重量轻、传动比大、传动平稳，承载能力强，不需要专门的输出机构。但柔轮加工困难，且容易发生疲劳损坏，制造精度要求较高。谐波齿轮传动在军工、航空、纺织、医疗器械等设备中有广泛的应用。

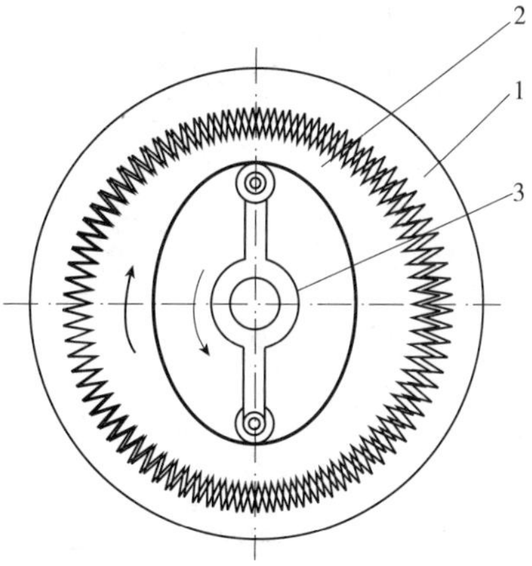

图8-17 谐波传动

本 章 小 结

通过本章的学习，要求了解轮系的类型、特点和应用，掌握定轴轮系、周转轮系和混合轮系的计算方法。本章难点是轮系类型的判定、周转轮系的组成、在周转轮系传动比计算时转化轮系和周转轮系中各轮方向的确定。

思 考 题

1. 定轴轮系和周转轮系的主要区别在哪里？何谓差动轮系和行星轮系？行星轮系与差动轮系的区别是什么？

2. 什么是周转轮系的转化轮系？为什么要引入转化轮系的概念？

3. ω_1 和 ω_1^H 的大小与方向是否相同？

4. 题图8-1所示轮系中，已知各标准圆柱齿轮的齿数 $z_1 = 18$，$z_2 = 20$，$z_{3'} = 25$，$z_4 = 35$，$z_{4'} = 25$，$z_5 = 40$，试计算齿轮3的齿数及轮系的传动比 i_{15}。

5. 在题图8-2所示轮系中，已知 $z_1 = 20$，$z_2 = 40$，$z_{2'} = 2$（旋向如图所示），$z_3 = 60$，齿轮1的转动方向如图所示。试求轮系的传动比 i_{13} 并在图中标出蜗轮的转动方向。

6. 题图8-3为一钟表传动示意图，E 为擒纵轮，N 为发条盘，S、M、H 分别为秒针、分针、时针。设 $z_1 = 72$，$z_2 = 12$，，$z_3 = 64$，$z_4 = 8$，$z_5 = 60$，$z_6 = 8$，$z_7 = 60$，$z_8 = 6$，$z_9 = 8$，$z_{10} = 24$，$z_{11} = 6$，$z_{12} = 24$，求秒针与分针的传动比 i_{SM} 和分针与时针的传动比 i_{MH}。

7. 题图8-4所示为锥齿轮组成的周转轮系，已知 $z_1 = 25$，$z_2 = 28$，$z_{2'} = 30$，$z_3 = 45$，$n_1 = 300r/min$，$n_3 = -150r/min$，求 n_H。

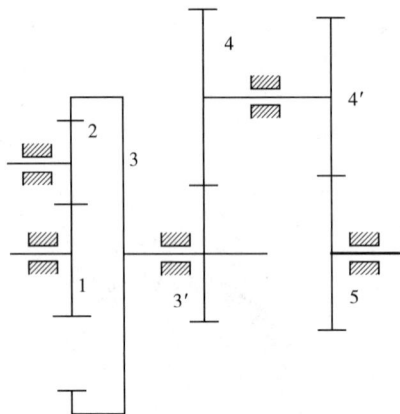

题图 8-1

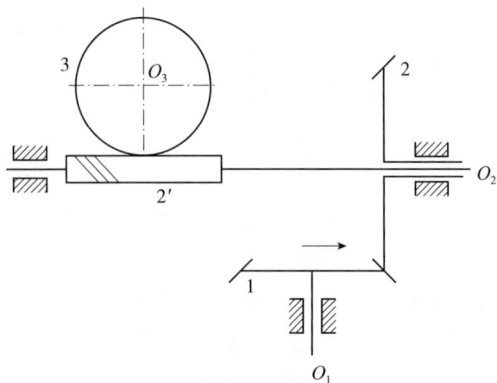

题图 8-2

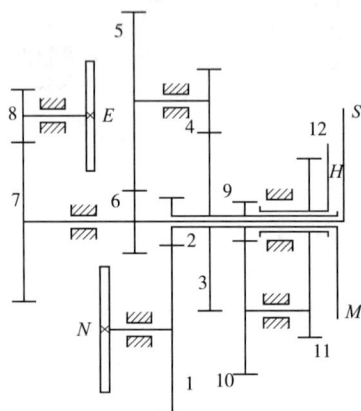

题图 8-3

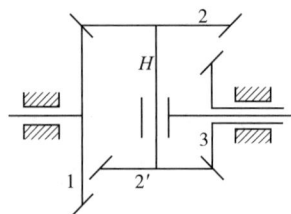

题图 8-4

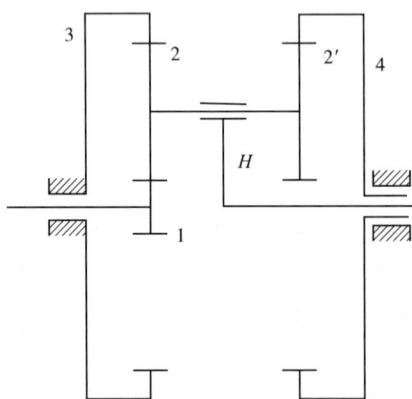

题图 8-5

8. 在题图 8-5 所示周转轮系中，$z_1 = 18$，$z_2 = 42$，$z_{2'} = 38$，$z_3 = 64$，$z_4 = 70$，齿轮 1 与 4 的转动方向相同，齿轮 1 的转速为 300r/min，齿轮 4 的转速为 60r/min，求行星架转速 n_H 的大小和方向。

9. 题图 8-6 所示为一马铃薯挖掘机构，在机构中齿轮 1 固定不动，挖叉 P 固连在最外面的齿轮 3 上，挖掘时，十字架 4 回转而挖叉却始终保持一定的方向。问各轮齿数应满足什么条件？

10. 在题图 8-7 所示的轮系中，已知 $z_1 = 20$，$z_2 = 30$，$z_{2'} = 20$，$z_3 = 40$，$z_4 = 45$，$z_{4'} = 44$，$z_5 = 81$，$z_6 = 80$。求传动比 i_{16}。

11. 在题图 8-8 所示轮系中，假设各齿轮均为标准齿轮且模数都是相同的，已知 $z_1 = z_{2'} = z_{3'} = z_{6'} = 25$，$z_2 = z_4 = z_6 = z_7 = 50$。

①当把齿轮 1 当作原动件时，该机构是否有确定的运动？

②齿轮 3、5 的齿数如何确定?

③当 $n_1 = 1000 \text{r/min}$ 时，n_3 和 n_5 各为多少?

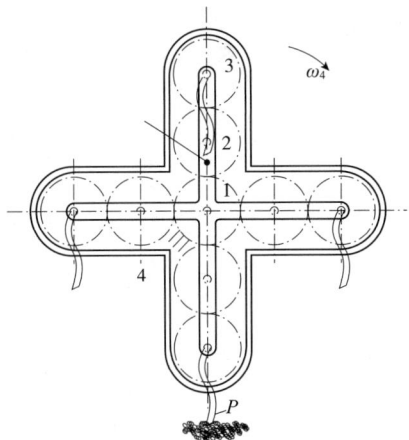

题图 8-6

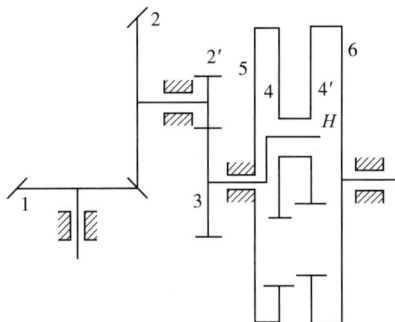

题图 8-7

12. 题图 8-9 所示为一小型起重机构。在一般工作条件下，单头蜗杆 4 不发生转动，动力由电动机 N 输入，带动卷筒 M 转动。当电动机发生故障或需要慢速吊重时，电动机停止转动用蜗杆传动。已知 $z_1 = 60$，$z_{1'} = 44$，$z_2 = 50$，$z_{2'} = 45$，$z_3 = 50$，$z_{3'} = 44$，$z_5 = 90$，求一般工作条件下的传动比 i_{45} 和慢速吊重时的传动比 i_{45}。

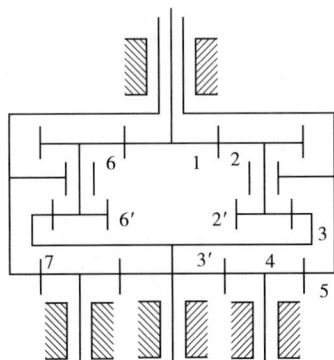

题图 8-8

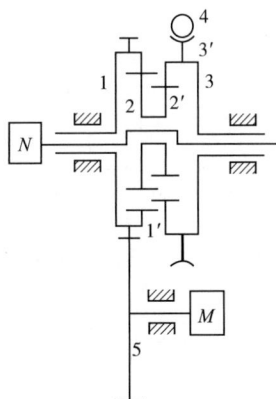

题图 8-9

第9章 间歇运动机构

本章提要

　　能够将原动件的连续转动转变为从动件周期性运动和停歇的机构，称为间歇运动机构。间歇运动机构在自动生产线的转位机构、步进机构、计数装置和许多复杂的轻工机械中有着广泛的应用，如牛头刨床工作台的横向进给运动、电影放映机的送片运动等都应用了间歇运动机构。常见的间歇运动机构，有棘轮机构、槽轮机构和不完全齿轮机构。

9.1 棘轮机构

9.1.1 棘轮机构的工作原理和类型

棘轮机构主要由棘轮、棘爪和机架组成。常用棘轮机构可分为轮齿式与摩擦式两大类。图 9-1 所示为一种外啮合棘轮机构,当主动摆杆做往复摆动时,从动棘轮做单向间歇转动。具体工作过程是:棘轮 2 通常呈锯齿形,并与轴 4 固联,棘爪 3 与摇杆 1 用转动副 A 相连接,摇杆 1 空套在轴 4 上。通常以摇杆为原动件,棘轮为从动件。当摇杆 1 连同棘爪 3 逆时针方向转动时,棘爪 3 插入棘轮的相应齿槽,推动棘轮转过某一角度;当摇杆 1 返回做顺时针方向转动时,棘爪 3 在棘轮齿背上滑过,这时,簧片 6 迫使止回棘爪 5 插入棘轮的相应齿槽,阻止棘轮顺时针方向返回,而使棘轮静止不动。由此可知,当原动件摇杆 1 连续往复摆动时,棘轮 2 只做单向的间歇运动。这种有齿的棘轮其进程的变化最少,是一个齿距,且工作时有响声。

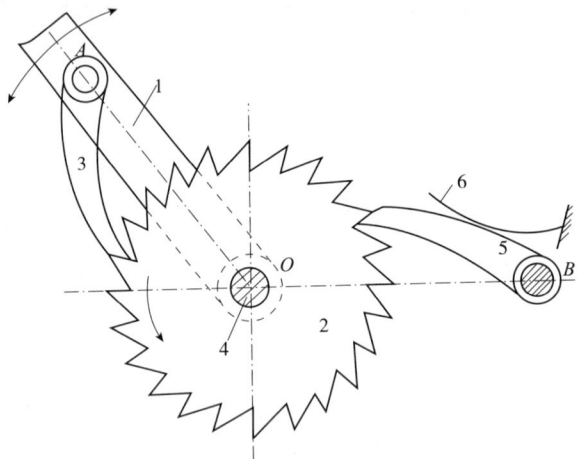

图 9-1 外啮合棘轮机构

双动式棘轮机构有两个驱动棘爪,当主动件做往复摆动时,两个棘爪交替带动棘轮沿同一方向做间歇运动。如图 9-2 所示,棘爪 3 可以制成直边的或带钩头的,棘轮为锯齿形,这种棘轮机构的棘爪由大小两个棘爪组成。当摇杆 1 逆时针方向转动时,大棘爪将插入棘轮的相应齿槽推动棘轮做逆时针方向转动,此时小棘爪在棘轮的齿背上滑过;当摇杆返回做顺时针方向转动时,小棘爪将插入棘轮的相应齿槽推动棘轮也做逆时针方向转动,大棘爪则在棘轮的齿背上滑过。因此,双动式棘轮机构可实现摇杆往复摆动时均能使棘轮沿单一方向运动。

如果棘轮的回转方向需要经常改变而获得双向的间歇运动,则可如图 9-3(a)所示,棘轮轮齿制成矩形齿,摇杆上装一可翻转的双向棘爪 3。棘爪推动棘轮的一边制成直边,另一边呈曲线状,以便返回时可以在棘轮齿背上滑过。图 9-3(a)中若棘爪 3 在实线位置,当摇杆 1 连续往复摆动时,可推动棘轮 2 沿逆时针方向做间歇运动;若棘爪翻转到双点划线位置,当摇杆往复摆动时,将推动棘轮沿顺时针方向做间歇运动。图 9-3(b)所示为另一种双向棘轮机构，当棘爪 3 在图示位置往复摆动时，棘轮 2 将沿逆时针方向做间歇运动；若将棘爪提起(拔出定位销 5)并绕本身轴线转 180°再放下(定位销插入另一销孔中)，棘轮则可实现沿顺时针方向的间歇运动；若将棘爪提起并绕本身轴线转 90°后放下(定位销不能落入销孔中)，使棘爪与棘轮脱开而不起作用，则当棘爪往复摆动时，棘轮静止不动。这种棘轮机构常应用在牛头刨床工作台的进给装置中。除外啮合棘轮机构外，还有如图 9-4 所示的内啮合棘轮机构和如图 9-5 所示的棘条机构。

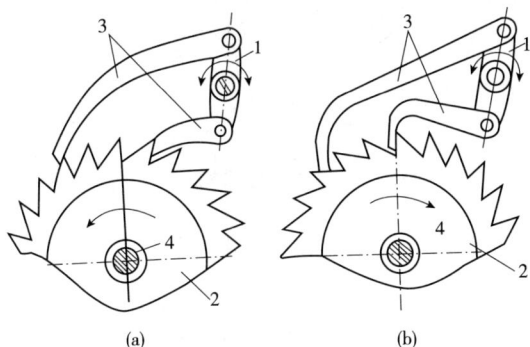

图 9-2　双动式棘轮机构

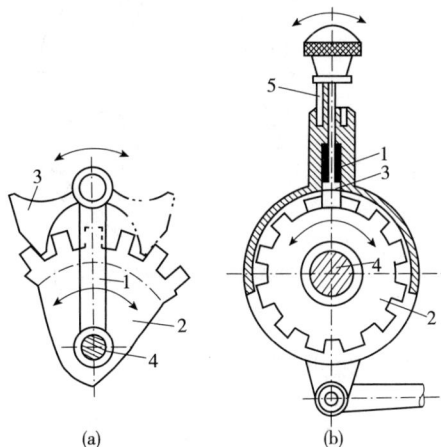

图 9-3　双向棘轮机构

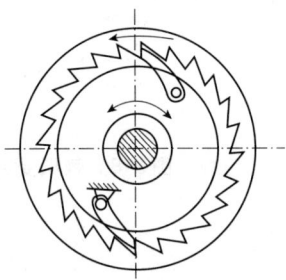

图 9-4　内啮合棘轮机构

图 9-5　棘条机构

上述的轮齿式棘轮机构，棘轮是靠摇杆上的棘爪推动其棘齿而运动的，所以棘轮每次的转动角都是棘轮齿距角的倍数。在摇杆摆角一定的条件下，棘轮每次的转动角是不能改变的。但有时需要随工作要求而改变棘轮的转动角，为此，除可以改变摇杆的摆动角度外，还可如图 9-6 所示，在棘轮上加一遮板，用以遮盖摇杆摆角 φ 范围内棘轮上的一部分齿，这样当摇杆逆时针方向摆动时，棘爪先在遮板上滑动，然后才插入棘轮的齿槽来推动棘轮转动。被遮板遮住的齿越多，则棘轮每次转动的角度就越小。

图 9-7 所示为摩擦式棘轮机构，它的工作原理与轮齿式棘轮机构相同，只是棘爪为一偏心扇形块，棘轮为一摩擦轮。当摇杆 1 做逆时针方向转动时，利用棘爪 3 与棘轮 2 之间产生的摩擦力，带动棘轮 2 和摇杆一起转动；当摇杆返回做顺时针方向转动时，棘爪 3 与

棘轮 2 之间产生滑动，这时止回棘爪 5 与棘轮 2 楔紧，阻止棘轮反转。这样，摇杆做连续往复摆动时棘轮 2 便做单向的间歇运动。

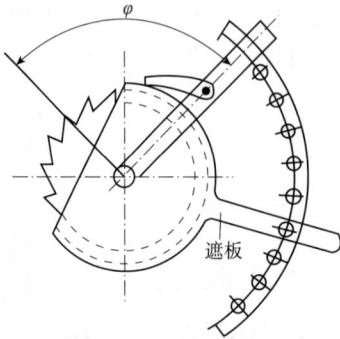

图 9-6　带遮板的棘轮机构　　　　图 9-7　摩擦式棘轮机构

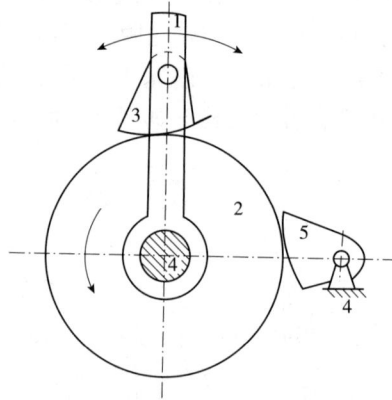

9.1.2　棘爪工作条件

如图 9-8 所示，当棘轮机构工作时，在一定载荷下，为使棘爪受力最小，应使 $\angle O_1AO_2 = 90°$。为了保证棘爪能滑入齿槽并防止棘爪从棘轮齿槽中脱出，棘爪在与棘轮齿面接触的 A 点处所受压力 F_N（沿 n—n′ 方向）对回转轴线 O_2 的力矩应大于棘爪所受摩擦力 F 对 O_2 的力矩，即

$$F_N L\sin\alpha > FL\cos\alpha$$

另一方面有

$$F = F_N\mu = F_N\tan\rho$$

图 9-8　棘爪受力分析

式中　α——棘轮齿面与棘轮轮齿尖顶径向线间的夹角；

　　　ρ——摩擦角（$\rho = \arctan\mu$）；

　　　μ——摩擦因数。

将以上二式整理可得

$$\frac{\sin\alpha}{\cos\alpha} > \tan\rho$$

即

$$\tan\alpha > \tan\rho$$

故应使

$$\alpha > \rho \tag{9-1}$$

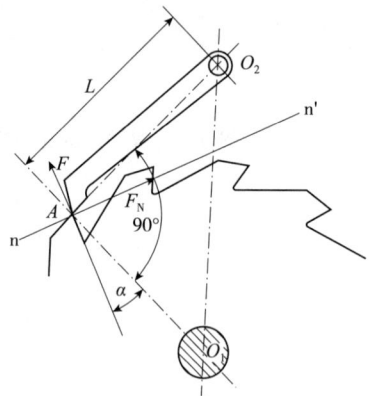

9.1.3　棘轮机构主要几何尺寸计算及棘轮齿形的画法

当选定齿数 z 和按照强度要求确定模数 m 之后，棘轮和棘爪的主要几何尺寸可按以下

经验公式计算：

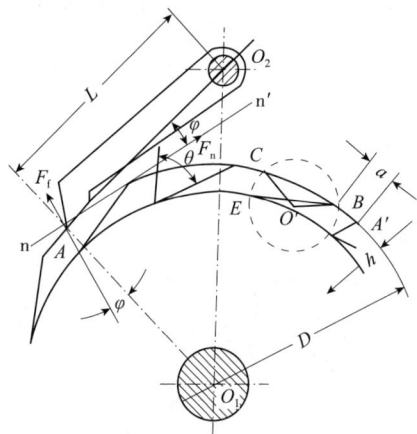

图 9-9 棘轮齿形画法图

顶圆直径 $D = mz$

齿高 $h = 0.75m$

齿顶厚 $a = m$

齿槽夹角 $\theta = 60°$ 或 $55°$

棘爪长度 $L = 2\pi m$

其他结构尺寸可参看机械零件设计手册。

由以上公式算出棘轮的主要尺寸后，可按下述方法画出齿形：如图9-9所示，根据 D 和 h 先画出齿顶圆和齿根圆；按照齿数等分齿顶圆，得 A'、C、…点，并由任一等分点 A' 作弦 $A'B = a = m$；再由 B 到第二等分点 C 作弦 BC；然后自 B、C 点分别作角度 $\angle O'BC = \angle O'CB = 90° - \theta$ 得 O' 点；以 O' 为圆心，$O'B$ 为半径画圆交齿根圆于 E 点，连 CE 得轮齿工作面，连 BE 得全部齿形。

9.1.4 棘轮机构的特点和应用

轮齿式棘轮机构结构简单，运动可靠，棘轮的转角容易实现有级的调节。但这种机构在回程时，棘爪在棘轮齿背上滑过有噪声；在运动开始和终了时，速度骤变而产生冲击，运动平稳性较差，且棘轮齿易磨损，故常用在低速、轻载等场合实现间歇运动。摩擦式棘轮机构传递运动较平稳、无噪声，棘轮的转角可做无级调节，但运动准确性差，不宜用于运动精度要求高的场合。

在起重机、卷扬机等机械中，则常用棘轮机构作为防止逆转的止逆器，使提升的重物能停止在任何位置上，以防止由于停电等原因造成事故。图 9-10 所示即为提升机的棘轮止逆器。

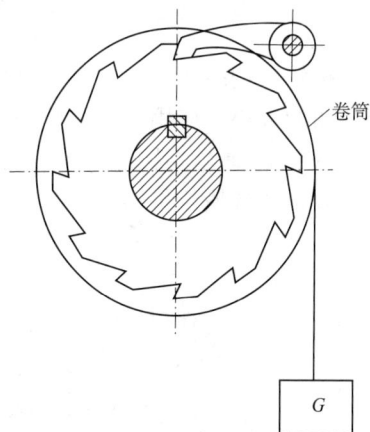

图 9-10 防止逆转的棘轮机构

9.2 槽轮机构

9.2.1 槽轮机构的工作原理和类型

图 9-11 所示为外啮合槽轮机构。它主要由带有圆销 A 的主动拨盘 1、具有径向槽的从动槽轮 2 和机架所组成。当拨盘 1 的圆销 A 未进入槽轮 2 的径向槽时，由于槽轮的内凹锁住弧 S_2 被拨盘的外凸圆弧 S_1 卡住，而使槽轮 2 静止不动。图 9-11 所示为圆销 A 开始进入槽轮径向槽的位置，这时锁住弧 S_2 被松开，圆销 A 驱使槽轮 2 转动。当圆销 A 从槽轮的径向槽脱出时，槽轮的另一内凹锁住弧又被拨盘的外凸圆弧卡住，又使槽轮 2 停止不动，直至拨盘 1 的圆销 A 再次进入槽轮 2 的另一径向槽时，两者又重复上述的运动循环。这

样，就把主动拨盘的连续转动变成槽轮的单向间歇运动。

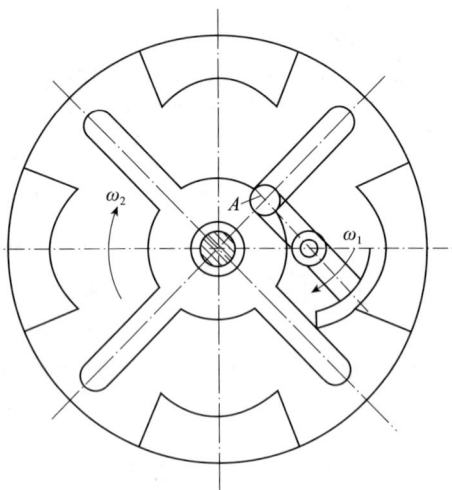

图 9-12 所示为内啮合槽轮机构。内啮合槽轮机构的工作原理与外啮合槽轮机构一样。内啮合槽轮机构较外啮合槽轮机构运动平稳，且结构紧凑，并能使主动拨盘与从动槽轮转动方向相同，但槽轮的停歇时间较短，槽轮尺寸也较大。

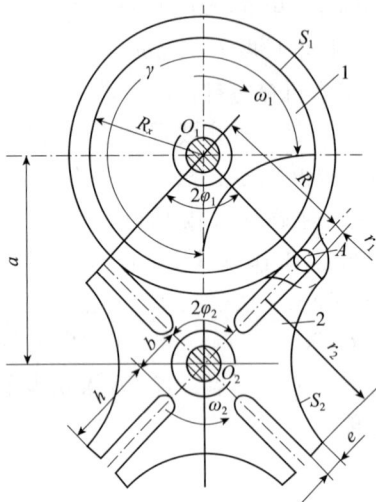

图 9-11　外啮合槽轮机构　　　　图 9-12　内啮合槽轮机构

槽轮机构结构简单，工作可靠，效率较高，与棘轮机构相比，其运转平稳，能准确控制转角的大小，应用较广，但槽轮的转角不能调节。

图 9-13 所示为转塔车床刀架转位装置中的槽轮机构，图 9-14 所示为电影放映机中用以间歇走片的槽轮机构。

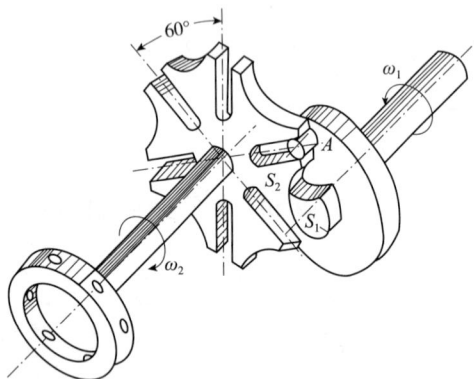

图 9-13　刀架转位机构　　　　图 9-14　电影放映机中的槽轮机构

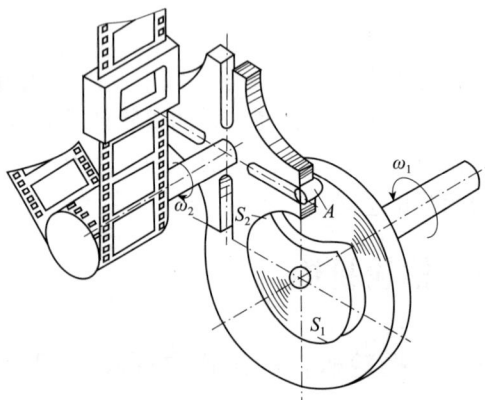

9.2.2　外啮合槽轮机构的槽数 z 和拨盘圆销数 K

（1）槽数 z

为避免槽轮开始转动和终止转动时发生刚性冲击，如图 9-11 所示，圆销 A 进入径向槽时，径向槽的中心线应切于圆销中心的运动圆周。因此，设 z 为均匀分布的径向槽数目，则由图9-11可知，槽轮2转动时拨盘1的转角 $2\varphi_1$ 为

$$2\varphi_1 = \pi - 2\varphi_2 = \pi - \frac{2\pi}{z} \tag{9-2}$$

一个运动循环内槽轮2运动的时间 t_2 与拨盘1转动一周的时间 t_1 之比，称为运动系数 τ。由于拨盘1等速转动，时间与转角成正比，故运动系数 τ 可用转角比来表示。对于只有一个圆销的单圆销槽轮机构，t_2 和 t_1 各对应于拨盘1的回转角 $2\varphi_1$ 和 2π，因此有

$$\tau = \frac{t_2}{t_1} = \frac{2\varphi_1}{2\pi} = \frac{\pi - \dfrac{2\pi}{z}}{2\pi} = \frac{z-2}{2z} \tag{9-3}$$

由上式可知：

①单圆销外啮合槽轮机构的运动系数 τ 只与槽轮的槽数 z 有关。因运动系数 τ 必须大于零，故槽轮径向槽数 z 必须等于或大于3（如 $z=2$ 时，$\tau=0$，说明拨盘不能带动槽轮），而且当 $z>9$ 时，τ 的改变很小。

②式（9-3）可改写为 $\tau = \dfrac{1}{2} - \dfrac{1}{z}$。由此可知 $\tau < 0.5$，即槽轮运动的时间总小于静止的时间，且 z 越少，则 τ 越小，槽轮运动的时间也越短。槽轮运动的这一特性常用来缩短机器非工作的辅助时间（如槽轮机构用作转位装置时，槽轮运动时间为机器的辅助时间），以提高生产率。

③可以证明，槽轮的槽数 z 越小，槽轮的最大角速度 ω_{2max} 和最大角加速度 α_{2max} 越大，槽轮的运动越不均匀，运动平稳性越差。因此，$z=3$ 的槽轮也很少用。增加槽轮槽数 z 可提高槽轮机构的运动平稳性。但当中心距 a 一定时，z 越多，槽轮的槽顶高 r_2 越大，使槽轮尺寸增大，转动时槽轮的惯性力矩也随之增大。

考虑到上述各种因素，设计槽轮机构时，槽轮的槽数常取为4~8。

（2）拨盘圆销数 K

如欲得到 $\tau > 0.5$ 的槽轮机构，则须在拨盘1上装上若干圆销。设均匀分布的圆销数目为 K，则一个运动循环中，轮2的运动时间为只有一个圆销时的 K 倍，即

$$\tau = \frac{K(z-2)}{2z} \tag{9-4}$$

由于运动系数 τ 应小于1，如若 $\tau=1$，槽轮将处于连续运动状态，而不再成为间歇运动机构，因此，由式（9-4）得

$$\frac{K(z-2)}{2z} < 1$$

即

$$K < \frac{2z}{z-2} \tag{9-5}$$

由上式可知，当 $z=3$ 时，圆销的数目 K 可为1~5；当 $z=4$ 或5时，K 可为1~3；当 $z \geq 6$ 时，K 可为1或2。

图9-15所示为 $z=4$，$K=2$ 的槽轮机构，其运动系数 $\tau=0.5$，即槽轮的运动时间与停歇时间相等。

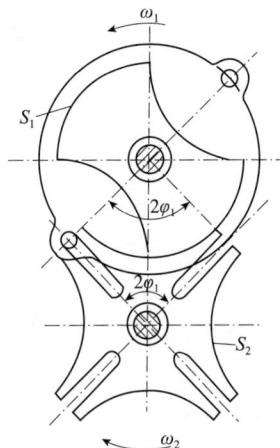

图9-15 双圆柱销槽轮机构

9.2.3 外啮合槽轮机构的几何尺寸

在设计计算外啮合槽轮机构时，首先应根据工作要求确定槽轮的槽数 z、主动拨盘的圆销数 K 以及中心距 a，然后按表9-1计算其几何尺寸。

表9-1　外啮合槽轮机构的几何尺寸计算(参见图9-11)

名　称	符　号	单　位	计算公式及说明
圆销转动半径	R	mm	$R = a\sin\dfrac{\pi}{z}$（a 为中心距，单位为 mm）
圆销半径	r_1	mm	$r_1 \approx \dfrac{R}{6}$
槽顶高	r_2	mm	$r_2 = a\cos\dfrac{\pi}{z}$
槽底高	b	mm	$b \leqslant a - (R + r_1)$
槽深	h	mm	$h = r_2 - b$
锁住弧半径	R_x	mm	$R_x = K_x r_2$，其中 K_x 取值如下： | z	3	4	5	6	8
---	---	---	---	---	---
K_x	1.4	0.7	0.48	0.34	0.3	
槽顶口壁厚	e	mm	$e = R - (r_1 + R_x)$，一般应使 $e > 3 \sim 5\text{mm}$
锁住弧张开角	γ	°	$\gamma = \dfrac{2\pi}{K} - 2\varphi_1 = 2\pi\left(\dfrac{1}{K} + \dfrac{1}{z} - \dfrac{1}{2}\right)$

9.3　不完全齿轮机构

不完全齿轮机构是由齿轮机构演变而得的一种间歇机构，如图9-16所示。这种机构的主动轮上只做出一个齿或几个齿，并根据运动时间和停歇时间的要求，在从动轮上做出与主动轮轮齿相啮合的轮齿数目。在从动轮停歇期间，两轮轮缘各有锁止弧，以防止从动轮游动，起定位作用。在图9-16(a)(b)所示的不完全齿轮机构中，当主动轮连续转动一周时，从动轮每次分别转过 1/8 周和 1/4 周。

不完全齿轮机构在每次起动和停止时，都会产生刚性冲击。因此，对于转速较高的不完全齿轮机构，可在两轮端面上分别装上瞬心线附加杆，如图9-17所示，使从动轮在起动时转速逐渐增大，在停止时又逐渐减小，从而避免发生过大的冲击。

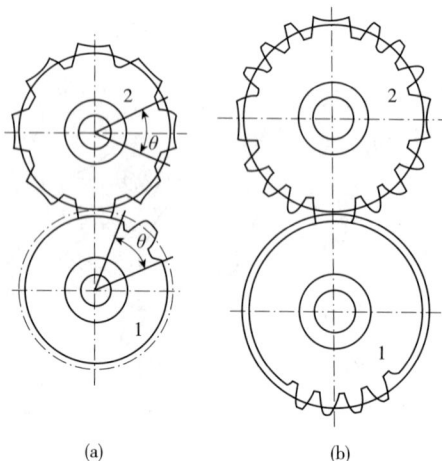

(a)　　　　　　(b)

图9-16　不完全齿轮机构

　　不完全齿轮机构结构简单，制造方便，从动轮的运动时间和停歇时间的比例不受机构结构的限制。没有瞬心线附加杆的不完全齿轮机构，从动件在转动开始和末了时冲击较大，只宜用于低速轻载的场合。不完全齿轮机构多用在一些有特殊运动要求的专用机械中，如图9-18所示为用于铣削乒乓球拍周缘的专用靠模铣床中的不完全齿轮机构。加工时，主动轴1带动铣刀轴2转动，而另一个主动轴3上的不完全齿轮4与5分别使工件轴得到正、反两个方向的回转。当工件轴转动时，在靠模凸轮7和弹簧作用下，使铣刀轴上的滚轮8紧靠在靠模凸轮7上，以保证加工出工件(乒乓球拍)的周缘。不完全齿轮机构在多工位的自动机中，也常用作工作台的间歇转位和间歇进给机构，在计数器中应用也很多。

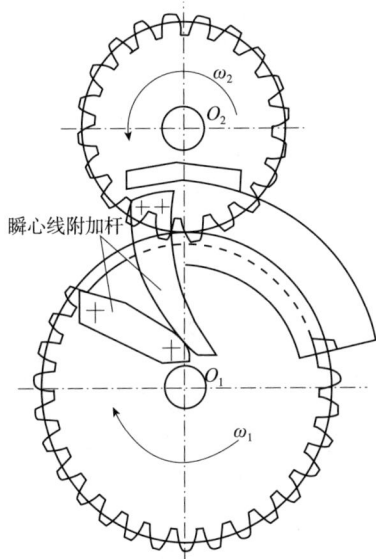

图9-17　带瞬心线附加杆的
不完全齿轮机构

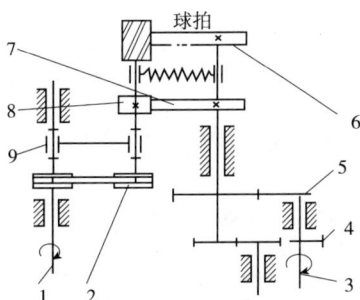

图9-18　专用靠模铣床中的
不完全齿轮机构

本 章 小 结

　　最常见的间歇运动机构有棘轮机构、槽轮机构、不完全齿轮机构和凸轮式间歇运动机构等，它们广泛用于自动机床的进给机构、送料机构、刀架的转位机构、精纺机的成型机构中。本章论述了上述间歇运动机构的基本构造和工作原理。

思 考 题

　　1. 当原动件做等速转动时，为了使从动件获得间歇的转动，可以采用哪些机构？其中间歇时间可调的机构是哪种机构？

　　2. 径向槽均布的槽轮机构，槽轮的最少槽数为多少？槽数 $z=4$ 的外啮合槽轮机构，主动销数最多应为多少？

3. 不完全齿轮机构和槽轮机构在运动过程中传动比是否变化?

4. 有一外啮合槽轮机构,已知槽轮槽数 $z = 6$,槽轮的停歇时间为 1s,槽轮的运动时间为 2s。求槽轮机构的运动特性系数及所需的圆销数目。

5. 某一单销六槽外槽轮机构,已知槽轮停时进行工艺动作,所需时间为 20s,试确定主动轮的转速。

6. 某单销槽轮机构,槽轮的运动时间为 1s,静止时间为 2s,它的运动特性系数是多少? 槽数为多少?

第10章 带传动和链传动

本章提要

本章主要介绍带传动的类型、应用和工作特点，论述带传动的特点、受力分析、应力分析、运动分析、传动设计，以及各类传动带的有关标准等，重点介绍普通 V 带的标准、应用和设计方法，并介绍带传动装置的维护和张紧方法。其次论述链传动的类型、特点和应用，介绍套筒滚子链的结构、标准和选用设计方法，链轮的结构设计和有关链传动安装、张紧和维护等方面的知识，并简要分析链传动的运动特性。

带传动是常用的传动，是通过中间挠性件传递运动和动力的，主要适用于两轴中心距较大的场合。与齿轮传动相比，它具有结构简单、成本低廉等优点。链传动与之相似。

10.1 带传动的类型和应用

10.1.1 带传动的工作原理

如图 10-1 所示，带传动一般是由主动轮 1、从动轮 2、紧套在两轮上的传动带 3 组成。当原动机驱动主动轮转动时，由于带与带轮之间摩擦力的作用，拖动从动轮一起转动，从而实现运动的动力的传递。在安装时带被张紧在带轮上，这时带所受的拉力称为初拉力，它使带与带轮的接触面间产生压力。当原动机驱动主动轮 1 回转时，在带与轮缘接触表面间便产生摩擦力，正是

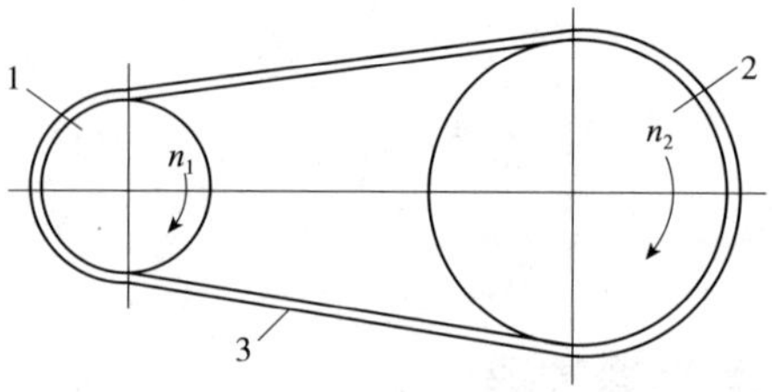

图 10-1　带传动示意图

1-主动轮；2-从动轮；3-封闭环形带

借助这种摩擦力，主动轮才能拖动带，继而带又拖动从动轮，从而将主动轴上的转矩和运动传给从动轴。

10.1.2 带传动的类型

带传动根据带横截面形状不同，可分为平带传动、V 带传动、圆形带传动等，图 10-2 为带的类型示意图。

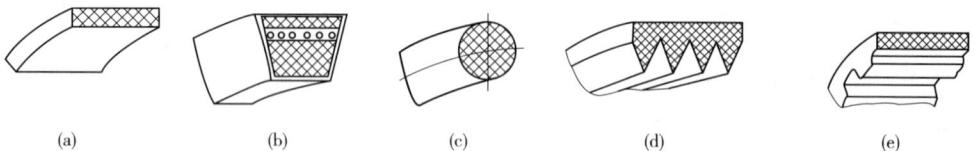

（a）　　　　　（b）　　　　　（c）　　　　　（d）　　　　　（e）

图 10-2　带的常用类型

（a）平带　（b）V 带　（c）圆带　（d）多楔带　（e）同步带

平带的横截面为扁平矩形［图 10-2（a）］，其工作面是与轮面相接触的内表面［图 10-3（a）］。V 带［图 10-2（b）］的横截面为等腰梯形，其工作面是与轮槽相接触的两侧面，而 V 带与轮槽槽底并不接触［图 10-3（b）］；由于轮槽的楔形效应，初拉力相同时，V 带传动较平带传动能产生更大的摩擦力，故具有较大的牵引能力。圆带的牵引能力小［图 10-2（c）］，常用于仪器和家用器械中，只用于小功率传动。以其扁平部分为基体的多楔带［图 10-2（d）］，下面有几条等距纵向槽，其工作面是楔的侧面；这种带兼有平带的弯曲应力小和 V 带的摩擦力大等优点，常用于传递动力较大而又要求结构紧凑的场合。同步带传动是一种啮合传动，兼有带传动和齿轮传动的特点；同步带传动时无相对滑动，能保证准确的传动比［图 10-2（e）］。

V 带传递功率的能力比平带传动大得多。在传递相同的功率时，若采用 V 带传动，将得到比较紧凑的结构。在一般机械中多采用 V 带传动，但 V 带传动只用于开口传动。

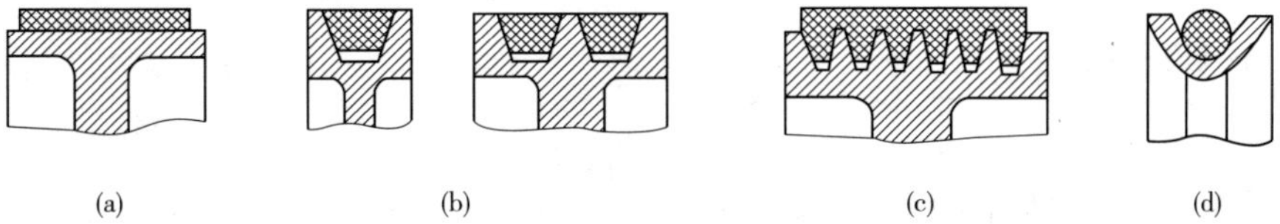

图 10-3　摩擦带传动类型

多楔带相当于多条 V 带组合而成，工作面是楔形的侧面，兼有平带挠曲性好和 V 带摩擦力大的优点，并且克服了 V 带传动各根带受力不均的缺点，故适用于传递功率较大且要求结构紧凑的场合。

同步带和工作表面也有相应的轮齿相配合，是带齿的环形带。工作时带齿与轮齿互相啮合，不仅兼有摩擦带传动能吸振、缓冲的优点，而且具有传递功率大、传动比准确等优点，故多用于要求传动平稳、传动精度较高的场合。

10.1.3　带传动的特点及应用

带传动具有传动平稳、噪声低、清洁（无需润滑）的特点，具有缓冲减振和过载保护作用，并且维修方便。具体有以下特点：

①带有良好的挠性，能吸收振动，能缓冲，传动平稳，噪声小；

②当带传动过载时，带在带轮上打滑，这样可以防止其他机件损坏，起到保护作用；

③结构简单，制造、安装和维护方便，成本低廉；

④可以实现较大中心距的传动；

⑤带与带轮之间存在一定的弹性滑动，故不能保证恒定的传动比，精度和效率较低；

⑥由于带工作时需要张紧，带对带轮轴有很大的压轴力；

⑦带传动装置外廓尺寸大，结构不够紧凑，需要张紧装置；

⑧传动效率低，带的寿命较短，需经常更换；

⑨不宜在高温、易燃、易爆及有油、水等的场合应用。

通常带传动用于两轴中心距较大，传动比要求不严格的机械中。一般带传动的传递功率 $P \leqslant 50 \text{kW}$，带速 $v = 5 \sim 25 \text{m/s}$，传动效率 $\eta = 0.90 \sim 0.96$，允许的传动比 $i_{\max} = 7$（一般为 $2 \sim 4$）。在多级传动系统中，带传动常被放在高速级。

根据带轮轴的相对位置及带绕在带轮上的方式不同，带传动分为开口传动［图 10-4（a）］、交叉传动［图 10-4（b）］和半交叉传动［图 10-4（c）］。后两种带传动形式只适合平带传动和圆带传动。

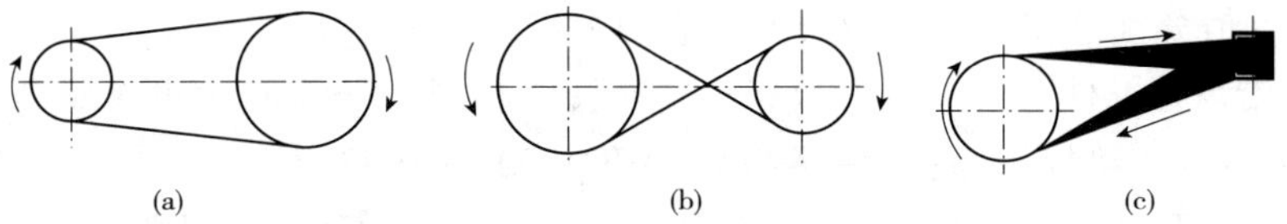

图 10-4　带传动形式

（a）开口传动　（b）交叉传动　（c）半交叉传动

10.2 V带与带轮

10.2.1 V带结构与标准

标准普通V带都制成无接头的环形，其周长已经系列化。V带的结构如图10-5所示，它由包布层、顶胶、抗拉层和底胶组成。抗拉层是承受载荷的主体，由几层帘布或粗线绳组成，分别称为帘布芯结构[图10-5(a)]和线绳芯结构[图10-5(b)]。线绳芯结构比较柔软易弯曲，抗弯强度高，适于带轮直径较小、转速较高的场合。为提高带的拉曳能力，抗拉层还可采用尼龙丝绳或钢丝绳。顶胶层、底胶层均为胶料，V带在带轮上弯曲时，顶胶层承受拉伸力，底胶层承受压缩力。包布层由几层橡胶布组成，是带的保护层。

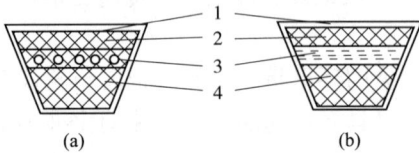

图10-5 V带结构

1—包布层；2—顶胶；3—抗拉层；4—底胶

如图10-6所示，当带纵向弯曲时，带中保持长度不变的任一条周线称为节线，由全部节线构成的面称为节面。带的节面宽度称为节宽 b_p，当带纵向弯曲时，该宽度保持不变。

窄V带的宽度比普通V带小约30%（图10-7），但传递功率较大，允许速度和曲挠次数较高，传递中心距较小，适用于大功率且结构紧凑的场合。

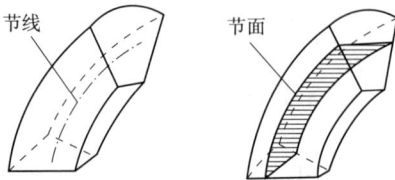

图10-6 V带的节线和节面

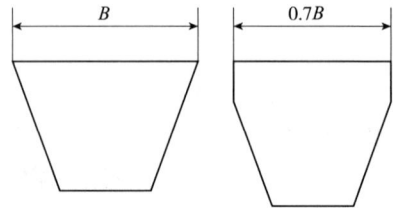

图10-7 普通V带与窄V带宽度比较

普通V带和窄V带已标准化。按照截面尺寸的不同，标准普通V带有Y、Z、A、B、C、D、E七种型号，从Y到E，截面尺寸增加，承载能力增强；窄V带有SPZ、SPA、SPB、SPC四种型号。基本尺寸见表10-1。

在V带轮上，与所配用V带的节面宽度 b_p 相对应的带轮直径称为基准直径 d。V带位于带轮基准直径上的周线长度称为基准长度 L_d。V带轮基准直径 d 和V带基准长度 L_d 均为标准值，其值分别见表10-2和表10-3（表中为带长修正系数）。

普通V带为标准件，其标记由带型、基准长度和国标号组成。如A型普通V带，基准长度为1400mm，可标记为：A－1400 GB/T 11544—1997。

通常将带的型号及基准长度压印在带的外表面上，以便选用和识别。

表 10-1　V带截面尺寸(GB/T 11544—1997)

		节宽 b_p(mm)	顶宽 b(mm)	高度 h(mm)	单位长度质量 q(kg/mm)
类型					
普通 V 带	窄 V 带				
Y		5.3	6.0	4.0	0.04
Z	SPZ	8.5 8	10.0 10	6.0 8	0.06 0.07
A	SPA	11.0 11	13.0 13	8.0 10	0.1 0.12
B	SPB	14.0 14	17.0 17	11.0 14	0.17 0.2
C	SPC	19.0 19	25.0 22	14.0 18	0.30 0.37
D		27.0	35.	19	0.60
E		32	38	23	0.87

表 10-2　V带轮最小基准直径(单位：mm)

型号	Y	Z	SPZ	A	SPA	B	SPB	C	SPC	D
d_{min}	20	50	63	75	90	125	140	200	224	355

注：V带轮的基准直径系列为 20　25.4　25　28　31.5　35.5　40　45　50　56　63　71　75　80　85　90　95 100(106)112(118)125　132　140　150　160　170　180　200　212　224　236　250(265)280(300)315(335)355 (375)400　425　450　475　500　530　560　600　630　670　710(750)800(900)1000 等，括号内的直径尽量不用。

表 10-3　V带基准长度 L_d

基准长度 L_d(mm)	带长修正系数 K_L								
	普通 V 带					窄 V 带			
	Y	Z	A	B	C	SPZ	SPA	SPB	SPC
400	0.96	0.87							
450	1.00	0.89							
500	1.02	0.91							
560		0.94							
630		0.96	0.81			0.82			
710		0.99	0.83			0.84			
800		1.00	0.85			0.86	0.81		
900		1.03	0.87	0.82		0.88	0.83		
1000		1.06	0.89	0.84		0.90	0.85		
1120		1.08	0.91	0.86		0.93	0.87		
1250		1.11	0.93	0.88		0.94	0.89	0.82	
1400		1.14	0.96	0.90		0.96	0.91	0.84	
1600		1.16	0.99	0.92	0.83	1.00	0.93	0.86	
1800		1.18	1.01	0.95	0.86	1.01	0.95	0.88	

（续）

基准长度	带长修正系数 K_L								
L_d（mm）	普通 V 带					窄 V 带			
	Y	Z	A	B	C	SPZ	SPA	SPB	SPC
2000			1.03	0.98	0.88	1.02	0.96	0.90	0.81
2240			1.06	1.00	0.91	1.05	0.98	0.92	0.83
2500			1.09	1.03	0.93	1.07	1.00	0.94	0.86
2800			1.11	1.05	0.95	1.09	1.02	0.96	0.88
3150			1.13	1.07	0.97	1.11	1.04	0.98	0.90
3550			1.17	1.09	0.99	1.13	1.06	1.00	0.92
4000			1.19	1.13	1.02		1.08	1.02	0.94
4500				1.15	1.04		1.09	1.04	0.96
5000				1.18	1.07			1.06	0.98

10.2.2　V 带轮的结构和材料

　　V 带轮由轮缘、轮辐和轮毂组成，其中轮缘用于安装 V 带，轮毂与轴配合。V 带是标准件，而 V 带轮轮缘的尺寸与带的型号和根数有关。V 带轮的轮槽尺寸见表10-4。

表 10-4　V 带轮槽尺寸（单位：mm）

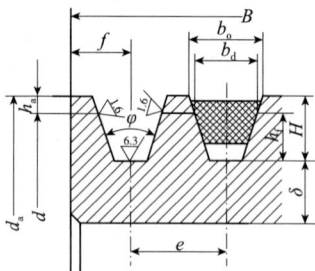

槽型		Y	Z SPZ	A SPA	B SPB	C SPC
b_d		5.3	8.5	11	14	19
h_{amin}		1.6	2.0	2.75	3.5	4.8
e		8±0.3	12±0.3	15±0.3	19±0.4	25.5±0.5
f_{min}		6	7	9	11.5	16
δ_{min}		5	5.5	6	7.5	10
h_f		4.7	7.0	8.7	10.8	14.3
$\varphi(°)$	32	≤60	—	—	—	—
	34	对应 d	—	≤80	≤118	≤190	≤315
	36	>60	—	—	—	—
	38	—	>80	>118	>190	>315

表中带轮的轮槽槽角分别为 32°、34°、36°、38°，均小于 V 带的楔角 40°（见表 10-1），原因是当 V 带弯曲时，顶胶层在横向要收缩，而底胶层在横向要伸长，因而楔角要减小。为保证 V 带和 V 带轮工作面的良好接触，一般带轮的轮槽槽角都应适当减小。

轮槽的工作面要精加工，保证适当的粗糙度值，以减少带的磨损，保证带的疲劳寿命。

带轮的材料主要为铸铁，常用材料的牌号为 HT150 或 HT200；允许的最大圆周速度为 25m/s，转速较高大于 25m/s 时宜用球墨铸铁或铸钢，速度可达 45m/s；单件生产时，可用钢板冲压—焊接带轮；小功率时，可用铸铝或塑料。

铸铁制 V 带轮的典型结构有以下几种形式：

① 实心式 [图 10-8(a)]　带轮的基准直径 $d \leqslant (5.5 \sim 3)d_s$（$d_s$ 为轴的直径，mm）时，可采用实心式。

② 腹板式 [图 10-8(b)]　$d \leqslant 300$mm 时，可采用腹板式。

③ 孔板式 [图 10-8(c)]　$d \leqslant 300$mm，$D_1 - d_1 \geqslant 100$mm 时，为方便吊装和减轻重量，可在腹板上开孔，称为孔板式。

④ 轮辐式 [图 10-8(d)]　$d > 300$mm 时，可采用轮辐式。

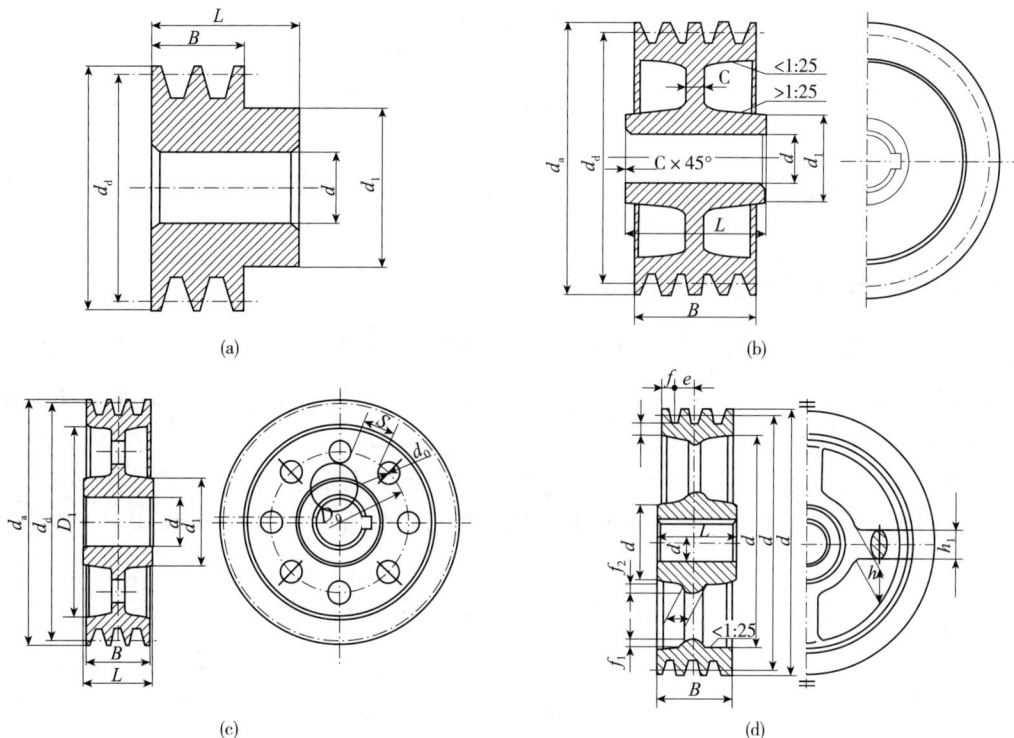

图 10-8　V 带轮的结构

V 带轮其他尺寸的确定可以按照下列公式确定，或查阅机械设计手册：

$$d_h = (1.8 \sim 2)d_s, \quad d_1 = d_a - 2(h_a + h_f + \delta), \quad L = (1.5 \sim 2)d, \quad B = (z-1)e + 2f$$

式中，h_a、h_f、δ 取值见表 10-4；z 为 V 带根数。

带轮的结构设计，主要是根据带轮的基准直径选择结构形式，根据带的型号确定轮槽尺寸，带轮的其他结构尺寸可参照经验公式计算。确定了带轮的各部分尺寸后，即可绘制出零件图，并按工艺要求注出相应的技术条件等。

V 带轮设计时，要求其质量小、结构工艺性好，应易于制造，且无过大的铸造内应力，质量分布均匀，转速高时要经过动平衡；轮槽工作要精细加工，以减少带的磨损；为使载荷分布均匀，应使各轮槽的尺寸和角度保持一定的精度。

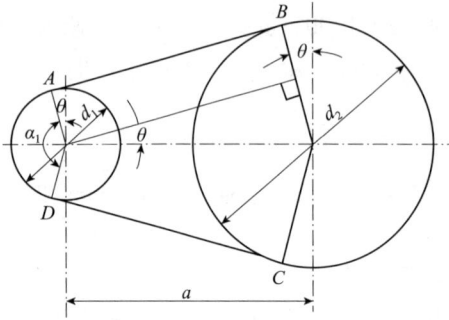

图 10-9　开口 V 带传动几何关系

10.2.3　带传动的几何计算

带传动的主要几何参数，有中心距 a、带长 L，带轮直径 d_2、d_1，包角 α_1。将具有基准长度 L_d 的 V 带置于具有基准直径 d 的带轮轮槽中，并适当张紧，即完成带传动的安装，其中心距为 a。以开口 V 带传动为例，其几何关系如图 10-9 所示，图中的 α_1 为包角，它是带与带轮接触弧所对应的圆心角，是带传动中影响其传动性能的重要参数之一。L、d、a 及 α_1 的关系如下：

$$L = 2a + \frac{\pi}{2}(d_1 + d_2) + \frac{(d_2 - d_1)^2}{4a} \tag{10-1}$$

$$\alpha_1 = 180° - 2\theta \approx 180° - \frac{d_2 - d_1}{a} \times 57.3° \tag{10-2}$$

10.3　带传动的计算基础

10.3.1　带传动中的受力分析

传动带需要以一定的初拉力(亦称张紧力)F_0 紧套在两个带轮上。由于 F_0 的作用，带和带轮相互接触并压紧。带传动静止时，传动带两边的拉力相等，都等于 F_0，如图 10-10(a)所示。

带传动工作时，如图 10-10(b)所示，由于带与带轮面间的摩擦力而导致传动带两边的拉力不同：带绕上主动轮的一边被拉紧，称为紧边，紧边拉力由 F_0 增加到 F_1；带绕上从动轮的一边被放松，称为松边，松边拉力由 F_0 减少到 F_2。如果近似的认为带工作时的总长度不变，则带的紧边拉力增量应等于松边拉力的减少量，即

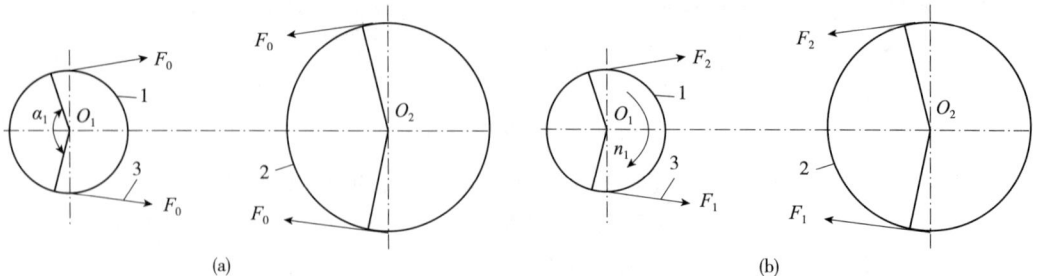

(a)　　　　　　　　　　　　　(b)

图 10-10　带传动的受力分析

（a）静止时　（b）传动时

$$F_1 - F_0 = F_0 - F_2 \quad 或 \quad F_1 + F_2 = 2F_0 \tag{10-3}$$

当取主动轮一端的带为分离体时，则总摩擦力 F_f 和两边拉力对轴心力矩的代数和 $\sum T = 0$，即

$$F_f \frac{d_1}{2} - F_1 \frac{d_1}{2} + F_2 \frac{d_1}{2} = 0 \tag{10-4}$$

由上式可得

$$F_f = F_1 - F_2 \tag{10-5}$$

带传动是靠摩擦来传递运动和动力的，故整个接触面上的摩擦力 F_f 即是带所传递的有效拉力 F，有效拉力 F 并不是作用于某固定点的集中力，而是带和带轮接触面上各点摩擦力的总和。由上式关系可知：

$$F = F_f = F_1 - F_2 \tag{10-6}$$

由式（10-3）和式（10-6）可得：

$$F_1 = F_0 + \frac{F}{2} \tag{10-7}$$

$$F_2 = F_0 - \frac{F}{2} \tag{10-8}$$

带传动所能传递的功率为

$$P = \frac{Fv}{1000} \quad （kW） \tag{10-9}$$

式中　F——有效拉力，N；

　　　v——带的速度，m/s。

由式（10-7）和式（10-8）可知，带两边的拉力 F_1 和 F_2 的大小，取决于初拉力 F_0 和带传动的有效拉力 F。在带传动的传动能力范围内，F 的大小又和传动的功率 P 及带速 v 有关。当传动的功率增大时，带两边拉力的差值 F 也要求相应能增大。带两边拉力的这种变化，实际上反映了带和带轮接触面上摩擦力的变化。显然，当其他条件不变且初拉力 F_0 一定时，这个摩擦力有一极限值（临界值），这个极限值就限制着带传动的传动能力。

在带传动中，由式（10-9）可知，在速度一定的情况下，当传递的功率增大时，有效拉力 F 增大，这就要求带与带轮接触面间的摩擦力也增大。但初拉力 F_0 一定且其他条件不变时，这个摩擦力有一极限值，这就是带传动所能传递的最大有效拉力，它等于沿带轮的接触弧上摩擦力的总和。若带传动中要求带所传递的有效拉力超过带与带轮接触面间的极限摩擦力，此时带与带轮间将产生显著的相对滑动，这种现象称为打滑。如果工作阻力超过极限值，带就在轮面上打滑，传动将不能正常进行。经常出现打滑时，将使带的磨损加剧，传动效率降低，最终导致传动失效。

10.3.2　平带传动及其影响因素

如图 10-11 所示，我们以平带传动为例，带在即将打滑时，可列出紧边拉力 F_1 和松边拉力 F_2 的平衡式。如在带上截取一个弧段 dl，相应包角为 $d\alpha$，微弧段两端的拉力分别为 F 与 $F + dF$，带轮给微弧段的正压力为 dN，带与带轮接触面间的极限摩擦力为 fdN，若带速小于 10m/s，可以不计离心力的影响，此时，力平衡方程式如下：

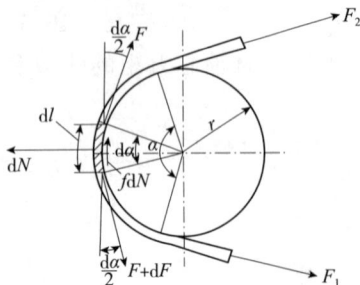

图 10-11 带松边和紧边拉力
关系计算简图

$$dN = F\sin\frac{d\alpha}{2} + (F + dF)\sin\frac{d\alpha}{2} \qquad (10\text{-}10)$$

$$f dN = (F + dF)\cos\frac{d\alpha}{2} - F\cos\frac{d\alpha}{2} \qquad (10\text{-}11)$$

因 $d\alpha$ 很小，可取 $\sin\dfrac{d\alpha}{2} \approx \dfrac{d\alpha}{2}$，$\cos\dfrac{d\alpha}{2} \approx 1$，略去二阶

微量 $dF\dfrac{d\alpha}{2}$，可将式(10-10)和式(10-11)简化为

$$dN = F d\alpha \qquad (10\text{-}12)$$

$$f dN = dF \qquad (10\text{-}13)$$

由式(10-12)和式(10-13)可得 $\dfrac{dF}{F} = f d\alpha$，两边积分得

$$\int_{F_2}^{F_1} \frac{dF}{F} = \int_0^\alpha f d\alpha$$

从而可得

$$F_1 = F_2 e^{f\alpha} \qquad (10\text{-}14)$$

式中　e——自然对数的底，$e = 2.718$；

　　　f——摩擦因数；

　　　α——带轮包角，rad。

式(10-14)称为柔性体摩擦的欧拉公式。

将式(10-7)式(10-8)代入式(10-14)整理后，得带两边拉力分别为

$$F_1 = F \frac{e^{f\alpha}}{e^{f\alpha} - 1} \qquad (10\text{-}15)$$

$$F_2 = F \frac{1}{e^{f\alpha} - 1} \qquad (10\text{-}16)$$

带传动所能传递的最大有效拉力为

$$F_{\max} = 2F_0 \frac{1 - \dfrac{1}{e^{f\alpha}}}{1 + \dfrac{1}{e^{f\alpha}}} \qquad (10\text{-}17)$$

由式(10-17)可知，最大有效拉力 $F_{\max}$ 与下列几个因素有关：

(1)初拉力 F_0

最大有效拉力 $F_{\max}$ 与 F_0 成正比。这是因为 F_0 越大，带与带轮接触面间的正压力越大，则传动时的摩擦力越大，最大有效拉力 $F_{\max}$ 也就越大。但 F_0 过大，带的磨损也加剧，缩短带的工作寿命。如 F_0 过小，则带传动的工作能力得不到充分发挥，运转时容易发生跳动和打滑现象。因此带必须在预张紧后才能正常工作。初拉力 F_0 可以这样确定：在 V 带与两轮切点的跨度中心，施加一垂直于带边的力(其值参考《机械设计手册》)，使带沿跨距每 100mm 所产生的挠度 $\gamma = 1.6$mm，此时的初拉力 F_0 即可符合要求。

(2)包角 α

最大有效拉力 $F_{\max}$ 随包角 α 的增大而增大。这是因为 α 越大，带和带轮的接触面上所

产生的总摩擦力就越大，传动能力也就越强。通常紧边置于下边，以增大包角。在带传动中，对于两轮一般 $\alpha_1 < \alpha_2$，所以，带传动的传动能力取决于小带轮的 α_1，式(10-14)~式(10-17)中均代入 α_1，一般要求 $\alpha_{1\min} \geq 120°$。显然打滑也一定先出现在小带轮上。

(3)摩擦因数 f

最大有效拉力 $F_{\max}$ 随摩擦因数的增大而增大。这是因为摩擦因数越大，则摩擦力就越大，传动能力也就越高。而摩擦因数 f 与带及带轮的材料、表面状况和工作环境条件等有关。

V 带传动与平带传动初拉力 F_0 相等时(即带压向带轮的压力同为 F_Q，如图 10-12 所示)，它们的法向力 F_N 则不同。平带的极限摩擦力为 $fF_N = fF_Q$，而 V 带的极限摩擦力为

$$fF_N = f\frac{F_Q}{\sin\dfrac{\varphi}{2}} = f_V F_Q \tag{10-18}$$

式中　φ——带轮轮槽角；

$\quad\quad f_V$——当量摩擦因数，$f_V = \dfrac{f}{\sin\dfrac{\varphi}{2}}$。

显然 $f_V > f$，故在相同条件下，V 带能传递较大的功率。或者说，在传递相同的功率时，V 带传动的结构更紧凑。

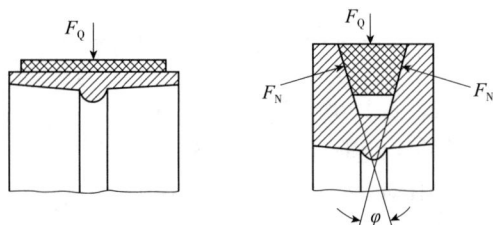

图 10-12　V 带、平带与带轮间受力比较

对于 V 带传动，计算时式(10-14)~式(10-17)中的摩擦因数均代入 f_V。

10.3.3　带的应力分析

带传动时，带的应力主要由拉力、离心力和弯曲产生。

(1)由拉力产生的应力

紧边拉应力为

$$\sigma_1 = \frac{F_1}{A} \quad (\text{MPa}) \tag{10-19}$$

松边拉应力为

$$\sigma_2 = \frac{F_2}{A} \quad (\text{MPa}) \tag{10-20}$$

式中　A——带的横截面积，mm^2。

(2)由离心力产生的应力

当带绕过带轮时(图 10-13)，设带以速度 $v(\text{m/s})$ 绕带轮运动，在微段 $\mathrm{d}l$ 带上的离心力为

图 10-13 带的离心力

$$dF_{NC} = qdl\frac{v^2}{r} = qrd\alpha\frac{v^2}{r} = qv^2d\alpha \qquad (10\text{-}21)$$

在微段上产生的离心拉力 F_c 可由力的平衡条件求得：

$$2F_c\sin\frac{d\alpha}{2} = dF_{NC} = qv^2d\alpha$$

因 $d\alpha$ 很小，取 $\sin\dfrac{d\alpha}{2} \approx \dfrac{d\alpha}{2}$，则有

$$F_c = qv^2 \quad (N)$$

带中的离心拉应力为

$$\sigma_c = \frac{qv^2}{A} \quad (MPa) \qquad (10\text{-}22)$$

式中　q ——单位长度带的质量，kg/m；

　　　v ——带的线速度，m/s。

可见离心拉应力 σ_c 与带单位长度的质量成正比，与带速的平方成正比，故高速时宜采用轻质带，带速限制在 $5 \sim 25$ m/s 之间，以利降低离心拉应力。

（3）由带弯曲产生的应力

带绕在带轮上时要引起弯曲应力，V 带中的弯曲应力如图 10-14 所示，由材料力学可知带的弯曲应力为

$$\sigma_b = \frac{2yE}{d} \quad (MPa) \qquad (10\text{-}23)$$

式中　y ——带的中性层到最外层的垂直距离，mm；

　　　E ——带的弹性模量，MPa；

　　　d ——带轮基准直径（表 10-2），mm。

显然，两带轮直径不同时，带绕在小带轮上时弯曲应力较大。

把上述三种应力叠加，即可得到带在传动过程中，处于各个位置时所受的应力状况。图 10-15 所示为带工作时的应力分布图，由图可知，带瞬时最大应力发生在带的紧边开始绕上小带轮处，此处的最大应力可表示为 $\sigma_{max} = \sigma_1 + \sigma_{b1} + \sigma_c$。

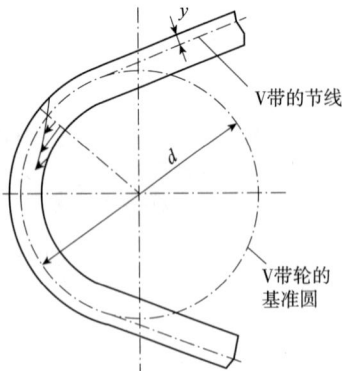

图 10-14　V 带的弯曲应力

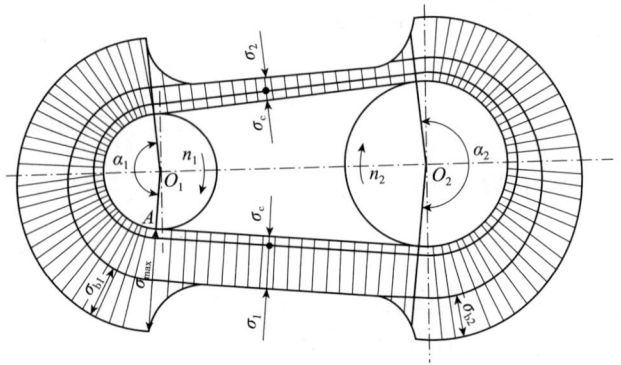

图 10-15　带工作时应力分布

由于带处于变应力状态，当应力循环次数达到一定值后，带将产生疲劳破坏而使带传动失效，表现为脱层、撕裂和拉断，而限制了带的使用寿命。

10.3.4 带传动的弹性滑动、打滑

由于传动带是挠性体，所以传动带在拉力作用下要产生弹性伸长，工作时，由于紧边和松边的拉力不同，因而弹性伸长量也不同。如图10-6所示，在带从紧边 a 点转到松边 c 点的过程中，拉力由 F_1 逐渐减小到 F_2，使得弹性伸长量随之逐渐减少，因而带沿主动轮的运动是一面绕进，一面向后收缩。而带轮是刚性体，不产生变形，所以主动轮的圆周速度 v_1 将大于带的圆周速度 v，这就说明带在绕经主动轮的过程中，在带与主动轮之间发生了相对滑动。相对滑动现象也要发生在从动轮上，根据同样的分析，带的速度 v 将大于从动轮的速度 v_2。这种由于带的弹性变形而引起的带与带轮间的微小相对滑动，称为弹性滑动。

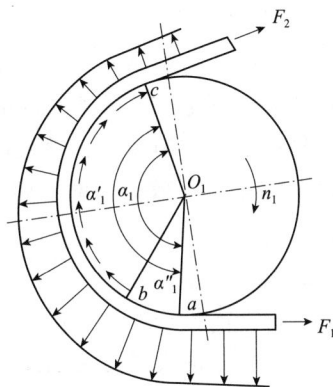

图 10-16 带传动的弹性滑动

弹性滑动可导致从动轮的圆周速度 v_2 低于主动轮的圆周速度 v_1，使传动效率降低，引起带的磨损并使带的温度升高。

由于弹性滑动的影响，从动轮的圆周速度 v_2 低于主动轮的圆周速度 v_1，其降低量可用滑动率 ε 来表示：

$$\varepsilon = \frac{v_1 - v_2}{v_1} \times 100\% \tag{10.24}$$

若主、从动轮的转速分别为 n_1、n_2，考虑 ε 的影响时，带传动的传动比为

$$i = \frac{n_1}{n_2} = \frac{d_2}{d_1(1-\varepsilon)} \tag{10-25}$$

对 V 带传动，一般 $\varepsilon = 1\% \sim 2\%$，在无须精确计算从动轮转速时，可不计 ε 的影响。

通常，包角所对应的带和带轮的接触弧并不全都发生弹性滑动，有相对滑动的部分称为动弧，无相对滑动的部分称为静弧，其对应的中心角分别称为滑动角 α' 和静角 α''，静弧总是产生在带进入带轮的这一边上。当带不传递载荷时，$\alpha' = 0$；随着载荷的增加，滑动角增大而静角减小；当 $\alpha' = \alpha$ 时，$\alpha'' = 0$，此时带传动的有效拉力达到最大值，带开始打滑。打滑是过载造成的带与带轮的全面滑动，带所传递的圆周力此时超过带与带轮间的极限摩擦力的总和。打滑将导致带的严重磨损并使带的运动处于不稳定状态，是过载造成的带传动的一种失效形式，可以避免而且应该避免。

弹性滑动和打滑是两个完全不同的概念。弹性滑动是由于带的弹性和拉力差引起的，是带传动不可避免的现象；而打滑是由于过载而产生的，是可以而且必须避免的。

打滑现象的负面影响：导致皮带加剧磨损，使从动轮转速降低甚至工作失效。打滑现象的好处在于形成过载保护，即当高速端出现异常（比如异常增速）时，可以使低速端停止工作，保护相应的传动件及设备。

10.4 普通 V 带传动的设计

10.4.1 带传动的失效形式和设计准则

1. 失效形式

V 带传动的主要失效形式是疲劳断裂和打滑。由带传动的应力分析(图 10-15)可知,带在变应力下工作,随着时间的进展,V 带先在局部出现疲劳裂纹脱层,随之出现疏松状体,最后发展成为断裂,导致带传动失效。另外从摩擦传力的角度分析可知,当工作载荷超过 V 带最大有效拉力时,带与小带轮的工作接触面间产生相对滑动,导致传动因打滑失效。

2. 设计准则

带传动的设计准则是:在保证带工作时不打滑的条件下,具有一定的抗疲劳强度和寿命,且带速不能太低或太高。

(1)不打滑条件

带所传递的有效拉力应小于带与带轮间的极限摩擦力的总和,即

$$1000\,\frac{P}{v} \leqslant F_{\max} = F_1 - F_2 = F_1\left(1 - \frac{1}{e^{f_v\alpha}}\right) = \sigma_1 A\left(1 - \frac{1}{e^{f_v\alpha}}\right) \tag{10-27}$$

(2)抗疲劳强度的条件

为保证带的疲劳寿命,使其具有足够的应力循环次数,应对其加以限制,使最大应力 $\sigma_{\max} = \sigma_1 + \sigma_{b1} + \sigma_c$ 小于带的许用应力 $[\sigma]$。即抗疲劳强度的条件为

$$\sigma_{\max} = \sigma_1 + \sigma_{b1} + \sigma_c \leqslant [\sigma] \quad \text{或} \quad \sigma_1 \leqslant [\sigma] - \sigma_{b1} - \sigma_c \tag{10-28}$$

式中 $[\sigma]$——由疲劳寿命决定的带的许用应力,MPa。

3. 单根 V 带所能传递的功率

根据设计准则,可将带的应力转换成单根带传递的功率。

将式(10-27)和式(10-28)联立求解,则可得同时满足两个约束条件的单根 V 带传递的功率为

$$P_0 = \frac{F_{\max}v}{1000} = \left([\sigma] - \sigma_{b1} - \sigma_c\right)\left(1 - \frac{1}{e^{f_v\alpha}}\right)\frac{Av}{1000} \quad (\text{kW}) \tag{10-29}$$

10.4.2 V 带传动的设计计算

1. 单根 V 带的许用功率

在载荷平稳、包角 $\alpha_1 = 180°$(即 $i = 1$)、带长 L_d 为特定长度、抗拉层为化学纤维绳芯结构的条件下,由式(10-29)求得单根普通 V 带所能传递的基本额定功率 P_0 见表 10-5;单根窄 V 带所能传递的基本额定功率 P_0 值见表 10-6。当设计 V 带的包角 α_1、带长 L_d、传动比 i 不符合上述条件时,应对 P_0 予以修正。修正后即得实际工作条件下单根 V 带所能传递的功率,称为许用功率 $[P_0]$,其值为

$$[P_0] = (P_0 + \Delta P_0)K_\alpha K_L \tag{10-30}$$

式中　ΔP_0——额定功率增量，考虑传动比 $i \neq 1$ 时，带在大带轮上的弯曲应力较小，故在
　　　　　　寿命相同的条件下，可增大传递的功率。单根普通 V 带额定功率增量 ΔP_0
　　　　　　见表 10-7，单根窄 V 带额定功率增量 ΔP_0 见表 10-8。

　　　　K_α——包角修正系数，考虑包角 $\alpha_1 \neq 180°$ 时对带传动能力的影响，见表 10-9。

　　　　K_L——带长修正系数，考虑带长不为特定长度时对带传动能力的影响，见
　　　　　　表 10-3。

表 10-5　单根普通 V 带的基本额定功率 P_0（单位：kW，在包角 $\alpha = \pi$ 及特定基准长度、载荷平稳时）

型号	小带轮基准直径 d_1（mm）	小带轮转速 n_1（r/min）															
		200	400	800	950	1200	1450	1600	1800	2000	2400	2800	3200	3600	4000	5000	6000
Z	50	0.04	0.06	0.10	0.12	0.14	0.16	0.17	0.19	0.20	0.22	0.26	0.28	0.30	0.32	0.34	0.31
	56	0.04	0.06	0.12	0.14	0.17	0.19	0.20	0.23	0.25	0.30	0.33	0.35	0.37	0.39	0.41	0.40
	63	0.05	0.08	0.15	0.18	0.22	0.25	0.27	0.30	0.32	0.37	0.41	0.45	0.47	0.49	0.50	0.48
	71	0.06	0.09	0.20	0.23	0.27	0.30	0.33	0.36	0.39	0.46	0.50	0.54	0.58	0.61	0.62	0.56
	80	0.10	0.14	0.22	0.26	0.30	0.35	0.39	0.42	0.44	0.50	0.56	0.61	0.64	0.67	0.66	0.61
	90	0.10	0.14	0.24	0.28	0.33	0.36	0.40	0.44	0.48	0.54	0.60	0.64	0.68	0.72	0.73	0.56
A	75	0.15	0.26	0.45	0.51	0.60	0.68	0.73	0.79	0.84	0.92	1.00	1.04	1.08	1.09	1.02	0.80
	90	0.22	0.39	0.68	0.77	0.93	1.07	1.15	1.25	1.34	1.50	1.64	1.75	1.83	1.87	1.82	1.50
	100	0.26	0.47	0.83	0.95	1.14	1.32	1.42	1.58	1.66	1.87	5.05	5.19	5.28	5.34	5.25	1.80
	112	0.31	0.56	1.00	1.15	1.39	1.6i	1.74	1.89	5.04	5.30	5.51	5.68	5.78	5.83	5.64	1.96
	125	0.37	0.67	1.19	1.37	1.66	1.92	5.07	5.26	5.44	5.74	5.98	3.15	3.26	3.28	5.91	1.87
	140	0.43	0.78	1.41	1.62	1.96	5.28	5.45	5.66	5.87	3.22	3.48	3.65	3.72	3.67	5.99	1.37
	160	0.51	0.94	1.69	1.95	5.36	5.73	5.54	5.98	3.42	3.80	4.06	4.19	4.17	3.98	5.67	—
	180	0.59	1.09	1.97	5.27	5.74	3.16	3.40	3.67	3.93	4.32	4.54	4.58	4.40	4.00	1.81	—
B	125	0.48	0.84	1.44	1.64	1.93	5.19	5.33	5.50	5.64	5.85	5.96	5.94	5.80	5.61	1.09	
	140	0.59	1.05	1.82	5.08	5.47	5.82	3.00	3.23	3.42	3.70	3.85	3.83	3.63	3.24	1.29	
	160	0.74	1.32	5.32	5.66	3.17	3.62	3.86	4.15	4.40	4.75	4.89	4.80	4.46	3.82	0.81	
	180	0.88	1.59	5.81	3.22	3.85	4.39	4.68	5.02	5.30	5.67	5.76	5.52	4.92	3.92		
	200	1.02	1.85	3.30	3.77	4.50	5.13	5.46	5.83	6.13	6.47	6.43	5.95	4.98	3.47		
	224	1.19	5.17	3.86	4.42	5.26	5.97	6.33	6.73	7.02	7.25	6.95	6.05	4.47	5.14		
	250	1.37	5.50	4.46	5.10	6.04	6.82	7.20	7.63	7.87	7.89	7.14	5.60	5.12	—		
	280	1.58	5.89	5.13	5.85	6.90	7.76	8.13	8.46	8.60	8.22	6.80	426	—			
C	200	1.39	5.41	4.07	4.58	5.29	5.84	6.07	6.28	6.34	6.02	5.01	3.23				
	224	1.70	5.99	5.12	5.78	6.71	7.45	7.75	8.00	8.06	7.57	6.08	3.57				
	250	5.03	3.62	6.23	7.04	8.21	9.08	9.38	9.63	9.62	8.75	6.56	5.93				
	280	5.42	4.32	7.52	8.49	9.81	10.72	11.06	11.22	11.04	9.50	6.13	—				
	315	5.84	5.14	8.92	10.05	11.53	15.46	15.72	15.67	15.14	9.43	4.16	—				
	355	3.36	6.05	10.46	11.73	13.31	14.12	14.19	13.73	15.59	7.98	—	—				
	400	3.91	7.06	15.10	13.48	15.04	15.53	15.24	14.08	11.95	4.34	—	—				
	450	4.51	8.20	13.80	15.23	16.59	16.47	15.57	13.29	9.64	—	—	—				

　　注：本表摘自 GB/T 13575.1—2008。为了精简篇幅，表中未列出 Y 型、D 型和 E 型的数据，表中分档也较粗。

表 10-6　单根窄 V 带的基本额定功率 P_0（单位：kW）

型号	小带轮基准直径 d_1（mm）	小带轮转速 n_1（r/min）									
		400	730	800	980	1200	1460	1600	2000	2400	2800
SPZ	63	0.35	0.56	0.60	0.70	0.81	0.93	1.00	1.17	1.32	1.45
	75	0.49	0.79	0.87	1.02	1.21	1.41	1.52	1.79	5.04	5.27
	94	0.67	1.12	1.2I	1.44	1.70	1.98	5.14	5.55	5.93	3.26
	100	0.79	1.33	1.33	1.70	5.02	5.36	5.55	3.05	3.49	3.90
	125	109	1.84	1.84	5.36	5.80	3.28	3.55	4.24	485	5.40
SPA	90	0.75	1.21	1.30	1.52	1.76	5.02	5.16	5.49	5.77	3.00
	100	0.94	1.54	1.65	1.93	5.27	5.61	5.80	3.27	3.67	3.99
	125	1.40	5.33	5.52	5.98	3.50	4.06	4.38	5.15	5.80	6.34
	160	5.04	3.42	3.70	4.38	5.17	6.01	6.47	7.60	8.53	9.24
	200	5.75	4.63	5.01	5.94	7.00	8.10	8.72	10.13	11.22	11.92
SPB	140	1.92	3.13	3.35	3.92	4.55	5.21	5.54	6.31	6.86	7.15
	180	3.01	4.99	5.37	6.31	7.38	8.50	9.05	10.34	11.21	11.62
	200	3.54	5.88	6.35	7.47	8.74	10.07	10.70	15.18	13.11	13.41
	250	4.86	8.11	8.75	10.27	11.99	13.72	14.51	16.19	16.89	16.44
	315	6.53	10.91	11.71	13.70	15.84	17.84	18.70	20.00	19.44	16.71
SPC	224	5.19	8.82	10.43	10.39	11.89	1326	13.81	14.58	14.01	—
	280	7.59	15.40	13.31	15.40	17.60	19.49	20.20	20.75	18.86	—
	315	9.07	14.82	15.90	18.37	20.88	25.92	23.58	23.47	19.98	—
	400	15.56	20.41	21.84	25.15	27.33	29.40	29.53	25.81	19.22	—
	500	16.52	26.40	28.09	31.38	33.85	33.46	31.70	19.35	—	—

表 10-7　单根普通 V 带 $i \neq 1$ 时额定功率增量 ΔP_0（单位：kW）

型号	传动比 i	小带轮转速 n_1（r/min）									
		400	730	800	980	1200	1460	1600	2000	2400	2800
Z	1.35~1.51	0.01	0.01	0.01	0.02	0.02	0.02	0.02	0.03	0.03	0.04
	1.52~1.99	0.01	0.01	0.02	0.02	0.02	0.02	0.03	0.03	0.04	0.04
	≥2	0.01	0.02	0.02	0.02	0.03	0.03	0.03	0.04	0.04	0.04
A	1.35~1.51	0.04	0.07	0.08	0.08	0.11	0.13	0.15	0.19	0.23	0.26
	1.52~1.99	0.04	0.08	0.09	0.10	0.13	0.15	0.17	0.22	0.26	0.30
	≥2	0.05	0.09	0.10	0.11	0.15	0.17	0.19	0.24	0.29	0.34
B	1.35~1.51	0.10	0.17	0.20	0.23	0.30	0.36	0.39	0.49	0.59	0.69
	1.52~1.99	0.11	0.20	0.23	0.26	0.34	0.40	0.45	0.56	0.62	0.79
	≥2	0.13	0.22	0.25	0.30	0.38	0.46	0.51	0.63	0.76	0.89
C	1.35~1.51	0.27	0.48	0.55	0.65	0.82	0.99	1.10	1.37	1.65	1.92
	1.52~1.99	0.31	0.55	0.63	0.74	0.94	1.14	1.25	1.57	1.88	5.19
	≥2	0.35	0.62	0.71	0.83	1.06	1.27	1.41	1.76	5.12	5.47

表 10-8　单根窄 V 带 $i \neq 1$ 时额定功率增量 $\triangle P_0$（单位：kW）

型号	传动比 i	小带轮转速 n_1（r/min）									
		400	730	800	980	1200	1460	1600	2000	2400	2800
SPZ	1.39～1.57	0.05	0.09	0.10	0.12	0.15	0.18	0.20	0.25	0.30	0.35
	1.58～1.94	0.06	0.10	0.11	0.13	0.17	0.20	0.22	0.28	0.33	0.39
	1.95～3.38	0.06	0.11	0.12	0.15	0.18	0.22	0.24	0.30	0.36	0.43
	≥3.39	0.06	0.12	0.13	0.15	0.19	0.23	0.26	0.32	0.39	0.45
SPA	1.39～1.57	0.13	0.23	0.25	0.30	0.38	0.46	0.51	0.64	0.76	0.89
	1.58～1.94	0.14	0.26	0.29	0.34	0.43	0.51	0.57	0.71	0.86	1.00
	1.95～3.38	0.16	0.28	0.31	0.37	0.47	0.56	0.62	0.78	0.93	1.09
	≥3 39	0.16	0.30	0.33	0.40	0.49	0.59	0.66	0.82	0.99	1.15
SPB	1.39～1.57	0.26	0.47	0.53	0.63	0.79	0.95	1.05	1.32	1.58	1.85
	1.58～1.94	0.30	0.53	0.59	0.71	0.89	1.07	1.19	1.48	1.78	5.08
	1.95～3.38	0.32	0.58	0.65	0.78	0.97	1.16	1.29	1.62	1.94	5.26
	≥3.39	0.34	0.62	0.6	0.82	1.03	1.23	1.37	1.71	5.05	5.40
SPC	1.39～1.57	0.79	1.43	1.58	1.90	5.38	5.85	3.17	3.96	4.75	
	1.58～1.94	0.89	1.60	1.78	5.14	5.67	3.21	3.57	4.46	5.35	
	1.95～3.38	0.97	1.75	1.94	5.33	5.91	3.50	3.89	4.86	5.83	
	≥3.39	1.03	1.85	5.06	5.47	3.09	3.70	4.11	5.14	6.17	

表 10-9　包角修正系数 K_α

包角 α_1（°）	180	170	160	150	140	130	120	110	100	90
K_α	1.00	0.98	0.95	0.92	0.89	0.86	0.82	0.78	0.74	0.69

2. V 带传动的设计步骤

设计 V 带传动，通常应已知传动用途、传动功率 P、带轮转速 n_1 和 n_2（或传动比 i）及工作条件等要求，设计内容包括：确定 V 带型号、长度、根数、传动中心距、带轮基准直径、材料、结构及作用在轴上的压力。

V 带传动的设计计算一般步骤如下。

（1）确定计算功率 P_c

计算功率 P_c 是根据传递的名义功率 P，并考虑到载荷性质和每天运转时间长短等因素的影响而确定的，其值为

$$P_c = K_A P \quad （kW） \qquad (10-31)$$

式中　P——V 带传递的名义功率，kW；

　　　　K_A——工况系数，其值见表 10-10。

（2）选择带的型号

根据计算功率 P_c 和小带轮转速 n_1，按照图 10-17 或图 10-18 的推荐选择普通 V 带或

窄 V 带的型号。图中以粗斜直线划定了型号区域，若所选取的结果在两种型号的分界线附近时，可按两种型号同时计算，然后择优选定。

表 10-10　工况系数 K_A

载荷 性质	工　作　机	原　动　机					
		电动机（交流起动、三角起 动、直流并励）、四缸以上 的内燃机			电动机（联机交流起动、直 流复励或串励）、四缸以下 的内燃机		
		每天工作小时数（h）					
		<10	10~16	>16	<10	10~16	>16
载荷变 动很小	液体搅拌机、通风机和鼓风机（≤7.5kW）、离 心式水泵和压缩机、轻负荷输送机	1.0	1.1	1.2	1.1	1.2	1.3
载荷 变动小	带式输送机（不均匀负荷）、通风机（>7.5kW）、 旋转式水泵和压缩机（非离心式）、发电机、 金属切削机床、印刷机、旋转筛、锯木机和木 工机械	1.1	1.2	1.3	1.2	1.3	1.4
载荷变 动较大	制砖机、斗式提升机、往复式水泵和压缩机、 起重机、磨粉机、冲剪机床、橡胶机械、振动 筛、纺织机械、重载输送机	1.2	1.3	1.4	1.4	1.5	1.6
载荷变 动很大	破碎机（旋转式、颚式等）、磨碎机（球磨、棒 磨、管磨）	1.3	1.4	1.5	1.5	1.6	1.8

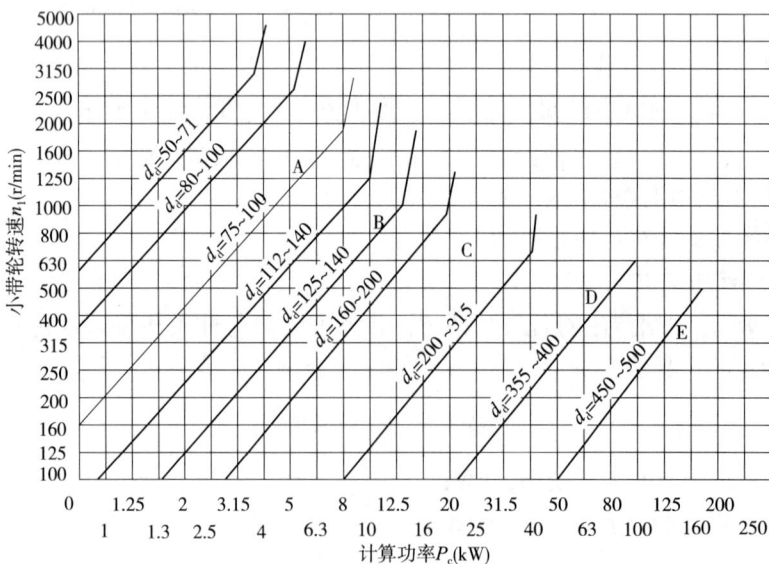

图 10-17　普通 V 带选型图

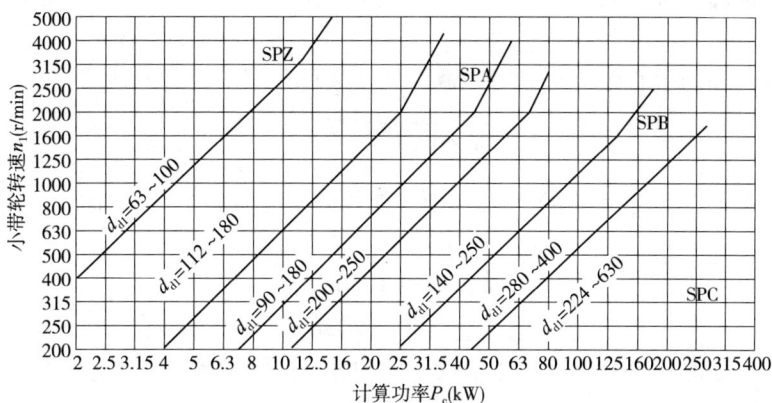

图 10-18　窄 V 带选型图

（3）确定带轮的基准直径并验算带速

小带轮的基准直径 d_1 应大于或等于表 10-2 中的最小基准直径 d_{min}。若 d_1 过小，则带的弯曲应力将过大，从而导致带的寿命降低；反之则外廓尺寸大，结构不紧凑。

大带轮直径为

$$d_2 = \frac{n_1}{n_2} d_1 (1 - \varepsilon) \tag{10-32}$$

传动比无严格要求时，ε 可不予考虑，则有

$$d_2 = \frac{n_1}{n_2} d_1$$

d_1 和 d_2 应符合带轮基准直径尺寸系列，详见表 10-2 的注释。

然后验算带速如下：

$$v = \frac{\pi d_1 n_1}{60 \times 1000} \quad (\text{m/s}) \tag{10-33}$$

一般应使带速 v 在 $5 \sim 25 \text{m/s}$ 范围内。v 过大则离心力大，带传动能力降低，同时带速很高时，带也容易发生振动，使其不能正常工作，此时可采用轻质带；但 v 过小，则由公式 $P = Fv/1000$ 可知，在传递功率一定的情况下，要求有效拉力大，将使带的根数过多或带的截面加大。如果带速不满足要求，可适当调整小带轮直径。

（4）确定中心距 a、V 带的基准长度 L_d 和验算小带轮上的包角

在带传动中，中心距过小时，传动外廓尺寸及带长小，结构紧凑，但单位时间带绕过带轮的次数多，带中应力循环次数多，带容易发生疲劳破坏，而且中心距小时包角会减小，带传动的工作能力也降低；若中心距过大，带传动的外廓尺寸大，带也长，高速时会引起带的颤动。一般推荐按下式初步确定中心距 a_0：

$$0.7(d_1 + d_2) < a_0 < 2(d_1 + d_2) \tag{10-34}$$

初定中心距之后，按式（10-1）可初定 V 带基准长度：

$$L_0 = 2a_0 + \frac{\pi}{2}(d_1 + d_2) + \frac{(d_2 - d_1)^2}{4a_0} \tag{10-35}$$

根据初定的 L_0，再由表 10-3 选取接近的标准基准长度 L_d，然后再根据 L_d 计算出实际中心距 a。

由于 V 带传动的中心距一般是可以调整的，故可采用下式近似计算：

$$a \approx a_0 + \frac{L_d - L_0}{2} \tag{10-36}$$

考虑带传动安装调整和补偿初拉力（如带伸长而松弛后的张紧）的需要，中心距的变动范围为

$$a_{\min} = a - 0.015L_d \tag{10-37}$$

$$a_{\max} = a + 0.03L_d \tag{10-38}$$

然后验算小带轮上的包角。主动带轮上的包角 α_1 不宜过小，以免降低带传动的工作能力，根据式（10-2），对于开口传动，应保证

$$\alpha_1 = 180° - \frac{d_2 - d_1}{a} \times 57.3° \geqslant 120° \tag{10-39}$$

若不满足此要求，可适当增大中心距、减小传动比或采用张紧轮装置。

（5）确定 V 带根数

由带传动的计算功率 P_c［式（10-31）］除以修正后的实际工作条件下单根 V 带所能传递的许用功率［P_0］［式（10-30）］，即可得所需 V 带根数 Z：

$$Z = \frac{P_c}{[P_0]} = \frac{P_c}{(P_0 + \Delta P_0) K_\alpha K_L} \tag{10-40}$$

在确定 V 带根数 Z 时，根数不宜太多，一般小于 10，以使各带受力较均匀，否则应增大带的型号或小带轮直径，再重新计算。

（6）确定初拉力

初拉力的大小是保证带传动正常工作的重要因素。初拉力过小，摩擦力小，易发生打滑；初拉力过大，带的寿命会降低，轴和轴承所受的压力也增大。单根 V 带的初拉力 F_0 可由下式计算：

$$F_0 = \frac{500P_c}{Zv}\left(\frac{2.5}{K_\alpha} - 1\right) + qv^2 \tag{10-41}$$

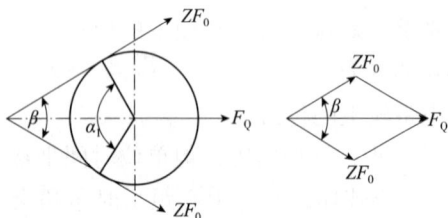

图 10-19 作用在轴上的力

（7）计算带传动作用在轴上的压力 F_Q

为了设计安装带轮的轴和轴承，必须确定带传动作用在轴上的压力 F_Q。忽略带两边的压力差，则作用在轴上的压力可以近似按带的两边的初拉力 F_0 的合力计算（图 10-19），即

$$F_Q = 2ZF_0\cos\frac{\beta}{2} = 2ZF_0\cos\left(\frac{\pi}{2} - \frac{\alpha_1}{2}\right) = 2ZF_0\sin\frac{\alpha_1}{2} \tag{10-40}$$

式中　Z——带的根数；

　　　F_0——单根带的初拉力；

　　　α_1——主动轮上的包角。

10.5 传动带的张紧和维护

10.5.1 传动带的张紧

带经一段时间使用后，会因带的伸长而产生松弛现象，使 F_0 下降，为保证正常工作，应定期检查 F_0 大小。如 F_0 不合格，应重新张紧，必要时安装张紧装置。V 带的张紧方法包括定期张紧法和加张紧轮法。

定期张紧法如图 10-20(a)(b)所示，有滑道式张紧装置和摆架式张紧装置。当中心距 a 不能调整时，则使用加张紧轮法，如图 10-20(c)所示。

加张紧轮法，其张紧轮位置如下：①松边通常用内侧靠大轮；②松边外侧靠小轮。张紧轮一般放在松边内侧，尽量靠大轮，使带呈单向弯曲且不致使小轮包角 α_1 过小。图 10-20(c)所示为张紧轮装在松边外侧，以增大 α 轮包角 α_1。

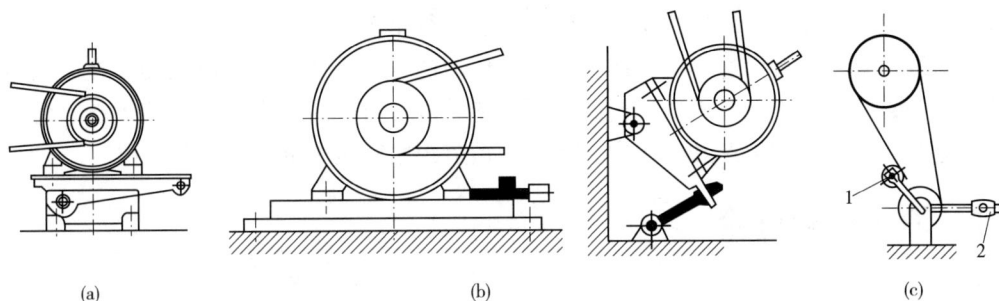

| (a) | (b) | (c) |

图 10-20 传动带的张紧方式

10.5.2 带传动的安装和维护

①安装时不能硬撬（应先缩小中心距 a 或顺势盘上）。

②带禁止与矿物油、酸、碱等介质接触，以免腐蚀带，更不能曝晒。

③不能新旧带混用（多根带时），以免载荷分布不匀。

④应安装防护罩。

⑤应定期张紧。

⑥安装时两轮槽应对准，处于同一平面。

10.6 链传动的特点和应用

链传动由主动链轮 1、从动链轮 2 和链条 3 组成，如图 10-21 所示。它和带传动相似，具有中间挠性件，又和齿轮传动相似，是一种啮合传动。所以，它是具有中间挠性件的啮合传动。链传动与带传动有相似之处：链轮齿与链条的链节啮合，其中链条相当于带传动中的挠性带，但又不是靠摩擦力

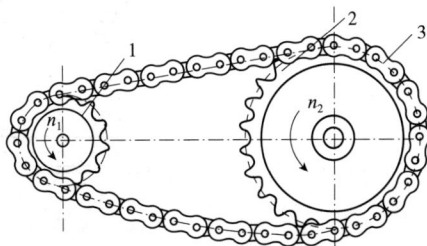

图 10-21 链传动示意图

1-主动链轮；2-从动链轮；3-链条

传动，而是靠链轮齿和链条之间的啮合来传动。因此，链传动是一种具有中间挠性件的啮合传动。

与带传动相比，链传动无弹性滑动和打滑现象，因而能保持准确的传动比（平均传动比），传动效率较高（润滑良好的链传动的效率约为97%～98%）；又因链条不需要像带那样张得很紧，所以作用在轴上的压轴力较小；在同样条件下，链传动的结构较紧凑；同时链传动能在温度较高、有水或油等恶劣环境下工作。与齿轮传动相比，链传动易于安装，成本低廉；在远距离传动时，结构更显轻便。

链传动的缺点是：只能实现平行轴间链轮的同向传动；运转时不能保持恒定的瞬时传动比；工作时有噪音；磨损后易发生跳齿；不宜在载荷变化很大、高速和急速反向的传动比中应用。

链传动主要用中低速传动：$i \leq 8$，$P \leq 100kW$，$v \leq 12 \sim 15 m/s$，无声链 $v_{max} = 40 m/s$（不适于在冲击与急促反向等情况下采用）；链传动应用在要求工作可靠，且两轴相距较远，以及其他不宜采用齿轮传动的场合，且工作条件恶劣等情况，如农业机械、建筑机械、石油机械、采矿、起重、金属切削机床、摩托车、自行车等。

链的种类繁多，按用途不同，链可分为：传动链、起重链和输送链三类。在一般机械传动装置中，常用链传动。根据结构的不同，传动链又可分为：套筒链、滚子链、弯板链和齿形链等。在链条的生产和应用中，传动用短节距精密滚子链占有支配地位。

10.7 滚子链和链轮

10.7.1 套筒滚子链

套筒滚子链相当于活动铰链，由滚子5，套筒4，销轴3，内链板1和外链板2组成，其结构如图10-22所示。

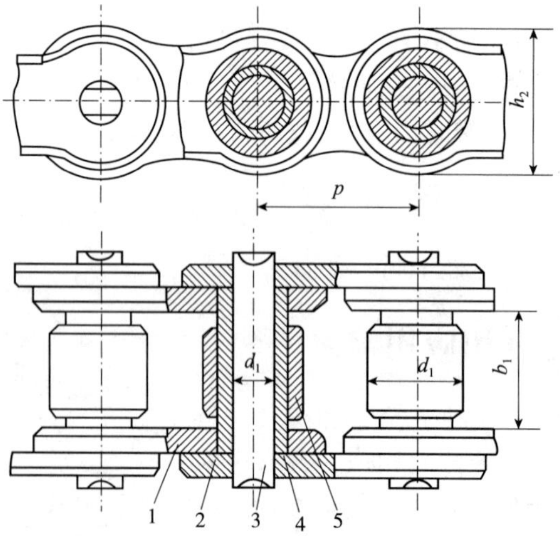

图10-22 套筒滚子链

1-内链板；2-外链板；3-销轴；4-套筒；5-滚子

当链节进入、退出啮合时，滚子沿齿滚动，实现滚动摩擦，减小磨损。套筒与内链板、销轴与外链板分别用过盈配合(压配)固联，使内、外链板可相对回转。链板一般制成"8"字形，以使它的各个横截面具有接近相等的抗拉强度，同时也减少了链的质量和运动时的惯性力。

两销轴之间的中心距称为节距，用 p 表示。节距 p 是滚子链的主要参数，节距增大时，链条中各零件的尺寸也要相应增大，可传递的功率也随之增大，传动能力越强。

滚子链的结构形式如图 10-23 所示。当链节数为偶数时，接头处用开口销或弹簧卡固定，一般前者用于大节距，后者用于小节距；当链节数为奇数时，需采用过渡链节。由于过渡链节的链板要受附加弯矩的作用，所以在一般情况下最好不用奇数链节。但在重载、冲击、反向等繁重条件下工作时，可采用全部由过渡链节构成的链，柔性较好，能缓冲减振。

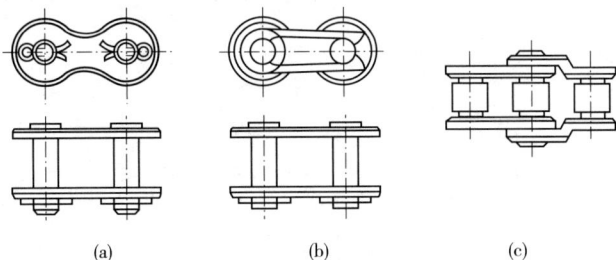

(a)　　　　　　　　　(b)　　　　　　　　　(c)

图 10-23　滚子链的结构形式

滚子链的标记为：

| 链　号 | — | 排　数 | — | 整链链节数 | — | 标准编号 |

例：10A-1-86　GB/T 1243—1997《短节距传动用精密滚子链和链轮》，表示节距为 15.875mm，单排，86 节 A 系列滚子链，链号数乘以(25.4/16)mm 即为节距值。套筒滚子链规格与主要参数见表 10-11 所列。

表 10-11　滚子链的主要尺寸和极限拉伸载荷

链号	节距 p	排距 p_t	滚子外径 d_1	内链节内宽 b_1	销轴直径 d_2	内链板高度 h_2	极限拉伸载荷（单排）F_{lim}	单位长度质量
	mm						kN	kg/m
08A	12.70	14.38	7.92	7.85	3.98	12.07	13.8	0.60
10A	15.875	18.11	10.16	9.40	5.09	15.09	21.8	1.00
12A	19.05	22.78	11.91	12.57	5.96	18.08	31.1	1.50
16A	25.40	29.29	15.88	15.75	7.94	24.13	55.6	2.60
20A	31.75	35.76	19.05	18.90	9.54	30.18	86.7	3.80
24A	38.10	45.44	22.23	25.22	11.11	36.20	124.6	5.60
28A	44.45	48.87	25.40	25.22	12.71	42.24	169.0	7.50
32A	50.80	58.55	28.58	31.55	14.29	48.26	222.4	10.10
40A	63.50	71.55	39.68	37.85	19.85	60.33	347.0	16.10
48A	76.20	87.83	47.63	47.35	23.81	72.39	500.4	22.60

注：过渡链节取 F_{lim} 值的80%。

10.7.2 链轮

为了保证链与链齿的良好啮合，并提高传动的性能和链轮寿命，应该合理设计链轮的齿形和结构，适当地选取链轮材料。

10.7.2.1 链轮齿形

为了便于链节平稳进入和退出啮合，链轮应有正确的齿形。滚子链与链轮的啮合属于非共轭啮合，其链轮齿形的设计可以有较大的灵活性。因此，在 GB/T 1243—1997 中没有规定具体的链轮齿形。在此推荐使用目前较流行的一种，即三圆弧一直线点形，如图 10-24 所示。当采用这种齿形并用相应的标准刀具加工时，链轮齿形在工作图上可不画出，只需在图上注明"齿形按 3R GB/T 1243—1997 规定制造"即可，圆弧形齿廓有利于链节的啮入和啮出。

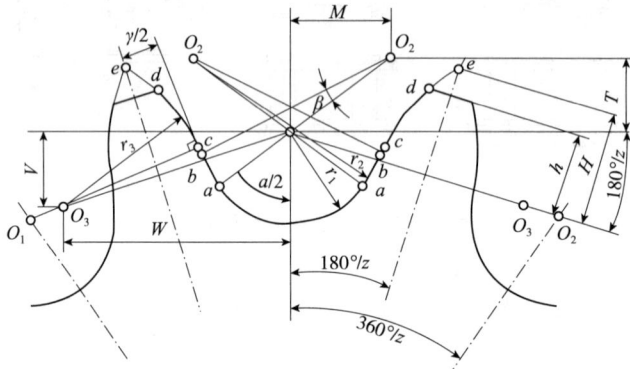

图 10-24　滚子链链轮端面齿形

10.7.2.2 链轮结构

链轮的结构有整体式、孔板式、组合式。小直径的链轮可制成整体式[图 10-25(a)]；中等尺寸的链轮可制成孔板式[图 10-25(b)]；大直径的链轮可制成组合式，常可将齿圈用螺栓联结或焊接在轮毂上[图 10-25(c)]。

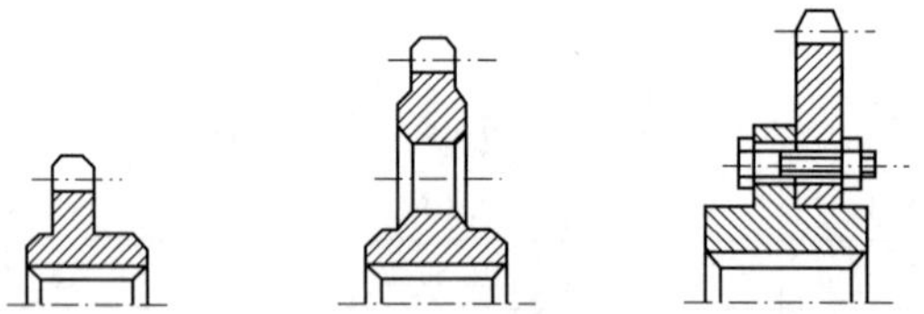

图 10-25　链轮的结构

10.7.2.3 链轮材料

一般链轮采用碳钢、灰铸铁制作，重要链轮用合金钢制作，且需进行热处理，使链轮轮齿具有足够的耐磨性和强度。小链轮的啮合次数多于大链轮，且所受到的冲击也较大，故小链轮的材料应优于大链轮。常用链轮材料的牌号、热处理、齿面硬度及应用范围见表 10-12 所列。

表 10-12　常用链轮材料及齿面硬度

链轮材料	热处理	齿面硬度	应用范围
15、20	渗碳、淬火、回火	50~60HRC	$z \leqslant 25$ 有冲击载荷的链轮
35	正火	160~200HBS	$z \geqslant 25$ 的链轮
45、50、ZG310~570	淬火、回火	40~45HRC	无剧烈冲击的链轮
15Cr、20Cr	渗碳、淬火、回火	50~60HRC	传递大功率的重要链轮($z < 25$)
40Cr、35SiMn、35CrMn	淬火、回火	40~50HRC	重要的、使用优质链条的链轮
Q235	焊接后退火	140HBS	中速、中等功率、较大的链轮
不低于 HT150 的灰铸铁	淬火、回火	260~280HBS	$z < 50$ 的链轮
夹布胶木	—	—	功率小于6kW、速度较高、要求传动平稳和噪声小的链轮

10.8　链传动的运动分析和受力分析

10.8.1　链传动的运动分析

当链绕在链轮上时，其链接与相应的轮齿啮合后，这一段链条将曲折成正多边形的一部分(图 10-26)，因此链传动相当于一对多边形轮之间的传动。设 z_1、z_2 为两链轮的齿数，p 为链的节距(mm)，n_1、n_2 为两链轮的转速(r/min)，则链条平均线速度(简称链速)为

$$v = \frac{z_1 n_1 p}{60 \times 1000} = \frac{z_2 n_2 p}{60 \times 1000} \quad \text{m/s} \tag{10-42}$$

平均传动比

$$i_{12} = \frac{n_1}{n_2} = \frac{z_2}{z_1} \tag{10-43}$$

以上两式求得的链速和传动比均为平均值。实际上，由于多边形效应，瞬时链速和瞬时传动比都是变化的。

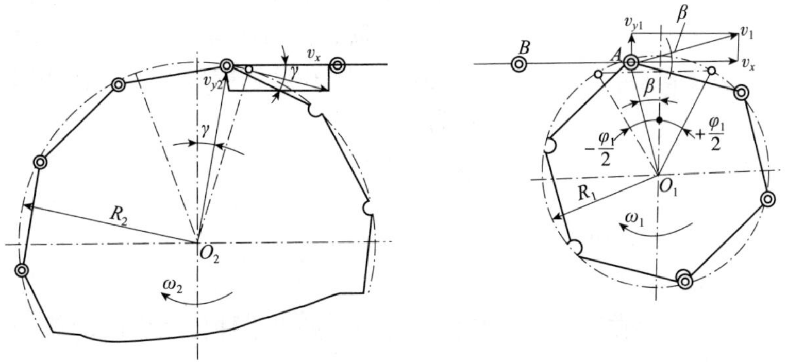

图 10-26　链传动的运动分析

依照图 10-26 分析链轮和链条的速度。当主动轮以角速度 ω_1 回转时，主动链轮以等角速度 ω_1 转动，其链轮圆周速度为 $v_1 = R_1\omega_1$。设链条水平运动的瞬时速度为 v_x，在链节进入啮合后，v_x 等于链轮啮合点圆周速度 v_1 的水平分量，同样，设从动轮的角速度为 ω_2，圆周速度为 v_2，由速度分析图知

链条前进速度

$$v_x = v_1\cos\beta = \omega_1 R_1\cos\beta = v_2\cos\gamma = \omega_2 R_2\cos\gamma \tag{10-44}$$

从动链轮的角速度为

$$\omega_2 = \frac{R_1\omega_1\cos\beta}{R_2\cos\gamma}\frac{n_1}{n_2} \tag{10-45}$$

链传动的瞬时传动比

$$i_{12} = \frac{\omega_1}{\omega_2} = \frac{R_2\cos\gamma}{R_1\cos\beta} \tag{10-46}$$

由于 β 的变化范围在 $\pm\varphi_1/2$ 之间，φ_1 为主动轮上一个节距所对的圆心角，$\varphi_1 = 360°/z_1$。γ 的变化范围在 $\pm\varphi_2/2$ 之间，φ_2 为从动轮上一个节距所对的圆心角，$\varphi_2 = 360°/z_2$。由于 β、γ 的变化范围不同，所以瞬时传动比不准确。随着 β 角和 γ 角的不断变化，链传动的瞬时传动比也是不断变化的。即使主动链轮以等角速度回转时，从动链轮的角速度也将周期性地变动。只有在 $z_1 = z_2$（即 $R_1 = R_2$），且传动的中心距恰为节距的整数倍时（这时 β 和 γ 角的变化才会时时相等），传动比才能在全部啮合过程中保持不变，即恒为 1。

链在垂直方向，主动链轮角速度周期性变化、从动链轮角速度周期性变化以及链节与链轮在啮合瞬间链节与链齿以一定的相对速度啮合等造成了动载荷。链传动瞬时传动比的变化和动载荷是由于缠绕在链轮上链条形成了正多边形而引起的，故称之为链传动的多边形效应，它是链传动的固有特性。

10.8.2　链传动的受力分析

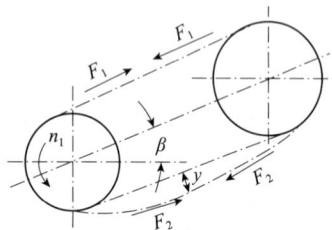

图 10-27　作用在链上的力

链传动在安装时，链条应有一定的张紧力，张紧力是通过使链保持适当的垂度所产生的悬垂拉力来获得。其目的是使松边不致过松，以免影响链条的正常啮合和产生振动，跳齿和脱链。但张紧力比带传动中要小得多。若不考虑传动中的动载荷，作用在链上的力有：圆周力（即有效拉力）F，离心拉力 F_c 和悬垂拉力 F_y。如图 10-27 所示，链的圆周力 F 为

$$F = \frac{1000P}{v}\quad \text{N} \tag{10-47}$$

式中　P——链传动传递的功率，kW；

　　　v——链速，m/s。

链传动在工作时，存在紧边拉力和松边拉力。如果不计传动中的动载荷，则紧边拉力 F_1 和松边拉力 F_2 分别为

$$F_1 = F + F_c + F_f\quad \text{N} \tag{10-48}$$

$$F_2 = F_c + F_f \quad \text{N} \tag{10-49}$$

围绕在链轮上的链节在运动中产生的离心拉力

$$F_c = qv^2 \quad \text{N} \tag{10-50}$$

式中 q——链条单位长度的质量，kg/m，见表 10-11；

v——链速，m/s。

悬垂拉力可利用求悬索拉力的方法近似求得

$$F_f = \frac{qga^2}{8f} = \frac{qga}{8(f/a)} = K_f qga \times 10^{-2} \quad \text{N} \tag{10-51}$$

式中 a——链传动的中心距，m；

g——重力加速度，$g = 9.81 \text{m/s}^2$；

K_f——垂度系数，其值与中心线和水平线的夹角 β 有关（图 10-27）。垂直布置时，$K_f = 1$；水平布置时，$K_f = 7$；倾斜布置时，$K_f = 2.5(\beta = 75°)$，$K_f = 4(\beta = 60°)$，$K_f = 6(\beta = 30°)$。

链作用在轴上的压力 F_Q 可近似取为

$$F_Q = (1.2 \sim 1.3)F \tag{10-52}$$

有冲击和振动时取大值。

10.9 链传动的主要参数及其选择

10.9.1 传动的主要失效形式

链传动的失效形式主要有以下几种：

①链板的疲劳破坏 链在松边拉力和紧边拉力的反复作用下，经过一定循环次数后，链板会发生疲劳破坏。在润滑和密封正常的条件下，它是中、低速闭式链传动的主要失效形式。

②滚子和套筒的冲击疲劳破坏 链条与链轮进入啮合时受冲击而产生的动载荷，首先由滚子和套筒承受，在反复多次冲击载荷作用下，经过一定的循环次数，滚子和套筒发生冲击疲劳破坏。这种失效形式多发生在中、高速闭式链传动中。

③销轴与套筒的胶合 润滑不良或速度过高时，销轴和套筒的工作表面的局部区域因高温、高压而相互粘着，在相对转动中将较弱金属撕下而产生沟纹，这种现象称为胶合。胶合在一定程度上限制了链传动的极限转速。

④链条铰链的磨损 在开式链传动中或环境条件恶劣、润滑密封不良时，极易引起铰链的磨损。铰链磨损后链节变长，容易引起跳齿或脱链；从而降低了链条的使用寿命。

⑤过载拉断 在低速 $v \leqslant 0.6 \text{m/s}$、重载或严重过载时，链条易被拉断。

10.9.2 功率曲线图

在规定试验条件下，将标准中不同节距的链条在不同转速时所能传递的功率，称为额定功率 P_0，滚子链的额定功率曲线如图 10-28 所示。

额定功率曲线是在一定条件下得到的，实验条件是：主动链轮和从动链轮安装在水平

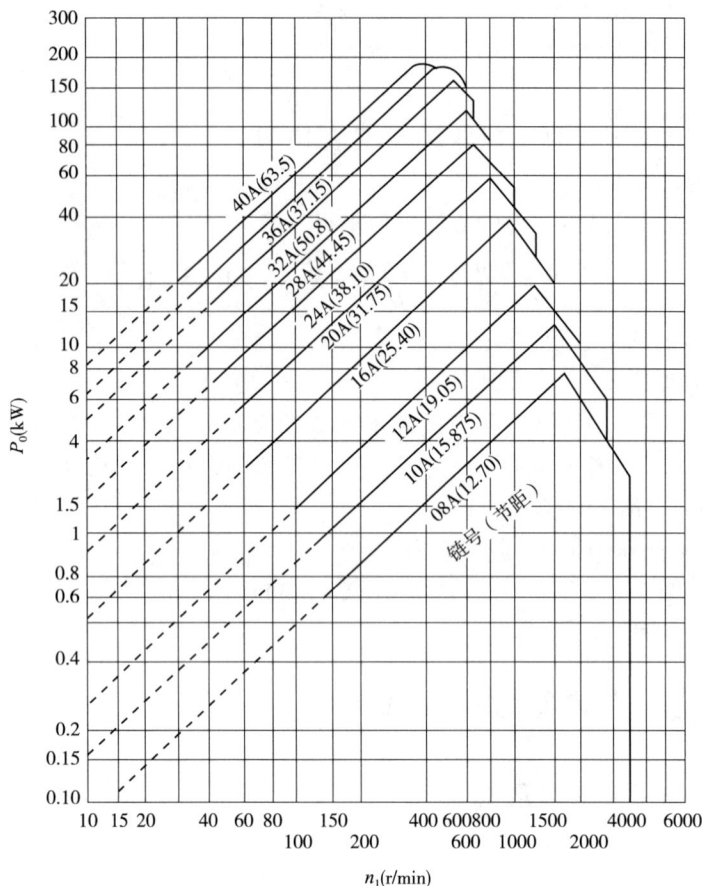

图 10-28　额定功率曲线

平行轴上；主动链轮的齿数 $z_1 = 25$；无过渡链节的单排滚子链；链条长 120 个链节；传动减速比传动比 $i = 3$；链条预期使用寿命 15000h；工作环境温度在 $-5 \sim +70$℃ 之间；两链轮共面，链条保持规定的张紧度；平稳运行，无过载、冲击或频繁启动；清洁的环境，合适的润滑。

当实际工作条件与上述条件不同时，额定功率 P_0 应予以修正。则链传动的功率 P 为：

$$P = \frac{P_0 K_z K_p K_L}{K_A} \tag{10-53}$$

式中　P_0——在特定条件下，链传动所能传递的额定功率；

　　　P——链传动所传递的功率；

　　　K_A——工作情况系数，见表 10-13；

　　　K_z——齿数系数，实际齿数与实验齿数不同而引入的系数，见表 10-15；

　　　K_p——多排链系数，实际排数与实验排数不同而引入的系数，见表 10-14；

　　　K_L——长度系数，实际长度与实验长度不同而引入的系数，见图 10-29。链板疲劳查曲线 1，滚子、套筒冲击疲劳查曲线 2。当失效形式难以预知时，K_L 值可以按曲线 1、2 中的小值决定。

表 10-13 工作情况系数 K_A

载荷种类	原动机	
	电动机	内燃机
平稳载荷	1.0	1.2
中等冲击载荷	1.3	1.4
较大冲击载荷	1.5	1.7

表 10-14 多排链系数 K_p

排数	1	2	3	4	5	6
K_p	1	1.7	2.5	3.3	4	4.6

表 10-15 小链轮齿数 K_Z

Z_1	9	10	11	12	13	14	15	16	17
K_Z	0.446	0.500	0.554	0.609	0.664	0.719	0.775	0.831	0.887
K'_Z	0.326	0.382	0.441	0.502	0.566	0.633	0.701	0.773	0.846
Z_1	19	21	23	25	27	29	31	33	35
K_Z	1.00	1.11	1.23	1.34	1.46	1.58	1.70	1.82	1.93
K'_Z	1.00	1.16	1.33	1.51	1.69	1.89	2.08	2.29	2.50

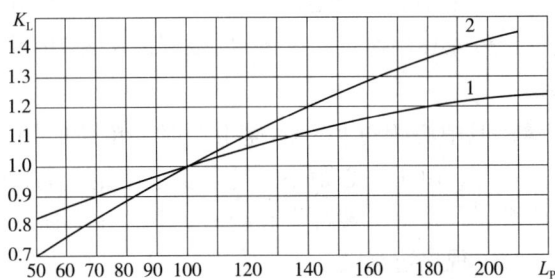

图 10-29 长度系数 K_L

10.9.3 链传动的设计计算

设计链传动时的已知条件包括：链传动的工作条件，传动位置与总体尺寸限制，所需传递功率 P，主动链轮转速 n_1，从动链轮转速 n_2 或传动比 i。

设计内容包括：确定链条型号、链节数 L_p 和排数，链轮齿数 z_1、z_2 以及链轮的结构、材料和几何尺寸，链传动的中心距 a、压轴力 F_p、润滑方式和张紧装置等。

10.9.3.1 中、高速链传动（$v \geqslant 0.6 \text{m/s}$）

对于中、高速链传动，其主要失效形式是链条的疲劳破坏，可按功率曲线图进行设计。

1. 确定链轮齿数 z_1、z_2 及传动比 i

（1）链轮齿数

链轮齿数对链传动工作的平稳性及使用寿命影响很大，为使链传动的运动平稳，既不能过大，也不能过小。齿数 z_1 少，传动不平稳、冲击大、动载荷大，链节在进入和退出啮合时，相对转角增大，磨损增加，冲击和功率损耗也增大；齿数 z_1 多，结构尺寸大、易脱链、掉链。$z_{min} = 9$，$z_{max} = 120$。小链轮齿数 z_1 可根据传动比按表 10-16 选取。

表 10-16　小链轮齿数

传动比 i	1 ~ 2	3 ~ 4	5 ~ 6	> 6
齿数 Z_1	31 ~ 27	25 ~ 23	21 ~ 17	17

为磨损均匀，链轮齿数最好选质数（被自身和 1 整除的数）或不能整除链节数的数。链节数宜取偶数，为使链条每个滚子与链轮每个齿都有接触的机会，使之磨损均匀，一般 z_1 为奇数，优先选用的链轮齿数系列为：17、19、21、23、25、38、57、76、95 和 114。

（2）传动比 i

传动比 i 过大，包角小，同时啮合的齿数减少，加速链轮的磨损，且容易脱链、掉链。推荐 $i = 2 \sim 3.5$，通常限制链传动的传动比 $i \leqslant 6$，链条在链轮上的包角不应小于 $120°$。

2. 链节距 p 及列数 m

链节距 p 的大小反映了链和链轮各部分尺寸的大小。设计时，在满足承载能力的前提下，为结构紧凑、寿命长应尽量选较小的链节距。链的节距越大，其承载能力越高，但链和链轮尺寸越大，传动的不均匀性、附加动载荷、冲击和噪声也都越严重。因此，在满足传递功率的前提下，应尽量选用小节距的链，高速重载时可选用小节距多排链。

具体选多大的链节距，可先算出额定功率 P_0 后根据前文表 10-11 选取。

3. 中心距及链节数

中心距小，结构紧凑，但中心距过小，链速不变时，单位时间内链与链轮啮合次数多，易产生磨损和疲劳。同时，由于中心距小，链条在小链轮上的包角变小，在包角范围内，每个轮齿所受的载荷增大，且易出现跳齿和脱链现象；中心距大，传动尺寸大，会引起从动边垂度过大，传动时出现松边颤动。

推荐初定中心距 $a_0 = (30 \sim 50)p$，最大取 $a_{max} = 80p$。

链条长度以链节数 L_p（链节距 p 的倍数）来表示。与带传动相似，链节数 L_p 与中心距 a 之间的关系为

$$L_p = \frac{2a_0}{p} + \frac{z_1 + z_2}{2} + \left(\frac{z_2 - z_1}{2\pi}\right)^2 \frac{p}{a_0} \tag{10-54}$$

计算出的 L_p 应圆整为整数，最好取偶数。然后根据圆整后的链节数用下式计算实际中心距，即

$$a = \frac{p}{4}\left[\left(L_p - \frac{z_1 + z_2}{2}\right) + \sqrt{\left(L_p - \frac{z_1 + z_2}{2}\right)^2 - 8\left(\frac{z_2 - z_1}{2\pi}\right)^2}\right] \tag{10-55}$$

为了保证链条有一定的初垂度，实际中心距应较计算中心距要小，往往做成中心距可以调节的，以便链节伸长后可随时调整张紧程度。一般中心距调整量 $\Delta a \geqslant 2p$，调整后松边下垂量常控制为 $(0.01 \sim 0.02)a$。当中心距不可调时，亦可用压板、托板、张紧轮张紧（图 10-30）。在无张紧装置而中心距又不可调整的情况下，中心距计算应准确。

4. 计算压轴力 F_Q

$$F_Q \approx 1.2F$$

式中　F——工作拉力。

10.9.3.2　低速链传动($v \leqslant 0.6\text{m/s}$)

对于低速传动，其主要失效形式为链条过载拉断，必须对静强度进行计算。通常是校核链条的静强度安全系数 S，其计算公式为：

$$\frac{mF_{\lim}}{K_A F_1} \geqslant S \tag{10-56}$$

式中　$F_{\lim}$——单排链的极限拉伸载荷，见表 10-11；

K_A——工作情况系数；

m——链的排数；

S——安全系数，一般取 $S = 4 \sim 8$。

10.10　传动的布置和润滑

10.10.1　链传动的布置

布置链传动时注意：

(1)传动装置最好水平布置

当必须倾斜布置时，中心连线与水平面夹角应小于45°。

(2)应尽量避免垂直传动

两轮轴线在同一铅垂面内时，链条因磨损而垂度增大，使与下链轮啮合的链节数减少而松脱。若必须采用垂直传动时，可考虑采取以下措施：

①中心距可调；

②设张紧装置；

③上下两轮错开，使两轮轴线不在同一铅垂面内。

④链传动时，松边在下，紧边在上，可以顺利地啮合。若松边在上，会由于垂度增大，链条与链轮齿相干扰，破坏正常啮合，或者引起松边与紧边相碰。

链传动的布置见表 10-17 所列。

表 10-17　链传动的布置

传动参数	正确布置	不正确布置	说　明
$i = 2 \sim 3$ $a = (30 \sim 50)p$ (i 与 a 较佳场合)			两轮轴线在同一水平面，紧边在上在下都可以，但在上好些

传动参数	正确布置	不正确布置	说　明
$i > 2$ $a < 30p$ （i 大 a 小场合）			两轮轴线不在同一水平面，松边应在下面，否则松边下垂量增大后，链条易与链轮卡死
$i < 1.5$ $a > 60p$ （i 小 a 大场合）			两轮轴线在同一水平面，松边应在下面，否则下垂量增大后，松边会与紧边相碰，需经常调整中心距

10.10.2　链传动的张紧

（1）链传动张紧的目的

链传动张紧的目的主要是为了避免在链条垂度过大时产生啮合不良和链条振动的现象；同时也为了增加链轮与链的啮合包角。其张紧力并不决定链传动的工作能力，而只决定链的垂度大小。

（2）链传动的张紧方法

①调整中心距，增大中心距可使链张紧，对于滚子链传动，其中心距调整量可取为 $2p$，p 为链条节距。

②缩短链长，当链传动没有张紧装置而中心距又不可调整时，可采用缩短链长的方法对因磨损而伸长的链条重新张紧。

③用张紧轮张紧，下述情况应考虑增设张紧装置，两轴中心距较大；两轴中心距过小，松边在上面；两轴接近垂直布置；需要严格控制张紧力；多链轮传动或反向传动；要求减小冲击，避免共振；需要增大链轮包角等。图 10-30 所示为采用张紧装置的链传动装置。

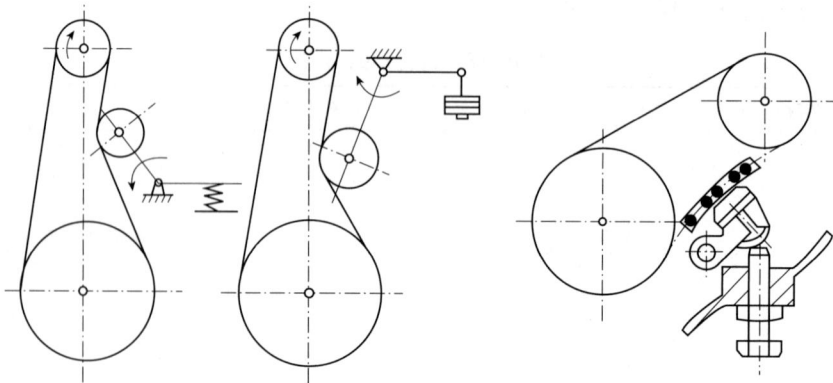

图 10-30　张紧方法

10.10.3 链传动的润滑

良好的润滑可以减少链传动的磨损，提高工作能力，延长使用寿命。

链传动采用的润滑方式有以下几种：

①人工定期润滑 用油壶或油刷，每班注油一次。适用于低速 $v \leqslant 4m/s$ 的不重要链传动。

②滴油润滑 用油杯通过油管滴入松边内、外链板间隙处，每分钟约 $5 \sim 20$ 滴。适用于 $v \leqslant 10m/s$ 的链传动。

③油浴润滑 将松边链条浸入油盘中，浸油深度为 $6 \sim 12mm$，适用于 $v \leqslant 12m/s$ 的链传动。

④飞溅润滑 在密封容器中，甩油盘将油甩起，沿壳体流入集油处，然后引导至链条上。但甩油盘线速度应大于 $3m/s$。

⑤压力润滑 当采用 $v \geqslant 8m/s$ 的大功率传动时，应采用特设的油泵将油喷射至链轮链条啮合处。

本 章 小 结

了解带传动和链传动的类型、特点、标准以及应用场合，要重点掌握他们的工作原理、设计计算方法。学会正确选用合适的参数。特别值得注意的是一些细节问题，如V带的张紧方式、张紧端以及链传动的布置及润滑等。带传动和链传动在工程中传动中广泛应用，而且也要注意到工程中有些是变形后的应用，这需要同学们在工作中不断总结和学习。在传动方式中不是一两个条件就能确定传动方式的，需要综合判断工作情况和使用的场合等条件。

思 考 题

1. 带传动有哪些特点？工作原理是什么？你在哪些机械中看到应用了带传动。

2. V带工作时产生哪几种应力？最大应力包括哪几项应力？设计时如何选择参数，以降低最大应力值？

3. 带传动为什么会产生弹性滑动现象？它对传动有什么影响？

4. 带传动的主要失效形式有哪些？设计准则是什么？

5. 可以采用什么措施增大小带轮包角 α_1？α_1 的最小值一般是多少？

6. 试分析小带轮直径 d_1、中心距 a_0 的选择对传动性能的影响。

7. 与带传动比较，链传动有哪些特点？

8. 链传动产生运动不均匀性的原因是什么？影响链速变化的主要参数是什么？

9. 链传动有哪些失效形式？哪种失效形式限定了链轮齿数 $z_2 \leqslant 120$？

10. 链传动中心距的大小受哪些因素限制？常用的范围是多少？

第11章 齿轮传动

⚙ 本章提要

　　齿轮传动是机械传动中应用最广泛的一种传动形式，本章以渐开线直齿圆柱齿轮传动为主线，阐述直齿圆柱齿轮、斜齿圆柱齿轮和直齿圆锥齿轮的传动强度计算，同时简述齿轮的结构设计和润滑。

齿轮传动是使用最普遍的一种机械传动，广泛应用于机械制造、运输、起重、轻工和仪表等设备中。与其他传动形式相比，齿轮传动具有传递功率范围广、啮合效率高、瞬时传动比恒定、转速范围大、工作可靠、寿命长、结构紧凑等优点。尽管齿轮传动具有以上诸多优点，但仍然存在许多问题，如实际传动时存在误差，工作过程中出现振动和噪声等。这些问题的产生，一方面与设计有关，同时还与安装、制造、使用、维护等因素有关。因此，齿轮传动的研发还有待于进一步提高和完善。

目前，对于齿轮传动的设计和加工方法的研究，如齿轮齿廓曲线的探讨、齿轮强度的研究、齿轮热处理工艺的不断改进等，都是围绕两个基本问题进行的：一是提高传动的质量——平稳性（要求瞬时传动比不变，尽量减小冲击、振动和噪声）；二是提高传动的能力——承载能力。与齿轮传动平稳性相关的基本内容已经在第5章中介绍过，本章着重讲述与齿轮传动承载能力有关的内容。

11.1　齿轮传动的失效形式及计算准则

为了研究齿轮的承载能力，首先必须了解齿轮传动性能及可能失效的形式并进行原因分析，从而得出齿轮相应承载能力的计算准则和方法，使齿轮在传动工作期间保持正常。影响齿轮失效的因素很多，主要是齿轮的工作条件、材料等。

齿轮传动按照工作条件，可分为开式传动和闭式传动。开式传动中，齿轮完全暴露在空气中，润滑条件差，齿面易磨损；闭式传动中，齿轮安装在密闭的箱体中，有良好的润滑条件。齿轮材料及热处理方法不同，则齿面硬度也不同。按照齿面硬度的大小，可以将齿轮传动分为软齿面（≤350HBS）和硬齿面（>350HBS）传动。齿面硬度越高，齿轮的承载能力越大。

另外，齿轮运转的速度、载荷的大小、冲击的大小都将影响齿轮的失效状况。以上这些因素不同，齿轮的失效形式也不同。

11.1.1　齿轮传动的失效形式

齿轮轮齿间的作用力对于轮齿的作用可分为两方面：一方面是直接的作用，即对接触点的作用，包括挤压和摩擦；另一方面是间接的作用，即力对齿根处产生弯矩。正因为如此，齿轮常见的失效形式也有两大类，即齿面损伤和轮齿的折断。齿轮常见的失效形式有以下五种：

（1）轮齿折断

齿轮最为严重的失效形式是轮齿折断，会导致严重的后果。齿轮轮齿受力作用后在齿根产生的弯曲应力最大，而且有应力集中，所以常见沿齿根处一齿或多齿的整体断裂或局部断裂，如图11-1所示。齿轮轮齿的整体断裂多发生于直齿齿轮，而局部断裂多发生于非直齿齿轮。

齿轮轮齿折断分为疲劳折断和过载折断两种，一般多为疲劳折断。齿轮工作时，齿根处的弯曲应力是循环变化的。轮齿进入啮合时，齿根弯曲应力一侧为拉伸，另一侧为压缩；轮齿脱离啮合时，弯曲应力为零。当弯曲应力超过材料的弯曲疲劳极限时，在载荷的多次重复作用下，齿根部分将产生疲劳裂纹，裂纹的逐渐扩展最终将引起轮齿的疲劳折断。短时严重过载也可能产生突然折断，即过载折断。用淬火钢或铸铁制成的齿轮，韧性较差，容易发生这种折断。

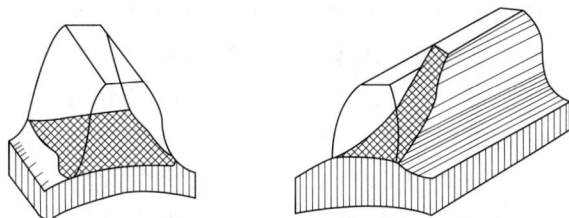

图 11-1 轮齿断裂形式

提高齿面硬度、增大齿根圆角半径、降低表面粗糙度值、采用表面强化处理、选用韧性好的材料等，都有利于提高轮齿的抗疲劳折断能力。轮齿的疲劳折断常发生在闭式硬齿面齿轮传动和开式齿轮传动中。

（2）齿面接触疲劳磨损（点蚀）

轮齿工作时，工作表面上任一点的接触应力是循环变化的。当该点未进入啮合时接触应力为零，进入啮合时接触应力增加到一定值并在一定范围内变化，即齿面接触应力是脉动循环变化的。当齿面接触应力超过材料的接触疲劳极限时，在载荷的多次重复作用下，在齿面或表层内由于加工划痕或材料缺陷引起的原始裂纹就会逐步扩展。

在充分润滑条件下，进入裂纹的润滑油在齿轮转动中被挤压，裂纹中形成高压导致裂纹继续扩展，使该处材料脱落，在齿面形成麻点状的小坑，这种现象就是齿面接触疲劳磨损，也称为点蚀。点蚀将影响传动的平稳性并产生振动和噪声，甚至不能正常工作。理论和实践表明，点蚀一般首先发生在节线附近的齿根面上，如图 11-2 所示。

齿面抗点蚀能力主要与齿面硬度有关。齿面硬度越高，抗点蚀能力越强。此外，提高润滑油的黏度和采用适当的添加剂，对防止点蚀也有明显的效果。点蚀通常是闭式传动软齿面钢制齿轮的主要失效形式。

（3）齿面磨粒磨损

当灰尘、润滑油内杂质、齿面的磨损微粒等进入齿面间时，将引起齿面的磨损，称为齿面磨粒磨损。这种磨损在开式传动中是难以避免的，磨粒磨损是开式传动的主要失效形式。闭式传动中，新齿轮磨合后在清洗过程中或密封不良的条件下会导致润滑油污染，也会引起磨粒磨损。磨损造成齿厚变薄，破坏齿廓形状，如图 11-3 所示，使得齿轮工作时产生冲击、振动和严重噪声。为了提高齿面硬度、降低表面粗糙度，要注意齿轮的润滑油清洁和定期更换，在开式传动中应注意环境清洁等，这均有助于防止或减轻齿面磨粒磨损。

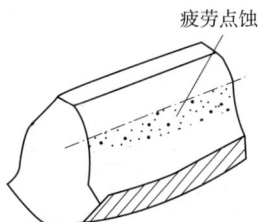

图 11-2 疲劳点蚀

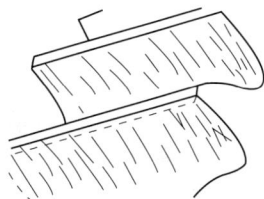

图 11-3 齿廓破坏形状

（4）齿面胶合

胶合是指啮合齿面间由于某种原因使润滑油膜破坏，造成金属和金属直接接触，齿面在重载下相对运动时，齿面材料熔化黏着，较软的齿面沿滑动方向被撕扯下来并在齿面形成沟纹的现象，如图 11-4 所示。胶合分热胶合和冷胶合两种。热胶合通常发生在高速重载传动中，因啮合区局部过热引起润滑失效而使两齿面发生黏着；冷胶合多见于低速重载、精度较低的传动中，由于齿面间的润滑油膜不易形成而导致胶合破坏。提高齿面硬度、减小粗糙度值、采用有抗胶合添加剂的润滑油以及合适的材料配对等均能增强轮齿的抗胶合能力。

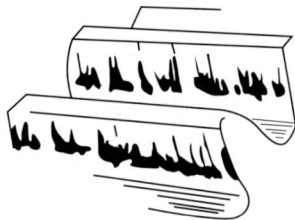

图 11-4　齿面胶合

低速重载、频繁起动或短时过载的软齿面齿轮传动中，在摩擦力作用下可能发生齿面表层金属沿滑动方向流动而产生塑性变形，使齿廓失去正确的齿形。提高轮齿硬度和润滑油黏度均有利于防止和减轻塑性变形。

11.1.2　计算准则

齿轮的计算准则由失效形式决定。设计时应按主要失效形式进行强度计算，确定其主要尺寸，然后对其他失效形式进行必要的校核。

闭式软齿面传动中齿面点蚀是主要失效形式，故先按接触抗疲劳强度设计，再校核其弯曲抗疲劳强度。闭式硬齿面传动的抗点蚀能力比较强，所以通常按弯曲抗疲劳强度设计，再校核其接触抗疲劳强度。

开式传动中齿轮的主要失效形式是弯曲疲劳折断和磨粒磨损。磨损尚无完善的计算方法，故目前只进行弯曲抗疲劳强度计算，用适当增加模数的办法来降低磨损的影响。

11.2　齿轮材料及精度选择

11.2.1　齿轮材料

在设计齿轮时，齿轮材料及其热处理的选择是首要问题。通过对齿轮失效的分析可知，对齿轮材料的基本要求为齿面要硬、齿心要韧。

最常用的齿轮材料是钢，其次是铸铁，还有非金属材料。钢的品种很多，且可通过各种热处理方式获得适合工作要求的综合性能。表 11-1 列出了常用齿轮材料及其机械性能。

表 11-1　常用齿轮材料及其机械性能

材料牌号	热处理方法	强度极限 σ_b（MPa）	屈服极限 σ_a（MPa）	硬度（HBS）	
				齿心部	齿面
HT250		250		170～240	
HT300		300		187～255	
HT350		350		197～269	

（续）

材料牌号	热处理方法	强度极限 σ_b(MPa)	屈服极限 σ_a(MPa)	硬度(HBS)	
				齿心部	齿面
ZG340~640	调质	700	380	241~269	
45	调质	650	360	217~255	
30CrMnSi	调质	1100	900	310~360	
35SiMn	调质	750	450	217~269	
38SiMnMo	调质	700	550	217~269	
40Cr	调质	700	500	241~286	
45	调质后表面淬火				40~50HRC
40Cr	调质后表面淬火				48~55HRC
20Cr	渗碳后淬火	650	400	300	58~60HRC
20CrMnTi	渗碳后淬火	1100	850	300	58~60HRC
12Cr2Ni4	渗碳后淬火	1100	850	320	58~60HRC
20Cr2Ni4	渗碳后淬火	1200	1100	350	58~60HRC
35CrA1A	调质后氮化(氮化层厚 ≥0.3~0.5mm)	950	750	255~321	>850
38CrMoA1A	调质后氮化(氮化层厚 ≥0.3~0.5mm)	1000	850	255~321	>850
夹布胶带		100		25~35	

在选择齿轮材料时应考虑多方因素，下述几点可供选择材料时参考。

（1）齿轮材料必须满足工作条件的要求

如飞行器上的齿轮，要满足质量小、传递功率大和可靠性高的要求，因此必须选择机械性能高的合金钢；矿山机械中的齿轮传动，一般功率很大、工作速度较低、周围环境中粉尘含量极高，因此往往选择铸钢或铸铁等材料；家用及办公用机械的功率很小，但要求传动平稳、低噪声以及能在少润滑或无润滑状态下正常工作，因此常选用工程塑料作为齿轮材料。

（2）齿轮尺寸的大小、毛坯成型方法

大尺径的齿轮一般采用铸造毛坯，可选用铸铁或铸钢作为齿轮材料；中等或中等以下尺寸要求较高的齿轮常选用锻造毛坯；尺寸较小而要求又不高时，可选用轧制的圆钢做毛坯。

（3）应考虑热处理方法及工艺

齿轮常用的热处理方法如下：

①整体淬火 常用材料为中碳钢或中碳合金钢。这种热处理工艺较简单，但轮齿变形较大，心部韧度较低，质量不易保证，不适于承受冲击载荷。热处理后必须进行磨齿、研齿等精加工。

②表面淬火 常用材料为中碳钢或中碳合金钢。由于心部韧度高，故能承受中等冲击载荷。因只在轮齿的薄层表面加热，轮齿变形不大，最后可不磨齿。但若硬化层较深，则轮齿变形会较大，应进行最后精加工。

③渗碳淬火　常用材料为低碳钢或低碳合金钢。低碳钢渗碳淬火后,因其心部强度较低且与渗碳层不易很好结合,在载荷较大时有剥离的可能,而且轮齿的弯曲强度也较低,因此重要场合宜采用低碳合金钢。齿轮经渗碳淬火后轮齿变形较大,应进行磨齿处理。

④渗氮　常用渗氮钢为 38CrMoA1A 等。渗氮齿轮硬度高、变形小,适用于内齿轮和难以磨削的齿轮。由于硬化层很薄,在冲击载荷下易破碎,磨损较严重时也会因硬化层被磨掉而报废,故宜用于载荷平稳、润滑良好的传动。

⑤碳氮共渗　碳氮共渗工艺时间短,且有渗氮的优点,可以代替渗碳淬火,其材料和渗碳淬火相同。

⑥正火和调质　材料为中碳钢或中碳合金钢。

(4)选择合适的齿面硬度差

金属制的软齿面齿轮,配对两轮齿面的硬度差应保持在 30~50HBS 或更多。

当小齿轮与大齿轮的齿面具有较大的硬度差且速度又较高时,较硬的小齿轮齿面对较软的大齿轮齿面会起较显著的冷作硬化效应,从而提高了大齿轮齿面的疲劳极限。因此,当配对的两齿轮齿面具有较大的硬度差时,大齿轮的接触疲劳许用应力可提高约20%,但应注意硬度高的齿面粗糙度值也要相应减小。

11.2.2　齿轮精度

齿轮传动的质量和传动的承载能力与齿轮的制造精度密不可分。设计齿轮传动时,应根据不同的用途、使用条件、传递功率、圆周速度以及技术经济条件等来合理选择齿轮传动的精度。

GB/T 10095—2008 和 GB/T 11365—1989 分别对渐开线圆柱齿轮和圆锥齿轮规定了 12 个精度等级,按精度从高到低依次定为 1~12 级。1、2 级是待发展的精度等级,3~5 级为高精度等级,6~8 级为中等精度等级,9~12 级为低精度等级。

按照误差的特性及其对传动性能的影响,标准中将齿轮的各项公差(及偏差)分成三组:第Ⅰ公差组考虑运动准确性;第Ⅱ公差组考虑传动的平稳性;第Ⅲ公差组考虑载荷分布均匀性。另外,考虑到加工误差及工作时轮齿受热膨胀,同时为便于润滑齿轮,传动中两接触轮齿间应有一定的齿侧间隙,为此标准中还对齿厚制定了 14 种偏差。

关于各项公差、偏差的说明与数值以及齿轮精度的标注方法等详见相关设计手册。为便于设计时参考,表 11-2 列出了圆柱齿轮精度等级的选择原则。

表 11-2　圆柱齿轮传动精度等级的选择

精度等级	圆周速度(m/s)		应 用 场 合	效 率
	直齿	斜齿		
5	≤20	≤40	高速、并对平稳性和噪声有高要求的齿轮,如高速汽轮机用齿轮、精密分度用齿轮、8 或 9 级齿轮的测量齿轮	≥0.99(0.985)
6	≤15	≤30	要求高速、平稳和低噪声的齿轮,如特别重要的飞机齿轮、分度机构用齿轮	≥0.99(0.985)

精度等级	圆周速度(m/s)		应 用 场 合	效 率
	直齿	斜齿		
7	≤10	≤20	高速、载荷小或反转的齿轮,如机床的进给齿轮、飞机齿轮、读数设备中的齿轮	≥0.98(0.975)
8	≤6	≤12	对精度没有特别要求的一般机械用齿轮,如机床齿轮(除分度机构外)、飞机、汽车、拖拉机中不重要的齿轮、起重机、农业机械、普通减速器用齿轮	≥0.97(0.965)
9	≤2	≤4	精度要求不高的低速齿轮	≥0.96(0.95)

注：括号内的效率是包括轴承损失的数据。

11.3　齿轮传动的载荷计算

11.3.1　直齿圆柱齿轮传动

如图 11-5 所示，设标准直齿圆柱齿轮传动啮合于节点位置。在理想情况下，作用于齿轮上的力是沿接触线均匀分布的，常用集中力代替。正常润滑条件下，因齿面间摩擦力较小，在此可忽略不计，故该集中力为法向力 F_n，其方向沿啮合线。它可分解为互相垂直的两个力，即切于节圆的圆周力 F_t 和沿半径方向的径向力 F_r。

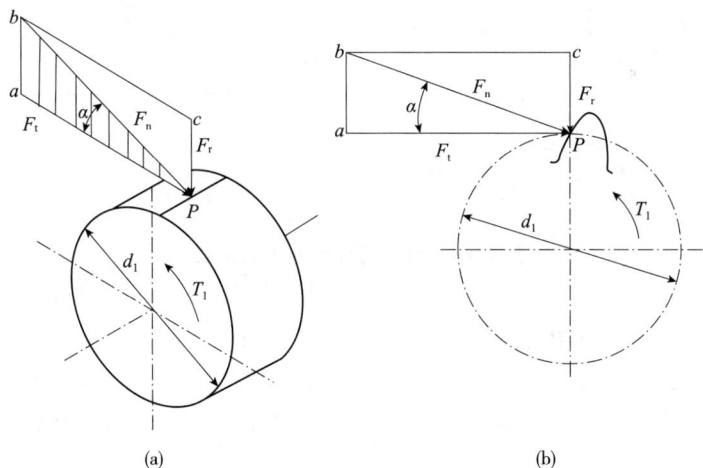

(a)　　　　　　　　　　　　(b)

图 11-5　直齿圆柱齿轮传动形式

根据作用力与反作用力的关系，作用在主动轮和从动轮上各对力大小相等、方向相反。主动轮上的圆周力是阻力，其方向与回转方向相反；从动轮上的圆周力是驱动力，其方向与回转方向相同；径向力分别指向各轮轮心。各力计算公式如下：

$$\begin{cases} F_{t} = \dfrac{2T_1}{d_1} \\[2mm] F_{r} = F_{t}\tan\alpha \\[2mm] F_{n} = \dfrac{F_{t}}{\cos\alpha} \end{cases} \tag{11-1}$$

式中　d_1——小齿轮节圆(标准传动中即为分度圆)直径，mm;

　　　α——节圆(标准传动中即为分度圆)压力角;

　　　T_1——小齿轮传递的名义转矩，N·mm，$T_1 = 9.55 \times 10^6 \dfrac{P}{n_1}$，其中 P 为传递的功率

(kW)，n_1 为小齿轮的转速(r/min)。

11.3.2　斜齿圆柱齿轮传动

如图 11-6 所示，斜齿圆柱齿轮轮齿上的法向力 F_n 可分解为三个相互垂直的分力，即圆周力 F_t、径向力 F_r 和轴向力 F_a。

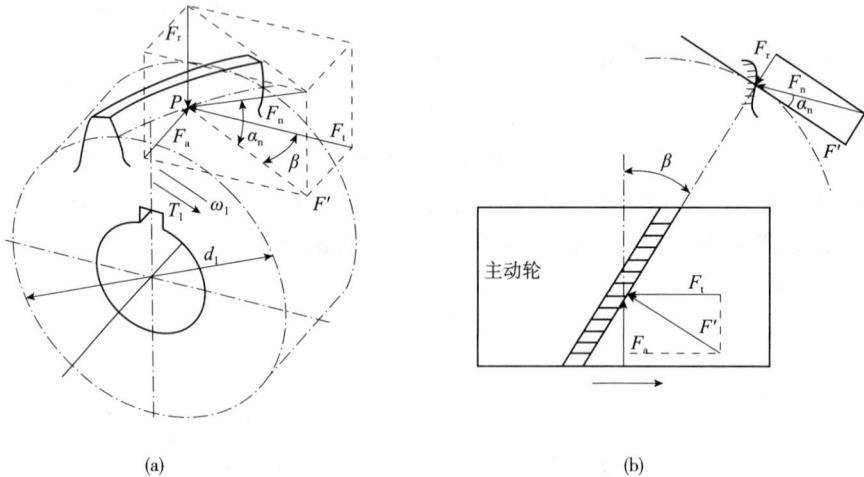

(a)　　　　　　　　　　(b)

图 11-6　斜齿圆柱齿轮传动形式

圆周力 F_t 和径向力 F_r，方向的判断与直齿圆柱齿轮传动相同。轴向力 F_a 的方向决定于主动轮轮齿螺旋线方向和齿轮回转方向，可用"左(右)手定则"判断：根据主动轮的轮齿螺旋线方向，左旋用左手、右旋用右手，握住主动轮的轴线，除拇指外其余四指代表旋转方向，拇指的指向即为主动轮轴向力的方向；从动轮轴向力方向与其相反。由各力之间的方向关系，可得各力计算公式如下：

$$\begin{cases} F_{t} = \dfrac{2T_1}{d_1} \\[2mm] F_{r} = \dfrac{F_{t}\tan\alpha_n}{\cos\beta} \\[2mm] F_{a} = F_{t}\tan\alpha_n \\[2mm] F_{n} = F_{t}\tan\alpha_n \end{cases} \tag{11-2}$$

式中　β——斜齿轮螺旋角；

　　　α_n——法面压力角。

11.3.3　直齿圆锥齿轮传动

如图 11-7 所示，假设集中法向力 F_n 作用于齿宽中点处。F_n 可分解为三个相互垂直的分力，即圆周力 F_t、径向力 F_r 和轴向力 F_a。

圆周力 F_t 和径向力 F_r 方向的判断与直齿圆柱齿轮传动相同，轴向力指向各自的大端。与圆柱齿轮不同的是，圆锥齿轮传动中小齿轮的径向力和轴向力分别与大齿轮的轴向力和径向力是作用力与反作用力。各力计算公式如下：

$$\begin{cases} F_{t1} = \dfrac{2T_1}{d_{m1}} = F_{t2} \\[2mm] F_{r1} = F_{t1}\tan\alpha\cos\delta_1 = F_{a2} \\[2mm] F_{a1} = F_{t1}\tan\alpha\sin\delta_1 = F_{r2} \end{cases} \qquad (11\text{-}3)$$

式中　d_{m1}——小齿轮齿宽中点的分度圆直径；

　　　δ_1——小齿轮分锥角。

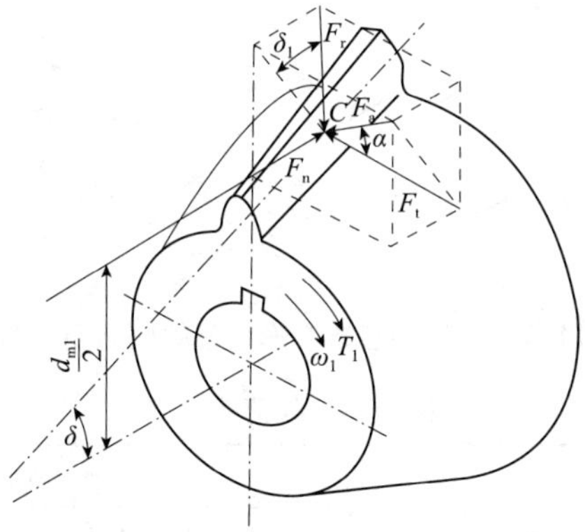

图 11-7　直齿圆锥齿轮传动形式

11.3.4　计算载荷

上述受力分析中都假定轮齿上的受力沿齿宽均匀分布，并用集中力代替分布力。实际齿轮传动工作时，由于齿轮、轴及轴承受载后的弹性变形，齿轮轮齿上的力沿齿宽并不是均匀分布的。图 11-8 和图 11-9 所示分别为由于轴的弯曲和齿轮的扭转变形而使轮齿产生受力不均的现象。

另外，考虑原动机和工作机的特性(平稳、振动、冲击等)、齿轮制造误差等原因，实际齿轮传动中还会引起附加动载荷。精度越低，速度越高，则附加动载荷越大。

根据名义转矩求得的各力均为名义载荷。综上所述，齿轮实际所受的载荷一般要比名义载荷大。为此，进行齿轮强度计算时引进载荷系数 K 对名义载荷进行修正，以考虑各种因素的影响，即用计算载荷 KF 来代替名义载荷 F。载荷系数 K 可参考表 11-3 查取。

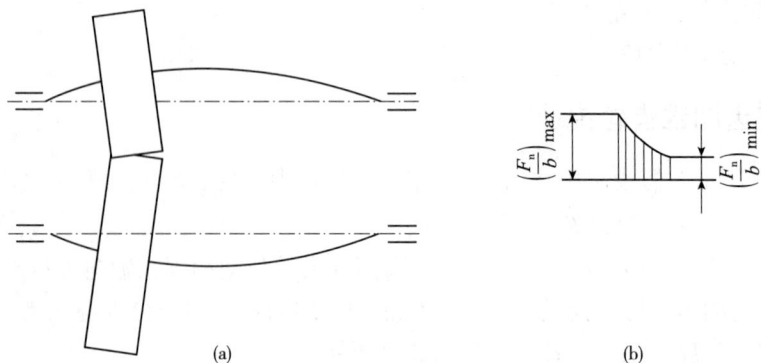

(a)   (b)

图 11-8   轴弯曲引起的轮齿受力不均

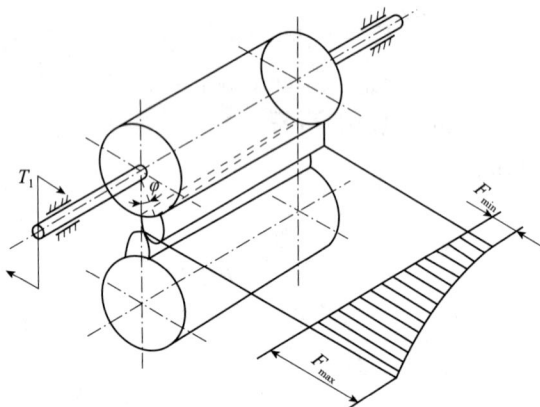

图 11-9   齿轮的扭转变形引起的轮齿受力不均

表 11-3   载荷系数 K

载荷状态	工作机举例	原动机的工作特性及其示例		
		均匀平稳轻微冲击	中等冲击	严重冲击
		电动机、汽轮机、液压马达	多缸内燃机	单缸内燃机
平稳轻微冲击	均匀加料的运输机和喂料机、发电机、透平鼓风机和压缩机、机床辅助传动等	1~1.2	1.2~1.6	1.6~1.8
中等冲击	不均匀加料的运输机和喂料机、重型卷扬机、球磨机、多缸往复式压缩机等	1.2~1.6	1.6~1.8	1.8~2.0
较大冲击	冲床、剪床、钻机、轧机、挖掘机、重型给水泵、破碎机、单缸往复式压缩机	1.6~1.8	1.9~2.1	2.2~2.4

注：①斜齿、圆周速度低、精度高、齿宽系数小时取小值；直齿、圆周速度高、精度低、齿宽系数大时取大值；齿轮在两轴承间对称布置时取小值，非对称布置或悬臂布置时取大值。

②对于增速传动，根据经验建议取表中值的1.1倍。

11.4 直齿圆柱齿轮传动的强度计算

11.4.1 齿面接触抗疲劳强度计算

（1）强度条件

点蚀与齿面的接触应力大小直接相关。齿轮在工作时，轮齿间接触点位置不同，接触应力也不同。考虑到实际点蚀通常发生于靠近节点（线）附近的齿根处，而且通常齿轮在节点接触时只有一对轮齿受力，所以工程上以节点作为计算点来进行接触强度计算。强度条件为保证该处的接触应力 σ_H 不超过齿轮的许用接触应力 $[\sigma_H]$，即

$$\sigma_H \leqslant [\sigma_H] \tag{11-4}$$

（2）节点处接触应力 σ_H 的确定

如图 11-10 所示，一对齿轮 1 和 2 在节点啮合时，可看作两圆柱体在接触。这两个圆柱体的半径分别是两齿轮的渐开线齿廓在接触点的曲率半径 ρ_1、ρ_2，两圆柱体间的法向力即是两齿廓间的法向力 F_n。齿面间的最大接触应力可应用弹性力学的赫兹公式计算如下：

$$\sigma_H = \sqrt{\dfrac{F_N}{\pi b} \dfrac{\dfrac{1}{\rho_1} \pm \dfrac{1}{\rho_2}}{\dfrac{1-\mu_1^2}{E_1} + \dfrac{1-\mu_2^2}{E_2}}} \tag{11-5}$$

式中 b——齿轮轮齿接触线宽；

E、μ——齿轮材料的弹性模量和泊松比。

式中正号用于外啮合，负号用于内啮合。

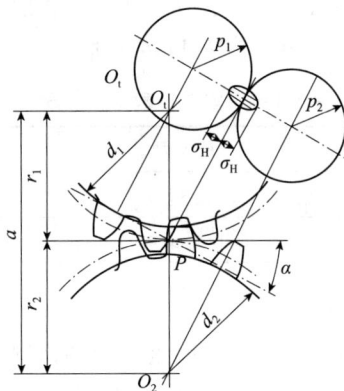

图 11-10 在节点啮合的齿轮

根据渐开线公式可得

$$\rho_1 = \frac{d_1}{2}\sin\alpha, \ \rho_2 = \frac{d_2}{2}\sin\alpha$$

引入以下关系式

$$\mu = \frac{z_2}{z_1} = \frac{d_2}{d_1}, \ a = \frac{1}{2}(d_2 \pm d_1) = \frac{d_1}{2}(u \pm 1)$$

则可得

$$\frac{1}{\rho_1} \pm \frac{1}{\rho_2} = \frac{\rho_2 \pm \rho_1}{\rho_1 \rho_2} = \frac{u \pm 1}{u} \frac{2}{d_1 \sin\alpha}$$

一对钢制齿轮有 $E_1 = E_2 = 2.56 \times 10^5 \text{MPa}$，$\mu_1 = \mu_2 = 0.3$，$\alpha = 20°$。将上述关系式、式(11-1)以及上述材料参数代入式(11-5)并考虑载荷系数 K，可得一对钢制标准齿轮传动的齿面接触应力计算式为

$$\sigma_H = 335 \sqrt{\frac{KT_1 (u \pm 1)^3}{bua^2}} \tag{11-6}$$

（3）强度计算公式

将式(11-6)代入式(11-4)，可得一对钢制标准齿轮传动的齿面接触强度验算式为

$$\sigma_H = 335 \sqrt{\frac{KT_1 (u \pm 1)^3}{bua^2}} \leqslant [\sigma_H] \tag{11-7}$$

取齿宽系数为

$$\phi_a = \frac{b}{a}$$

则由式(11-7)可得其设计式为

$$a \geqslant (u \pm 1) \sqrt[3]{\left(\frac{335}{[\sigma_H]}\right)^2 \frac{KT_1}{\phi_a u}} \tag{11-8}$$

其中许用接触应力 $[\sigma_H]$ 按下式计算：

$$[\sigma_H] = \frac{\sigma_{H \text{lim}}}{S_H}$$

式中　$\sigma_{H \text{lim}}$——齿轮的接触疲劳极限应力，按图11-11查取；

　　　S_H——齿面接触疲劳安全系数，按表11-4查取。

表11-4　安全系数 S_H 和 S_F

安全系数	软齿面	硬齿面
S_H	1.0 ~ 1.1	1.1 ~ 1.2
S_F	1.3 ~ 1.4	1.4 ~ 1.6

（4）强度计算式中各参数的说明

①由式(11-7)和式(11-8)可知，在其他因素一定的情况下，齿轮传动的接触抗疲劳强度主要取决于齿轮的中心距（或直径），模数不能单独作为衡量齿轮接触强度的指标。

②在材料和硬度不同时，公式中的许用接触应力 $[\sigma_{H1}] \neq [\sigma_{H2}]$，计算时应以较小者代入计算。

③关于齿宽系数 ϕ_a 和齿宽 b。由齿轮的强度公式可知，轮齿越宽，承载能力也越高，因而轮齿不宜过窄。但增大齿宽又会使齿面上的载荷分布更趋不均匀，故齿宽系数应取得合适，推荐取 0.2、0.25、0.3、0.35、0.4、0.45、0.5、0.6 等。齿轮相对轴承对称布置时可取大些，反之取小些；悬臂布置时应取下限，直齿轮取小些，斜齿轮和人字齿轮可取大些。考虑到安装时大小齿轮的轴向位置可能偏移，为了保证轮齿全宽接触，可将小齿轮

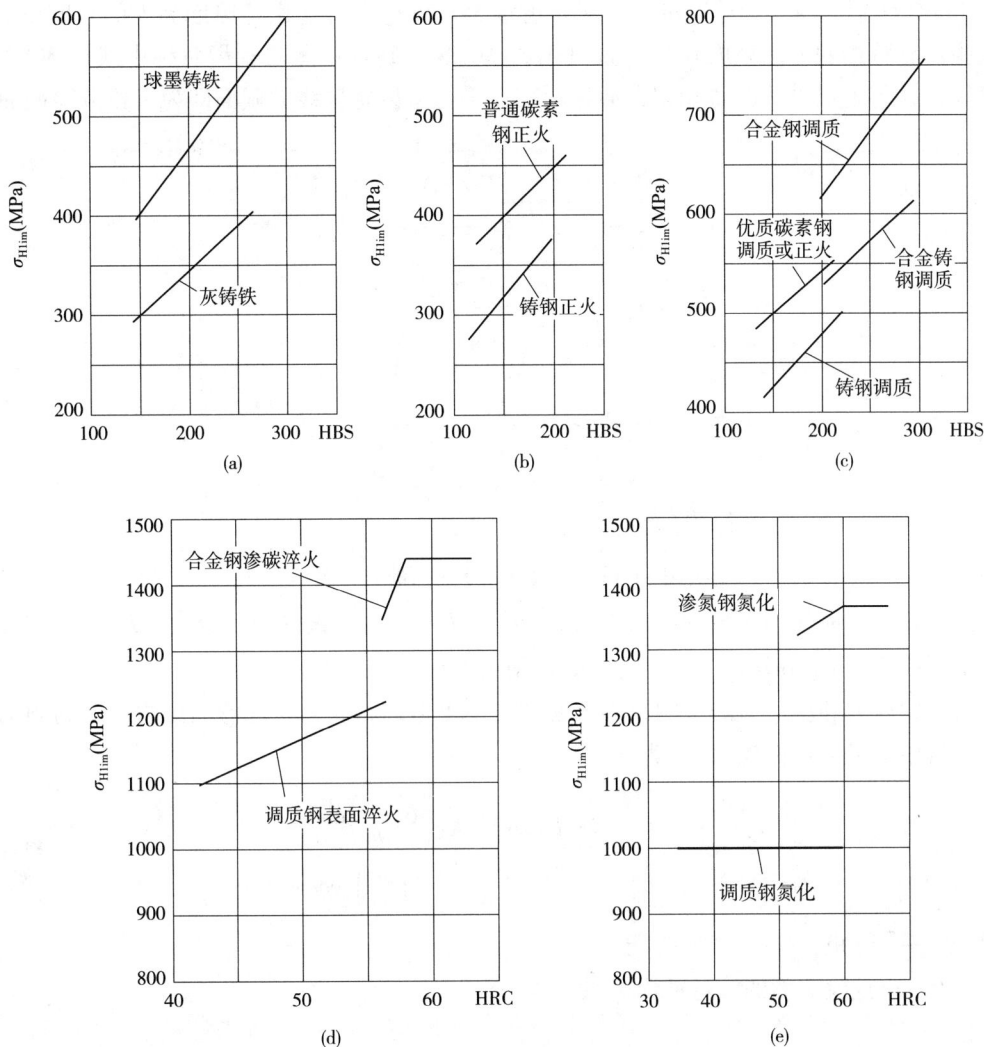

图 11-11　齿轮的接触疲劳极限应力

的齿宽增大 $5 \sim 10\text{mm}$，即 $b_1 = b + (5 \sim 10)\text{mm}$，而大齿轮齿宽 $b_2 = b$。

④关于齿数比 u。减速传动 $u = i$，增速传动 $u = 1/i$，其中 i 为传动比。

⑤当配对齿轮材料为钢对铸铁和铸铁对铸铁时，应将公式中的 335 分别改为 285 和 250。

11.4.2　齿根弯曲抗疲劳强度计算

（1）强度条件

在预定的使用期限内，轮齿不产生疲劳折断的强度条件为齿根危险剖面处的弯曲应力 σ_F 不大于轮齿的许用弯曲疲劳应力 $[\sigma_F]$，即

$$\sigma_F \leqslant [\sigma_F] \tag{11-9}$$

（2）齿根弯曲应力 σ_F 的确定

为安全考虑，计算弯曲强度时假定全部载荷仅由一对轮齿承担，且载荷作用于齿顶，

如图 11-12 所示。由于轮缘刚度相对于轮齿很大，故轮齿可看作是厚度为 b 的悬臂梁。根据经验，悬臂梁的危险截面具体位置可用 30°切线法确定：做与轮齿对称中线成 30°的两条直线，并与齿根过渡曲线相切，通过两切点平行于齿轮轴线的截面即为齿根危险截面。

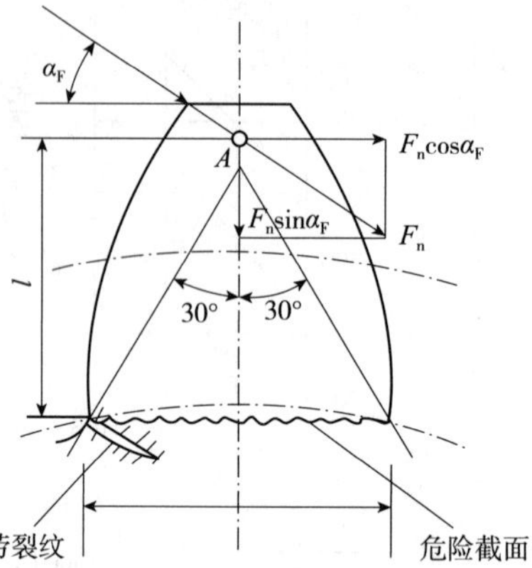

图 11-12 载荷作用于齿顶的受力图

沿啮合线方向作用于齿顶的法向力 F_n 可分解为互相垂直的两个分力：$F_n\cos\alpha_F$，使齿根产生弯曲应力 σ_b 和切应力 τ；$F_n\sin\alpha_F$，使齿根产生压应力 σ_c。

由于切应力和压应力的影响较小，通常可不予考虑，而只考虑弯曲应力。由材料力学可知，齿根的最大弯曲应力 σ_F 为

$$\sigma_F = \frac{M}{W} = \frac{KF_n l\cos\alpha_F}{\dfrac{bs^2}{6}} = \frac{KF_t}{bm}\frac{6\left(\dfrac{l}{m}\right)\cos\alpha_F}{\left(\dfrac{s}{m}\right)^2\cos\alpha} \qquad (11\text{-}10)$$

式中 M——弯矩；

　　　　W——危险截面的抗弯截面模量。

令

$$Y_F = \frac{6\left(\dfrac{l}{m}\right)\cos\alpha_F}{\left(\dfrac{s}{m}\right)^2\cos\alpha} \qquad (11\text{-}11)$$

并将式(11-11)代入式(11-10)，则式(11-10)可写为

$$\sigma_F = \frac{KF_t}{bm}Y_F = \frac{2KT_1 Y_F}{bd_1 m} = \frac{2KT_1 Y_F}{bm^2 z_1}$$

Y_F 称为齿形系数。因 l 和 s 均与模数成正比，所以 Y_F 的大小与模数无关，而只取决于轮齿的形状和齿数。正常齿制标准齿轮的 Y_F 可由图 11-13 查得。

（3）强度计算公式

将式(11-11)代入式(11-9)，可得轮齿弯曲强度的验算式为

$$\sigma_F = \frac{2KT_1 Y_F}{bm^2 z_1} \le [\sigma_F] \qquad (11\text{-}12)$$

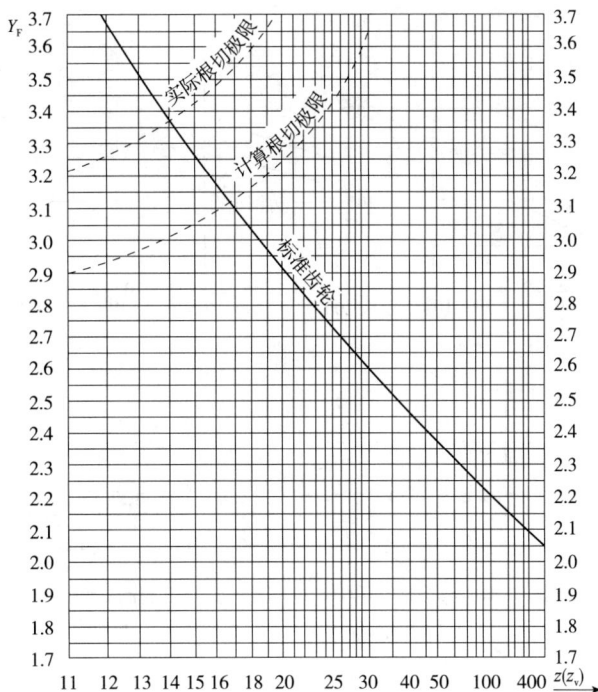

图 11-13 正常齿制标准齿轮的齿形系数

将 $b = \phi_a a = \dfrac{\phi_a z_1 m (u \pm 1)}{2}$ 代入上式，可得设计公式为

$$m \geqslant \sqrt[3]{\frac{4 K T_1 Y_F}{\phi_a (u \pm 1) z_1^2 [\sigma_F]}} \qquad (11\text{-}13)$$

许用弯曲应力 $[\sigma_F]$ 按下式计算：

$$[\sigma_F] = \frac{\sigma_{F\,lim}}{S_F}$$

式中　$\sigma_{F\,lim}$——齿轮的齿根弯曲疲劳极限，查图 11-14，若齿轮长期双向运转，查得的数据应乘以 0.7；

S_F——轮齿弯曲疲劳安全系数，查表 11-4。

（4）强度计算式中各参数的说明

①由式（11-12）和式（11-13）可知，在其他条件相同时，影响齿轮弯曲强度的主要参数是模数 m。m 应圆整为标准值。

②同一对齿轮传动，大、小齿轮的齿形系数 Y_F 和许用弯曲应力 $[\sigma_F]$ 是不相同的。因此，应用式（11-12）验算齿轮弯曲强度时，大、小齿轮都应分别验算；应用式（11-13）设计齿轮传动时，需对大、小齿轮的 $Y_{F1}/[\sigma_{F1}]$、$Y_{F2}/[\sigma_{F2}]$ 进行比较，并按两者中的较大值代入计算。

③小齿轮齿数 z 的选择，为使齿轮免于根切，对于 α 为 20° 的标准直齿圆柱齿轮应取 $z_1 \geqslant 17$。若保持齿轮传动的中心距 a 不变，增加齿数除能增大重合度、改善传动的平稳性

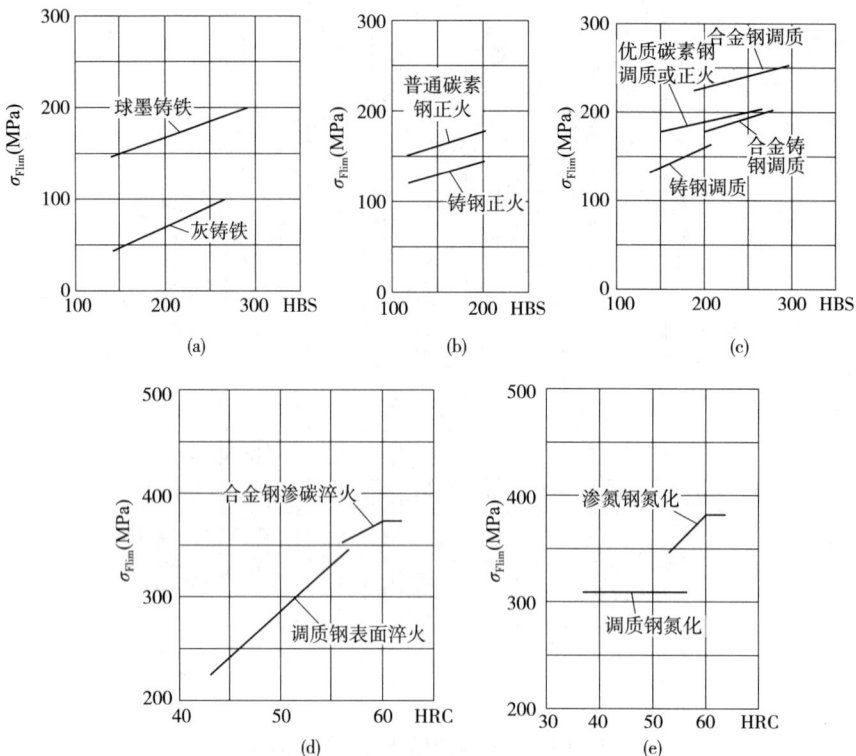

图 11-14   齿轮的齿根弯曲疲劳极限

外，还可减小模数、降低齿高，从而减少金属切削量、节省制造费用。但模数小了，齿厚随之减薄，这样就降低了齿轮的弯曲强度。对于闭式软齿面齿轮，承载能力主要取决于接触强度，故应以齿数多一些为佳。小齿轮的齿数可取为 $z_1 = 20 \sim 40$。闭式硬齿面传动，承载能力主要取决于弯曲抗疲劳强度，故小齿轮不宜选用过多的齿数，一般可取 $z_1 = 17 \sim 20$。由于开式传动中轮齿主要为磨损失效，为使齿轮不致过大，z_1 亦不宜过多，同样可取 $z_1 = 17 \sim 20$。

【例 11-1】   设计起重机用传动装置中的高速级标准直齿圆柱齿轮传动。已知原动机为电动机，传递功率 $P = 7\text{kW}$，小齿轮转速 $n = 960\text{r/min}$，传动比 $i = 3$，单向传动，载荷有中等冲击。

解：

①设采用 8 级精度软齿面闭式传动。根据计算准则，按接触抗疲劳强度进行设计计算，按弯曲抗疲劳强度校核计算。

小齿轮用 40C_r 调质，齿面硬度 270HBS（表 11-1）；大齿轮用 45 钢调质，齿面硬度 240HBS（表 11-1）；查图 11-11 得 $\sigma_{H\,lim1} = 710\text{MPa}$，$\sigma_{H\,lim2} = 570\text{MPa}$；查表 11-4 得 $S_H = 1.1$。故可得

$$[\sigma_{H1}] = \frac{\sigma_{H\,lim1}}{S_H} = \frac{710}{1.1} = 645\,(\text{MPa})$$

$$[\sigma_{H2}] = \frac{\sigma_{H\,lim2}}{S_H} = \frac{570}{1.1} = 518\,(\text{MPa})$$

查图 11-14 得 $\sigma_{\text{Flim1}} = 245\text{MPa}$，$\sigma_{\text{Flim2}} = 195\text{MPa}$，查表 11-4 得 $S_{\text{F}} = 1.3$，故可得

$$[\sigma_{\text{F1}}] = \frac{\sigma_{\text{Flim1}}}{S_{\text{F}}} = \frac{245}{1.3} = 188(\text{MPa})$$

$$[\sigma_{\text{F2}}] = \frac{\sigma_{\text{Flim2}}}{S_{\text{F}}} = \frac{195}{1.3} = 150(\text{MPa})$$

②按齿面接触抗疲劳强度设计。

取载荷系数 $K = 1.6$（表 11-3），齿宽系数 $\phi_a = 0.3$。小齿轮上的转矩为

$$T_1 = \frac{9.55 \times 10^6 P}{n_1} = 9.55 \times 10^6 \times \frac{7}{960} = 69635(\text{N} \cdot \text{mm})$$

按式（11-8）求中心距为

$$a \geqslant (u \pm 1)\sqrt[3]{\left(\frac{335}{[\sigma_{\text{H}}]}\right)^2 \frac{KT_1}{\phi_a u}}$$

$$= (3 \pm 1)\sqrt[3]{\left(\frac{335}{[518]}\right)^2 \frac{1.6 \times 69635}{0.3 \times 3}}$$

$$= 149.1(\text{mm})$$

取齿数 $z_1 = 30$，则有

$$z_2 = iz_1 = 3 \times 30 = 90$$

模数为

$$m = \frac{2a}{z_1 + z_2} = \frac{2 \times 149.1}{30 + 90} = 2.49(\text{mm})$$

于是可取标准模数 $m = 2.5\text{mm}$。

确定实际中心距为

$$a = \frac{m}{2}(z_1 + z_2) = \frac{2.5}{2} \times (30 + 90) = 150(\text{mm})$$

齿宽为

$$b = \phi_a a = 0.3 \times 150 = 45(\text{mm})$$

于是可取 $b_2 = 45\text{mm}$，$b_1 = 50\text{mm}$。

③验算轮齿弯曲抗疲劳强度。

查图 11-13 得齿形系数 $Y_{\text{F1}} = 2.60$，$Y_{\text{F2}} = 2.22$。据式（11-12）验算轮齿弯曲强度（按 $b = 45\text{mm}$ 计算）如下：

$$\sigma_{\text{F1}} = \frac{2KT_1 Y_{\text{F1}}}{bm^2 z_1} = \frac{2 \times 1.6 \times 69635 \times 2.6}{45 \times 2.5^2 \times 30} = 68.7(\text{MPa}) < [\sigma_{\text{F1}}]$$

$$\sigma_{\text{F2}} = \sigma_{\text{F1}}\frac{Y_{\text{F2}}}{Y_{\text{F1}}} = 68.7 \times \frac{2.22}{2.60} = 58.7(\text{MPa}) < [\sigma_{\text{F2}}]$$

由此可知轮齿弯曲强度满足要求，安全。

④求齿轮的圆周速度。计算得

$$v = \frac{\pi d_1 n_1}{60 \times 1000} = \frac{\pi \times 2.5 \times 30 \times 960}{60000} = 3.77(\text{m/s})$$

对照表 11-2，可知选用 8 级精度是合适的。

11.5 斜齿圆柱齿轮传动的强度计算

斜齿圆柱齿轮法面是渐开线齿形，而且工作时齿面间的作用力处于法面内，所以斜齿圆柱齿轮传动的强度计算可以转化为其当量直齿圆柱齿轮传动的强度计算。将当量齿轮的有关参数代入直齿圆柱齿轮强度计算式中，同时考虑斜齿轮传动重合度大、接触线倾斜等特点，可得斜齿圆柱齿轮传动强度计算公式。详细过程可参考有关设计手册，这里直接给出简化的计算公式。

钢制标准斜齿圆柱齿轮传动齿面接触抗疲劳强度的校核公式为

$$\sigma_H = 305 \sqrt{\frac{KT_1 (u \pm 1)^3}{bua^2}} \leqslant [\sigma_H] \tag{11-14}$$

引入齿宽系数，得设计公式为

$$a \geqslant (u \pm 1) \sqrt[3]{\left(\frac{305}{[\sigma_H]}\right)^2 \frac{KT_1}{\phi_a u}} \tag{11-15}$$

式中各参数含义均与直齿圆柱齿轮相同。

当配对齿轮材料为钢对铸铁和铸铁对铸铁时，系数 305 分别变为 259 和 228。

由式(11-15)求出 a 后，可初选 z_1 及螺旋角 β，然后由 $a = \dfrac{m_n(z_1 + uz_1)}{2\cos\beta}$ 求得法面模数 m_n，并圆整为标准值。若中心距也需要圆整，则必须利用 $\beta = \arccos \dfrac{m_n(z_1 + uz_1)}{2a}$ 计算实际螺旋角。为发挥斜齿轮传动的优点，同时不至于产生过大的轴向力，通常 β 取 $8° \sim 20°$，人字齿轮可取到 $45°$。

斜齿圆柱齿轮传动轮齿弯曲强度的校核公式为

$$\sigma_F = \frac{1.6KT_1 Y_F}{bd_1 m_n} = \frac{1.6KT_1 Y_F \cos\beta}{bz_1 m_n^2} \leqslant [\sigma_F] \tag{11-16}$$

引入齿宽系数，得设计公式为

$$m_n \geqslant \sqrt[3]{\frac{3.2KT_1 Y_F \cos^2\beta}{\phi_a z_1^2 (u \pm 1)[\sigma_F]}} \tag{11-17}$$

齿形系数 Y_F 应按当量齿数由图 11-13 查得。

【例 11-2】 设计球磨机用传动装置中的单级斜齿圆柱齿轮传动。已知原动机为电动机，传递功率 $P = 250\text{kW}$，小齿轮转速 $n_1 = 750\text{r/min}$，传动比 $i = 3.15$，单向传动，载荷有中等冲击。

解：

①因为功率很大，设采用 8 级精度硬齿面闭式传动。根据计算准则，按弯曲抗疲劳强度进行设计计算，按接触抗疲劳强度进行校核。

小齿轮用 20CrMnTi 渗碳淬火，齿面硬度 59HRC(表 11-1)；大齿轮用 20Cr 渗碳淬火，齿面硬度 59HRC(表 11-1)；查图 11-14 得 $\sigma_{Flim1} = \sigma_{Flim2} = 370\text{MPa}$；查表 11-4 得 $S_F = 1.5$。从而有

$$[\sigma_{F1}] = [\sigma_{F2}] = \frac{\sigma_{Flim}}{S_F} = \frac{370}{1.5} = 247(MPa)$$

查图 11-11 得 $\sigma_{Hlim1} = \sigma_{Hlim2} = 1440MPa$，查表 11-4 得 $S_H = 1.2$，故可得

$$[\sigma_{H1}] = [\sigma_{H2}] = \frac{\sigma_{Hlim}}{S_H} = \frac{1440}{1.2} = 1200(MPa)$$

②按轮齿弯曲抗疲劳强度设计。取载荷系数 $K = 1.6$（表 11-3），齿宽系数 $\phi_a = 0.5$。小齿轮上的转矩为

$$T_1 = \frac{9.55 \times 10^6 P}{n_1} = 9.55 \times 10^6 \times \frac{250}{750} = 3.183 \times 10^6(N \cdot mm)$$

初选螺旋角 $\beta = 15°$。取齿数 $z_1 = 19$，则 $z_2 = iz_1 = 3.15 \times 19 = 59.85$，圆整取 $z_2 = 60$。实际传动比 $i = \frac{60}{19} = 3.158$。

当量齿数为

$$z_{v1} = \frac{19}{\cos^3 15°} = 21.08 \quad z_{v2} = \frac{60}{\cos^3 15°} = 66.58$$

查图 11-13 得齿形系数 $Y_{F1} = 2.88$，$Y_{F2} = 2.28$，可据此求出

$$\frac{Y_{F1}}{[\sigma_{F1}]} = \frac{2.88}{247} = 0.0117 > \frac{Y_{F2}}{[\sigma_{F2}]} = \frac{2.28}{247} = 0.0092$$

所以将 $\frac{Y_{F1}}{[\sigma_{F1}]}$ 当代入式（11-17）中求法向模数为

$$m_n \geqslant \sqrt[3]{\frac{3.2KT_1Y_F\cos^2\beta}{\phi_a z_1^2(u \pm 1)[\sigma_F]}}$$

$$= \sqrt[3]{\frac{3.2 \times 1.6 \times 3.183 \times 10^6 \times 0.0117 \times \cos^2 15°}{0.5 \times 19^2 \times (3.158 + 1)}}$$

$$= 6.189(mm)$$

于是可取标准模数 $m_n = 7mm$。

中心距为

$$a = \frac{m_n}{2\cos\beta}(z_1 + z_2) = \frac{7}{2 \times \cos 15°} \times (19 + 60) = 286.254(mm)$$

中心距圆整为 $a = 290mm$。

实际螺旋角为

$$\beta = \arccos \frac{m_n(z_1 + z_2)}{2a} = \arccos \frac{7 \times (19 + 60)}{2 \times 290} = 17°33'4''$$

齿宽为

$$b = \phi_a a = 0.5 \times 290 = 145(mm)$$

于是可取 $b_1 = 150mm$，$b_2 = 145mm$。

③验算齿面接触抗疲劳强度。据式（11-14）验算轮齿接触抗疲劳强度（按 $b = 145mm$ 计算）得

$$\sigma_H = 305 \sqrt{\frac{KT_1(u+1)^3}{bua^2}}$$

$$= 305 \times \sqrt{\frac{1.6 \times 3.183 \times 10^6 \times (3.158+1)^3}{145 \times 3.158 \times 290^2}}$$

$$= 940(\text{MPa}) \leqslant [\sigma_H]$$

由此可知轮齿弯曲强度满足要求，安全。

④求齿轮的圆周速度。计算得

$$v = \frac{\pi d_1 n_1}{60 \times 1000} = \frac{\pi \times 7 \times 19 \times 750}{60000 \times \cos 17°33'4''} = 5.48(\text{m/s})$$

对照表 11-2，可知选用 8 级精度是合适的。

11.6　直齿圆锥齿轮传动的强度计算

直齿圆锥齿轮的齿形为球面渐开线，其强度计算十分复杂。为简化计算，可将一对轴交角为 90°的直齿圆锥齿轮传动的强度计算转化为齿宽中点处的一对当量齿轮计算，如图 11-15 所示。

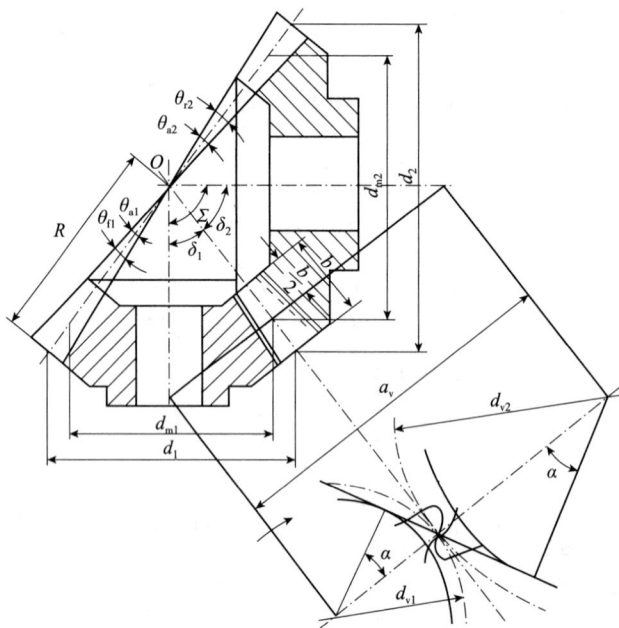

图 11-15　直齿圆锥齿轮传动强度计算

由此可得一对钢制直齿圆锥齿轮接触强度的校核公式为

$$\sigma_H = \frac{335}{R - 0.5b} \sqrt{\frac{\sqrt{(u^2+1)^3}KT_1}{ub}} \leqslant [\sigma_H] \tag{11-18}$$

式中　R——外锥距，其余参数同直齿圆柱齿轮。

引入齿宽系数 ϕ_R，则得设计公式为

$$R \geqslant \sqrt{u^2 + 1} \sqrt[3]{\left[\frac{335}{(1 - 0.5\phi_R)[\sigma_H]}\right]^2 \frac{KT_1}{\phi_R u}} \tag{11-19}$$

齿宽不应太大,否则沿齿宽受力不均匀,通常取 $\phi_R = 0.25 \sim 0.3$。

以上两式适用于钢制齿轮。材料配对改变时,修正同直齿圆柱齿轮。

应用式(11-19)求得外锥距 R 后,可选择齿数 z_1,再按下式求得大端模数,并圆整为标准值:

$$R = \frac{m}{2}\sqrt{z_1^2 + z_2^2} = \frac{mz_1}{2}\sqrt{u^2 + 1}$$

按同样的方法,可得一对直齿圆锥齿轮弯曲强度的验算公式为

$$\sigma_F = \frac{2KT_1 Y_F}{bm_m^2 z_1} \leqslant [\sigma_F] \tag{11-20}$$

式中,齿形系数 Y_F 应按当量齿数由图11-13查得;m_m 为平均模数,由图11-15可知

$$\frac{m}{m_m} = \frac{d}{d_{m1}} = \frac{R}{R - 0.5b}$$

其中 d_{m1} 为小齿轮齿宽中点的分度圆直径,所以有

$$m = \frac{m_m}{1 - 0.5\phi_R}$$

将关系式代入式(11-20)得设计公式为

$$m_m \geqslant \sqrt[3]{\frac{4KT_1 Y_F(1 - 0.5\phi_R)}{\sqrt{u^2 + 1}\phi_R z_1^2 [\sigma_F]}} \tag{11-21}$$

求得平均模数后,可用前述相关公式求得大端模数,并圆整为标准值。

11.7 齿轮的结构设计

齿轮结构形式主要由毛坯材料、几何尺寸、加工工艺等因素确定,各部分尺寸由经验公式求得。

对于直径很小的齿轮($d_a < 2D_1$),当其分度圆直径与轴的直径相差很小时,可将齿轮和轴做成整体,称为齿轮轴,如图11-16所示。这时轴和齿轮必须用同一种材料制造。

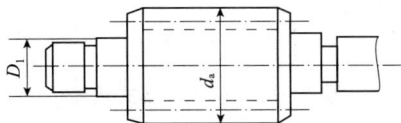

图11-16 齿轮轴

如果齿轮直径比轴的直径大得多,则不论是从制造还是从节约贵重材料的角度都应把齿轮和轴分开。

顶圆直径 $d_a \leqslant 500\text{mm}$ 的齿轮通常是锻造(重要的齿轮)或铸造的,锻造的齿轮一般采用腹板式结构,如图11-17所示,较小的齿轮也可做成实心式的。

顶圆直径 $d_a > 500\text{mm}$ 的齿轮常用铸铁或铸钢,铸造齿轮常做成轮辐式,如图11-18所示。

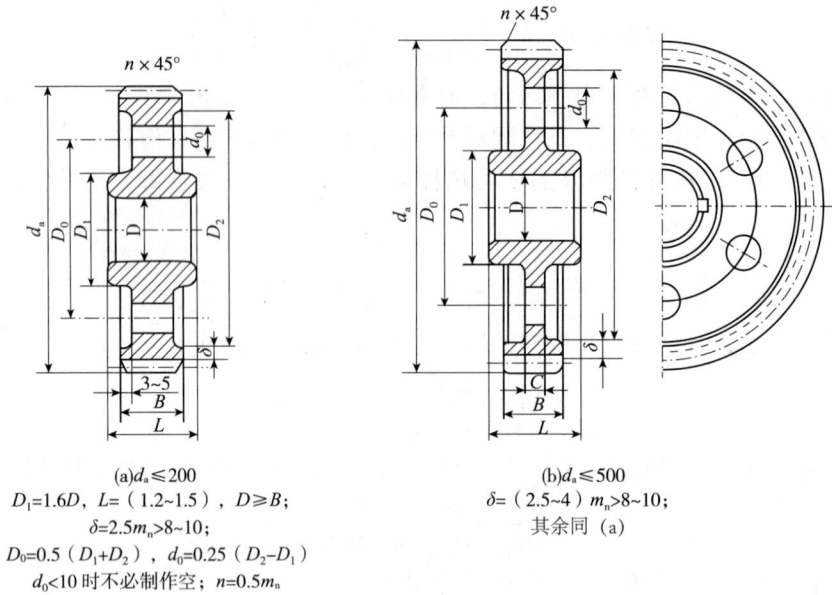

(a)$d_a \leqslant 200$
$D_1 = 1.6D$，$L = (1.2 \sim 1.5)$，$D \geqslant B$；
$\delta = 2.5m_n > 8 \sim 10$；
$D_0 = 0.5(D_1 + D_2)$，$d_0 = 0.25(D_2 - D_1)$
$d_0 < 10$ 时不必制作空；$n = 0.5m_n$

(b)$d_a \leqslant 500$
$\delta = (2.5 \sim 4)m_n > 8 \sim 10$；
其余同（a）

图 11-17　锻造腹板式齿轮

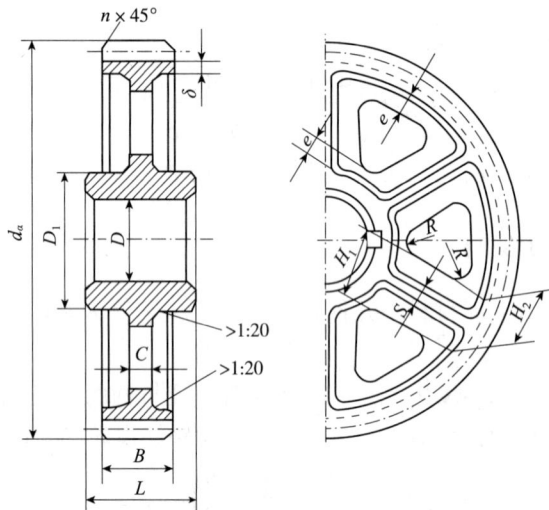

图 11-18　铸造轮辐式齿轮

11.8　齿轮的润滑

润滑对齿轮传动具有很大影响。润滑有减少磨损、吸振缓冲、降低噪声、散热冷却、防锈等作用。齿轮的润滑问题主要是选择润滑剂和润滑方式。润滑剂有润滑油、润滑脂、固体润滑剂，具体的牌号选择可参考有关手册。

润滑方式一般根据工作条件和速度选择。开式齿轮传动通常用人工定期加油润滑，所用润滑剂为润滑油或润滑脂；闭式齿轮传动的润滑方法根据齿轮的圆周速度大小来确定。

当齿轮的圆周速度 $v < 12m/s$ 时常将大齿轮的轮齿浸入油中进行浸油润滑，如图 11-19(a) 所示，这样齿轮在传动时就把润滑油带到啮合的齿面上，同时也将油甩到箱壁上借以散热。齿轮浸入油中的深度可视齿轮的圆周速度大小而定，圆柱齿轮通常不超过一个齿高，但一般亦不应小于 10mm。圆锥齿轮应浸入全齿宽，或至少应浸入齿宽的一半。在多级齿轮传动中，可借带油轮将油带到未浸入油内的齿轮的齿面上，如图 11-19(b) 所示。

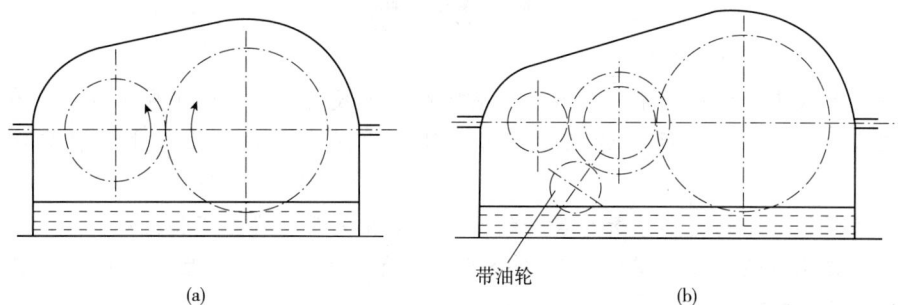

(a)　　　　带油轮　　　　(b)

图 11-19　齿轮的两种润滑方式

当齿轮的圆周速度 $v > 12m/s$ 时应采用喷油润滑，如图 11-20 所示，即由油泵或中心供油站以一定的压力供油，借喷嘴将润滑油喷到轮齿的啮合面上。$v < 25m/s$ 时喷嘴位于轮齿啮入边或啮出边均可；$v > 25m/s$ 时喷嘴应位于轮齿啮出边，以便及时冷却刚啮合过的轮齿，同时也对轮齿进行润滑。

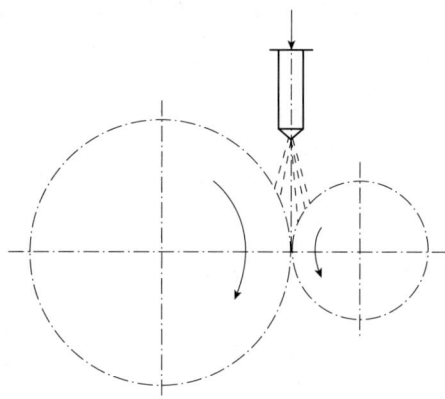

图 11-20　喷油方式润滑齿轮

本 章 小 结

渐开线的形式决定了渐开线的性质，渐开线齿轮是使用最为广泛的齿轮。本章主要介绍了一对齿轮正确啮合的条件，即直齿圆柱齿轮 $m_1 = m_2$、$\alpha_1 = \alpha_2$，斜齿圆柱齿轮 $m_{n1} = m_{n2}$、$\alpha_{n1} = \alpha_{n2}$、$\beta_1 = \pm\beta_2$。详细介绍了直齿轮的基本参数，即模数、压力角、齿数、齿顶高系数等。齿轮传动的失效形式包括轮齿折断、齿面点蚀、齿面磨损、齿面胶合和齿面塑性变形。

本章还介绍了齿轮传动的设计准则：软齿面主要失效形式为疲劳点蚀，应按齿面接触强度进行设计，校核弯曲抗疲劳强度；硬齿面主要失效形式为轮齿折断，应按齿根弯曲强度进行设计，校核齿面接触强度；开式传动主要失效形式为齿面磨损，按齿根弯曲抗疲劳强度计算。最后简要介绍了齿轮的润滑方式。

思 考 题

1. 一般开式齿轮传动的主要失效形式有哪些？闭式齿轮传动的主要失效形式有哪些？

2. 在齿轮传动中，齿面疲劳点蚀是由于什么原因产生的，且点蚀通常首先出现在哪里？

3. 斜齿圆柱齿轮的齿形系数与齿轮的哪些参数相关而与哪些不相关？

4. 一对减速齿轮传动，若保持两轮分度圆的直径不变，减少齿数并增大模数，其齿面接触应力将如何变化？

5. 一对齿轮传动，若两轮的材料、热处理方式及许用应力均相同，只是齿数不同，则齿数多的齿轮弯曲强度如何变化？两齿轮的接触抗疲劳强度如何变化？

6. 一对软齿面齿轮传动中，大小齿轮的齿面硬度有何区别？为什么？

7. 齿轮常见的失效形式有哪些？闭式传动的设计准则是什么？

8. 设计球磨机用传动装置中的单级斜齿圆柱齿轮传动。已知原动机为电动机，传递功率 $P = 550\text{kW}$，小齿轮转速 $n_1 = 1500\text{r/min}$，传动比 $i = 3.15$，单向传动，载荷有中等冲击。

第12章 滑动轴承

本章提要

本章介绍滑动轴承的特点、典型结构、轴瓦的材料和选用原则；着重讨论在不完全液体润滑和液体动力润滑方式下径向滑动轴承的设计准则和设计方法；较详细地分析流体动力润滑的基本方程及其在液体动力润滑径向轴承设计计算中的应用。还对液体静压轴承、无润滑轴承、多油楔轴承等进行简要介绍。

12.1　滑动轴承概述

轴承是用来支承轴及轴上零件、保持轴的旋转精度和减少转轴与支承之间摩擦及磨损的。轴承一般分为两大类：滚动轴承和滑动轴承。滚动轴承有着一系列优点，在一般机器中获得了广泛应用。但是在高速、高精度、重载及结构上要求剖分等场合下，滑动轴承就体现出它的优异性能，因而在汽轮机、离心式压缩机、内燃机、大型电机中多采用滑动轴承。此外，在低速而带有冲击的机器中，如水泥搅拌机、滚筒清砂机、破碎机等也采用滑动轴承。本章主要介绍滑动轴承的设计。

根据承受载荷方向的不同，滑动轴承分为向心（径向）滑动轴承（用来承受径向力）和推力（止推）滑动轴承（用来承受轴向力）。

滑动轴承具有以下优点：

①承载能力大，耐冲击，油膜具有吸振能力；

②运转平稳，无噪声；

③流体润滑，摩擦系数小，磨损小；

④可以做成剖分式，便于轴的装拆。

但普通滑动轴承的起动摩擦阻力比滚动轴承大得多。

12.2　滑动摩擦的状态

轴承是支承轴颈的部件，有时也用来支承轴上的回转零件，根据轴承中摩擦性质的不同，轴承可分为滑动摩擦轴承（简称滑动轴承）和滚动摩擦轴承（简称滚动轴承）两大类。

滑动轴承的类型很多，根据轴承所承受载荷的方向不同，可分为向心滑动轴承和推力滑动轴承，其中向心滑动轴承用于承受与轴线垂直的径向力，推力滑动轴承则用于承受与轴线平行的轴向力；根据其滑动表面间润滑状态的不同，可分为液体润滑轴承、不完全液体润滑轴承（指滑动表面间处于边界润滑或混合润滑状态）和无润滑轴承（指工作前和工作时加润滑剂）；根据液体润滑承载机理的不同，可分为液体动压润滑轴承（简称液体动压轴承）和液体静压润滑轴承（简称液体静压轴承）。

（1）干摩擦状态

当两摩擦表面间没有任何润滑剂存在时，将导致图 12-1（a）所示的两金属表面直接接触，称为干摩擦状态。此时必有大量的摩擦功损耗和严重的磨损，在滑动轴承中则表现为强烈的升温，甚至把轴瓦烧毁。所以，在滑动轴承中不允许出现干摩擦状态。

（2）边界摩擦状态

两摩擦表面间有润滑油存在，由于润滑油与金属表面的吸附作用，将在金属表面上形成极薄的边界油膜，如图 12-1（b）所示。边界油膜的厚度小于 $1\mu m$，不足以将两金属表面分隔开，所以相互运动时，金属表面微观的高峰部分仍将互相搓削，这种状态称为边界摩擦状态。一般而言，金属表层覆盖一层边界油膜后，虽不能绝对消除表面的磨损，却可以起着减轻磨损的作用。这种状态的摩擦系数 $f \approx 0.008 \sim 0.1$。

（3）液体摩擦状态

若两摩擦表面间有充足的润滑油，而且能满足一定的条件，则在两摩擦面间能形成厚几十微米的压力油膜，它能将相对运动着的两金属表面分隔开，如图12-1（c）所示。此时只有液体之间的摩擦，称为液体摩擦状态。换言之，形成的压力油膜可以将重物托起，使其浮在油膜之上。由于两摩擦表面被油隔开而不直接接触，摩擦系数很小（$f \approx 0.001 \sim 0.008$），所以显著减少了摩擦和磨损。

（4）混合摩擦

在两摩擦表面间处于边界摩擦与液体摩擦的混合状态时，即称为混合摩擦，如图12-1（d）所示。此时液体润滑油膜的厚度增大，表面轮廓峰直接接触的数量就要减小，润滑油膜的承载比例也随之增加，因而能有效降低摩擦阻力，其摩擦系数远比边界摩擦小。但表面轮廓峰直接接触仍存在，磨损亦存在。

综上所述，在滑动轴承中应尽量杜绝干摩擦的出现。液体摩擦是最理想的情况，在一般机械中，滑动轴承多处于混合摩擦情况。

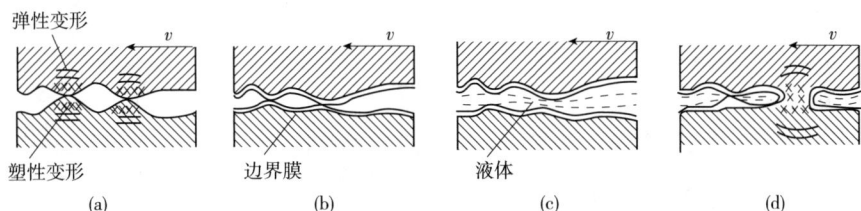

图 12-1　滑动摩擦状态

（a）干摩擦　（b）边界摩擦　（c）液体摩擦　（d）混合摩擦

12.3　滑动轴承的类型和轴瓦的结构

工作时轴承和轴颈的支承面间形成直接或间接接触摩擦的轴承，便称为滑动轴承。滑动轴承按照承受载荷的方向主要分为：①径向滑动轴承，又称向心滑动轴承，主要承受径向载荷；②止推滑动轴承，只能承受轴向载荷。

12.3.1　滑动轴承的类型

（1）径向滑动轴承

①整体式滑动轴承　整体式滑动轴承是在机体上、箱体上或整体的轴承座上直接镗出轴承孔，并在孔内镶入轴套，如图12-2（a）所示，安装时用螺栓连接在机架上。图12-2（b）所示

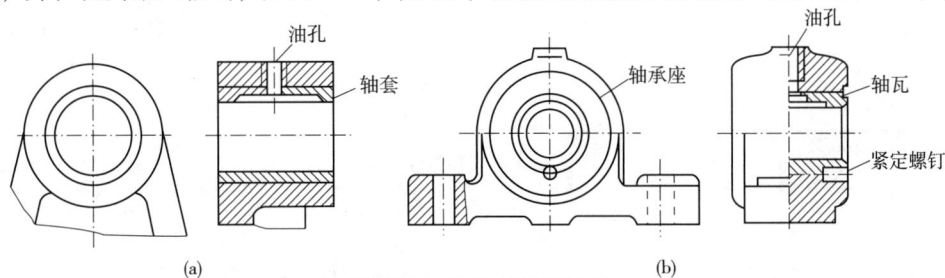

图 12-2　整体式滑动轴承

为整体式径向滑动轴承,这种轴承结构形式较多,大都已标准化。

该类轴承优点是结构简单,成本低。缺点是轴颈只能从端部装入,安装和维修不便,而且轴承磨损后不能调整间隙,只能更换轴套,所以只能用在轻载、低速及间歇性工作的机器上。

②剖分式滑动轴承(对开式滑动轴承) 如图12-3所示,该类轴承由轴承座、轴承盖、剖分式轴瓦等组成。在轴承座和轴承盖的剖分面上制有阶梯形的定位止口,便于安装时对心。还可在剖分面间放置调整垫片,以便安装或磨损时调整轴承间隙。轴承盖应当适度压紧轴瓦,使轴瓦不能在轴承孔中转动。轴承盖上制有螺纹孔,以便安装油杯或油管。

轴承剖分面最好与载荷方向近于垂直。一般剖分面是水平的或倾斜45°,以适应不同径向载荷方向的要求(图12-4)。这种轴承装拆方便,又能调整间隙,克服了整体式轴承的缺点,得到了广泛的应用。

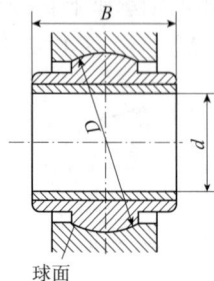

图12-3 剖分式径向滑动轴承

1-轴承座;2-轴承盖;3-上轴瓦;

4-下轴瓦;5-连接螺栓

图12-4 斜开径向轴承

③调心式滑动轴承 当轴颈较宽(宽径比 $B/d > 1.5$)、变形较大或不能保证两轴孔轴线重合时,将引起两端轴套严重磨损,这时就应采用调心式滑动轴承,如图12-5所示。其利用球面支承自动调整轴套的位置,以适应轴的偏斜。

径向滑动轴承的类型很多,调节轴承间隙是保持轴承回转精度的重要手段。在机床上常采用圆锥面的轴套来调整间隙。如图12-6所示,转动轴套上两端的圆螺母使轴套做轴向移动,即可调整轴承的间隙。轴瓦外表面为球面的自位轴承(图12-7)。

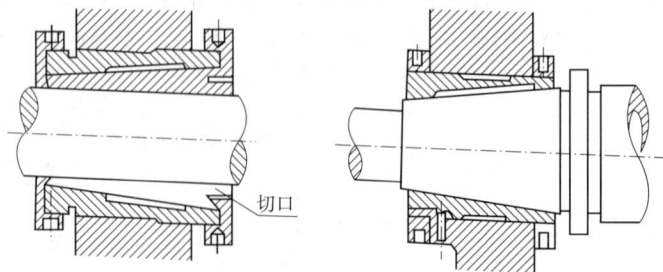

图12-5 调心式滑动轴承

图12-6 间隙可调滑动轴承

图 12-7　自位轴承

（2）止推滑动轴承

轴上的轴向力应采用止推轴承来承受。止推面可以利用轴的端面，或在轴的中段做出凸肩，或装上止推圆盘，常见的推力轴颈形状如图 12-8 所示。实心端面止推轴颈由于工作时轴心与边缘磨损不均匀，以致轴心部分压强极高，所以很少采用。空心端面止推轴颈和环状轴颈工作情况较好。载荷较大时，可采用多环轴颈。

图 12-8　固定瓦止推轴颈

（a）实心断面止推轴颈　（b）空心断面止推轴颈　（c）环状轴颈　（d）多环轴颈

也可以沿轴承止推面按一块块扇形面积开出楔形，如图 12-9 所示的固定瓦动压止推轴承，其楔形的倾斜角固定不变，在楔形顶部留出平台，用来承受停车后的轴向载荷。图 12-9（a）的结构只能承受单向载荷；图 12-9（b）的结构可承受双向载荷。

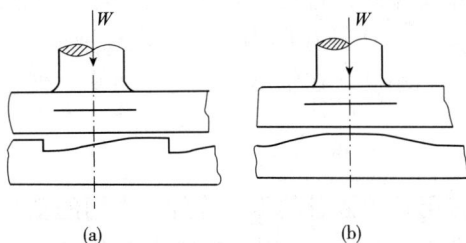

图 12-9　固定瓦动压止推轴承

图 12-10 所示为可倾瓦止推轴承，其扇形瓦块的倾斜角能随载荷的改变而自行调整，因此性能较为优越。图 12-10（a）由铰支调节瓦块倾角，图 12-10（b）则靠瓦块的弹性变形来调节。可倾瓦的块数一般为 6～12。图 12-11 所示为扇形瓦块的放大图。

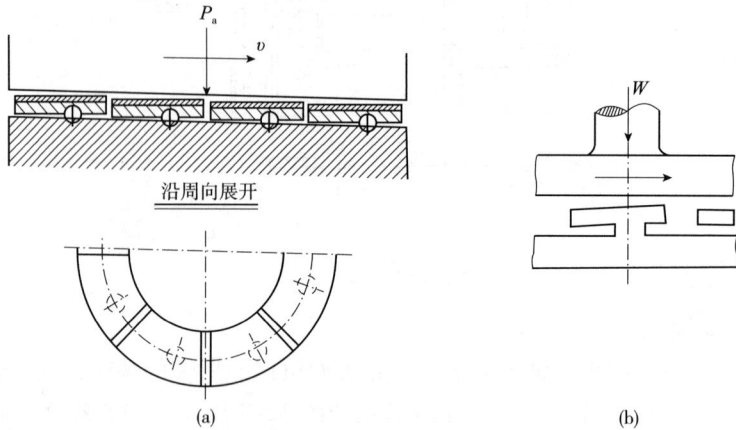

图 12-10　可倾瓦止推轴承

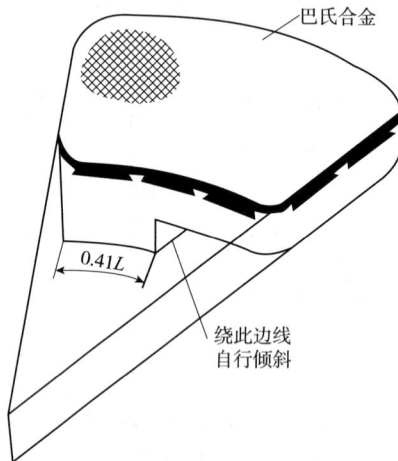

图 12-11　扇形瓦块结构

12.3.2　轴瓦的结构

轴瓦是滑动轴承中的重要零件，它的结构设计是否合理对轴承性能影响很大。有时为了节省贵重材料或结构需要，常在轴瓦的内表面上浇注或轧制一层轴承合金，称为轴承衬。轴瓦应具有一定的强度和刚度，在轴承中应定位可靠，便于输入润滑剂，容易散热，并且装拆、调整方便。

（1）轴瓦的结构

轴瓦是滑动轴承中直接与轴颈接触的重要零件，常用的轴瓦有整体式和剖分式两种。整体式轴瓦又称轴套，如图 12-12 所示，用于整体式滑动轴承；剖分式轴瓦如图 12-13 所示，用于剖分式滑动轴承。为了改善轴瓦表面的摩擦性能，可在轴瓦内表面浇铸一层轴承合金等减摩材料(即轴承衬),厚度为 $0.5\sim6mm$。为使轴承衬牢固地粘在轴瓦的内表面上,常在轴瓦上预制出各种形式的沟槽,如图 12-14 所示,图 12-14(a)(b)用于钢制轴瓦,图 12-14(c)用于青铜轴瓦。为使润滑油均布于轴瓦工作表面,在轴瓦的非承载区开设油孔和油槽,如图 12-15 所示。油槽不宜过短,以保证润滑油流到整个轴瓦与轴颈的接触表面,但不得与轴瓦端面开通,以减少端部漏油。

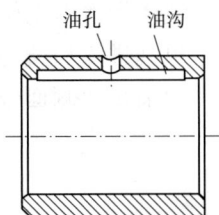

图 12-12　整体式轴瓦

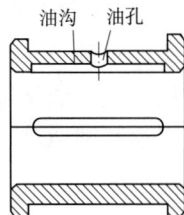

图 12-13　剖分式轴瓦

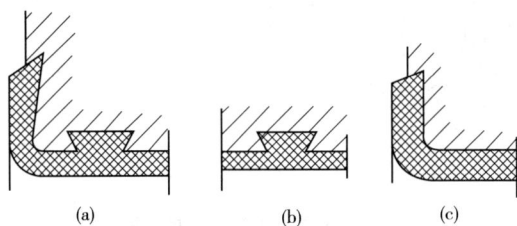

图 12-14　轴承衬

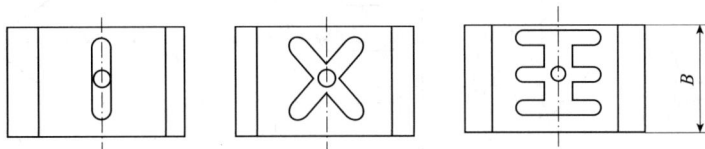

图 12-15　油槽

(2)轴瓦的定位

轴瓦和轴承座不允许有相对移动。为了防止轴瓦移动,可将其两端做出凸缘来做轴向定位[图 12-16(a)],也可以用紧定螺钉[图 12-16(b)]或销钉[图 12-16(c)]将其固定在轴承座上,或在轴瓦剖分面上冲出定位唇[图 12-16(d)]以供定位之用。

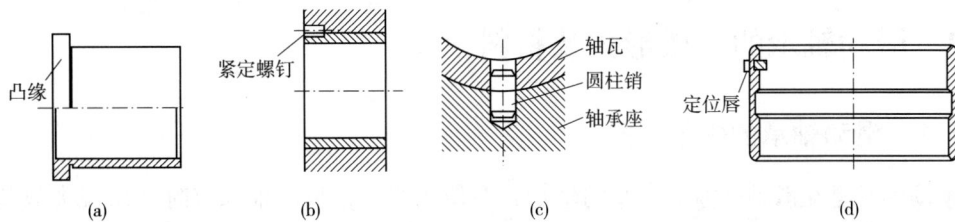

图 12-16　轴瓦定位

（3）轴瓦的油孔和油槽

为了将润滑油导入整个摩擦面，在轴瓦上须开设油孔、油槽。常见油槽形式如图12-15所示。

油孔、油槽开设时应遵循的原则如下：①要开在非载荷区，以保证承载区油膜的连续性；②油槽要足够长，以保证润滑和散热效果，但不能开通到端部，以免漏油。

图12-17所示为润滑油从两侧导入的结构，常用于大型的液体润滑滑动轴承中。一侧油进入后被旋转着的轴颈带入楔形间隙中形成动压油膜，另一侧油进入后覆盖在轴颈上半部，起着冷却作用，最后油从轴承的两端泄出。图12-18所示的轴瓦两侧面镗有油室，这种结构可以使润滑油顺利地进入轴瓦轴颈的间隙中。

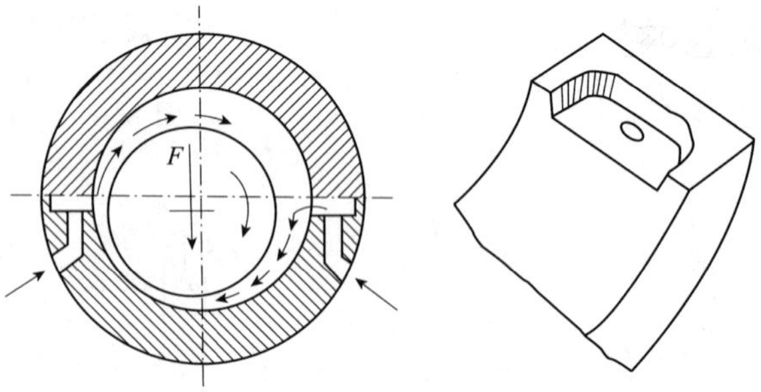

图 12-17　轴瓦上的润滑油导入结构

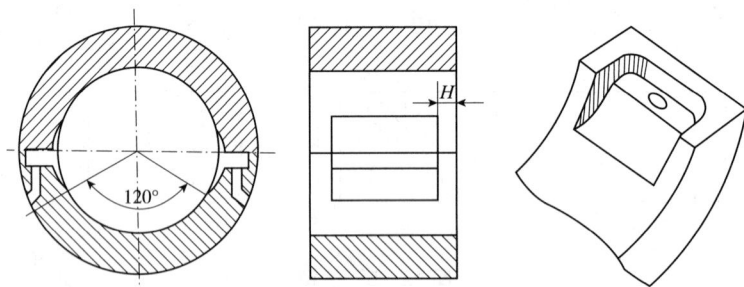

图 12-18　轴瓦上的油槽

轴瓦宽度与轴颈直径之比 B/d 称为宽径比，是径向滑动轴承中的重要参数之一。对于液体摩擦的滑动轴承，常取 $B/d = 0.5 \sim 1$；对于非液体摩擦的滑动轴承，常取 $B/d = 0.8 \sim 1.5$，有时可以更大些。

12.4　滑动轴承的失效形式及材料

12.4.1　滑动轴承的失效形式

滑动轴承是在滑动摩擦下工作的轴承，在使用当中，滑动轴承有时会出现失效状况，通常由多种原因引起。滑动轴承的五种常见失效形式如下。

（1）颗粒磨损

进入轴承间隙的硬颗粒物（如灰尘、砂砾等）有的嵌入轴承表面，有的游离于间隙中并随轴一起转动，它们都将对轴颈和轴承表面起研磨作用。在机器起动、停车或轴颈与轴承发生边缘接触时，它们都将加剧轴承磨损，导致后者几何形状改变、精度丧失、轴承间隙加大，使轴承性能在预期寿命前急剧恶化。

（2）刮伤

进入轴承间隙的硬颗粒或轴颈表面粗糙的轮廓峰顶，在轴承上将划出线状伤痕，导致轴承因刮伤而失效。

（3）胶合（也称为烧瓦）

当轴承温升过高、载荷过大、油膜破裂，或在润滑油供应不足的条件下，轴颈和轴承的相对运动表面材料将发生粘附和迁移，从而造成轴承损坏，有时甚至可能导致相对运动的中止。

（4）疲劳剥落

在载荷反复作用下，轴承表面出现与滑动方向垂直的疲劳裂纹，当裂纹向轴承衬与衬背结合面扩展后，将造成轴承衬材料的剥落。它与轴承衬和衬背因结合不良或结合力不足造成轴承衬的剥离有些相似，但疲劳剥落周边不规则，而结合不良造成的剥离周边比较光滑。

（5）腐蚀

润滑剂在使用中不断氧化，所生成的酸性物质对轴承材料有腐蚀性，特别是制造铜铝合金中的铅易受腐蚀而形成点状剥落。氧对锡基巴氏合金的腐蚀，会使轴承表面形成一层由 SnO_2 和 SnO 混合组成的黑色硬质覆盖层，它能擦伤轴颈表面，并使轴承间隙变小。此外，硫对含银或铜的轴承材料的腐蚀，润滑油中水分对铜铅合金的腐蚀，也都应予以注意。

对于中速运转的轴承，其主要失效形式是疲劳点蚀，应按疲劳寿命进行校核计算。对于高速轴承，由于发热大，常产生过度磨损和烧伤，为避免轴承产生失效，除保证轴承具有足够的疲劳寿命之外，还应限制其转速不超过极限值。对于不转动或转速极低的轴承，其主要的失效形式是产生过大的塑性变形，应进行静强度的校核计算。

12.4.2 滑动轴承的材料

轴承材料是指与轴颈直接接触的轴瓦或轴承衬的材料，对其主要要求如下：

①具有足够的抗压、抗疲劳和抗冲击能力；

②具有良好的减摩性、耐磨性和磨合性，抗黏着磨损和磨粒磨损性能较好；

③具有良好的顺应性和嵌藏性，具有补偿对中误差和其他几何误差及容纳硬屑粒的能力；

④具有良好的工艺性、导热性及抗腐蚀性能等。

但任何一种材料都不可能同时具备上述性能，因而设计时应根据具体工作条件，按主要性能来选择轴承材料。常用的轴瓦或轴承衬的材料及其性能见表12-1。能同时满足上述要求的材料比较少见，应根据具体情况满足主要的实用要求。较常见的是做成双层金属的轴瓦，以便性能上取长补短。在工艺上可以用浇铸或压合方法，将薄层材料粘附在轴瓦基体上，粘附上去的薄层材料通常即称为轴承衬。常用的轴瓦和轴承衬材料有下列几种。

(1)轴承合金

轴承合金(又称白合金、巴氏合金)有锡锑轴承合金和铅锑轴承合金两大类。锡锑轴承合金的摩擦系数小,抗胶合性能良好,对油的吸附性强,耐蚀性好,易跑合,是优良的轴承材料,常用于高速、重载的轴承上,但价格贵且机械强度较差,因此只能作为轴承衬材料而浇铸在钢、铸铁轴瓦[图12-19(a)(b)]或青铜轴瓦[图12-19(c)]上。用青铜作为轴瓦基体,是取其导热性良好,这种轴承合金在110℃开始软化,为了安全,在设计运行时常将工作温度控制得比110℃低30~40℃。

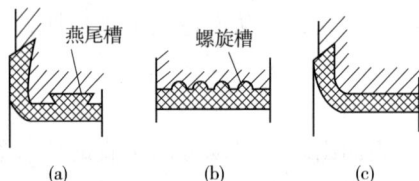

图12-19　轴承合金的浇铸方法

铅锑轴承合金的各方面性能与锡锑轴承合金相近,但这种材料较脆,不宜承受较大的冲击载荷,一般用于中速、中载的轴承。

(2)青铜

青铜的强度高,承载能力大,耐磨性与导热性都优于轴承合金。它可以在较高的温度(250℃)下工作。但它可塑性差,不易跑合,与之相配的轴颈必须淬硬。青铜可以单独做成轴瓦。为了节省有色金属,也可将青铜浇铸在钢或铸铁轴瓦内壁上。用作轴瓦材料的青铜,主要有锡磷青铜、锡锌铅青铜和铝铁青铜。在一般情况下,它们分别用于中速重载、中速中载和低速重载的轴承上。

(3)具有特殊性能的轴承材料

用粉末冶金法(经制粉、成型、烧结等工艺)制成的轴承,具有多孔性组织,孔隙内可以储存润滑油,常称为含油轴承。运转时,轴瓦温度升高,由于油的膨胀系数比金属大,因而自动进入滑动表面以润滑轴承。含油轴承加一次油可以使用较长时间,常用于加油不方便的场合。

在不重要的或低速轻载的轴承中,也常采用灰铸铁或耐磨铸铁作为轴瓦材料。

橡胶轴承具有较大的弹性,能减轻振动使其运转平稳,可以用水润滑,常用于潜水泵、砂石清洗机、钻机等有泥沙的场合。

塑料轴承具有摩擦系数低,可塑性、跑合性良好,耐磨、耐蚀,可以用水、油及化学溶液润滑等优点。但它的导热性差,膨胀系数较大,容易变形。为改善此缺陷,可将薄层塑料作为轴承衬材料粘附在金属轴瓦上使用。

木材具有多孔质结构,可用填充剂来改善其性能。填充聚合物能提高木材的尺寸稳定性和减少吸湿量,并提高强度。采用木材制成的轴承,可在灰尘极多的条件下工作。

表12-1中给出了常用轴瓦及轴承衬材料的[p]、[pv]等数据,[pv]为非液体摩擦下的许用值;表12-2中给出了常用金属轴承材料性能;表12-3中给出了常用非金属和多孔质金属轴承材料性能。

表 12-1 常用轴瓦及轴承衬材料的性能

材料及其代号	$[p]$ (MPa)		$[pv]$ (MPa·m/s)	HBS		最高工作温度 (℃)	轴颈硬度
				金属型	砂型		
铸锡锑轴承合金 ZSnSb11Cu6	平稳 25		20	27		150	150 HBS
	冲击 20		15				
铸铅锑轴承合金 ZPbSb16Sn16Cu2	15		10	30		150	150 HBS
铸锡磷青铜 ZCuSn10P1	15		15	90	80	280	45 HRC
铸锡锌铅青铜 ZCuSn5Pb5Zn5	8		10	65	60	280	45 HRC
铸铝青铜 ZCuAl10Fe3	15		12	110	100	280	45 HRC

表 12-2 常用金属轴承材料性能

轴承材料		最大许用值			最高工作温度 (℃)	轴颈硬度 (HBS)	性能比较				备注
		$[p]$ (MPa)	$[v]$ (m/s)	$[pv]$ (MPa·m/s)			抗咬黏性	顺应性嵌入型	耐蚀性	疲劳强度	
锡锑轴承合金	ZSnSb11Cu6 ZSnSb8Cu4	平稳载荷			150	1	1	1	1	5	用于高速、重载下工作的重要轴承，变载荷下易疲劳，价贵
		25	80	20							
		冲击载荷									
		20	60	15							
铅锑轴承合金	ZPbSb16Sn16Cu2 ZPbSb15Sn5Cu3Cd2	15	12	10	150	150	1	1	3	5	中速、中等载荷的轴承，不宜受显著冲击。可作为锡锑轴承合金的代替品
		5	8	5							
锡青铜	ZCuSn10P1 （10-1 锡青铜）	15	10	15	280	300 ~ 400	3	5	1	1	用于中速、重载及受变载荷的轴承
	ZCuSn5Pb5Zn5 （5-5-5 锡青铜）	8	3	15							用于中速、中载的轴承
铅青铜	ZCuPb30 （30 铅青铜）	25	12	30	280	300	3	4	4	2	用于高速、重载的轴承，能承受变载荷冲击
铝青铜	ZCuAl10Fe3 （10-3 铝青铜）	15	4	12	280	300	5	5	5	2	最宜用于润滑充分的低速重载的轴承
黄铜	ZCuZn16Si4 （16-4 硅黄铜）	12	2	10	200	200	5	5	1	1	用于低速、中载轴承
	ZCuZn40Mn2 （40-2 锰黄铜）	10	1	10	200	200	5	5	1	1	

（续）

轴承材料		最大许用值			最高工作温度（℃）	轴颈硬度（HBS）	性能比较				备注
		[p]（MPa）	[v]（m/s）	[pv]（MPa·m/s）			抗咬黏性	顺应性嵌入型	耐蚀性	疲劳强度	
铝基轴承合金	2%铝锡合金	28~35	14	—	140	300	4	3	1	2	用于高速、中载的轴承，是较新的轴承材料，强度高、耐腐蚀、表面性能好。可用于增压强化柴油机轴承
三元电镀合金	铝—硅—镉镀层	14~35	—	—	170	200~300	1	2	2	2	镀铅锡青铜作中间层，再镀 10~30μm 三元减磨层，疲劳强度高，嵌入性好
银	镀层	28~35	—	—	180	300~400	2	3	1	1	镀银，上附薄层铅，再镀铟。常用于飞机发动机、柴油机轴承
耐磨铸铁	HT300	0.1~6	3~0.75	0.3~4.5	150	<150	4	5	1	1	宜用于低速、轻载的不重要轴承，价廉
灰铸铁	HT150~HT250	1~4	2~0.5	—	—	—	4	5	1	1	

注：①[pv]为不完全液体润滑下的许用值。②性能比较上，1~5 依次由佳到差。

表 12-3　常用非金属和多孔质金属轴承材料性能

轴承材料		最大许用值			最高工作温度 t（℃）	备　注
		[p]（MPa）	[v]（m/s）	[pv]（MPa·m/s）		
非金属材料	酚醛树脂	41	13	0.18	120	由棉织物、石棉等填料经酚醛树脂黏结而成。抗咬合性好，强度、抗振性也极好，能耐酸碱，导热性差，重载时需用水或油充分润滑，易膨胀，轴承间隙宜取大些
	尼龙	14	3	0.11（0.05m/s） 0.09（0.5m/s） <0.09（5m/s）	90	摩擦系数低，耐磨性好，无噪声。金属瓦上覆以尼龙薄层，能受中等载荷。加入石墨、二硫化钼等填料可提高其力学性能、刚性和耐磨性。加入耐热成分的尼龙可提高工作温度

(续)

轴承材料		最大许用值			最高工作温度 t(℃)	备 注
		$[p]$(MPa)	$[v]$(m/s)	$[pv]$(MPa·m/s)		
非金属材料	聚碳酸酯	7	5	0.03(0.05m/s) 0.01(0.5m/s) <0.01(5m/s)	105	聚碳酸酯、醛缩醇、聚酰亚胺等都是较新的塑料,物理性能好。易于喷射成型,比较经济。醛缩醇和聚碳酸酯稳定性好,填充石墨的聚酰亚工作胺温度可达280℃
	醛缩醇	14	3	0.1	100	
	聚酰亚胺	—	—	4(0.05m/s)	260	
	聚四氟乙烯	3	1.3	0.04(0.05m/s) 0.06(0.5m/s) <0.09(5m/s)	250	摩擦系数很低,自润滑性能好,能耐任何化学药品的侵蚀,适用温度范围宽(>280℃时,有少量有害气体放出),但成本高,承载能力低。用玻璃丝、石墨为填料,则承载能力和$[pv]$值可大为提高
	PTFE 织物	400	0.8	0.9	250	
	填充 PTFE	17	5	0.5	250	
	碳—石墨	4	13	0.5(干) 5.25(润滑)	400	有自润滑性及高的导磁性和导电性,耐蚀能力强,常用于水泵和风动设备中的轴套
	橡胶	0.34	5	0.53	65	橡胶能隔振、降低噪声、减小动载、补偿误差。导热性差,需加强冷却,温度高时易老化。常用于水、泥浆等的工业设备中
多孔质金属材料	多孔铁 (Fe 95%,Cu 2%,石墨和其他 3%)	55(低速,间歇) 21(0.013m/s) 4.8(0.51~0.76m/s) 2.1(0.76~1m/s)	7.6	1.8	125	具有成本低、含油量多、耐磨性好、强度高等特点,应用很广
	多孔青铜	27(低速,间歇) 14(0.013m/s) 3.4(0.51~0.76m/s) 1.8(0.76~1m/s)	4	1.6	125	孔隙度大的多用于高速轻载轴承,孔隙度小的多用于摆动或往复运动的轴承。长期运转而不补充润滑剂的应降低$[pv]$值。高温或连续工作的应定期补充润滑剂

12.5 滑动轴承的润滑剂及润滑方式

12.5.1 润滑剂

轴承润滑的目的在于降低摩擦功损耗,减少磨损,同时还起到冷却、吸振、防锈的作用。轴承能否正常工作,与正确选用润滑剂有很大关系。

润滑剂分为：①液体润滑剂——润滑油；②半固体润滑剂——润滑脂；③固体润滑剂。

在润滑性能上润滑油比润滑脂好，但使用润滑脂在经济性上有利。固体润滑剂除在特殊场合下使用外，目前正在逐步扩大使用范围。下面分别作一简单介绍。

(1)润滑油

目前使用的润滑油大部分为石油系润滑油(矿物油)，其层与层间存在着液体内部的摩擦剪应力 τ，根据实验结果得到以下关系式：

$$\tau = \eta \frac{\mathrm{d}u}{\mathrm{d}y} \tag{12-1}$$

此式称为牛顿液体流动定律。式中 u 是油层中任一点的速度，$\frac{\mathrm{d}u}{\mathrm{d}y}$ 是该点的速度梯度，比例系数 η 即为液体的动力黏度，简称黏度。

根据上式可知动力黏度的量纲为力$\cdot\dfrac{时间}{长度^2}$，它的单位在国际制中是 $\mathrm{N}\cdot\mathrm{s/m^2}$；也使用物理单位 $\mathrm{dy}(\mathrm{N}\cdot\mathrm{s/cm^2})$，称为泊。

此外还有运动粘度 ν，它等于动力黏度与液体密度 ρ 的比值，即

$$\nu = \frac{\eta}{\rho} \tag{12-2}$$

ν 的单位在国际制中是 $\mathrm{m^2/s}$，实用上这个单位一般嫌大，故常采用它的物理单位 $\mathrm{St}(\mathrm{cm^2/s})$ 或 $\mathrm{cSt}(\mathrm{mm^2/s})$。我国石油产品即是用运动黏度(单位 cSt)标定的。

润滑油的黏度还随着压力的升高而增大，但压力不太高(如小于 100 个大气压)时，变化极微，可略而不计。

选用润滑油时，要考虑速度、载荷和工作情况。载荷大、温度高的轴承宜选黏度大的油，载荷小、速度高的轴承宜选黏度较小的油。可参考表 12-4 选用。

表 12-4　润滑油选用

轴颈圆周速度 $v(\mathrm{m/s})$	平均压力 $p < 3\mathrm{MPa}$	轴颈圆周速度 $v(\mathrm{m/s})$	平均压力 $p = 3 \sim 7.5\mathrm{MPa}$
<0.1	L-AN68、100、150	<0.1	L-AN150
0.1~0.3	L-AN68、100	0.1~0.3	L3AN100、150
0.3~2.5	L-AN46、68	0.3~0.6	L-AN100
2.5~5.0	L-AN32、46	0.6~1.2	L-AN68、100
5.0~9.0	L-AN15、22、32	1.2~2.0	L-AN68
>9.0	L-AN7、10、15		

(2)润滑脂

润滑脂是由润滑油和各种稠化剂(如钙、钠、铝、锂等金属皂)混合稠化而成。润滑脂密封简单，不须经常加添，不易流失，所以在垂直的摩擦表面上也可以应用。润滑脂对载荷和速度的变化有较大的适应性，受温度的影响不大，但摩擦损耗较大，机械效率低，故不宜用于高速场合。且润滑脂易变质，不如油稳定。总的来说，一般参数的机器，特别是低速而带有冲击的机器，都可以使用润滑脂来润滑。

目前使用最多的是钙基润滑脂，它有耐水性，常用于60℃以下的各种机械设备中的轴承润滑。钠基润滑脂可用于115~145℃，但不耐水。锂基润滑脂性能优良，耐水，在-20~+150℃范围内广泛使用，可以代替钙基、钠基润滑脂。润滑脂牌号与适用状况见表12-5。

表12-5　润滑脂选用

压力 p(MPa)	轴颈圆周速度 v(m/s)	最高工作温度 t(℃)	选用牌号
≤1.0	≤1	75	3号钙基脂
1.0~6.5	0.5~5	55	2号钙基脂
≥6.5	≤0.5	75	3号钙基脂
≤6.5	0.5~5	120	2号钠基脂
>6.5	≤0.5	110	1号钙钠基脂
1.0~6.5	≤1	100	锂基脂
>6	0.5	60	2号压延基脂

（3）固体润滑剂

固体润滑剂有石墨、二硫化钼（MoS_2）、聚氟乙烯树脂等多种。一般在超出润滑油使用范围之外才考虑使用，例如在高温介质中，或在低速重载条件下。目前其应用已逐渐广泛，例如可将固体润滑剂调和在润滑油中使用，也可以涂覆、烧结在摩擦资料表面形成覆盖膜，或者用固结成型的固体润滑剂嵌装在轴承中使用，或者混入金属或塑料粉末中然后一并烧结成型。

石墨性能稳定，在350℃以上才开始氧化，可在水中工作。聚氟乙烯树脂摩擦系数低，只有石墨的一半。二硫化钼与金属表面吸附性强，摩擦系数低，使用温度范围也广（-60~+300℃），但遇水则性能下降。

12.5.2　润滑装置

为了获得良好的润滑效果，需要正确选择润滑方法和相应的润滑装置。利用油泵供应压力油进行强制润滑是重要机械的主要润滑方式。此外，还有不少装置采用简易润滑。

用手工向轴承加油的油孔[图12-20（a）]和注油杯[图12-20（b）]，是小型、低速或间歇润滑机器部件的一种常见的润滑装置。注油杯中的弹簧和钢球可防止灰尘等进入轴承。

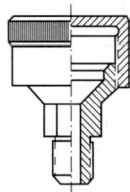

图12-20　油孔及注油杯

图12-21　润滑脂杯

图 12-21 所示为润滑脂用的油杯，通过定期旋转杯盖，使空腔体积减小而将润滑脂注入轴承内。它只能间歇润滑。

图 12-22 所示为针阀式油杯。油杯接头与轴承进油孔相连。手柄平放时，阻塞针杆因弹簧的推压而堵住底部油孔。直立手柄时，针杆被提起，油孔敞开，于是润滑油自动滴到轴颈上。在针阀油杯的上端面开有小孔，供补充润滑油用，平时由片弹簧遮盖。通过观察孔可以查看供油状况。调节螺母用来调节针杆下端油口大小，以控制供油量。

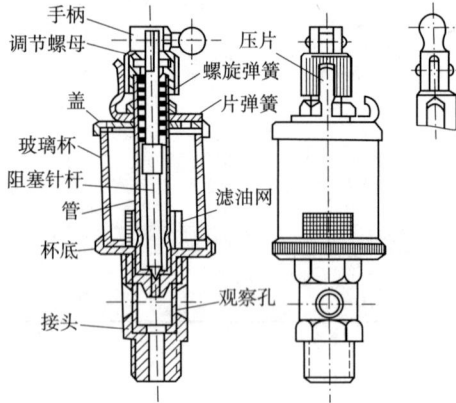

图 12-22　针阀式油杯

图 12-23 所示为油芯式油杯。它依靠毛线或棉纱的毛细管作用，将油杯中的润滑油滴入轴承。供油是自动且连续的，但不能调节给油量，油杯中油面高时给油多，油面低时供油少，停车时仍在继续给油，直到流完为止。

图 12-24 的所示装置对轴承采用了飞溅润滑方式，它是利用齿轮、曲轴等转动零件，将润滑油由油池拨溅到轴承中进行润滑。采用飞溅润滑时，转动零件的圆周速度应为 5 ~ 13m/s。常用于减速器和内燃机曲轴箱中的轴承润滑。

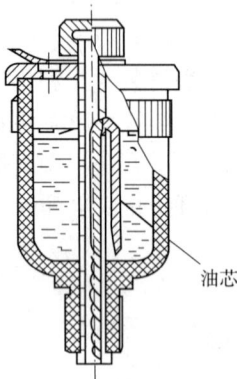

图 12-23　油芯式油杯

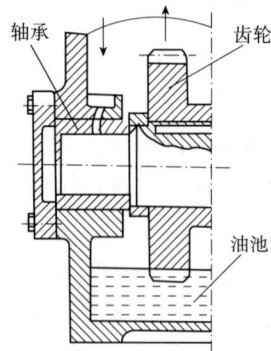

图 12-24　飞溅润滑

图 12-25 中的轴承采用的是油环润滑。在轴颈上套一油环，油环下部浸入油池中，当轴颈旋转时，摩擦力带动油环旋转，把油引入轴承。当油环浸在油池内的深度约为直径的四分之一时，供油量已足以维持液体润滑状态的需要。此法常用于大型电机的滑动轴承中。

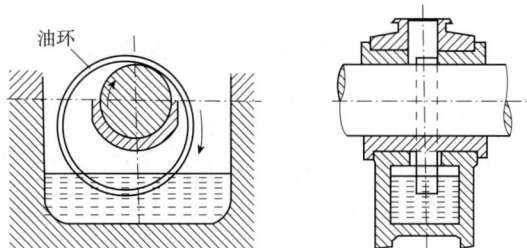

图 12-25 油环润滑

最完善的供油方法是利用油泵循环给油，给油量充足，供油压力只需 $5 \times 10^4 \text{N/m}^2$。在油的循环系统中常配置过滤器、冷却器，还可以设置油压控制开关，当管路内油压下降时可以报警，或启动辅助油泵，或指令主机停车。所以这种供油方法安全可靠，但设备费用较高，常用于高速且精密的重要机器中。

12.6 不完全液体润滑滑动轴承设计计算

大多数轴承实际处在混合润滑状态(边界润滑与液体润滑同时存在的状态)，其可靠工作的条件是：维持边界油膜不受破坏，以减少发热和磨损(计算准则)，并根据边界膜的机械强度和破裂温度来决定轴承的工作能力。但影响边界膜的因素很复杂，一般采用简化的条件进行计算。

12.6.1 径向滑动轴承的设计计算

非液体润滑轴承可用润滑油，也可用润滑脂润滑。在润滑油、润滑脂中加入少量鳞片状石墨或二硫化钼粉末，有助于形成坚韧的边界油膜，且可填平粗糙表面而减少磨损。但这类轴承不能完全排除磨损。

如何维持边界油膜不破裂，是非液体润滑滑动轴承的设计关键。由于边界油膜的强度和破裂温度受多种因素影响而十分复杂，尚未完全被人们掌握，因此目前采用的计算方法是间接性、条件性的。实践证明，若能限制(单位)压力 $p \leqslant [p]$，压力与轴颈线速度的乘积 $pv \leqslant [pv]$，那么轴承是能够很好工作的。

(1) 轴承的压力 p

要限制轴承压力 p，以保证润滑油不被过大的压力所挤出，因而轴瓦不致产生过度的磨损，即

$$p = \frac{F}{Bd} \leqslant [p] \tag{12-3}$$

(2) 验算 $[pv]$ 值

验算公式为

$$pv = \frac{F}{Bd} \cdot \frac{\pi d n}{60 \times 1000} = \frac{Fn}{19100B} \leqslant [pv] \tag{12-4}$$

式中 n——轴的转速，r/min；

$[pv]$——轴瓦材料的许用值，$\text{N} \cdot \text{m/(mm}^2 \cdot \text{s})$。

（3）验算滑动速度

当 p 较小时，应避免由于 v 过高而引起轴瓦加速磨损，即

$$v = \frac{\pi d n}{60 \times 1000} \leqslant [v] \tag{12-5}$$

式中　$[v]$——轴承材料的许用 v 值，m/s，见表 12-2。

计算不满足时采取的措施有：①选用较好的轴瓦或轴承衬材料；②增大 d 或 L。

滑动轴承的配合精度关系：H9/d9，H8/f7，H7/f6。

旋转精度要求高的轴承，应选择较高的精度、较紧的配合，反之则选择较低的精度、较松的配合。

12.6.2　推力轴承

止推轴承由止推轴承座和止推轴颈组成。常用的结构形式有空心式、单环式和多环式，其结构及尺寸如图 12-11 所示。通常不用实心式轴径，因其端面上的压力分布极不均匀，靠近中心处的压力很高，对润滑极为不利。

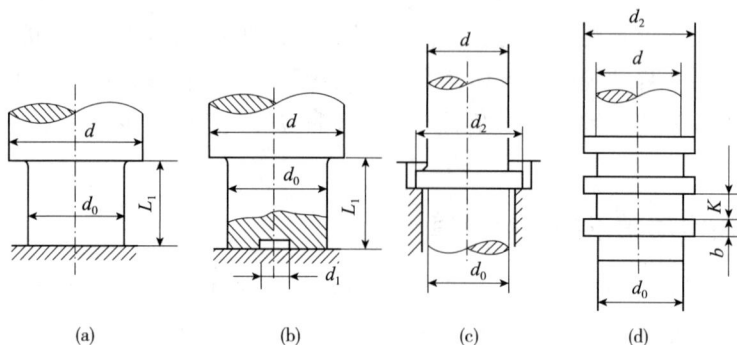

图 12-26　推力轴承座和止推轴颈形状
（a）实心式　（b）空心式　（c）单环式　（d）多环式

空心式轴径接触面上压力分布较均匀，润滑条件较实心式有所改善。单环式是利用轴颈的环形端面止推，而且可以利用纵向油槽输入润滑油，结构简单，润滑方便，广泛用于低速、轻载的场合。多环式止推轴承能够承受较大的轴向载荷，但载荷在各环间分布不均，许用压力 $[p]$ 及 $[pv]$ 值均应比单环式的降低 50%。

（1）验算轴承的平均压力

验算公式为

$$p = \frac{F_a}{A} = \frac{F_a}{\frac{\pi}{4}(d_2^2 - d_1^2)z} \leqslant [p] \tag{12-6}$$

式中　F_a——轴向荷载，N；

z——环的数目；

$[p]$——许用压力，MPa。

（2）验算轴承的 pv 值

验算公式为

$$v = \frac{\pi dn}{60 \times 1000} \tag{12-7}$$

$$p = \frac{F_a}{\pi dbz} \tag{12-8}$$

$$pv = \frac{F_a n}{6000bz} \leqslant [pv] \tag{12-9}$$

式中　b——轴颈环工作宽度，mm；

　　　n——轴颈的转速，r/min；

　　　$[pv]$——pv 的许用值，MPa·m/s。

12.7　液体动力润滑滑动轴承设计计算

12.7.1　液体动力润滑的基本原理

液体动力润滑的工作过程，包括起动、不稳定运转、稳定运转三个阶段。

①起始时 $n=0$，轴颈与轴承孔在最下方位置接触，如图 12-27(a)所示。由于速度低，轴颈与孔壁金属直接接触，在摩擦力作用下，轴颈沿孔内壁向右上方爬开。

②在不稳定运转阶段，随转速上升，进入油楔腔内油逐渐增多，形成压力油膜，把轴颈浮起推向左下方，如图 12-27(b)~(c)所示。

③在稳定运转阶段[图 12-27(d)]，油压与外载 F 平衡，轴颈部稳定在某一位置上运转。转速越高，轴颈中心稳定位置越靠近轴孔中心(但当两心重合时，油楔消失，将失去承载能力)。

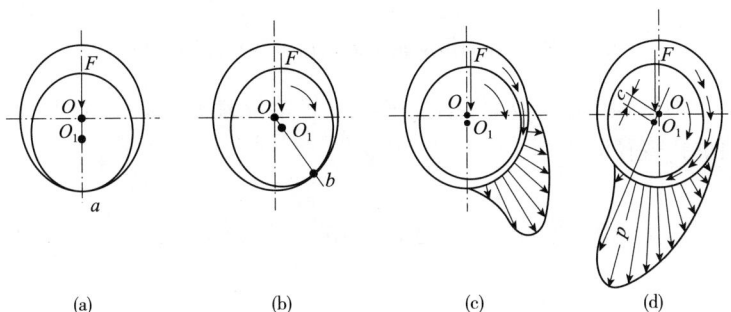

(a)　　　　(b)　　　　(c)　　　　(d)

图 12-27　向心轴承动压油膜形成过程

从上述分析，可以得出动压轴承形成动压油膜的必要条件如下：

①相对运动两表面必须形成一个收敛楔形；

②被油膜分开的两表面必须有一定的相对滑动速度 v_s，其运动方向必须使润滑从大口流进，小口流出；

③润滑油必须有一定的黏度，且供油要充分。

v 越大，η 越大，油膜承载能力越高。

实际轴承的附加约束条件见表 12-6。

表 12-6　实际轴承附加约束条件

压力	$p \leqslant [p]$	最小油膜厚度	$h_{\min} \geqslant [h_{\min}]$
pv 值	$pv \leqslant [pv]$	温升	$\Delta T \leqslant [\Delta T]$
速度	$v \leqslant [v]$		

12.7.2　最小油膜厚度 $h_{\min}$

径向滑动轴承的几何参数和油压分布如图 12-28 所示。

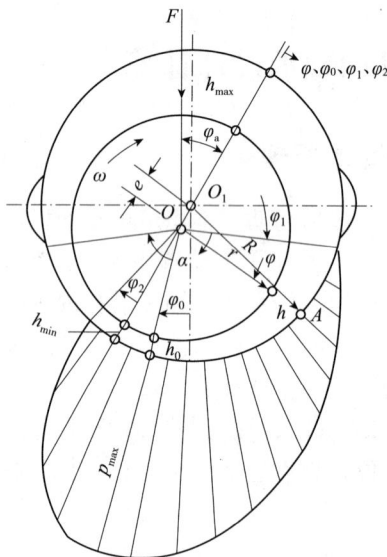

图 12-28　径向滑动轴承的几何参数和油压分布

图 12-28 中 O 为轴颈中心，O_1 为轴承中心，起始位置 F 方向与 $\overline{OO_1}$ 重合。设 d 为轴颈直径，D 为轴承孔直径。

直径间隙为

$$\Delta = D - d \tag{12-10}$$

半径间隙为

$$C = R - r = \frac{\Delta}{2} = \frac{D - d}{2} \tag{12-11}$$

相对间隙为

$$\varphi = \frac{\Delta}{d} = \frac{C}{r} \tag{12-12}$$

偏心距为

$$e = \overline{OO_1} \tag{12-13}$$

偏心率为

$$\varepsilon = e / C \tag{12-14}$$

以 $\overline{OO_1}$ 为极轴，设任意截面处相对于极轴位置为 φ 处对应油膜厚度为 h，则有

$$\begin{cases} h = C(1 + \varepsilon\cos\varphi) \\ h_{max} = C + e = R - r + e & (\varphi = 0°\text{时}) \\ h_{min} = R - r - e = C - e = C(1 - \varepsilon) & (\varphi = 180°\text{时}) \end{cases} \tag{12-15}$$

h 的推导如下：

在 ΔAOO_1 中，根据余弦定律可得

$$R^2 = e^2 + (r+h)^2 - 2e(r+h)\cos\varphi = \left[(r+h) - e\cos\varphi\right]^2 + e^2\sin^2\varphi \tag{12-16}$$

略去高阶微量 $e^2\sin^2\varphi$，再引入半径间隙 $C = R - r$，并两端开方得

$$h = C + e\cos\varphi \tag{12-17}$$

即可求得任意极角 φ 处的轴承油膜厚度

12.7.3　流体动力润滑基本方程（雷诺方程）

流体动力润滑基本方程（雷诺方程）是根据黏性流体动力学基本方程出发，作了一些假设条件后简化而得到的。

假设条件如下：

①忽略压力对润滑油黏度的影响；

②流体为黏性流体；

③流体不可压缩，并作层流；

④流体膜中压力沿膜厚方向是不变的；

⑤略去惯性力和重力的影响。

据此可以得出一维雷诺流体动力润滑方程为

$$\frac{\partial p}{\partial x} = 6\eta v \frac{h - h_0}{h^3} \tag{12-18}$$

式中 η 为动力黏度。上式对 x 取偏导数可得

$$\frac{\partial}{\partial x}\left(\frac{h^3}{\eta} \cdot \frac{\partial p}{\partial x}\right) = 6v \frac{\partial h}{\partial x}$$

若再考虑润滑油沿 Z 方向的流动，则二维雷诺流体动力润滑方程为

$$\frac{\partial}{\partial x}\left(\frac{h^3}{\eta} \cdot \frac{\partial p}{\partial x}\right) + \frac{\partial}{\partial z}\left(\frac{h^3}{\eta} \cdot \frac{\partial p}{\partial z}\right) = 6v \frac{\partial h}{\partial x}$$

12.7.4　最小油膜厚度

由 $\dfrac{\partial p}{\partial x} = 6\eta v \dfrac{h - h_0}{h^3}$ 可看出油压的变化与润滑油的黏度、表面滑动速度和油膜厚度的变化有关，利用该式可求出油膜中各点的压力 p，全部油膜压力之和即为油膜的承载能力。

根据一维雷诺方程式，将 $v = \omega r$ 及 h 和 h_0 的表达式代入，即得到极坐标形式的雷诺方程为

$$\frac{\mathrm{d}p}{\mathrm{d}\varphi} = \frac{6\eta\omega}{\psi^2} \cdot \frac{\varepsilon(\cos\varphi - \cos\varphi_0)}{(1 + \varepsilon\cos\varphi)^3} \tag{12-19}$$

将上式从压力区起始角 φ_1 至任意角 φ 进行积分，可得任意极角 φ 处的压力，即

$$p_\varphi = \frac{6\eta\omega}{\psi^2} \int_{\varphi_1}^{\varphi} \frac{\varepsilon(\cos\varphi - \cos\varphi_0)}{(1 + \varepsilon\cos\varphi)^3}\mathrm{d}\varphi \tag{12-20}$$

而压力 p_φ 在外载荷方向上的分量为

$$p_{\varphi y} = p_\varphi \cos\left[\pi - (\varphi - \varphi_a)\right] = -p\varphi\cos(\varphi + \varphi_a) \tag{12-21}$$

经推导，油膜承载能力为

$$p = F_r = \frac{6\eta v}{\psi^2} \int_{\varphi_1}^{\varphi_2} \int_{\varphi_1}^{\varphi} \left[\frac{\varepsilon(\cos\varphi - \cos\varphi_0)}{(1 + \varepsilon\cos\varphi)^3} \mathrm{d}\varphi\right] \cdot kL \cdot \cos\left[\pi - (\varphi_a + \varphi)\right] \mathrm{d}\varphi \tag{12-22}$$

令

$$C_p = 3kL \int_{\varphi_1}^{\varphi_2} \int_{\varphi_1}^{\varphi} \left[\frac{\varepsilon(\cos\varphi - \cos\varphi_0)}{(1 + \varepsilon\cos\varphi)^3} \mathrm{d}\varphi\right] \cdot \cos\left[\pi - (\varphi_a + \varphi)\right] \mathrm{d}\varphi \tag{12-23}$$

当轴承包角为 120°、180°、360°时有

$$C_p = \frac{F_r \psi^2}{2L\eta v} \tag{12-24}$$

式中　v——轴颈圆周线速度，m/s；

　　　ω——轴颈角速度，rad/s；

　　　ψ——相对间隙，$\psi = C/r$；

　　　L——轴承宽；

　　　η——动力黏度，Pa·S；

　　　F_r——外载荷，N；

　　　C_p——承载量系数，其值见表 12-7，由数值积分方法求得。

表 12-7　承载量系数 C_p

B/d	\multicolumn{14}{c}{x}
	0.3	0.4	0.5	0.6	0.65	0.7	0.75	0.80	0.85	0.90	0.925	0.95	0.975	0.99
\multicolumn{15}{c}{承载量系数 C_p}
0.3	0.522	0.0826	0.128	0.203	0.259	0.347	0.475	0.699	1.122	2.074	3.352	5.73	15.15	50.52
0.4	0.0893	0.141	0.216	0.339	0.431	0.573	0.776	1.079	1.775	3.195	5.055	8.393	21.00	65.26
0.5	0.133	0.209	0.317	0/493	0.622	0.819	1.098	1.572	2.428	4.261	6.615	10.706	25.62	75.86
0.6	0.182	0.283	0.427	0.655	0.819	1.070	1.418	2.001	3.036	5.214	7.956	12.64	29.17	83.21
0.7	0.234	0.361	0.538	0.816	1.014	1.312	1.720	2.399	3.580	6.029	9.072	14.14	31.88	88.90
0.8	0.287	0.439	0.647	0.972	1.199	1.538	1.965	2.754	4.053	6.721	9.992	15.37	33.99	92.89
0.9	0.339	0.515	0.754	1.118	1.371	1.745	2.248	3.067	4.459	7.294	10.753	16.37	35.66	96.35
1.0	0.391	0.589	0.855	1.253	1.528	1.929	2.469	3.372	4.808	7.772	11.38	17.18	37.00	98.95
1.1	0.440	0.658	0.947	1.377	1.669	2.097	2.664	3.580	5.106	8.186	11.91	17.86	38.12	101.15
1.2	0.487	0.723	1.033	1.489	1.796	2.247	2.838	3.787	5.364	8.533	12.35	18.43	39.04	102.90
1.3	0.529	0.784	1.111	1.590	1.912	2.379	2.990	3.968	5.586	8.831	12.73	18.91	39.81	104.42
1.5	0.610	0.891	1.248	1,763	2.099	2.600	3.242	4.266	5.947	9.304	13.34	19.68	41.07	106.84
2.0	0.763	1.091	1.483	2.070	2.446	2.981	3.671	4.778	6.545	10.091	14.34	20.97	43.11	110.79

C_p 是轴颈在轴承中位置的函数；C_p 取决于轴承包角 α、偏心率 x 和宽径比 L/d；α 一定时，h_{min} 越小（x 越大），L/d 越大，C_p 越大，轴承的承载能力 F_r 越大。

实际工作时，外载 F 变化，h_{min} 随之变化，油膜压力也发生变化，最终油膜压力使轴颈在新的位置上与外载保持新的平衡。

h_{min} 受轴瓦和轴颈表面粗糙度的限制，应使之油膜不致破坏，故而不能小于轴颈与轴瓦微凸起高度之和，即

$$h_{min} \geq K(R_{Z1} + R_{Z2})\qquad(12\text{-}25)$$

式中 R_{Z1}，R_{Z2}——轴颈表面和轴孔表面微凸起高度；

　　　K——考虑几何形状误差、零件变形及安装误差等因素而取的安全系数，通常不小于 2。

R_{Z1}、R_{Z2} 应根据加工方法参考有关手册确定。

加上流体动力润滑的三个基本条件，即成为形成流体动力润滑的充分必要条件。

12.7.5 轴承的热平衡计算

（1）轴承中的摩擦与功耗

由牛顿黏性定律，油层中摩擦力为

$$F_f = S\eta \frac{\mathrm{d}v}{\mathrm{d}y} = \pi dL\eta \frac{ar}{\psi r} = \pi dL\eta \frac{\omega}{\psi}\qquad(12\text{-}26)$$

轴颈表面积为

$$S = \pi dB$$

摩擦系数为

$$f = \frac{F_f}{F_r} = \frac{\pi dL\eta\omega}{pdL\psi} = \frac{\pi}{\psi} \cdot \frac{\eta\omega}{p} = \frac{\pi^2}{30\psi} \cdot \frac{\eta n}{p}\qquad(12\text{-}27)$$

令特性系数为

$$\lambda = \frac{\eta n}{p}$$

则 f 是 λ 的函数。

实际工作时摩擦力与摩擦系数要稍大一些，f 要作如下修正：

$$f = \frac{\pi}{\psi} \cdot \frac{\eta\omega}{p} + 0.55\psi\xi\qquad(12\text{-}28)$$

式中 ξ——随轴承宽径比 L/d 变化的系数，当 $L/d < 1$ 时 $\xi = \left(\dfrac{d}{L}\right)^{1.5}$，当 $L/d \geq 1$ 时 $\xi = 1$；

　　　p——轴承平均比压力，Pa；

　　　ω——轴颈角速度，rad/s；

　　　η——润滑油的动力黏度，Pa·s；

　　　ψ——相对间隙，$\psi = \dfrac{C}{r}$。

摩擦功耗引起轴承单位时间内的发热量 H 为

$$H = fFv\qquad(12\text{-}29)$$

（2）轴承耗油量

进入轴承的润滑油总流量 Q 为

$$Q = Q_1 + Q_2 + Q_3 \approx Q_1 (\mathrm{m}^3/\mathrm{s}) \tag{12-30}$$

式中　Q_1——承载区端泄流量，与 p、油槽孔、尺寸、包角等轴承结构尺寸因素有关，较难计算；

　　　Q_2——非承载区端泄流量；

　　　Q_3——轴瓦供油槽两端流出的附加流量，不可忽略。

实际使用时，引入流量（耗油）系数与偏心率 x 和宽径比 L/d 的关系曲线，如图 12-29 所示。

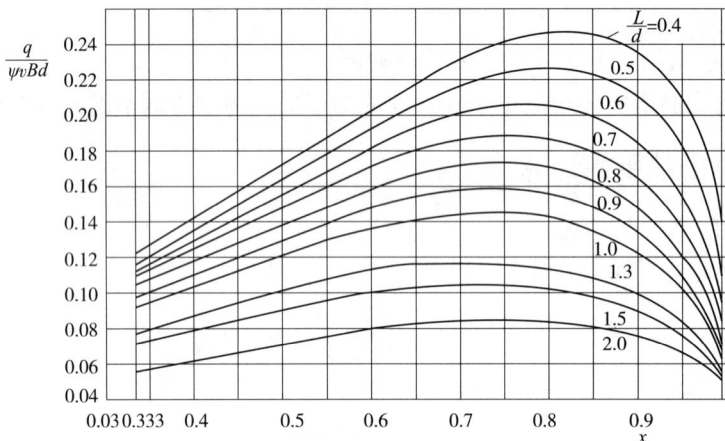

图 12-29　润滑油油量系数曲线图

（3）轴承温升

轴承工作时，由于摩擦会消耗一定能量，产生热量，造成温度上升，使得润滑油的黏度下降，从而会改变间隙的大小，使轴承的承载能力下降；另外温度升高会使金属软化，造成抱轴事故。所以要严格控制温度的升高。

热平衡时条件：单位时间内摩擦产生的热量 H 等于同一时间内端泄润滑油所带走热量 H_1 和轴承散发热量 H_2 之和，即

$$H = H_1 + H_2 \tag{12-31}$$

H_1 为端泄带走的热量，其值为

$$H_1 = Q\rho c\Delta T \quad (\mathrm{W}) \tag{12-32}$$

式中　Q——端泄总流量，由耗油量系数求得，m^3/s；

　　　ρ——润滑油的密度，其值为 $850 \sim 950 \mathrm{kg/m}^3$；

　　　c——润滑油的比热容，对矿物油 $c = 1680 \sim 2100 \mathrm{J/(kg \cdot ℃)}$；

　　　ΔT——润滑油的温升，是油的出口温度 T_o 与入口温度 T_i 之差值，即

$$\Delta T = T_o - T_i \tag{12-33}$$

式（12-31）中，H_2 为单位时间内轴承由轴颈和轴承壳体散发的热量，其值为

$$H_2 = K_s \pi dL\Delta T \quad (\mathrm{W}) \tag{12-34}$$

式中 K_s——轴承表面传热系数，由轴承结构和散热条件而定，其值如下：

$$K_s = \begin{cases} 50\text{W}/(\text{m}^2 \cdot \text{℃}) & （轻型结构轴承） \\ 80\text{W}/(\text{m}^2 \cdot \text{℃}) & （中型结构，一般散热条件） \\ 1400\text{W}/(\text{m}^2 \cdot \text{℃}) & （重型结构，加强散热条件） \end{cases}$$

由热平衡时 $H = H_1 + H_2$，得

$$fFv = Q\rho c\Delta T + K_s \pi dL\Delta T \tag{12-35}$$

将 $F = dLp$ 代入，得达热平衡时润滑油的温升为

$$\Delta T = T_o = T_i = \frac{\left(\dfrac{f}{\psi}\right)p}{c\rho\left(\dfrac{Q}{\psi vLd}\right) + \dfrac{\pi K_s}{\psi}} \tag{12-36}$$

由于轴承中各点温度不同，从入口（T_i）到出口（T_o）温度逐渐升高，因而轴承中不同处润滑油黏度不相同，计算承载能力时，应采用润滑油平均温度 T_m 时的黏度。

润滑油平均温度 T_m（计算 η 时用）为

$$T_m = T_i + \frac{\Delta T}{2} \tag{12-37}$$

为保证承载能力，要求 $T_o < 60 \sim 70$℃，一般取 $T_m = 50$℃。

设计时先给定 T_m，求出 ΔT 后求解 T_i。

一般 T_i 常大于环境温度，依供油方法而定，通常要求 $T_i = 35 \sim 45$℃。

另外为不使 η 下降过多，保证油膜有较高的承载能力，要求出口温度 T_o 不大于70°（一般油）或100℃（重油）：

①若 $T_i = 35 \sim 45$℃，表示热平衡易建立，轴承的承载能力尚未充分发挥，则应降低 T_m，并允许加大轴瓦和轴颈的表面粗糙度，再行计算。

②若 $T_i < 35$℃，则说明轴承不易达到热平衡状态，应适当加大间隙、降低轴颈和轴瓦表面的粗糙度，再重新计算。

③若 $T_i > 80$℃，轴承易过热失效，可改变相对间隙，当 ψ 升高和油的黏度 η 降低再重新计算，直至 T_i、T_o 满足要求为止。

12.7.6 轴承参数选择

（1）轴承的平均比压 p

$p = F/(Ld)$，p 较大，有利于提高轴承平稳性，减小轴承的尺寸。但 p 过大，油层变薄，对轴承制造安装精度要求提高，轴承工作表面易破坏。

（2）长（宽）径比 L/d

L/d 小，轴承轴向尺寸小，端泄 Q_1 上升则使摩擦功耗和 ΔT 下降，且能减轻轴颈与轴瓦边缘接触，但承载能力下降。

高速重载轴承温升高，L/d 应取小值（防止 ΔT 过高和边缘接触）；低速重载轴承为提高支承刚性，L/d 应取大值；高速轻载轴承为提高支承刚性，L/d 应取小值。一般取值如下：

$$L/d = \begin{cases} 0.3 \sim 0.8 & (汽轮机、鼓风机) \\ 0.6 \sim 1.2 & (电动机、发动机、离心泵) \\ 0.8 \sim 1.5 & (机床、拖拉机) \\ 0.6 \sim 0.9 & (轧钢机) \end{cases}$$

（3）相对间隙 ψ

$\psi = C/r = \Delta/d$，其参数选择原则如下：

①速度高，ψ 取大值；载荷小，ψ 取小值。

②直径大，宽径比小，调心性能好，加工精度高，ψ 取小值；反之则 ψ 取大值。

12.8　其他形式滑动轴承简介

单油楔滑动轴承的特点是承载能力大，但稳定性差（轴颈在外部干扰力作用下易偏离平衡位置）。因此采用多楔滑动轴承，后者的特点是稳定性好，承载能力稍低，总承载能力等于各油楔承载力矢量和。

多油楔滑动轴承类型，按瓦面是否可调，分为固定瓦轴承、椭圆轴承（双向回转，双油楔）、错位轴承（单向回转）。

图 12-30 所示为椭圆轴承，它的顶隙和侧隙之比常制成 1:2。与单油楔圆轴承相比，它减小了顶隙而扩大了侧隙。顶隙减小，因而在顶部也可形成动压油膜；侧隙扩大，可增加端泄油量，以便降低轴承温升。工作时椭圆轴承中形成上下两个动压油膜，有助于提高稳定性。但与同样条件下的单油楔圆轴承相比，其摩擦损耗将会有所增加，而且供油量增大，承载量降低。

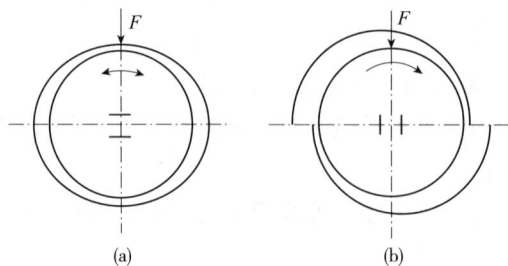

图 12-30　双油楔椭圆轴承示意图

图 12-31（a）所示为固定式三油楔轴承。工作时可以形成三个动压油膜，提高了旋转精度和稳定性，但其承载量为三个油楔中的油膜力的向量和，比单油楔圆轴承低；其摩擦损耗为三个油楔的损耗之和，较单油楔轴承损耗大。固定式三油楔轴承只允许轴颈沿一个固定的方向回转。

图 12-31（b）所示为可倾瓦多油楔轴承。这种轴承通常采用 3～5 片轴瓦，轴瓦由带球端的螺钉支承着。单向回转时，因指点不安置在正中而偏向一侧，随着运转条件的改变能自行倾斜，以保证时时处于最佳工作状态下运转，这正是可倾式优于固定式之处。此外，可倾式多油楔轴承还具有较好的抗震性能、旋转精度和稳定性，但制造、调试都较费事。

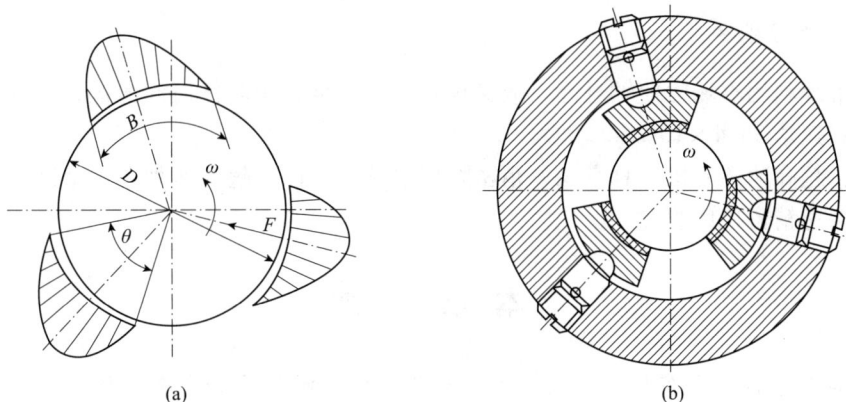

图 12-31 多油楔轴承示意图

12.8.1 液体静压轴承

静压轴承如图 12-32 所示，油泵把高压油送到轴承间隙，强制形成油膜，靠液体的静压平衡外载荷。

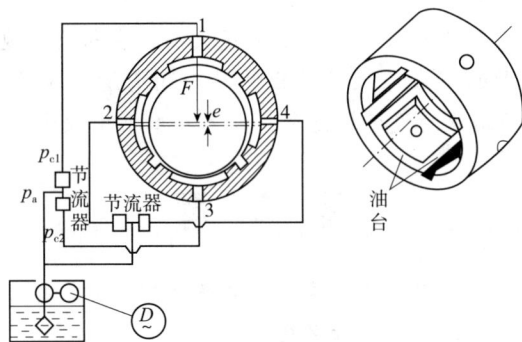

图 12-32 静压轴承的工作原理

其优点如下：①摩擦系数很小，约 0.0001 ~ 0.004，起动力矩小，效率高；②磨损小（起动、停车时，轴颈与轴瓦也不直接接触），精度保持性好，寿命长；③油膜不受速度限制，因此能在极低或极高转速下工作；④对轴承材料要求低，对间隙和表面粗糙度要求也不高；⑤油膜刚度大，具有良好的吸振性，运转平稳，精度高。

其缺点是供油装置较复杂，且维护管理要求较高。

12.8.2 气体轴承

气体轴承以空气作为润滑剂。气体黏度是液体的四五千分之一，所以可在极高速下运转，每秒转速可高达百万转，但承载能力较低。

气体轴承可分为气体动压轴承和气体静压静承。

气体轴承的应用：精密测量仪、超精密机床主轴与导轨、超高速离心机、核反应堆内支承等。

12.8.3 磁力轴承

磁力轴承利用磁场力使轴悬浮，故又称磁悬浮轴承，无需任何润滑剂，可在真空中工作，最高转速达 $38.4 \times 10^4 \mathrm{r/s}$。

应用：超高速离心机、真空泵、精密陀螺仪及加速计、超高速列车、空间飞行器姿态飞轮、超高速精密机床等。

本 章 小 结

1. 滑动轴承根据摩擦状态不同，可分为非液体润滑轴承和完全液体润滑轴承。完全液体润滑轴承又分为动压润滑轴承与静压润滑轴承。工程上大多用非液体润滑轴承。滑动轴承有多种结构形式，如整体式、剖分式、自动调心式等。由于滑动轴承本身有一些独特的优势，适用于一些特殊的场合，如高速、重载、高精机械中。

2. 轴承材料和轴瓦结构对滑动轴承的性能影响较大，应综合考虑多方面因素选定轴承材料和轴瓦结构。

3. 非液体摩擦滑动轴承计算和校核时，应限制压力 p，以保证润滑油膜不被破坏；限制 pv 值，以保证轴承温升不至于太高，因为温度太高，容易引起边界油膜的破裂。

4. 根据流体动压润滑的形成原理设计出的动压润滑滑动轴承，主要用于连续高速运转的场合。动压润滑滑动轴承的设计较复杂，故不在本书中叙述。可参阅有关资料。

思 考 题

1. 滑动轴承的摩擦状态有哪几种？各有什么特点？

2. 滑动轴承有什么特点，适用于什么场合？

3. 径向滑动轴承的结构形式有哪些？各有什么特点？

4. 在滑动轴承上开设油孔和油槽应注意哪些问题？

5. 某离心泵径向滑动轴承，轴颈表面圆周速度 $v = 2.5 \mathrm{m/s}$，工作压力 $p = 3 \sim 4 \mathrm{MPa}$，设计中拟采用整体式轴瓦（不加轴承衬），试选择一种合适的轴承材料。

6. 一般轴承的宽径比在什么范围内？为什么宽径比不宜过大或过小？

7. 有一混合摩擦润滑向心滑动轴承，轴颈直径 $d = 100 \mathrm{mm}$，轴承宽度 $L = 100 \mathrm{mm}$，轴的转速 $n = 1200 \mathrm{r/min}$，轴承材料为 ZCuSn10P1。试问该轴承最大能承受多大的径向载荷？

8. 某离心泵径向滑动轴承，已知轴的直径 $d = 100 \mathrm{mm}$，轴的转速 $n = 1500 \mathrm{r/min}$，轴承径向载荷 $F = 2600 \mathrm{N}$，轴承材料为 ZQSn-6-3，试根据非液体摩擦滑动轴承计算方法校核该轴承是否可用。如不可用，应如何改进？（按轴的强度计算，轴颈直径不得小于 48mm。）

第13章　滚动轴承

本章提要

本章介绍滚动轴承的组成、类型、特点及应用；着重阐述滚动轴承的代号、类型选择、尺寸计算，较详细地分析滚动轴承的组合设计，并对滚动轴承的润滑与密封等作简要介绍。

滚动轴承已是标准化、系列化、通用化、商品化的部件，是机械构造中的基础运动元件，对机械的运动、做功和发挥机械的效能具有直接的制约作用。

滚动轴承的设计，主要是根据使用条件选择适当的类型，确定所需要的尺寸并合理设计相应的装配结构。本节主要介绍滚动轴承的类型及特点、滚动轴承代号、尺寸确定及其组合设计。

13.1　滚动轴承的组成

滚动轴承的典型结构如图 13-1（a）所示，由外圈、内圈、滚动体和保持架四部分组成。通常内圈与轴颈之间采用过盈配合，使内圈和轴一起运动，外圈则安装在机座或零件的轴承孔内。但也有外圈转动而内圈不转动或者内外圈以不同转速转动的情况。滚动体在内、外圈的滚道中滚动，形成滚动摩擦并传递载荷。保持架用以引导滚动体或将其彼此隔开，如图 13-1（b）所示。常见的滚动体形式如图 13-1（c）所示。

与滑动轴承相比，滚动轴承具有摩擦阻力小、启动灵活、润滑方便、使用维护简单、互换性能好等优点。但径向外廓尺寸较大，抗冲击能力差，高速运转时的性能及寿命较滑动轴承差。

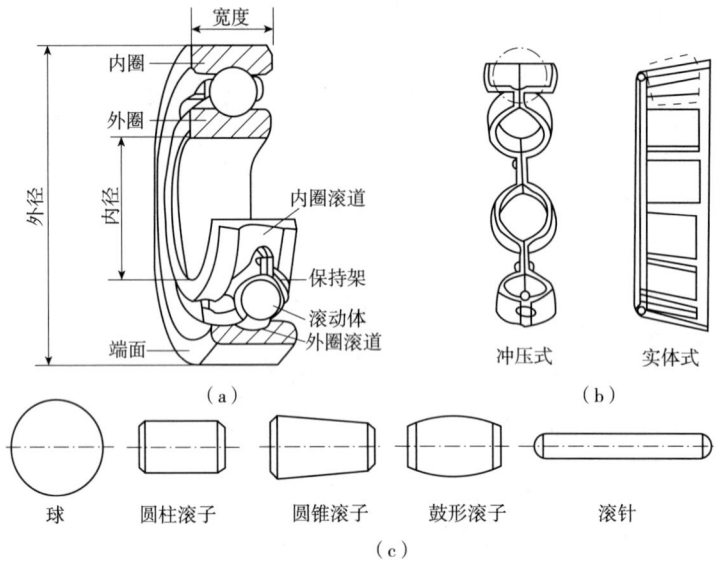

图 13-1　滚动轴承的组成

（a）滚动轴承的结构　（b）保持架的形式　（c）滚动作用形式

13.2　滚动轴承的类型、特点及应用

滚动轴承有多种分类方式。按滚动体的形状，滚动轴承分为球轴承和滚子轴承两大类。球轴承中球与滚道之间为点接触，而滚子轴承中滚子与滚道之间为线接触。在相同的尺寸下，球轴承制造方便、价格低、运转灵活、摩擦系数小、重量轻，但抗冲击能力和承载能力不如滚子轴承。

按照轴承承受的主要载荷方向或轴承公称接触角(用 α 表示)的不同,滚动轴承可分为向心轴承和推力轴承(图 13-2)。滚动轴承的公称接触角 α 是指轴承的径向平面(垂直于轴线)与滚动体和滚道接触点的公法线之间的夹角。α 越大,滚动轴承承受轴向载荷的能力也越大。

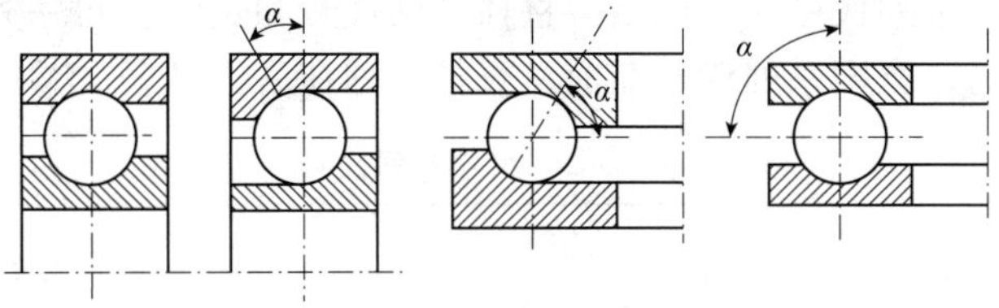

图 13-2 轴承的接触角和轴承的类型
(a)向心轴承 (b)推力轴承

向心轴承主要用于承受径向载荷,公称接触角的范围为 $0° \leqslant \alpha \leqslant 45°$;推力轴承主要用于承受轴向载荷,公称接触角的范围为 $45° \leqslant \alpha \leqslant 90°$。

按轴承工作时是否调心,滚动轴承分为刚性轴承和调心轴承。所谓是否调心,是指滚动轴承在装配和工作过程中是否允许其内、外圈之间存在一定范围的角位移。

13.3 滚动轴承的代号及类型选择

13.3.1 滚动轴承的代号

(1)基本代号

基本代号用于表明滚动轴承的内径、直径系列和类型,常见的为五位。其组成见表 13-1。

①内径代号 用基本代号右起一、二位的数字表示。00、01、02 和 03 分别表示内径尺寸为 10、12、15、17mm;内径代号为 04 到 99 时,乘以 5 即为轴承内径尺寸代表 20 ~ 495mm 的内径。内径小于 10mm 或大于 500mm 的轴承,其内径表示方法可查手册。

表 13-1 滚动轴承代号组成

前置代号	基本代号					后置代号							
	第5位	第4位	第3位	第2位	第1位								
		尺寸系列代号											
分部件代号	类型代号	宽度系列代号	直径系列代号	内径代号		内部结构代号	密封防尘结构代号	保持架及材料代号	特殊轴承材料代号	公差等级代号	游隙代号	多轴承配置代号	其他代号

②直径系列代号 用基本代号右起第三位数字表示。它反映了具有相同内径的轴承在外径和宽度方面的变化。为适应不同的载荷,需要在相同内径的轴承中使用不同大小的滚动体,故引起外径尺寸的变化。按 7、8、9、0、1、2、3、4、5 的顺序,外径依次增大,轴承的承载能力也相应增大。

③宽(高)度系列代号　用基本代号右起第四位数字表示。它反映了具有相同内径尺寸和外径尺寸的轴承宽度尺寸的不同变化。按 8、0、1、2、3、4、5、6 的顺序，宽度依次增大。正常宽度的轴承代号为"0"，多数轴承在代号中"0"不标出，但对调心滚子轴承和圆锥滚子轴承，宽度系列代号 0 应标出。直径系列代号和宽(高)度系列代号统称为尺寸系列代号，组合排列时，宽度系列代号在前，直径系列在后，见表 13-2。

表 13-2　尺寸系列代号

直径系列	向心轴承								推力轴承			
	宽度系列代号								高度系列代号			
	8	0	1	2	3	4	5	6	7	9	1	2
	宽度尺寸依次递增								高度尺寸依次递增			
	尺寸系列代号											
7	—	—	17	—	37	—	—	—	—	—	—	
8	—	08	18	28	38	48	58	68	—	—	—	
9	—	09	19	29	39	49	59	69	—	—	—	
0	—	00	10	20	30	40	50	60	70	90	10	—
1	—	01	11	21	31	41	51	61	71	91	11	—
2	—	02	12	22	32	42	52	62	72	92	12	22
3	—	03	13	23	33	—	—	—	73	93	13	23
4	—	04	—	24	—	—	—	—	74	94	14	24
5	—	—	—	—	—	—	—	—	—	95	—	—

(左侧说明：外径尺寸依次递增)

④类型代号　用数字或字母表示。

（2）后置代号

轴承的后置代号，是用字母和数字等表示轴承的内部结构特点、公差等级、游隙等。

①内部结构代号　同一类型轴承有不同内部结构时，用规定的字母表示其差别。如角接触球轴承分别用 C、AC、B 代表三种不同的公称接触角 15°、25°、40°。用 E 表示加强型。

②公差等级代号　为不同的尺寸精度和旋转精度的组合。

③游隙代号　游隙是指轴承在无载荷作用时，一个套圈相对于另一个套圈在某一个方向的可移动距离。常用的轴承径向游隙系列，有 1 组、2 组、0 组、3 组、4 组、5 组的轴承，其游隙代号分别为：/C1，/C2，0 组不标出，/C3，/C4，/C5，径向游隙按上列顺序由小到大。目前工程实际中常用的游隙是 3 组。

后置代号的其他项目用得较少，使用时可查 GB/T 272—1993。

（3）前置代号

轴承的前置代号用于表示轴承的分部件，用字母表示。当轴承的某些分部件具有某些特点时，就在基本代号前加上相应的字母。如用 L 表示可分离轴承的可分离套圈，K 表示轴承的滚动体与保持架组件；等等。

（4）代号举例

①6203　左起03为内径代号，代表内径为17mm；2为尺寸系列代号（宽度系列代号0不标出，直径系列代号为2）；6为类型代号，表示深沟球轴承。

②7312AC　左起12为内径代号，代表内径为60mm；3为尺寸系列代号（宽度系列代号0不标出，直径系列代号为3）；7为类型代号，表示角接触球轴承；AC表示公称接触角 $\alpha = 25°$。

③33215/P6　后置代号P6，表示公差等级为6级；15为内径代号，代表内径为75mm；32为尺寸系列代号（宽度系列代号为3，直径系列代号为2）；3为类型代号，表示圆锥滚子轴承。

13.3.2　滚动轴承的类型选择

由于不同类型滚动轴承具有不同的性能特点，在选用滚动轴承时，要根据实际工作情况，按工作载荷的性质、转速高低、装配结构及经济性要求等进行选择。

（1）轴承工作载荷的大小、方向和性质

①轴承承受纯径向载荷时，一般选用向心轴承；承受纯轴向载荷时，一般选用推力轴承，但在高速时可考虑用深沟球轴承和角接触球轴承代替。

②在同样外廓尺寸条件下，滚子轴承一般比球轴承承载能力高，抗冲击能力强。因而载荷大、有冲击时，宜选用滚子轴承；载荷小而平稳时，宜选用球轴承。

③轴承同时承受径向和轴向载荷时，应根据两种载荷的比值来考虑。与径向载荷比，若轴向载荷较小，可选用小接触角的角接触球轴承（如7000C型）或深沟球轴承；轴向载荷较大时，可选用大接触角的角接触球轴承及圆锥滚子轴承；轴向载荷很大时，可选用向心轴承与推力轴承的组合，分别承受径向和轴向载荷。

（2）轴承工作转速

每一个型号的轴承其极限转速值均列于轴承标准中，选用时应保证工作转速低于极限转速。一般只有在转速较高时，才需要考虑轴承类型的选择，通常在尺寸公差相同时，球轴承比滚子轴承有较高的极限转速，故高速时应优先选用球轴承。

（3）自动调心性能

由于加工、装配误差及受力变形等影响，轴承将产生弯曲变形，尤其在支点跨距大、刚性差等场合下变形更大。调心轴承适应性较强，故应考虑选用，并应保证所选用轴承的相对角位移小于该类轴承的容许值。

（4）经济性

球轴承容易制造、价格低，且对相关零件的加工要求低，所以在满足基本工作要求时，应优先选用。

13.4　滚动轴承尺寸的计算

13.4.1　滚动轴承的失效形式及计算准则

滚动轴承的失效形式主要有三种：疲劳点蚀、塑性变形及过度磨损。

（1）疲劳点蚀

滚动轴承工作时，在滚动体、内圈、外圈的接触表面将产生接触应力，由于它们之间的相对运动及受力变化，使接触应力变化呈脉动循环。当接触应力超过材料的极限应力时，滚动体、内圈、外圈的表面将形成疲劳点蚀，这将使传动出现振动、噪音和发热现象。

（2）塑性变形

在重载或冲击载荷作用下，可能使滚动体和轴承滚道表面接触处的局部应力超过材料的屈服极限，产生永久性凹坑，出现振动、噪音现象，破坏轴承的正常工作。

（3）磨损

轴承在恶劣的工况下，如粉尘多、润滑不良、密封不当等，将产生磨损、胶合、卡死、保持架锈蚀断裂等现象，但主要的是磨损。这往往是由于安装使用不当造成的，将使轴承寿命缩短。

另外，对于高速轴承，由于离心力过大，可能会使保持架破坏。

综上所述，对于制造良好、安装维护正常的轴承，最常见的失效形式是疲劳点蚀和塑性变形，针对这两种失效形式，在选择轴承类型后，确定其尺寸和型号时，相应的计算准则是：针对疲劳点蚀进行接触疲劳承载能力计算；针对塑性变形，进行静强度计算。

13.4.2　滚动轴承的基本额定寿命和基本额定动载荷

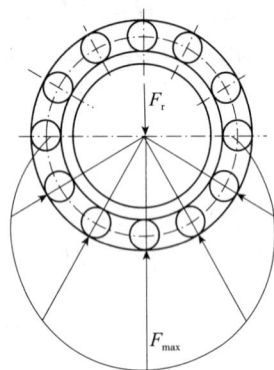

图 13-3　滚动轴承的
受载状况

滚动轴承的受载状况如图 13-3 所示，对其进行尺寸计算，主要是防止其在预期寿命内发生疲劳破坏，因此，轴承承载能力的计算称为寿命计算。

（1）轴承寿命

一套滚动轴承，其中一个内圈、外圈或滚动体上出现第一个疲劳扩展迹象之前，一个内圈或外圈相对于另一个外圈或内圈的转数，或一定转速下的工作小时数，称为轴承寿命。

（2）轴承的可靠度

轴承寿命的可靠度，是指一组相同的滚动轴承在相同条件下运转超过所期望寿命的百分率。而单个滚动轴承的可靠度，为该轴承达到或超过规定寿命的概率。因此，轴承寿命是与某一可靠度相联系的。

（3）基本额定寿命

一批相同的轴承，在同一条件下运转到 10% 的轴承发生点蚀时或 90% 的轴承不产生疲劳点蚀时所能达到的总转数 L（单位 $10^6 r$），或是在一定转速 n 下不产生疲劳点蚀的小时数 L_h，称为滚动轴承的基本额定寿命。因此，轴承的基本额定寿命是在可靠度为 90%（发生疲劳点蚀的概率为 10%，用 L_{10} 表示）的条件下定义的。

（4）基本额定动载荷

标准滚动轴承的寿命为 $L_{10}=1$（单位 $10^6 r$）时所能承受的极限载荷，称为基本额定动载荷，用字母 C 表示。因而，基本额定动载荷系指一组滚动轴承假想能承受的某一载荷值，在该载荷作用下，轴承的寿命正好达到基本额定寿命（即 10^6r）。轴承的 C 值越大，表明它抗疲劳点蚀的能力越强。

对于径向接触轴承，基本额定动载荷是指一个大小和方向恒定的径向载荷，称为径向基本额定动载荷，用 C_r 表示；对于推力轴承，基本额定动载荷是指一个大小和方向恒定的中心轴向载荷，称为轴向基本额定动载荷，用 C_a 表示；对于角接触球轴承和圆锥滚子轴承，基本额定动载荷是指引起轴承套圈相互产生纯径向位移的载荷的径向分量，也用 C_r 表示。

13.4.3 滚动轴承的寿命计算公式

滚动轴承载荷与寿命的关系方程可以描述为

$$P^\varepsilon L_{10} = C^\varepsilon 10^6$$

即

$$L_{10} = \left(\frac{C}{P}\right)^\varepsilon \cdot 10^6 \qquad (13\text{-}1)$$

式中　L_{10}——轴承寿命，r；

　　　ε——轴承寿命指数，对球轴承取 3，滚子轴承取 10/3；

　　　P——轴承载荷，N。

其他符号含义如前所述。轴承的寿命曲线如图 13-4 所示。

习惯上用小时数 L_h 表示轴承寿命。若轴承转速为 n，则 $L_{10} = 60nL_h$，从而可得

$$L_h = \frac{10^6}{60n}\left(\frac{f_t C}{f_p P}\right)^\varepsilon \qquad (13\text{-}2)$$

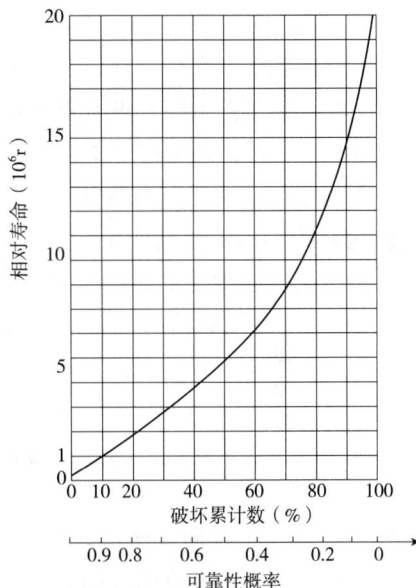

图 13-4　轴承的寿命曲线

式中　f_t——温度系数，考虑轴承工作温度大于 100℃ 时对额定动载荷 C 的影响，其值见表 13-3；

　　　f_p——载荷系数，考虑冲击和振动对轴承当量动载荷 P 的影响，其值见表 13-4。

表 13-3　温度系数 f_t

轴承工作温度（℃）	100	125	150	175	200	225	250	300
温度系数 f_t	1	0.95	0.90	0.85	0.80	0.75	0.70	0.60

表 13-4　载荷系数 f_p

载荷性质	f_p	举　例
无冲击或有轻微冲击	1.0 ~ 1.2	电机、汽轮机、通风机、水泵
中等冲击或惯性力	1.2 ~ 1.8	车辆、机车、动力机械、传动装置、起重机、冶金设备、减速机
强烈冲击	1.8 ~ 3.0	破碎机、轧钢机、球磨机、振动筛石机、农业机械、工程机械

按上式计算出的轴承寿命 L_h，应该不小于滚动轴承的预期寿命 L_h'。

如果轴承的当量动载荷 P、转速 n 和预期寿命 L_h' 已知，需要选择轴承的型号时，可将

上式改写为如下形式：

$$C = \frac{f_\mathrm{p} P}{f_\mathrm{t}} \left(\frac{60 n L_\mathrm{h}}{10^6} \right)^{\frac{1}{\varepsilon}}$$

(13-3)

按此式计算出的轴承额定动载荷 C，应该不大于所选轴承的基本额定动载荷 C_r 值。

13.4.4　滚动轴承的当量动载荷计算

（1）滚动轴承的当量动载荷

在滚动轴承的寿命计算中，寿命 L_h 与轴承载荷 P 之间的关系是在一定的实验条件下得到的。在实际工作条件下使用的滚动轴承，所承受的工作载荷与实验条件载荷是不同的，在计算轴承寿命时，必须将工作载荷折算成与实验条件相当的假想载荷——当量动载荷 P。

①对于仅能承受径向载荷 F_r 的圆柱滚子轴承（N0000 型）和滚针轴承（NA0000），当量动载荷 P 为轴承的径向载荷 F_r。

②对于仅能承受轴向载荷 F_a 的推力轴承（51000 型和 52000 型）和推力圆柱滚子轴承（80000），当量动载荷 P 为轴承的轴向载荷 F_a。

③对于能同时承受径向载荷 F_r 和轴向载荷 F_a 的深沟球轴承（60000 型）、调心球轴承与调心滚子轴承（10000 型和 20000 型）、角接触球轴承（70000 型）以及圆锥滚子轴承（30000 型），当量动载荷的计算公式为

$$P = X F_\mathrm{r} + Y F_\mathrm{a}$$

(13-4)

式中　X，Y——径向载荷系数和轴向载荷系数，其值见表 13-5；

　　　F_r，F_a——轴承的径向载荷和轴向载荷，N。

（2）径向载荷系数 X 和轴向载荷系数 Y 的确定

①计算轴承的相对轴向载荷 F_a/C_0（C_0 是轴承的基本额定静载荷），从表 13-5 中查出对应的载荷转换判断系数 e 值。表中 α 为公称接触角。

②计算轴承的轴向载荷与径向载荷的比值 $F_\mathrm{a}/F_\mathrm{r}$，根据 $F_\mathrm{a}/F_\mathrm{r}$ 与 e 的大小关系，从表中查出相应的 X 和 Y 值。

③由式 $P = X F_\mathrm{r} + Y F_\mathrm{a}$ 计算出当量动载荷 P。

表 13-5　计算当量动载荷的系数 X 和 Y 值

轴承类型	相对轴向载荷 F_a/C_0	判断系数 e	$F_\mathrm{a}/F_\mathrm{r} \leqslant e$		$F_\mathrm{a}/F_\mathrm{r} > e$	
			X	Y	X	Y
单列深沟球轴承 60000	0.041	0.19	1	0	0.56	2.30
	0.028	0.22				1.99
	0.056	0.26				1.71
	0.084	0.28				1.55
	0.11	0.30				1.45
	0.17	0.34				1.31
	0.28	0.38				1.15
	0.42	0.42				1.04
	0.56	0.44				1.00

（续）

轴承类型		相对轴向载荷 F_a/C_0	判断系数 e	$F_a/F_r \leqslant e$		$F_a/F_r > e$	
				X	Y	X	Y
单列接触球轴承 70000	70000AC	0.015	0.40	1	0	0.44	1.47
		0.029	0.43				1.40
		0.058	0.46				1.30
		0.087	0.47				1.23
		0.12	0.50				1.19
		0.17	0.55				1.12
		0.29	0.56				1.02
		0.44	0.56				1.00
		0.58					1.00
	70000AC	—	0.68	1	0	0.41	0.87
	70000B	—	1.14	1	0	0.35	0.57
调心球轴承 10000		—	$1.5\tan\alpha$	1	$0.42\cot\alpha$	0.65	$0.65\cot\alpha$
单列圆锥滚子轴承 30000		—	$1.5\tan\alpha$	1	0	0.40	$0.4\cot\alpha$

13.4.5 角接触轴承的轴向载荷

（1）内部轴向力 S 的确定

对于向心角接触球轴承（70000 型）和圆锥滚子轴承（30000 型），由于接触角（$0 < \alpha < 90°$）的存在，当支撑处作用径向载荷时，将派生一个内部轴向力 S，如图 13-5 所示。S 的大小按照表 13-6 确定，方向则由轴承外圈的宽边指向窄边。

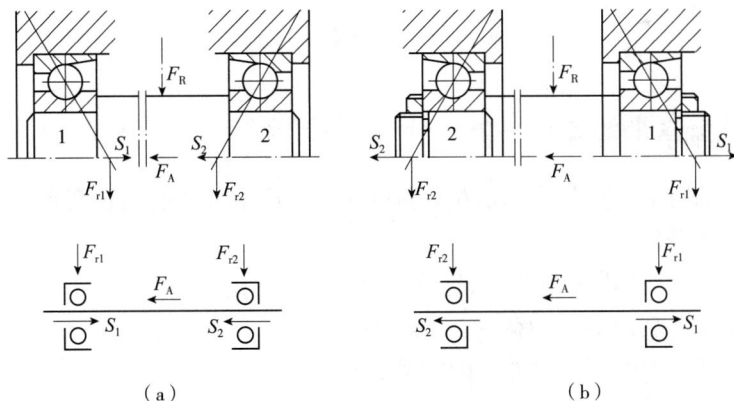

（a） （b）

图 13-5 内部轴向力示意图

角接触球轴承的内部轴向力 S 有使轴承的内圈与外圈沿轴向分离的趋势，为了使其内部轴向力 S 得到平衡，通常将轴承成对安装使用。安装方法分两种：正装（DF 安装），使轴承的外圈窄边相对，实际支点偏向两支撑内侧（轴承的载荷作用中心 O 到轴承外圈宽边端面的距离 a 可以从轴承手册中查出），两端轴承内部轴向力 S_1 与 S_2 的方向相对；反装（DB 安装），使轴承的外圈宽边相对，实际支点偏向两支撑外侧，两端轴承内部轴向力 S_1 与 S_2 的方向背离。

表 13-6　内部轴向力 S 的计算公式

圆锥滚子轴承(30000 型)	角接触球轴承		
	$\alpha = 15°$(70000 型)	$\alpha = 25°$(70000AC 型)	$\alpha = 40°$(70000B 型)
$S = F_r/(2Y)$	$S = eF_r$	$S = 0.68F_r$	$S = 1.14F_r$

（2）角接触轴承轴向载荷 F_{a1} 与 F_{a2} 的计算

图 13-5 所示的向心角接触球轴承，取轴、与轴配合的内圈及滚动体为分离体，进行轴系的轴向力分析，计算两轴承轴向载荷 F_{a1} 与 F_{a2} 的方法如下：

①根据两轴承内部轴向力 S_1 与 S_2 的大小，画出轴系的轴向力分析简图。

②根据轴承的安装结构和轴系总轴向力的方向，按以下条件判断轴承的"松紧"。

$S_2 + F_A > S_1$：对于正装结构，轴系的总轴向力指向左端，分离体有向左移动的趋势，使得左端轴承 1 被"压紧"，右端轴承 2 被"放松"；对于反装结构，则是左端轴承 2 被"放松"，右端轴承 1 被"压紧"。

$S_2 + F_A < S_1$：对于正装结构，轴系的总轴向力指向右端，分离体有向右移动的趋势，使得左端轴承 1 被"放松"，右端轴承 2 被"压紧"；对于反装结构，则是右端轴承 1 被"放松"，左端轴承 2 被"压紧"。

因此，对于正装结构，轴系总轴向力所指向一端的轴承被"压紧"，另一端被"放松"；对于反装结构，轴系总轴向力所指向一端的轴承被"放松"，另一端被"压紧"。

③两轴承轴向载荷 F_{a1} 与 F_{a2} 的确定：对于被压紧端的轴承，所受的轴向力 F_a 等于轴系轴向外载荷 F_A 与被"放松"端轴承内部轴向力 S 的矢量和；对于被放松端的轴承，所受的轴向力 F_a 等于其自身内部轴向力 S。即

$$\begin{cases} F_{a紧} = F_A + S_{r松} \\ F_{a松} = S_{r松} \end{cases} \tag{13-5}$$

13.4.6　滚动轴承的静强度计算

静强度计算的目的，是防止轴承在载荷的作用下产生过大的塑性变形。在以下受载情况下，需要计算滚动轴承的静载荷：

①承受连续载荷或间断（冲击）载荷而不旋转的轴承；

②在载荷作用下缓慢旋转（有短期过载）的轴承；

③承受正常载荷但受到短时冲击的轴承。

当受载最大的滚动体与套圈滚道接触处产生的总塑性变形量达到滚动体直径的万分之一时，接触应力所对应的载荷称为滚动轴承的基本额定静载荷 C_0（见轴承手册中的 C_{0r}）。

滚动轴承的静强度条件为

$$C_0 > S_0 P_0 \tag{13-6}$$

式中　S_0——轴承静强度安全系数，可根据表 13-7 选取。

P_0——将轴承的实际载荷转换为与基本额定静载荷实验条件一致时的载荷，称为当量静载荷，计算公式为

$$\begin{cases} P_0 = F_r & (\alpha = 0°) \\ P_0 = F_a & (\alpha = 90°) \\ P_0 = X_0 F_r + Y_0 F_a & (0° < \alpha < 90°) \end{cases} \tag{13-7}$$

X_0，Y_0——静径向载荷系数和静轴向载荷系数，见表13-8。

表13-7 静强度安全系数

旋转条件	载荷条件	S_0	使用条件	S_0
连续旋转轴承	普通载荷	1.0~2.0	高精度旋转场合	1.5~2.5
	冲击载荷	2.0~3.0	振动冲击场合	1.2~2.5
不旋转及作摆动运动的轴承	普通载荷	0.5	普通旋转精度场合	1.0~1.2
	冲击不均匀载荷	1.0~1.5	允许有变形场合	0.3~1.0

表13-8 当量静载荷计算的系数 X_0 及 Y_0 值

轴承类型	代号	单列轴承		双列轴承	
		X_0	Y_0	X_0	Y_0
调心球轴承	10000	—	—	1	$0.44\cot\alpha$
圆锥滚子轴承	30000	0.5	$0.22\cot\alpha$	1	$0.44\cot\alpha$
深沟球轴承	60000	0.5	0.5	—	—
角接触球轴承	70000C	0.5	0.46	1	0.92
	70000AC	0.5	0.38	1	0.76
	70000B	0.5	0.26	1	0.52

关于滚动轴承的配合公差和技术要求在图样上的标注，由于滚动轴承用单一平面内平均直径作为轴承的配合尺寸，因此其公差数值与 GB/T 1800.3—2009《极限与配合》中的标准公差数值不同。在装配图上标注滚动轴承与轴和外壳孔的配合时，只需标注轴和外壳孔的公差带代号。

13.5 滚动轴承的组合设计

要想保证轴承顺利工作，除了正确选择轴承类型和尺寸外，还应正确设计轴承装置。轴承装置的设计，主要是正确解决轴承的安装、配置、紧固、调整、润滑、密封等问题。下面提出一些设计中的要点以供参考。

13.5.1 支撑部分的刚性和同轴度

轴和安装轴承的外壳或轴承座，以及轴承装置中的其他受力零件，必须有足够的刚性。外壳及轴承座孔壁均应有足够的厚度，壁板上轴承座的悬臂应尽可能地缩短，并用加强肋来增强支撑部位的刚性。如果外壳是用轻合金或非金属制成的，安装轴承处应采用钢或铸铁制的套杯。

对应一根轴上两个支撑的座孔，必须尽可能地保持同心，以免轴承内外圈间产生过大的偏斜。最好的办法是采用整体结构的外壳，并把安装轴承的两个孔一次镗出。如在一根轴上装有两个不同尺寸的轴承时，外壳上的轴承孔仍应一次镗出，这时可利用衬筒来安装尺寸较小的轴承。当两个轴承孔分在两个外壳上时，则应把两个外壳组合在一起进行镗孔。

13.5.2 轴承的配置

一般来说，一根轴需要两个支点，每个支点可由一个或一个以上轴承组成。合理的轴承配置应考虑轴在机器中正确的位置、防止轴向窜动以及轴受热膨胀后不致将轴承卡死等

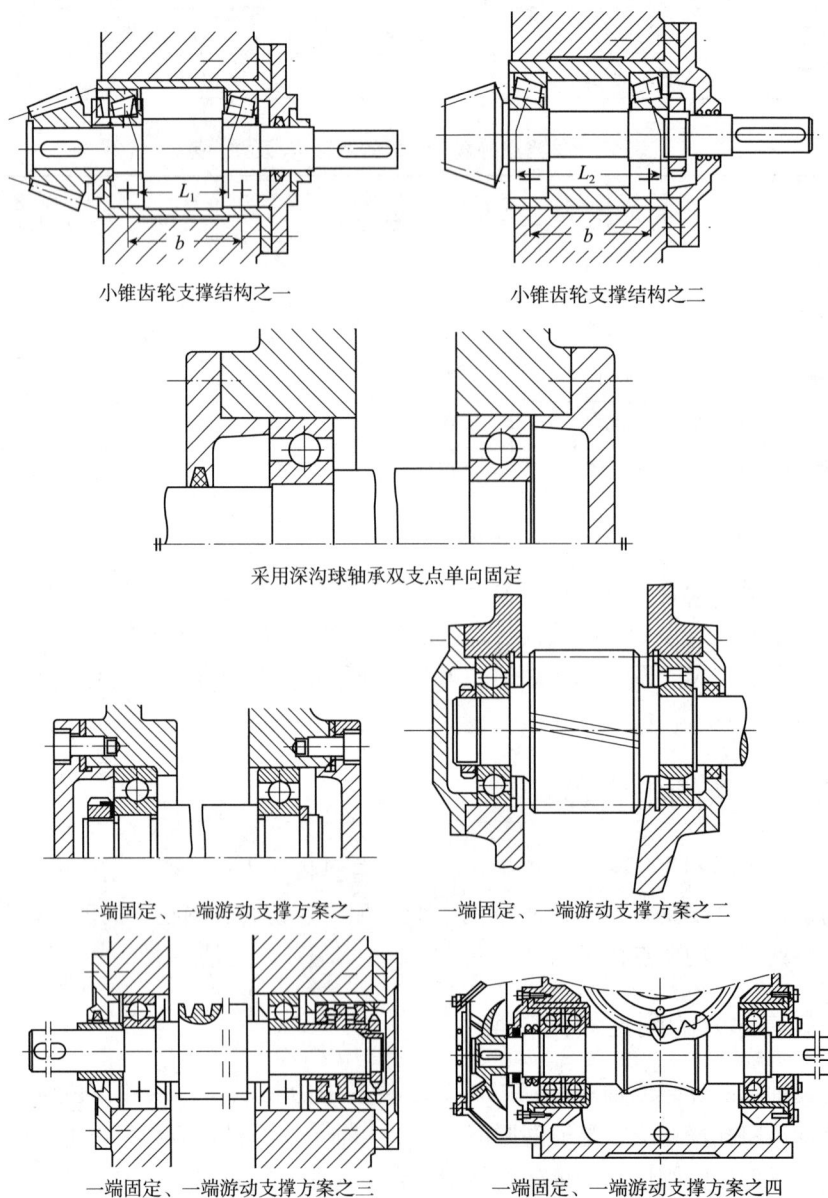

小锥齿轮支撑结构之一　　　　　　　　小锥齿轮支撑结构之二

采用深沟球轴承双支点单向固定

一端固定、一端游动支撑方案之一　　　一端固定、一端游动支撑方案之二

一端固定、一端游动支撑方案之三　　　一端固定、一端游动支撑方案之四

图 13-6　各种轴承配置方法

因素。常用的轴承配置方式有以下三种，如图13-6所示。

（1）双支点各单向固定

这是一种常规的固定方式。

（2）一支点双向固定而另一支点游动

对于跨距较大（如大于350mm）且工作温度较高的场合，由于轴热伸长量大，应采用一支点双向固定，另一端支点游动的支撑结构。作为固定支撑的轴承，应能承受双向轴向力，故内外圈在轴向都要固定。作为补充轴的热膨胀的游动支撑，若使用的是内外圈不可分离的轴承，只须固定内圈，其外圈在座孔内可以自由轴向移动；若使用的是可分离型的圆柱滚子轴承或滚针轴承，则内外圈都要固定。当轴向载荷较大时，作为固定的支点，可以采用向心轴承和推力轴承组合在一起的结构，也可以采用两个角接触球轴承（或圆锥滚子轴承）"背对背"或"面对面"组合在一起的结构（左端两轴承"面对面"安装）。

（3）两端游动支撑

对于一对人字齿轮轴，由于人字齿轮本身的轴向限位作用，它们的轴承内外圈的轴向紧固应设计成只保证其中一根轴相对机座有固定的轴向位置，而另一根轴上的两个轴承都必须是游动的，以防止齿轮卡死或人字齿轮的两侧受力不均匀。

13.5.3　滚动轴承的轴向紧固

滚动轴承的轴向紧固方法很多，如图13-7所示。内圈紧固的常用方法如下：

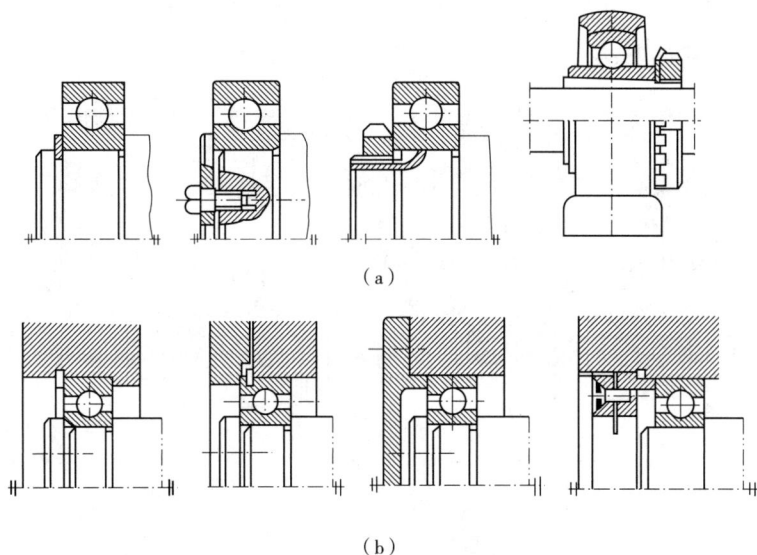

（a）

（b）

图13-7　轴向紧固方法

（a）内圈轴向紧固的常用方法　（b）外圈轴向紧固的常用方法

①用轴用弹性挡圈嵌在轴的沟槽内，主要用于轴向力不大及转速不高的情况；

②用螺钉固定的轴端挡圈紧固，可用于在高转速下承受大的轴向力的情况；

③用圆螺母和止动垫圈紧固，主要用于轴承转速高、承受较大的轴向力的情况。

外圈常用的紧固方法如下：

①用嵌入外壳沟槽内的孔用弹性挡圈紧固，用于轴向力不大且须减小轴承装置的尺寸的情况；

②用轴用弹性挡圈嵌入轴承外圈的止动槽内紧固，用于带有止动槽的深沟球轴承（当外圈不便设凸肩或外壳为剖分式结构时）；

③用轴承盖紧固，用于高转速及轴向力很大时的各类向心、推力和向心推力轴承；

④用螺纹环紧固，用于轴承转速高、轴向载荷大且不适用轴承盖紧固的情况。

13.5.4　轴承游隙及轴上零件的位置调整

轴承的游隙可以靠端盖下的垫片来调整，这样比较方便，也可以靠轴上的圆螺母来调整，但操作不甚方便，更为不利的是必须在轴上制出应力较为严重的螺纹，削弱了轴的强度。锥齿轮或蜗杆在装配时，通常需要进行轴向位置的调整。为了便于调整，可将确定其轴向位置的轴承装在一个套杯中，套杯则装在外壳孔中，通过增减套杯端面与外壳之间垫片的厚度，即可调整锥齿轮或蜗杆的位置。

13.5.5　滚动轴承的预紧

为了提高轴承的旋转精度、增加轴承装置的刚性、减小机器运转时轴的振动，常采用预紧的轴承。所谓预紧，就是在安装时用某种方法在轴承中产生并保持一轴向力，以消除轴承中的轴向游隙，并在滚动体和内、外圈接触处产生初变形。预紧后的轴承受到工作载荷时，其内、外圈的径向及轴向相对移动量要比未预紧的轴承大大减小。

常用的预紧装置如下：

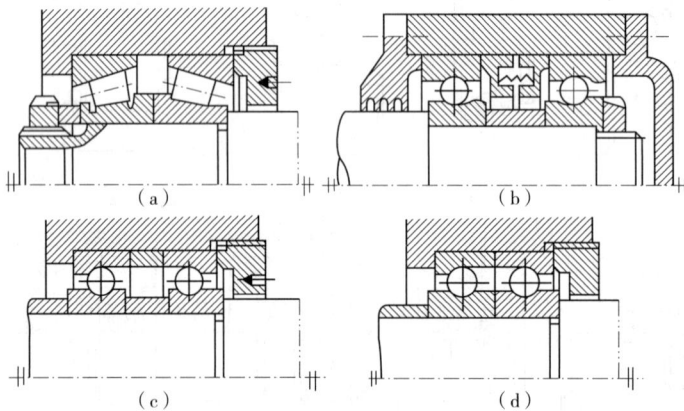

图 13-8　预紧装置

①夹紧一对圆锥滚子轴承的外圈而预紧，如图 13-8(a)所示；

②用弹簧预紧，可以得到稳定的预紧力，如图 13-8(b)所示；

③在一对轴承中间装入长度不等的套筒而预紧，预紧力可由两套筒的长度差控制，如图 13-8(c)所示，这种装置刚性较大；

④夹紧一对磨窄了的外圈而预紧，如图 13-8(d)所示，反装时可磨窄内圈夹紧，这种特制的成对安装的角接触球轴承，可由生产厂选配组合成套提供，在滚动轴承样本中可以

查到不同型号的成对安装角接触球轴承的预紧载荷值，及相应的内圈或外圈的磨窄量。

13.5.6 滚动轴承的润滑与密封

润滑的作用是减小摩擦、冷却散热、防锈蚀和减振等，显然这对保证机械的正常运转、提高工作效率、延长机械的使用寿命等都有着很大的意义。密封主要是为了防止灰尘、水分等污物进入机械的运行部位，或防止润滑油漏失。所以在设计和使用滚动轴承时，对润滑和密封问题要合理解决。

（1）润滑

1）润滑剂

润滑剂可分为气体、液体、半固体和固体四种基本类型。各种润滑剂的牌号和性能可查阅有关手册。

2）润滑方法和润滑装置

①油润滑：

（a）间歇式润滑　即用油壶通过机壳上的油孔人工间歇加油。

（b）滴油润滑　滴油量用针阀控制，扳动手柄用来控制针阀的开关。

（c）油浴润滑　把轴承局部浸入润滑油中，当轴承静止时，油面应不高于最低滚动体的中心。这个方法不适于高速，因为搅动油液剧烈时要造成很大的能量损耗，引起油液和轴承的严重过热。

（d）油环润滑　在轴径上悬挂一个油环，其下部垂浸在油中，当轴旋转时，油环被带动旋转，将油带到轴径上而实现润滑。这种方法只适用于转速范围在 $3000 \sim 50r/min$ 的水平轴，转速过高油会被甩掉，转速过低则带不上油。

（e）飞溅润滑　使转动零件（如齿轮、甩油盘等）浸入油面以下适当深度，转动时把油溅起，通过适当途径引入轴承部分进行润滑。齿轮箱中的轴承润滑常使用这种方法。

（f）压力循环润滑（喷油润滑）　利用油泵把油通过油管输入轴承中或喷向润滑点。这种方法供油充足，比较可靠，但设备费用较高，适用于重要轴承等零件的润滑与冷却。

（g）油雾润滑　当轴承滚动体的线速度很高（如不小于 $6 \times 10^5/min$）时，常采用油雾润滑，以避免其他供油方法由于供油过多、油的内摩擦增大而增高轴承的工作温度。

②脂润滑：采用脂润滑只能间歇供应润滑脂，加一次油脂可使用较长时间，保养比油润滑简单。对于滚动轴承，容易接近和打开轴承端盖，采用脂润滑可不另加润滑装置。

③固体润滑：在一些特殊条件下，如果使用润滑油和润滑脂达不到可靠的润滑要求时，则可采用固体润滑方法。

最常用的固体润滑剂有二硫化钼、石墨和聚四氟乙烯等。

（2）密封装置

轴承的密封装置是为了防止灰尘、水、酸气和其他杂质进入轴承的工作区域破坏轴承的正常工作条件，并阻止润滑剂流失而设置的。轴承的密封装置可分为接触式和非接触式两种。

①接触式密封。接触式密封有以下几种：

（a）毡圈密封　这种方式主要用于脂润滑场合，它的结构简单，但摩擦较大，只用于滑动速度小于 4 ~ 5m/s 的地方。与毡圈油封相接触的轴的表面如经过抛光且毛毡质量高时，可用到滑动速度达 7 ~ 8m/s 之处。

(b)唇式密封圈　唇式密封圈可用到接触面滑动速度小于 10m/s(当轴径是精车的)或小于 15m/s(当轴径是磨光的)之处。轴径与唇式密封圈接触处最好经过表面硬化处理，以增强耐磨性。

(c)密封环　密封环是一种带有缺口的环状密封件，把它放置在套筒的环状槽内，套筒与轴一起转动，密封环靠缺口被压拢后所具有的弹性而抵紧在静止件的内孔壁上，即可起到密封作用。密封环用含铬的耐磨铸铁制造，可用于接触面滑动速度小于 100m/s 之处。在滑动速度为 60 ~ 80m/s 范围内，也可用锡青铜制造密封环。

②非接触式密封。使用接触式密封，总要在接触处产生滑动摩擦，为了避免此缺点，可使用非接触式密封。常用的非接触式密封方法有以下几种：

(a)隙缝密封　在轴和轴承盖的通孔壁间留一个极窄的隙缝，半径间隙通常为 0.1 ~ 0.3mm。这对使用脂润滑的轴承来说，已具有一定的密封效果。如果在轴承端盖上车出环槽，在槽中添以润滑脂，可以提高润滑效果。

(b)甩油密封

(c)曲路密封

以上介绍的各种密封装置，在实践中可以把它们适当组合起来使用。有关密封的装置及运用方法，可参阅有关手册。

本 章 小 结

本章主要介绍了滚动轴承的构造及基本类型滚动轴承的代号、滚动轴承的选择计算、滚动轴承的静强度计算、滚动轴承的润滑和密封、滚动轴承的组合设计等基本知识。在轴的类型及其应力性质，要求读者能结合实际判明轴的类型及其所受的应力特性。在轴的强度计算中，其理论基础为工程力学，要求在学习本章前复习工程力学中有关知识。轴的结构设计是本章研究的重点，同时也是难点，要平时注意观察和分析实物及部件装配图，以不断增加感性知识；要在掌握结构设计基本要求的基础上，从实例分析中学习分析问题和解决问题的方法；要通过思考题和习题的反复训练，熟悉和掌握轴的结构。滚动轴承的型号及其特性，并正确选择轴承，根据寿命计算公式确定滚动轴承的寿命或验算，轴承的组合设计，角接触球轴承和圆锥滚子轴承当量动载荷的计算。

思 考 题

1. 说明下列型号轴承的类型、尺寸、直径系列、结构特点和精度等参数：6201、7206C、7308AC、30312/P6X、6310/P5、52411。

2. 在机械设计中，应如何选择滚动轴承的类型？球轴承、推力轴承、滚子轴承、向心推力轴承、球面调心轴承各用在什么场合？

3. 何谓滚动轴承的"寿命"及"基本额定寿命"？何谓滚动轴承的"基本额定动载荷"？

4. 何谓滚动轴承的"当量动载荷"？当量动载荷 P、额定动载荷 C 与寿命 L 之间的关系是什么？

5. 轴上装有一堆 6208 轴承，所承受的径向载荷 $F_R = 3000N$，轴向载荷 $F_A = 1270N$。试求起当量动载荷 P。

6. 某齿轮轴上装有一对型号为 30208 的轴承(反装)，已知。$F_a = 5000N$(方向向左)，$F_{R1} = 8000N$，$F_{R2} = 6000N$，试计算两轴承的轴向载荷。

7. 某带传动装置的轴上拟选用深沟球轴承。已知：轴颈直径 $d = 40mm$，转速 $n = 800r/min$，轴承的径向载荷 $F_R = 3500N$，载荷平稳。若轴承预期寿命 $L'_h = 10000h$，试选择轴承型号。

8. 某减速器主动轴用两个圆锥滚子轴承 30212 支承，如题图 13-1 所示。已知轴的转速 $n = 960r/min$，$F_a = 650N$，$F_{R1} = 4800N$，$F_{R2} = 2200N$，工作时有中等冲击，要求轴承的预期寿命为 15000 h。试判断该对轴承是否合适。

9. 如题图 13-2 所示，轴支承在两个 7207AC 轴承上，两轴承间的跨距为 240mm，轴上载荷 $F_r = 2800N$，$F_a = 750N$，方向如图所示。试计算轴承 C、D 所受的轴向载荷 F_{aC}、F_{aD}。

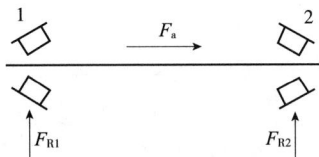

题图 13-1

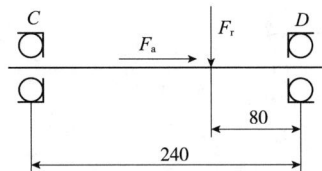

题图 13-2

10. 题图 13-3 所示为从动锥齿轮轴，从齿宽中点到两个 30000 型轴承压力中心的距离分别为 60mm 和 195mm，齿轮的平均分度圆直径 $d_m = 212.5mm$，齿轮轴向力 $F_a = 960N$，圆周力和径向力的合力 $F_r = 2710N$，轻度冲击，转速 $n = 500r/min$，轴承的预期设计寿命为 30000h，轴颈直径，试选择轴承型号。

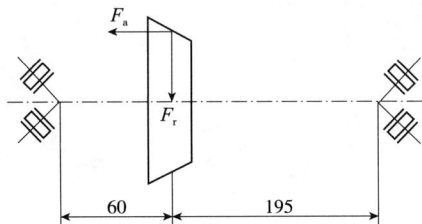

题图 13-3

第14章 联轴器、离合器和制动器

本章提要

联轴器、离合器和制动器主要用来连接不同部件之间的两根轴或轴与其他回转零件，使其一起转动并传递转矩，有时也作安全装置。不同的是，在机械运转的过程中，用联轴器实现的连接不能被断开，而用离合器实现的连接则可以通过操纵机构或自动控制装置随时断开或接通。

联轴器、离合器和制动器是机械传动系统中重要的组成部分，合称为机械传动中的三大器。其使用量大、涉及面广，涉及机械行业的各个领域。广泛用于矿山、冶金、航空、兵器、水电、化工、轻纺及交通运输各部门。随着科学技术的进步，近年来联轴器、离合器和制动器在规格、结构、性能和材料等方面都有了很大的发展。

14.1　概述

联轴器用于把两轴连接在一起，机器运转时两轴不能分离，只有机器停车并将连接拆开后，两轴才能分离。离合器也用来把两轴连接在一起，但机器运转时就能使两轴分离或接合。两者的特点见表14-1。

表 14-1　联轴器和离合器的异同点

内容	联　轴　器	离　合　器
共同点	实现轴与轴之间的连接，使用要求是能够调节两轴之间的偏移，能够吸收冲击和振动，传递的转矩要大	
区别	①联轴器有套筒联轴器、凸缘联轴器（刚性固定）、齿轮联轴器（刚性可移式）、弹性圈柱销联轴器、尼龙柱销联轴器（弹性可移式）。刚性元件不能吸收冲击、振动，弹性元件能够吸收冲击和振动。可移和固定是指补偿偏移的能力。 ②联轴器在机器运转时不能使两轴分离	①常用离合器有牙嵌式和摩擦式两种。牙嵌式离合器传递转矩大并能严格保证两轴一起回转，尺寸紧凑，但离合困难；摩擦式离合器接合平稳、方便，并起安全保护作用，但不能保证两轴转速相同。 ②离合器在机器运转时可使两轴随时接合和分离

由于连接轴与轴，主要是传递运动和转矩。因此选用时，应首先决定所选联轴器或离合器类型，然后根据所传递的计算转矩在相应的标准中选取型号。在具体设计时，先根据工作条件和要求选择合适的类型，然后按轴的直径 d、轴的转速 n 和计算转矩 T_c，从标准中选择所需要的型号和尺寸。必要时对某些关键零件作校核计算。转矩计算公式为

$$T_c = KT \quad (\text{N} \cdot \text{mm}) \tag{14-1}$$

式中　T——轴的名义转矩，$\text{N} \cdot \text{mm}$；

　　　K——载荷系数，见表14-2。

表 14-2　载荷系数（电动机驱动时）

机器名称	载荷系数 K		机器名称	载荷系数 K
机床		1.25 ~ 2.5	往复式压气机	2.25 ~ 3.5
离心水泵		2 ~ 3	胶带或链板运输机	1.5 ~ 2
鼓风机		1.25 ~ 2	吊车、升降机、电梯	3 ~ 5
往复泵	单行程	2.5 ~ 3.5	发电机	1 ~ 2
	双行程	1.75		

注：①刚性联轴器取较大值，弹性联轴器取较小值；②摩擦离合器取中间值。当原动机为活塞式发动机时，将表内 K 值增大 20% ~ 40%。

14.2 联轴器

联轴器是用来连接不同机构中的两根轴(主动轴和从动轴),使之共同旋转以传递扭矩的机械零件。常用联轴器分为刚性联轴器和挠性联轴器,挠性联轴器又分为无弹性元件、金属弹性元件、非金属弹性元件几种类型。在高速重载的动力传动中,有些联轴器还有缓冲、减振和提高轴系动态性能的作用。联轴器一般由两半部分组成,分别与主动轴和从动轴相连接。一般动力机大都借助于联轴器与工作机相连。

依据联轴器对两轴轴线相对安装条件和适应性的要求,两轴间的相对位移会出现的情况包括:轴向位移 x、径向位移 y、角位移 α 和位移组合形成的综合位移,如图 14-1 所示。如果联轴器没有适应这种相对位移的能力就会在联轴器、轴和轴承中产生附加载荷,甚至引起强烈振动。

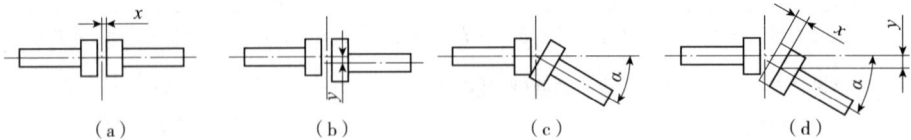

图 14-1 轴线的相对位移

(a)轴向位移 x (b)径向位移 y (c)角位移 α (d)位移组合

14.2.1 刚性联轴器

刚性联轴器即使承受负载时也无任何回转间隙,如果系统中有任何偏差,都会导致轴、轴承或联轴器过早损坏,即刚性联轴器无法用在高速的环境下,因为它无法补偿由于高速运转产生高温而构成的轴间相对位移。当然,如果相对位移能被成功控制,在伺服系统应用中刚性联轴器也能发挥很出色的性能,尤其是小规格的刚性联轴器具有重量轻、惯性超低和灵敏度高的优越性能,具有免维护、超强抗油以及耐腐蚀的优点。

几种常用刚性联轴器介绍如下。

(1)套筒联轴器

套筒联轴器(图 14-2)是利用公共套筒,并通过键、花键或锥销等刚性连接件,以实现两轴的连接。适用于低速、轻载、经常正反转,且要求两轴对中好、工作平稳无冲击载荷的场合。套筒联轴器的结构简单,制造方便,成本较低,径向尺寸小,但装拆不方便,不具备轴向、径向和角向补偿性能。

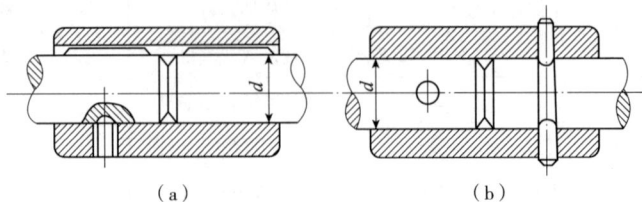

图 14-2 套筒联轴器结构示意图

(2)夹壳联轴器

夹壳联轴器(图 14-3)是利用两个沿轴向剖分的夹壳,用螺栓夹紧以实现两轴连接,靠两半联轴器表面间的摩擦力传递转矩，利用平键作辅助连接。夹壳联轴器装配和拆卸时很方便，缺点是两轴轴线对中精度低，结构和形状比较复杂，制造及平衡精度较低，只适用于低速和载荷平稳的场合，通常最大外缘的线速度不大于5m/s，当线速度超过5m/s时需要进行平衡校验。立式夹壳联轴器的特性与夹壳联轴器近似，结构简单，装拆方便，适用于低速（最高圆周线速度为5m/s）、无冲击、振动载荷平稳的场合，宜用于搅拌器等、低速传动的水平轴或垂直轴的连接。

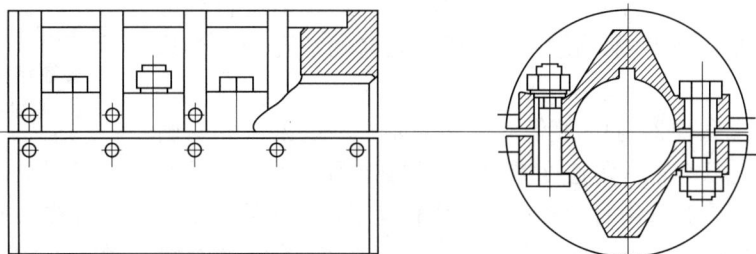

图 14-3　夹壳联轴器结构示意图

（3）凸缘联轴器

凸缘联轴器是把两个带有凸缘的半联轴器用普通平键分别与两轴连接，然后用螺栓把两个半联轴器连成一体，以传递运动和转矩。凸缘联轴器有两种主要的结构形式：①靠铰制孔用螺栓来实现两轴对中和靠螺栓杆承受挤压与剪切来传递转矩，所示如图14-4（a）所示；②靠一个半联轴器上的凸肩与另一个半联轴器上的凹槽相配合而对中，所示如图14-4（b）所示。

凸缘联轴器的材料可用灰铸铁或碳钢，重载时或圆周速度大于30m/s时应用铸钢或锻钢。适用于振动很小的工况条件，连接中、高速和刚性不大且要求对中性较高的两轴。当两轴有相对位移存在时，就会在机件内引起附加载荷，使工作情况恶化，这是它的主要缺点。

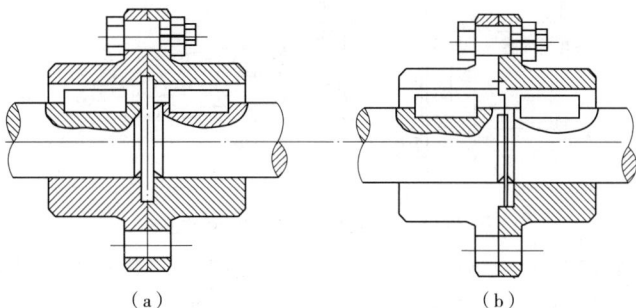

（a）　　　　　　　　　（b）

图 14-4　凸缘联轴器结构示意图

14.2.2　挠性联轴器

14.2.2.1　无弹性元件的挠性联轴器

无弹性元件的挠性联轴器具有挠性，可以补偿两轴的相对位移。因无弹性元件，这类联轴器不能缓冲减振。常用的无弹性元件的挠性联轴器有以下几种。

（1）十字滑块联轴器

十字滑块联轴器（图 14-5）又称滑块联轴器，由两个在端面上开有凹槽的半联轴器和一个两面带有凸牙的中间盘组成。因凸牙可在凹槽中滑动，故可补偿安装及运转时两轴间的相对位移。

这种联轴器零件的材料可用 45 钢，工作表面需要进行热处理，以提高其硬度；要求较低时也可用 Q275 钢，不进行热处理。为了减少摩擦及磨损，使用时应从中间盘的油孔中注油进行润滑。

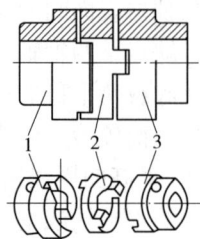

图 14-5　十字滑块联轴器结构示意图

1、3-半联轴器；2-中间盘

因为两个半联轴器与中间盘组成移动副，不能发生相对转动，故主动轴与从动轴的角速度应相等。但在两轴间有相对位移的情况下工作时，将增大动载荷及磨损，因此选用时应注意其工作转速不得大于规定值。凸牙可在凹槽中滑动，可补偿较大的径向位移，但中间盘工作时，作用有离心力，而且榫与槽间有磨损。

（2）齿式联轴器

齿式联轴器（图 14-6）是由齿数相同的内齿圈和带外齿的凸缘半联轴器等零件组成。外齿分为直齿和鼓形齿两种齿形。所谓鼓形齿，即将外齿制成球面，球面中心在齿轮轴线上，齿侧间隙较一般齿轮大，鼓形齿联轴器可允许较大的角位移（相对于直齿联轴器），可改善齿的接触条件，提高传递转矩的能力，延长使用寿命。齿式联轴器在工作时，两轴产生相对位移，内外齿的齿面周期性作轴向相对滑动，必然形成齿面磨损和功率损耗，因此齿式联轴器需在良好润滑和密封的状态下工作。

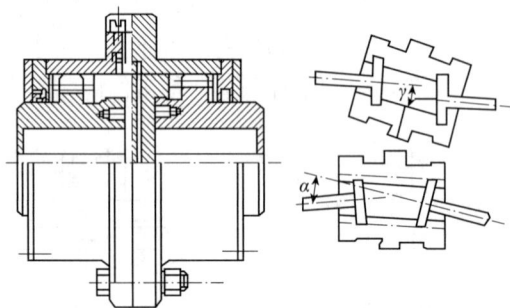

图 14-6　齿式联轴器结构示意图

齿式联轴器径向尺寸小，承载能力大，常用于低速重载工况条件的轴系传动，高精度并经动平衡的齿式联轴器可用于高速传动，如汽轮机的轴系传动。由于鼓形齿式联轴器的角向补偿大于直齿式联轴器，国内外均广泛采用鼓形齿式联轴器。

（3）滚子链联轴器

滚子链联轴器是利用公用的链条，同时与两个齿数相同的并列链轮啮合。不同结构形式的链条联轴器主要区别是采用了不同的链条，常见的有双排滚子链联轴器、单排滚子链联轴器、齿形链联轴器、尼龙链联轴器等。双排滚子链联轴器性能优于其他结构形式的联轴器，为国内外广泛采用，我国亦已制订为国家标准。

滚子链联轴器结构简单（图 14-7），尺寸紧凑，重量轻，工作可靠，寿命长，装拆方便，且有少量补偿两轴相对偏移的性能。用于潮湿、多尘、高温场合，不宜用于起动频繁、经常正反转以及冲击载荷较剧烈的场合。其受离心力影响，也不宜高速传动。

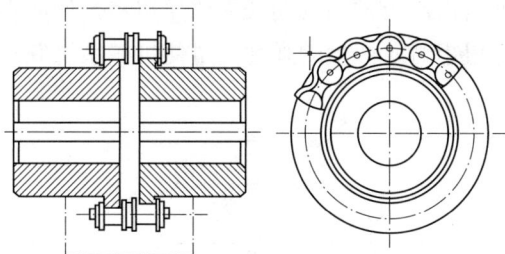

图 14-7　滚子链联轴器结构示意图

（4）万向联轴器

万向联轴器（图 14-8）的共同特点是角向补偿量较大，不同结构形式万向联轴器两轴线夹角不相同，一般在 5°～45°之间。万向联轴器利用其结构，使两轴不在同一轴线、存在轴线夹角的情况下能实现所连接的两轴连续回转，并可靠地传递转矩和运动。万向联轴器最大的特点是具有较大的角向补偿能力，结构紧凑，传动效率高。但若用单个万向联轴器，主、从动轴不同步时将引起附加动载荷。为使主、从动轴同步，常成对使用万向联轴器，并使中间轴的两个叉子位于同一平面内，主、从动轴与中间轴间的偏斜角相等。

图 14-8　万向联轴器结构示意图

14.2.2.2　弹性元件的挠性联轴器

弹性元件的挠性联轴器是靠弹性元件的弹性变形来补偿两轴轴线的相对偏移，具有不同程度的轴向、径向、角向补偿性能，还具有不同程度的减振、缓冲作用，可改善传动系统的工作性能。常用弹性元件的挠性联轴器包括各种非金属弹性元件挠性联轴器和金属弹性元件挠性联轴器，各种弹性联轴器的结构不同，差异较大，在传动系统中的作用亦不尽相同。

（1）金属弹性元件的挠性联轴器

①蛇形弹簧联轴器　蛇形弹簧联轴器主要由两个半联轴节、两个半外罩、两个密封圈

及蛇形弹簧片组成,如图 14-9 所示。它是靠蛇簧嵌入两半联轴节的齿槽内来传递扭矩,联轴器以蛇形弹簧片嵌入两个半联轴节的齿槽内,实现主动轴与从动轴的连接。运转时,靠主动端齿面对蛇簧的轴向作用力带动从动端来传递扭矩,如此在很大程度上避免了共振现象发生,且簧片在传递扭矩时所产生的弹性变量使机械系统获得较好的减振效果,其平均减振率达 36% 以上。

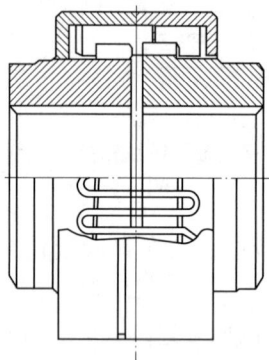

图 14-9　蛇形弹簧联轴器结构示意图

　　梯形截面的蛇形弹簧片是采用优质弹簧钢,经严格的热处理并特殊加工而制成,具有良好的机械性能,使联轴器的使用寿命比非金属弹性元件联轴器(如弹性套柱销、尼龙棒销联轴器)大为增加。

　　蛇形弹簧联轴器的优点:减振性好,使用寿命长;承受变动载荷范围大,起动安全;传动效率高,运行可靠;噪声低,润滑好;结构简单,装拆方便;整机零件少,体积小,重量轻;允许有较大的安装偏差。

　　②簧片联轴器　簧片联轴器的弹性元件是由若干组簧片组成,簧片组沿径向呈辐射状分布,如图 14-10 所示。每组簧片的一端为固定端,与支撑块构成固定连接,另一端为自由端,与相连零件构成可动连接。当联轴器传递扭矩时,簧片与花键轴接触的可动端相对于固定端发生弯曲变形,使两半联轴器相对扭转某一角度。为增大联轴器的缓冲和吸振效果,每组簧片间的空腔中充满润滑油,在变载荷作用下,簧片左右弯曲变形,形成油腔的压力变化,迫使润滑油经簧片两侧的缝隙从一侧流至另一侧,产生较大的黏性摩擦阻尼。该联轴器的最大特点是阻尼性能好,结构紧凑,安全可靠,润滑油还可以减轻因簧片的弯曲变形而在簧片直接发生的摩擦和磨损。多用于船舶、内燃机车、柴油发电机组、重型车辆及工业用柴油机动力机组等柴油机动力装置中,用于调节轴系传动系统转矩振动的自振频率,降低共振时的振幅。但其价格比较高。

　　③膜片联轴器　膜片联轴器至少由一个膜片和两个轴套组成,其结构如图 14-11 所示。膜片被用销钉紧固在轴套上,一般不会松动或引起膜片和轴套之间的反冲。有一些生产商提供两个膜片,也有提供三个膜片的,中间有一个或两个刚性元件,两边再连在轴套上。单膜片联轴器和双膜片联轴器的不同之处是处理各种偏差能力的不同,鉴于需要膜片能复杂地弯曲,所以单膜片联轴器不太适应偏心状况,而双膜片联轴器可以同时曲向不同的方向,以此可补偿偏心。

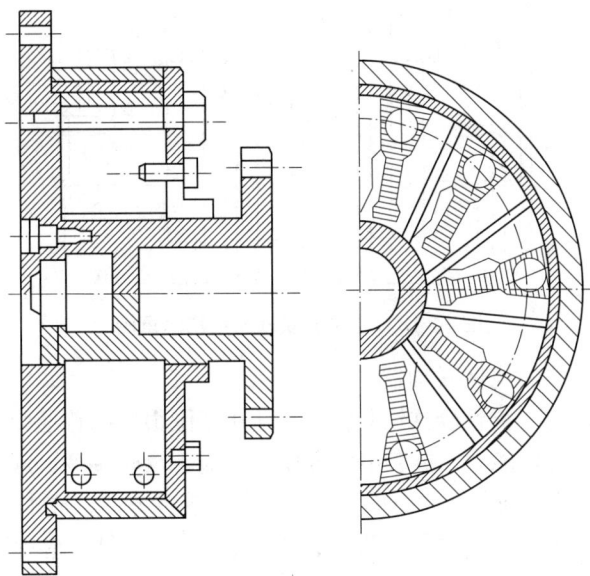

图 14-10　簧片联轴器结构示意图

膜片联轴器这种特性有点像波纹管联轴器，实际上联轴器传递扭矩的方式都差不多。膜片本身很薄，所以当相对位移荷载产生时它很容易弯曲，因此可以承受高达 1.5° 的偏差，同时在伺服系统中产生较低的轴承负荷。膜片联轴器常用于伺服系统中，膜片具有很好的扭矩刚性，但稍逊于波纹管联轴器。另一方面，膜片联轴器非常精巧，如果在使用中误用或没有正确安装就很容易损坏，所以保证偏差在联轴器正常运转的承受范围内是非常必要的。

根据传递转矩的大小，弹性元件由若干个金属膜片叠合成膜片组。该类联轴器特点是结构简单，工作可靠，整体性能较好，各元件间无相对滑动，无噪声。但因弹性较弱，缓冲减振性能差，主要用于载荷平稳的高速传动中。

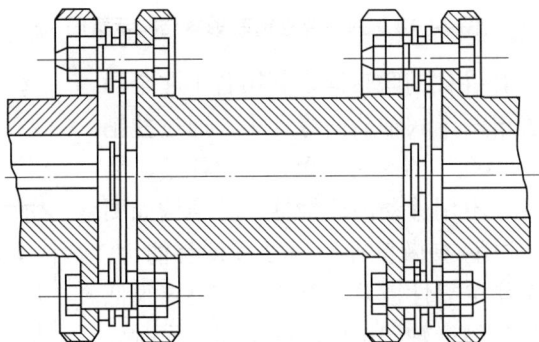

图 14-11　膜片联轴器结构示意图

④波纹管联轴器　波纹管联轴器由两个毂和一个薄壁金属管组成，它们用焊接或粘结的方式连接在一起，其结构如图 14-12 所示。金属管材料最常用的是不锈钢和镍。波纹管联轴器常用于伺服电动机、步进电动机等的连接，具有免维护、超强抗油和耐腐蚀性，高扭矩刚性和卓越灵敏度，顺时针与逆时针回转特性完全相同，零回转间隙，不锈钢波纹管结构可补偿角向、轴向偏差等特性。

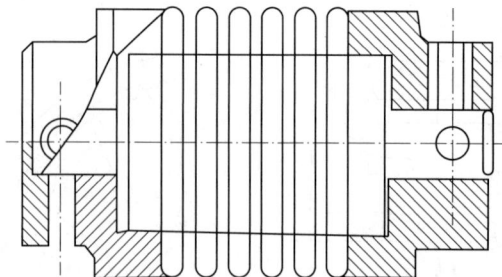

图 14-12   波纹管联轴器结构示意图

（2）非金属弹性元件的挠性联轴器

①弹性套柱销联轴器   弹性套柱销联轴器是适用范围很广的普通弹性联轴器，具有一般减振和一定的两轴偏移补偿能力，拆装维修方便，适应正反转多变、起动频繁的场合，其结构如图 14-13 所示。这种联轴器结构简单，制造容易，装拆方便，成本较低，多用在转矩小、转速高、频繁正反转、需要缓和冲击振动的地方，尤其在高速轴上应用得十分广泛。

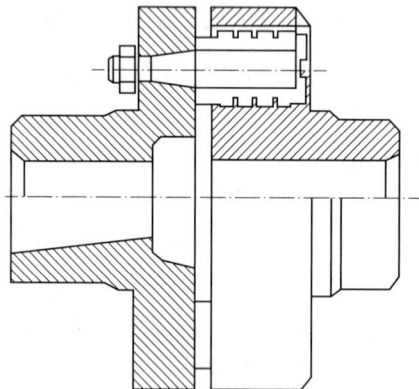

图 14-13   弹性套柱销联轴器结构示意图

②弹性柱销联轴器   弹性柱销联轴器是利用若干非金属弹性材料制成的柱销，置于两半联轴器凸缘孔中，通过柱销来实现两半联轴器连接。该联轴器结构简单，容易制造，装拆更换弹性元件比较方便，不用移动两联轴器，其结构如图 14-14 所示。弹性元件（柱销）有微量补偿两轴线偏移能力，弹性件工作时受剪切，工作可靠性极差，仅适用于要求很低的中速传动轴系中。弹性柱销联轴器轴中的柱销在工作时处于剪切和挤压状态，其强度条件就是计算弹性柱销横截面上的剪切强度和柱销与销孔壁的挤压强度。弹性柱销联轴器不适用于可靠性要求较高的工况，例如绝不可用于起重机械的提升机构的传动轴系，不宜用于低速承重及具有强烈冲击和振动较大的传动轴系，对于径向和角向偏移较大的工况以及安装精度较低的传动轴系亦不应选用。

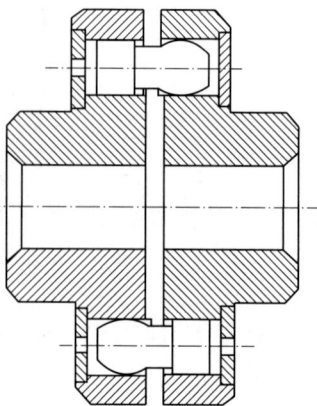

图 14-14   弹性柱销联轴器结构示意图

③梅花形弹性联轴器　梅花形联轴器是将一个整体的梅花形弹性环装在两个形状相同的半联轴器的凸爪之间，以实现两半联轴器的连接，其结构如图 14-15 所示。通过凸爪与弹性环之间的挤压传递动力，通过弹性环的弹性变形补偿两轴相对偏移，实现减振缓冲。这种联轴器已标准化，其结构简单、弹性好，价廉，具有良好的减振和补偿位移的能力，使用越来越广泛。

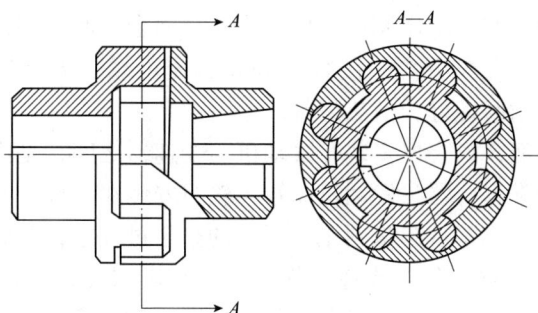

图 14-15　梅花形弹性联轴器结构示意图

④轮胎联轴器　轮胎式联轴器是将轮胎环用螺栓来连接两半联轴器，以实现两轴的连接，其结构如图 14-16 所示。轮胎环内侧用硫化方法与钢质骨架粘接成一体，骨架上的螺栓孔处焊有螺母。装配时用螺栓与两半联轴器的凸缘连接，依靠拧紧螺栓使轮胎与凸缘端面之间产生摩擦力来传递转矩。轮胎环工作时发生扭转剪切变形，故轮胎联轴器具有很高的弹性，补偿两轴相对位移的能力较大，并有良好的阻尼性。轮胎式联轴器的结构简单，使用可靠，弹性大，寿命长，不需润滑，但径向尺寸大。这种联轴器可用于潮湿多尘、起动频繁之处。

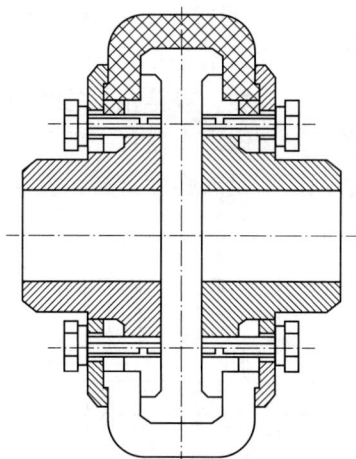

图 14-16　轮胎联轴器结构示意图

轮胎联轴器缺点是承载能力不高、外形尺寸较大，随着两轴相对扭转角的增加使轮胎外形扭歪，轴向尺寸略有减小，将在两轴上产生较大的附加轴向力，使轴承负载加大而降低寿命。轮胎联轴器高速运转时，轮胎受外缘离心力的作用而向外扩张，将进一步增大附加轴向力。为此，在安装联轴器时应采取措施，使轮胎中的应力方向与工作时产生的应力方向相反，以抵消部分附加轴向力，达到改善联轴器和两轴承工作条件的目的。

14.3 离合器

机器设计中，若需要对传动系统作变速、换向和实现运动、动力的分离、接合操作，可根据具体工况去选择或设计各种离合器来实现。离合器按其离合方式，可分为操纵式离合器和自动离合器两种；按其工作原理，可分为啮合离合器和摩擦离合器等。离合器应满足下列基本要求：便于接合与分离；接合与分离迅速可靠；接合时振动小；调节维修方便；尺寸小，重量轻；耐磨性好，散热好等。

以汽车用离合器为例，离合器安装在发动机与变速器之间，是汽车传动系中直接与发动机相连的总成件。通常离合器与发动机曲轴飞轮组安装在一起，在发动机与汽车传动系之间切断和传递动力。在汽车从起步到正常行驶的整个过程中，驾驶员可根据需要操纵离合器，使发动机和传动系暂时分离或逐渐接合，以切断或传递发动机向传动系输出的动力。它使发动机与变速器之间能逐渐接合，从而保证汽车平稳起步；可暂时切断发动机与变速器之间的联系，以便于换挡和减少换挡时的冲击；当汽车紧急制动时能起分离作用，防止变速器等传动系统过载，从而达到一定的保护作用。

14.3.1 牙嵌离合器

牙嵌离合器有结构简单、尺寸小、接合后两半离合器没有相对滑动等特点，当要求两轴接合、分离，对运动平稳性不特别强调时，常被优先考虑选用，其结构如图 14-17 所示。如在机床的传动分级变速机构和铲运机、工程机械行走、工作传动系中，均采用了牙嵌离合器及其变种。牙嵌离合器常用的牙形有矩形、梯形、锯齿形和三角形四种基本类型，根据需要分别应用于不同的场合。目前对牙嵌离合器的设计，工程上常采用两种方法：一是选型设计，即先按工作条件选择合适的类型，然后按传递的扭矩、转速及轴径，从有关手册中查取牙嵌离合器的相应参数，获得相关的结构尺寸；二是类比设计，即按经验类比的方法确定出某一工作条件下牙嵌离合器每一部分的具体结构、尺寸。不论哪种方法，最后都须作强度校核。倘若强度不足或强度富裕，就需要反复试凑、修改和调整。

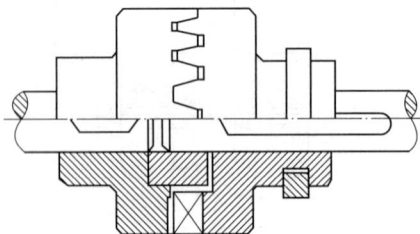

图 14-17　牙嵌离合器结构示意图

牙嵌离合器主要由端面带齿的两个半离合器组成，通过齿面接触来传递转矩。其中一个半离合器固定在主动轴上。可动的半离合器装在从动轴上，操纵滑块可使它沿着导向平键移动，以实现离合器的结合与分离。牙嵌离合器只宜在两轴不回转或转速差很小时进行离合，否则会因撞击而断齿。

14.3.2　摩擦离合器

发动机飞轮是离合器的主动件，带有摩擦片的从动盘和从动毂借滑动花键与从动轴(即变速器的主动轴)相连。压紧弹簧则将从动盘压紧在飞轮端面上。发动机转矩即靠飞轮与从动盘接触面之间的摩擦作用而传到从动盘上，再由此经过从动轴和传动系中一系列部件传给驱动轮。压紧弹簧的压紧力越大，则离合器所能传递的转矩也越大。

摩擦离合器所能传出的最大转矩取决于摩擦面间的最大静摩擦力矩，而后者又由摩擦面间最大压紧力和摩擦面尺寸及性质决定。故对于一定结构的离合器来说，静摩擦力矩是一个定值，输入转矩只要达到此值，离合器就会打滑，因而限制了传动系所受转矩，可防止超载。摩擦离合器可以在不停车或主、从动轴转速差较大的情况下进行接合和分离，并且较为平稳，但在接合过程中，两摩擦盘间必然存在相对滑动，引起摩擦片的发热和磨损。

摩擦离合器的类型很多，有单盘式(图14-18)、多盘式(图14-19)和圆锥式。单盘式散热性能好，易于离合，结构简单，但传递转矩较小，且径向尺寸较大，适用于轻载、传动比要求不严的场合；多盘式承载能力大，径向尺寸较小，易于离合，适用于高速传动中。

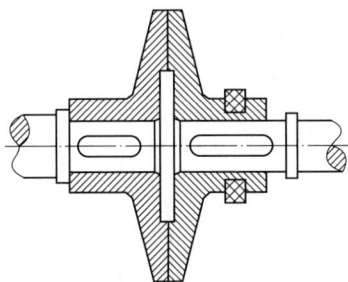

图14-18　单盘摩擦离合器结构示意图

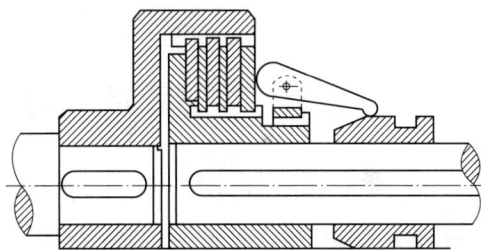

图14-19　多盘摩擦离合器结构示意图

14.3.3　安全离合器

安全离合器常安装在动力传动的主、被动侧之间，当扭矩超过设定允许值时，安全离合器便会产生脱离，从而有效保护了驱动机械(如电动机、减速机、伺服马达)以及负载。根据其类型不同，大致可分为摩擦式安全离合器以及剪销式安全离合器。

安全离合器常见的安装结构形式有轴—轴、轴—法兰、轴—同步带轮、轴—链轮、轴—齿轮、轴—带轮等。

剪销式安全离合器广泛用于机床、通风机械、工程机械等的过载保护装置，如图14-20所示。工作时，当传递扭矩超过机器所允许的最大扭矩时离合器的剪销即时剪断，机器工作部分停止工作，原动机空转，从而有效地保护机器主机部件不受损坏。

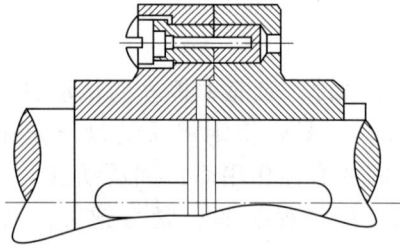

图 14-20　剪销式安全离合器结构示意图

　　摩擦式安全离合器结构类似多盘摩擦离合器，但不用操纵机构，而是用适当的弹簧将摩擦盘压紧，弹簧施加的轴向压力的大小可由螺母进行调节，调节完毕并将螺母固定后，弹簧的压力就保持不变。当工作转矩超过要限制的最大转矩时，摩擦盘间即发生打滑而起到安全保护作用。当转矩降低到某一值时，离合器又自动恢复接合状态。其结构如图 14-21 所示。

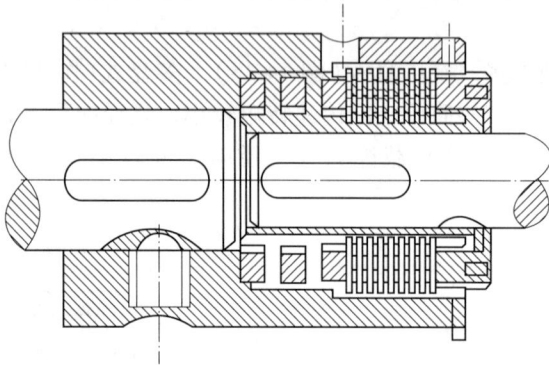

图 14-21　摩擦式安全离合器结构示意图

14.3.4　离心离合器

　　离心离合器的特点是当主动轴的转速达到某一定值时能自行接合或分离。开式离合器 [图 14-22(a)] 主要用于起动装置，如在起动频繁时，机器中采用这种离合器，可使电动机在运转稳定后才接入负载，而避免电动机过热或防止传动机构受动载过大。闭式离合器图 [图 14-22(b)] 主要用作安全装置，当机器转速过高时起到安全保护作用。

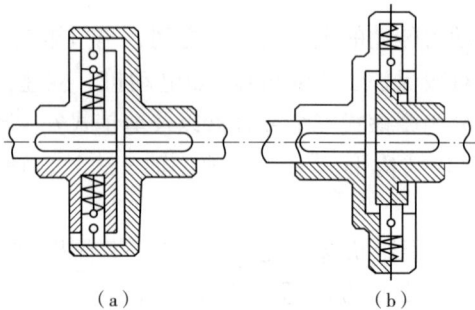

（a）　　　　　　　　　　（b）

图 14-22　离心离合器结构示意图

（a）开式离合器　（b）闭式离合器

14.3.5 定向离合器

定向离合器的特点是只能按一个转向传递转矩，反向时自动分离，其结构如图14-23所示。这种离合器工作时没有噪声，宜于高速传动，但制造精度要求较高。

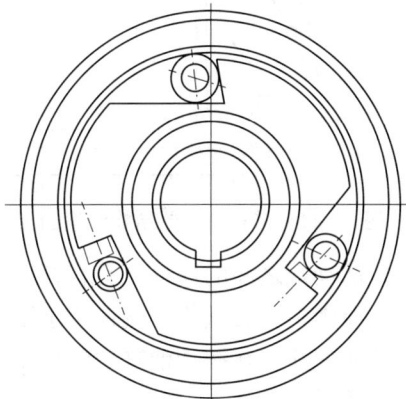

图 14-23 定向离合器结构示意图

14.4 制动器

制动器是利用摩擦力来减低运动物体的速度或迫使其停止运动的装置。多数常用制动器已经标准化、系列化。制动器的种类很多，按制动零件的结构特征分，有块式、带式、盘式制动器，前述的单圆盘摩擦离合器的从动轴固定即为典型的盘式制动器。按工作状态分，有常闭式和常开式制动器。常闭式制动器经常处于紧闸状态，施加外力时才能解除制动（如起重机用制动器）；常开式制动器经常处于松闸状态，施加外力时才能制动（如车辆用制动器）。为了减小制动力矩，常将制动器装在高速轴上。下面介绍几种典型的制动器。

14.4.1 带式制动器

带式制动器是利用挠性钢带压紧制动轮来实现制动的制动器，其结构如图14-24所示。挠性钢带中多装有皮革、木块或棉摩擦材料，以增大摩擦因数和减轻带的磨损。在制动时，允许制动带与转鼓之间有轻微的滑摩，以便被制动的行星齿轮机构部件不至于突然止动，因为非常突然的止动将产生冲击，并可能对自动变速器造成损害。但另一方面，制动带与转鼓之间太多的滑动，即制动带打滑，也会引起制动带磨损或烧蚀。制动带的打滑程度一般随其内表面所衬敷的摩擦材料磨损及制动带与转鼓之间的间隙增大而增大，这就是说制动带需不时地予以调整。

制动带箍住或松开转鼓的动作，是由一个可在制动液压油缸中往复移动的活塞控制的。当无制动油压时，活塞在复位弹簧张力的作用下，被顶在制动油缸的一端；一旦具有一定压力的自动变速器油进入油缸并克服复位弹簧的张力，活塞就被移向油缸的另一端。在此过程中，通过一个连杆带动制动带的活动端箍紧转鼓，当制动油缸的油压切断并泄放时，活塞在复位弹簧的作用下复位，拉动连杆及制动带的活动端，解除制动作用。

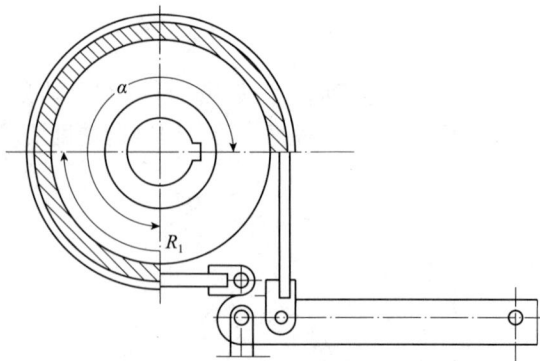

图 14-24　带式制动器结构示意图

位于制动油缸活塞与制动带活动端之间的连杆，有直杆、杠杆和钳形杆三种形式。直杆式连杆所需的设计空间最大，原因是它必须将一端连接于制动带活动端的直杆安排得与制动油缸及活塞的轴线重合，从而使活塞在制动油缸中的往复移动直接转变为制动带活动端的动作。另外，这种结构形式所需的制动油缸尺寸也最大，因为直杆无任何增力作用，而活塞的推力必须大到足以在最大力矩作用于转鼓时，仍可防止制动带的打滑。

带式制动器制动轮轴和轴承受力大，带与轮间压力不均匀，从而磨损也不均匀，且易断裂，但结构简单，尺寸紧凑，可以产生较大的制动力矩，所以目前也常应用。

14.4.2　块式制动器

块式制动器是靠瓦块与制动轮间的摩擦力来制动，其结构如图 14-25 所示。在接通电源时，电磁松闸器的铁心吸引衔铁压向推杆，推杆推动左制动臂向左摆，主弹簧被压缩。同时，解除压力的辅助弹簧将右制动臂向右推，两制动臂带动制动瓦块与制动轮分离，机构便可以运动。当切断电源时，铁心失去磁性，对衔铁的吸引力消除，因而解除衔铁对推杆的压力，在主弹簧张力的作用下，两制动臂一起向内收摆，带动制动瓦块抱紧制动轮产生制动

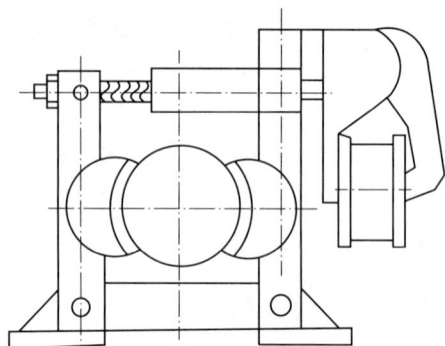

图 14-25　块式制动器结构示意图

力矩，同时辅助弹簧被压缩。制动力矩由主弹簧力决定，辅助弹簧保证松闸间隙。块式制动器的制动性能在很大程度上是由松闸器的性能决定的。

电磁块式制动器制动和开启迅速，尺寸小，重量轻，易于调整瓦块间隙，更换瓦块、电磁铁也方便，但制动时冲击大，电能消耗也大，不宜用在制动力矩大和需要频繁制动的场合。

14.4.3　内张蹄式制动器

凡制动毂所受来自二蹄的法向力不能互相平衡的制动器，称为非平衡式制动器。

停车制动为手动内张蹄式结构制动器，制动性能稳定可靠，其结构如图 14-26 所示。拉起手制动的时候，自动切断变速箱的动力输出，在出现紧急情况时用作紧急制动器，可

有效迅速地实现机器的制动。同时也可以消除开机时由于挡位不清楚而可能造成的误动作，以保障安全。

制动毂与车轮相连，制动蹄外包摩擦片，这种制动器结构紧凑，广泛应用于各种车辆以及结构尺寸受限的机械中。

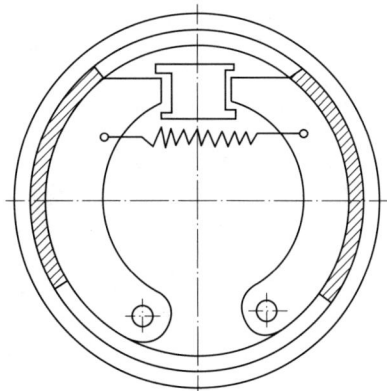

图 14-26　内张蹄式制动器结构示意图

本 章 小 结

联轴器和离合器主要用于将两轴连接成一体，使它们一起回转，用以传递转矩或运动。有时也可作为一种安全装置，用来防止被连接件承受过大的载荷，起到过载保护的作用。区别在于联轴器在机器运转中一般不能分离，只有在停机经拆卸后才能将轴分开；而离合器在机器运转中可随时接合或脱开连接。联轴器和离合器的种类很多，大多已标准化，可直接从相关标准中选用。

思 考 题

1. 联轴器有哪些种类？试说明其特点及应用。

2. 联轴器应如何选用？

3. 离合器有哪些种类？试说明其工作原理及应用。

4. 在带式运输机的驱动装置中，电动机与减速器之间、齿轮减速器与带式运输机之间分别用联轴器连接，有两种方案：①高速级选用弹性联轴器，低速级选用刚性联轴器。②高速级选用刚性联轴器，低速级选用弹性联轴器。试问上述两种方案哪个好？为什么？

5. 带式运输机中减速器的高速轴与电动机采用弹性套柱销联轴器。已知电动机功率 $P=11\text{kW}$，转速 $n=970\text{r/min}$，电动机轴直径为 42mm，减速器的高速轴直径为 35mm，试选择电动机与减速器之间的联轴器。

第15章 螺纹连接和螺旋传动

本章提要

螺栓连接指用螺纹件将被连接件联成一体的可拆连接，是应用很广的连接方式，常用的螺纹连接件有螺栓、螺柱、螺钉和紧定螺钉等，多为标准件。螺旋传动是利用螺杆和螺母的啮合来传递动力和运动的机械传动，主要用于将旋转运动转换成直线运动，将转矩转换成推力。

15.1 螺 纹

15.1.1 螺纹的类型和应用

螺纹可分为外螺纹和内螺纹，二者合在一起形成螺旋副，按其功能可分为连接螺纹和传动螺纹，从尺寸单位上又分为米制螺纹和英制螺纹（螺距以每英寸牙数表示）。在我国，管螺纹采用英制，其他螺纹则为米制。

常用螺纹类型，主要有普通螺纹、管螺纹、米制锥螺纹、梯形螺纹、矩形螺纹以及锯齿形螺纹。前三种主要用于连接功能，例如一些常用细小零件、薄壁管件等；而后三种主要用于传动，例如机床丝杠是梯形螺纹，轧钢机、压力机的螺旋是锯齿形螺纹。目前，除了矩形螺纹以外都已实现标准化。

为适应生产的特殊需要，在机械制造中还有一些特殊用途的螺纹，其运用可参考相关专用标准。

15.1.2 螺纹的主要参数

现以普通螺纹为例来说明螺纹的主要参数，如图 15-1 所示。

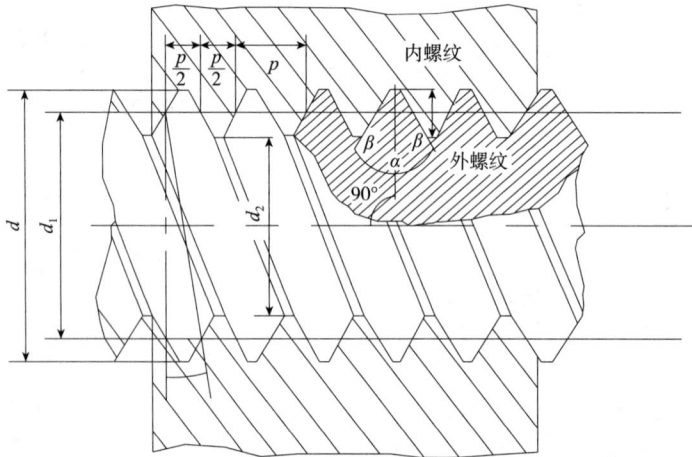

图 15-1 螺纹的主要参数

①大径 $d(D)$，螺纹的最大直径，即与外螺纹牙顶（或内螺纹牙底）相重合的假象圆柱面直径，是螺纹的公称直径。

②小径 $d_1(D_1)$，螺纹的最小直径，即与外螺纹牙底（或内螺纹牙顶）相重合的假象圆柱面直径，用于强度计算。

③中径 $d_2(D_2)$，一个假象圆柱面直径，该圆柱的母线上螺纹的牙厚和牙间相等，常用于几何尺寸计算。

④螺距 p，螺纹上相邻两牙对应点间的轴向距离。

⑤线数（头数）n，螺纹的螺旋线数。在圆柱体上若只有一条螺纹，称为单线螺纹；若有两条、三条或多条螺纹均匀分布在圆柱上，则称为双线、三线或多线螺纹。头数少，自锁性

好；头数多，传动效率高。但从加工制造的角度考虑，通常取 $n \leq 4$。螺纹旋向如图 15-2 所示。

⑥导程 S，同一条螺旋线上的相邻两牙在中径上对应两点间的轴向距离，$S = np$（图 15-2）。

⑦螺纹升角 λ，在中径圆柱上螺旋线的切线与垂直于螺纹轴线的平面间的夹角。

⑧旋向，螺旋线绕行的方向，有右旋和左旋，一般用右旋，特殊情况才用左旋。

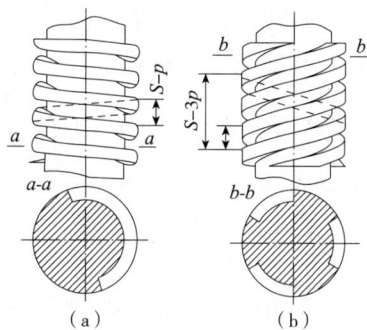

图 15-2 螺纹的旋向

⑨牙型角 α 和牙型斜角 β，轴向剖面内螺纹牙型两侧边的夹角为牙型角 α，螺纹牙型侧与螺纹轴线的垂线的夹角为牙型斜角 β，如图 15-1 所示。

15.1.3 螺纹副的受力关系、效率和自锁

在图 15-3 所示的矩形螺纹副中，螺杆不动，螺母上作用有轴向载荷 Q。当对螺母作用一转矩 T_1 使螺母等速旋转并沿力 Q 的反方向移动时，可以把螺母看成如图 15-3 所示重 Q 的滑块，在与中径圆周相切的水平力 F 推动下沿螺旋面等速上移；如将螺纹沿中径展开，则相当于重 Q 的滑块沿斜角为 λ 的斜面等速上移，分析螺旋副中力的关系，完全可用分析该滑块与斜面之间力的关系来代替。

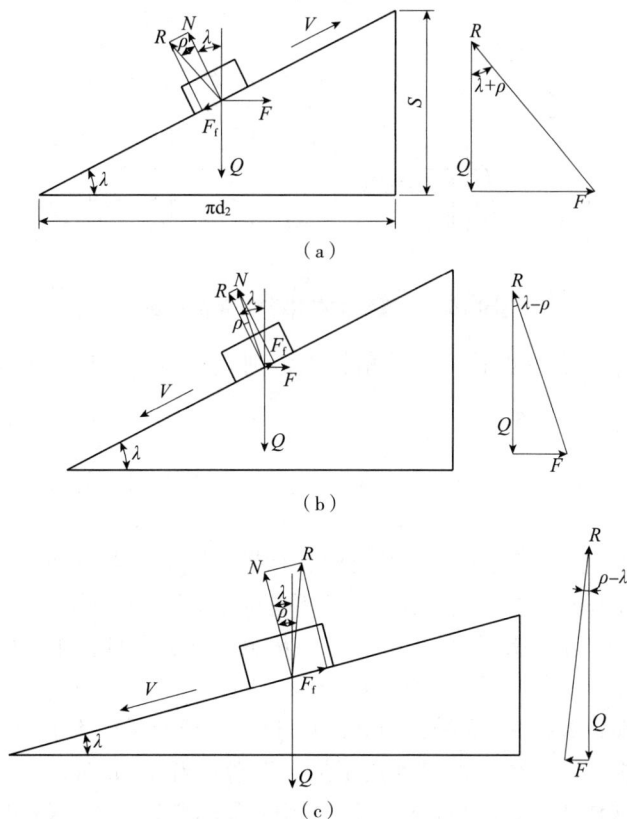

图 15-3 螺纹副受力分析

当滑块沿斜面等速上滑时，其上除受力 Q 和水平推力 F 外，还有斜面对滑块的法向反力 N 和向左下方的摩擦力 $F_f = fN$，f 为接触面间的滑动摩擦因数。将 N 和 F_f 的合力 R 称为斜面对滑块的总反力，R 和 N 之间的夹角为 ρ，由图可知 $\tan\rho = \dfrac{F_f}{N} = \dfrac{fN}{N} = f$，可得 $\rho = \arctan f$，ρ 称为摩擦角。由于滑块等速运动，根据作用在其上的三个力 F、Q、R 的平衡条件，作出封闭力三角形得

$$F = Q\tan(\lambda + \rho) \tag{15-1}$$

则拧紧螺母克服螺纹副中阻力所需的转矩为

$$T_1 = F\frac{d_2}{2} = \frac{d_2}{2}Q\tan(\lambda + \rho) \tag{15-2}$$

这样，拧紧螺母时旋转一圈，驱动功 $W_1 = F\pi d_2$，克服载荷所做的有用功 $W_2 = QS$，故螺纹副效率为

$$\eta = \frac{W_2}{W_1} = \frac{QS}{F\pi d_2} = \frac{Q\pi d_2 \tan\lambda}{Q\tan(\lambda + \rho)\pi d_2} = \frac{\tan\lambda}{\tan(\lambda + \rho)} \tag{15-3}$$

从上式可知，效率 η 与升角 λ 及摩擦角 ρ 有关，如图 15-4 所示。

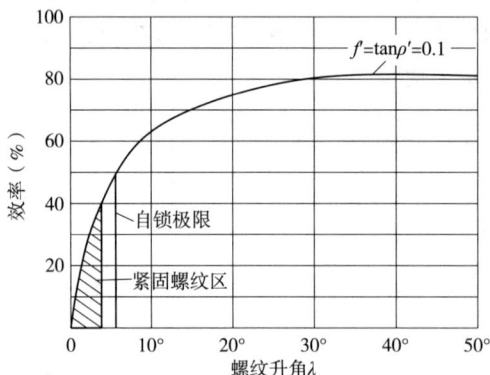

图 15-4　螺纹的效率和升角的关系

一般情况下，螺旋线头数越多，升角越大，则效率越高；反之升角越小，则效率越低。当 ρ 一定时，若对式(15-3)取 $\dfrac{\mathrm{d}\eta}{\mathrm{d}\lambda} = 0$，即可解出 $\lambda = 45° - \dfrac{\rho}{2}$ 时效率最高。但实际上，当 $\lambda > 25°$ 以后，效率增加很缓慢；另外，螺纹升角 λ 过大时会造成螺纹加工困难，所以一般 λ 不大于 $25°$。

当螺母等速旋转并沿载荷 Q 的方向移动时，相当于滑块在力 Q 作用下沿斜面等速下滑，此时滑块上的摩擦力 $F_f = fN$ 指向右上方；F 已不是推动滑块上升所需的力，而是支持滑块使之等速下降的力。由作用在滑块上的三个力 F、Q、R 的平衡条件，作出封闭力三角形得

$$F = Q\tan(\lambda - \rho) \tag{15-4}$$

由式(15-4)可知，如果 $\lambda > \rho$ 时，则 $F > 0$，这表明要有足够大的向右的支持力 F 才能使滑块处于平衡，否则滑块会在力 Q 作用下加速下滑；当 $\lambda = \rho$ 时，则 $F = 0$，表明去掉支持力 F、单纯在力 Q 作用下，滑块仍能保持平衡的临界状态；当 $\lambda < \rho$ 时，则 $F < 0$，这意味着要使滑块沿斜面下滑，必须给滑块一个与 F 力相反方向的力将滑块拉下，否则无论力

Q 有多大，滑块也不会自动下滑。这种相当于不论轴向载荷 Q 有多大，螺母都不会在其作用下自动松退的现象称为螺旋副的自锁。所以螺旋副的自锁条件为

$$\lambda \leqslant \rho \tag{15-5}$$

对于有自锁要求的螺纹，由于 $\lambda < \rho$，所以拧紧螺母时螺旋副的效率总是小于 50% 。

非矩形螺纹是指牙型斜角 $\beta \neq 0^\circ$ 的三角形螺纹、梯形螺纹和锯齿形螺纹。对比图 15-5 (a)(b)可知，若略去螺纹升角的影响，在轴向载荷 Q 作用下，非矩形螺纹的法向力比矩形螺纹的大。若把法向力的增加看作摩擦因数的增加，则非矩形螺纹的摩擦阻力可写为

$$\frac{Q}{\cos\beta}f = \frac{f}{\cos\beta}Q = f'Q \tag{15-6}$$

式中 f'——当量摩擦因数，$f' = \dfrac{f}{\cos\beta} = \tan\rho'$，$\rho'$ 为当量摩擦角；

β——牙型斜角。

因此将图 15-3 对应的 f 改为 f'、ρ 改为 ρ'，就可像矩形螺纹副那样对非矩形螺纹副进行力的分析。

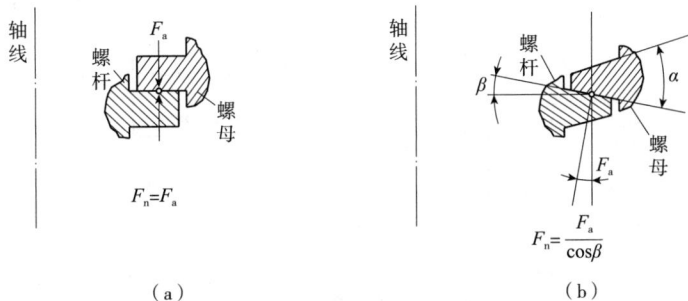

（a）　　　　　　　　　　　（b）

图 15-5　矩形螺纹和非矩形螺纹

当滑块沿非矩形螺纹等速上升时有

$$F = Q\tan(\lambda + \rho') \tag{15-7}$$

则拧紧螺母克服螺纹副中阻力所需的转矩为

$$T_1 = F\frac{d_2}{2} = \frac{d_2}{2}Q\tan(\lambda + \rho') \tag{15-8}$$

滑块沿非矩形螺纹等速下滑时有

$$F = Q\tan(\lambda - \rho') \tag{15-9}$$

非矩形螺纹副的自锁条件为

$$\lambda \leqslant \rho' \tag{15-10}$$

15.2　螺纹连接的类型和标准连接件

15.2.1　螺纹连接的基本类型

螺纹连接的主要类型，有螺栓连接、双头螺柱连接、螺钉连接和紧定螺钉连接，见表 15-1 所示。

表 15-1 螺纹连接的基本类型、特点和应用

类型	结构图	尺寸关系	特点及其应用
螺栓连接		螺栓余量长度 l_1： ①静载荷 $l_1 \geqslant (0.3 \sim 0.5)d$ ②变载荷 $l_1 \geqslant 0.75d$ 铰制孔用螺栓的 l_1 应尽可能小于螺纹伸出长度 a： $$a = (0.2 \sim 0.3)d$$ 螺纹轴线到边缘的距离 e： $$e = d + (3 \sim 6)\,mm$$ 螺栓孔直径 d_0： ①普通螺栓 $d_0 = 1.1d$ ②铰制孔用螺栓的 d 与 d_0 的对应关系见下表： | d	M6 ~ M27	M30 ~ M48 | |---|---|---|
d_0	$d + 1mm$	$d + 2mm$		被连接件无须切制螺纹，结构简单、装拆方便、应用广泛。通常用于被连接件不太厚和便于加工通孔的场合。工作时螺栓受轴向拉力，故亦称受拉螺栓连接 孔与螺杆之间没有间隙。用螺栓杆承受横向载荷或固定被连接件的位置。工作时，螺栓一般受剪切力，故亦称受剪螺栓连接
双头螺柱连接		螺纹拧紧深度 H： ①钢或青铜：$H \approx d$ ②铸铁：$H = (1.25 \sim 1.5)d$ ③铝合金：$H = (1.5 \sim 2.5)d$ 螺纹孔深度 $H_1 = H + (2 \sim 2.5)p$ 钻孔深度 $H_2 = H_1 + (0.5 \sim 1)p$ l_1、a、e 值同普通螺栓的情况	螺栓的一端旋紧在其一被连接件的螺纹孔中，另一端则穿过另一被连接件的孔。通常用于被连接件太厚、机构要求紧凑或经常拆卸的场合
螺钉连接		螺纹拧紧深度 H： ①钢或青铜：$H \approx d$ ②铸铁：$H = (1.25 \sim 1.5)d$ ③铝合金：$H = (1.5 \sim 2.5)d$ 螺纹孔深度 $H_1 = H + (2 \sim 2.5)p$ 钻孔深度 $H_2 = H_1 + (0.5 \sim 1)p$ l_1、a、e 值同普通螺栓的情况	适用于被连接件太厚且不要求经常拆卸的场合

（续）

类型	结构图	尺寸关系	特点及其应用
紧定螺钉连接		$d = (0.2 \sim 0.3)d_h$ 当力和转矩大时取较大值	螺钉的末端顶住零件的表面或顶入该零件的凹坑中，将零件固定，它可以传递不大的载荷

15.2.2 标准螺纹连接件

螺纹连接件的类型很多，机械制造中常用的螺纹连接件有螺栓、双头螺柱、螺钉、螺母和垫片等，这些零件的结构形式和尺寸都已标准化，设计时，要根据具体的工作条件及它们的结构特点选用。

（1）螺栓

结构形式很多，图 15-6 所示为最常用的一般受拉螺栓，细杆常用于受冲击、振动或变载荷处；图 15-7 所示为铰制孔用螺栓。

（2）螺钉

结构和螺栓大体相同，但头部形状多种多样，与图 15-7 所示类似，以适应不同的装配空间、拧紧程度、连接外观等方面的需要。

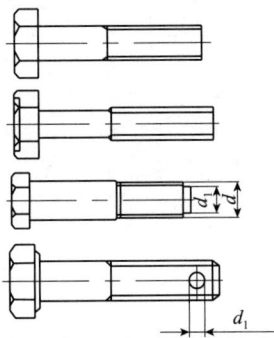

图 15-6 一般受拉螺栓

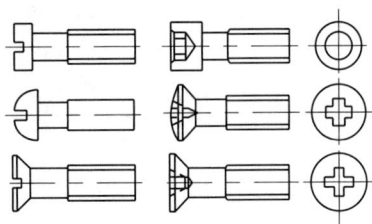

图 15-7 铰制孔用螺栓

（3）双头螺柱

有旋入端和螺母端，旋入端长度有 $1d$、$1.25d$、$1.5d$、$2d$ 等，以适应于不同材料的零件，其结构见表 15-1 中双头螺柱图。

（4）紧定螺钉

紧定螺钉的头部和末端形状很多，如图 15-8 所示。末端有较高的硬度（HV140～450）。平端用于被顶表面硬

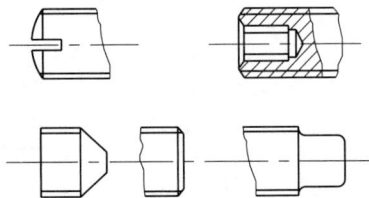

图 15-8 紧定螺钉

度较高或常需调整相对位置的连接。圆柱端顶入被连接零件的坑中，可传递一定的力或转矩；锥端用于被顶表面硬度较低或不常调整的场合。

（5）螺母

螺母的结构形式很多，六角螺母应用最普遍，其厚度有标准的和薄的两种。

（6）垫圈

垫圈主要用于保护被连接件的支承表面，有大、小垫圈及用于工字钢、槽钢的方斜垫圈等。

15.3　螺纹连接的防松

连接螺栓都具有自锁性，在静载荷和工作温度变化不大时不会自动松脱。但在冲击、振动和变载荷的作用下，预紧力可能在某一瞬间消失，连接仍有可能松脱。高温的螺纹连接，由于温度变形差异等原因，也有可能发生松脱现象。因此设计时必须考虑防松。

螺纹连接防松的实质，是防止螺纹副的相对转动。防松的方法很多，常用的列于表15-2。

表 15-2　常用的防松方法

防松方法	结构形式	特点和应用
摩擦防松	双螺母	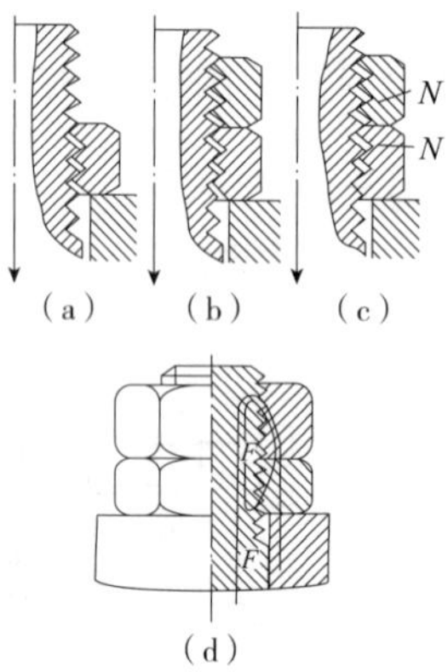 上螺母拧紧后，两螺母接触面上产生对顶力时，螺纹旋合部分的螺杆受拉、螺母受压，在两个螺母和螺栓之间形成封闭力系，它不受外载荷的影响，使螺纹副能有稳定的轴向压紧而产生足够的摩擦力，起到防松的作用。 双螺母防松结构简单、使用方便，但结构尺寸大、可靠性不高。它适用于平稳、低速和重载的连接，其他场合目前用得不多
	弹簧垫圈	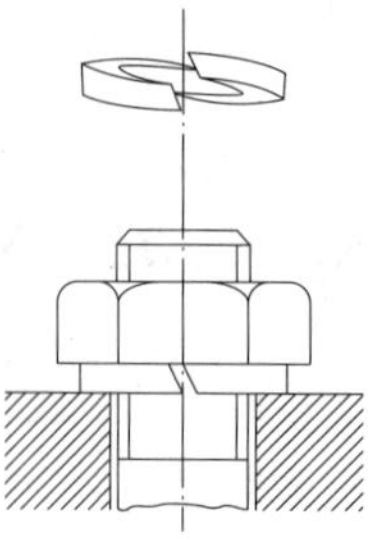 弹簧垫圈材料为弹簧钢，装配后垫圈被压平，其反弹力能使螺纹间保持压紧力和摩擦力而防松。此外，垫圈切口尖端逆着旋松的方向，也有阻止螺母反转的作用

（续）

防松方法		结构形式	特点和应用
摩擦防松	锁紧螺母	 （a）　　　　　（b）	锁紧螺母的类型很多，图（a）是利用嵌在螺母内的弹性环或螺母椭圆口的弹性变形，箍紧螺杆以防松；或在拧紧螺母时尼龙圈挤入旋合螺纹中，增大该处摩擦力以防松。图（b）中，螺母上部一段为非圆形收口或开槽收口，螺栓拧入后张开，利用弹性使螺纹副横向压紧，防松可靠，可多次装拆重复使用
机械防松	开口销与六角开槽螺母		把开口销插入螺母槽与螺栓尾部孔中，并将销尾部掰开，阻止螺母与螺杆相对转动
	止动垫圈	 （a）　　　　　（b）	止动垫圈种类很多，图（a）为与圆螺母配用的止动垫圈，内舌插入杆上预制的槽中，拧紧螺母后将其外翘之一弯入与圆螺母对应的槽中，使螺杆与螺母不能相对转动；图（b）为与一般六角螺母相配用的止动垫圈，垫圈约束螺母，而自身又被约束在被连接件上，使螺母不能转动。同时要保证螺栓不转动
	串联钢丝	 正确 错误	钢丝穿入一组螺钉头部的小孔并拉紧。当螺钉有松动趋势时，将使钢丝被拉得更紧。适用于螺钉组，在使用时应注意钢丝穿入螺钉的方向

（续）

防松方法	结构形式	特点和应用
永久性防松	冲点铆住 （a）　（b）　冲点	强迫螺栓、螺母螺纹副局部塑性变形，阻止其松动，防松可靠，但拆卸后螺栓、螺母不能重新使用
	粘接 涂粘合剂	在旋和表面涂粘合剂，固化后即可防松

15.4　单个螺栓连接的强度计算

螺栓连接都是成组使用的，单个螺栓连接的工作载荷须按螺栓组受力分析求得。

单个螺栓需要考虑强度的部位有：螺纹根部剪切、弯曲，螺杆截面拉伸、扭转等。由于螺栓已标准化，螺纹部分与螺杆保持等强度，因此，计算时只需考虑螺杆断面的强度。

本章以螺栓连接为例，讲述强度计算方法，它同时适用螺钉和双头螺柱连接。

在少数场合下，连接在承受工作载荷之前，不需要拧紧螺母，称为松连接。

15.4.1　松螺栓连接强度计算

图 15-9 所示为起重吊钩螺栓连接。装配时不需将螺母拧紧，因此，螺栓在工作时才承受轴向载荷 F（忽略自重），其强度条件为

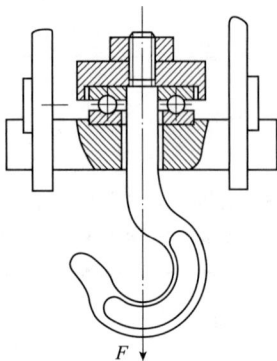

$$\sigma = \frac{4F}{\pi d_1^2} \leq [\sigma] \quad (\text{MPa}) \qquad (15\text{-}11)$$

或

$$d_1 \geq \sqrt{\frac{4F}{\pi[\sigma]}} \quad (\text{mm}) \qquad (15\text{-}12)$$

式中　$[\sigma]$——松螺栓的许用拉应力，MPa，对钢制螺栓 $[\sigma] = \dfrac{\sigma_s}{1.2 \sim 1.7}$；

σ_s——螺栓材料的屈服极限，MPa。

图 15-9　起重吊钩螺栓连接

15.4.2　紧螺栓连接强度计算

紧连接的特点是承受工作载荷之前，螺母必须拧紧到一定程度，使被连接件之间产生足够的预紧力 F'，以便在承受横向载荷时，被连接件间不会因摩擦力不足而发生滑动；或在承受轴向工作载荷时被连接件之间不会出现间隙。螺栓在承受轴向工作载荷时的失效形式，多为螺纹部分的塑性变形或断裂，如果连接经常拆卸，也可能导致滑扣；在承受横向载荷时螺栓在接合面处受剪，并与被连接孔相互挤压，其失效形式为螺杆被剪断、螺杆或孔壁被压溃等。

15.4.2.1　受横向载荷的紧螺栓连接

如图 15-10 所示，被连接件承受横向载荷 F_s。连接靠预紧力 F' 在接合面上所产生的摩擦力平衡外载荷。装配时拧至所需预紧力 F'。拧紧螺母后，当连接承受工作载荷 F_s 时，螺栓所受拉力保持不变，仍为 F'。此外，在拧紧螺母时，螺栓还受到摩擦力矩 $T = F'\tan(\lambda + \rho')\dfrac{d_2}{2}$ 的作用。因此，螺杆截面上的拉应力和扭转切应力分别为

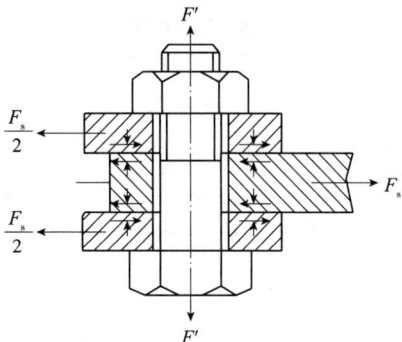

图 15-10　受横向载荷的紧螺栓连接

$$\sigma = \frac{4F'}{\pi d_1^2} \tag{15-13}$$

$$\tau = \frac{T}{W_t} = \frac{F'\tan(\lambda + \rho')\dfrac{d_2}{2}}{\dfrac{\pi d_1^3}{16}} = \frac{4F'}{\pi d_1^2}\tan(\lambda + \rho')\frac{2d_2}{d_1} \tag{15-14}$$

对于常用的 M10 ~ M68 钢制普通螺栓，$d_2 \approx 1.1d_1$、$\lambda \approx 2°30'$，取 $\rho' = \tan^{-1}0.15$，代入上式得 $\tau \approx 0.5\sigma$。螺栓一般由塑性材料制成，在拉、扭复合应力作用下，可由第四强度理论求得螺栓的当量应力为

$$\sigma_e = \sqrt{\sigma^2 + 3\tau^2} = \sqrt{\sigma^2 + 3(0.5\sigma)^2} \approx 1.3\sigma \tag{15-15}$$

所以螺栓的强度条件为

$$\sigma_e = \frac{4 \times 1.3F'}{\pi d_1^2} \leqslant [\sigma] \quad (\text{MPa}) \tag{15-16}$$

或

$$d_1 \geqslant \sqrt{\frac{4 \times 1.3F'}{\pi[\sigma]}} \quad (\text{mm}) \tag{15-17}$$

式中　$[\sigma]$——紧连接螺栓材料的许用应力，MPa，见后文表 15-5。

式(15-16)和式(15-17)也适用于受轴向载荷的情况，此时用总的轴向力 F_0 代替预紧力 F'。

此强度条件表明把螺栓的拉应力增大30%，相当于考虑了扭转切应力。

必须指出，式(15-16)和式(15-17)中的1.3只适用于单头三角螺纹，对于矩形螺纹应

改为 1.2，梯形螺纹改为 1.25。

（1）普通螺栓承受横向载荷

如图 15-10 所示，被连接件承受垂直与螺栓轴线的横向工作载荷 F_s。工作时，若接合面内的摩擦力足够大，则被连接件之间不会发生相对滑动。因此螺栓所需的预紧力应为

$$mfF' \geq CF_s \tag{15-18}$$

式中　F'——预紧力，N；

　　　C——可靠性系数，通常取 $1.1 \sim 1.3$；

　　　m——接合面的数目；

　　　f——接合面的摩擦因数，被连接件为钢或铸铁时可取 $0.1 \sim 0.15$。

求出 F' 后，按式（15-16）计算螺栓强度。

从式（15-18）可知，当 $f = 0.15$、$C = 1.2$、$m = 1$ 时，$F' \geq 8F_s$，即预紧力应为横向载荷的 8 倍，所以螺栓连接靠摩擦力来承担横向载荷时，其尺寸是比较大的。

为了避免上述缺点，可以采用套、键、销等各种抗剪件来承受横向载荷，如图 15-11 所示，此时螺栓仅起连接作用，所需预紧力小，螺栓直径也小。另一个方法就是采用铰制孔螺栓连接。

（2）铰制孔螺栓承受横向载荷

如图 15-12 所示，在 F_s 的作用下，螺栓在接合面处的横截面受剪切，螺栓与孔壁接触表面受挤压。连接的预紧力和摩擦力较小，可忽略不计。

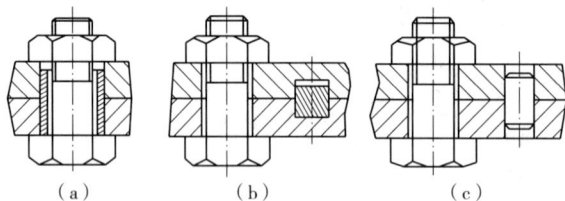

图 15-11

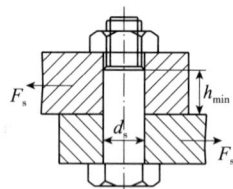

图 15-12

螺栓杆的剪切强度条件为

$$\tau = \frac{4F_s}{\pi d_s^2 m} \leq [\tau] \quad (\text{MPa}) \tag{15-19}$$

螺栓与孔壁的挤压强度条件为

$$\sigma_p = \frac{F_s}{d_s h_{min}} \leq [\sigma]_p \quad (\text{MPa}) \tag{15-20}$$

式中　d_s——螺栓抗剪面直径，mm；

　　　m——螺栓抗剪面数目；

　　　h_{min}——螺栓杆与孔壁挤压面的最小高度，mm，设计时应使 $h_{min} \geq 1.25 d_s$；

　　　$[\tau]$——螺栓的许用切应力，MPa，见后文表 15-6；

　　　$[\sigma]_p$——螺栓或孔壁材料的许用挤压应力，MPa，见后文表 15-6。

15.4.2.2　受轴向载荷的紧螺栓连接

这种受力形式的紧螺栓连接应用十分广泛，图 15-13 所示的汽缸盖的螺栓连接是一个

典型的例子。

工作之前(缸内无压力)螺栓必须拧紧,如图 15-14 所示,螺栓承受预紧拉力 F',被连接件承受预紧压力 F'。工作时,连接受到工作载荷 F 的作用,由于螺栓和被连接件的弹性变形,螺栓受到其值为 $\Delta\delta_m\gamma_b$ 的总拉力 F_0 不等于预紧力 F' 和工作拉力 F 之和,而与 F'、F 以及螺栓刚度 C_b 和被连接件刚度 C_m 有关。当连接中各零件受力均在弹性极限以内时,F_0 可根据静力平衡和变形协调条件计算。

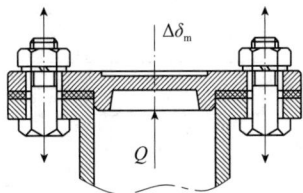

图 15-13　汽缸盖的螺栓连接

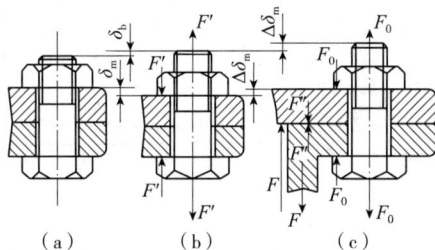

图 15-14　螺栓旋紧时受力分析

如图 15-14(a)所示,当螺母尚未拧紧时,各零件均不受力,也无变形。拧紧后[图 15-14(b)],被连接件受到拉力 F',产生压缩变形 δ_m,而螺栓受到被连接件所给的拉力 F',产生拉伸变形 δ_b。当承受工作载荷 F 后[图 15-14(c)]螺栓所受拉力增至 F_0,其拉伸变形增加。此时被连接件由于螺栓的伸长而随之被放松,压缩变形量减少 $\Delta\delta_m$,其减少量正是螺栓的增长量,即 $\Delta\delta_b = \Delta\delta_m$,于是被连接件所受的压力由原来的 F' 减小到 F'',称 F'' 为剩余预紧力。

由螺栓的静力平衡条件,可得

$$F_0 = F + F'' \tag{15-21}$$

根据变形协调条件

$$\Delta\delta_b = \Delta\delta_m$$

其中

$$\Delta\delta_b = \frac{F_0 - F'}{C_b} = \frac{F + F'' - F'}{C_b} \quad \Delta\delta_m = \frac{F' - F''}{C_m}$$

整理后得

$$F'' = F' - \frac{C_m}{C_b + C_m}F \tag{15-22}$$

由式(15-21)可得 F_0 的另一表达式为

$$F_0 = F' + \frac{C_b}{C_b + C_m}F \tag{15-23}$$

连接中各力之间的上述关系,可用力与变形图清楚地予以表示。

图 15-15(a)(b)分别为预紧后螺栓与被连接件的受力—变形关系图,螺栓的受力与变形按直线关系变化,刚度 $C_b = \tan\gamma_b$;被连接件的受力与变形也按直线关系变化,刚度 $C_m = \tan\gamma_m$。为了便于分析,将图 15-15(a)(b)合并,得图 15-15(c)。当有工作载荷 F 作用时,螺栓受力由 F' 增至 F_0,变形量由 δ_b 增至 $\delta_b + \Delta\delta_b$,在图 15-15(d)中,相应由 A 点沿 O_1A 线移动至 B 点;被连接件因压缩变形量减少 $\Delta\delta_b = \Delta\delta_m$,而由 A 点沿 O_2A 线移动至

C 点，其受力为 F''、变形量为 $\delta_m - \Delta\delta_m$。由图中各线段的几何关系，即可得出连接中各力之间的关系为

$$F_0 = F + F'' = F' + \frac{C_b}{C_b + C_m}F \qquad F' = F'' + \Delta F_m = F'' + \frac{C_m}{C_b + C_m}F$$

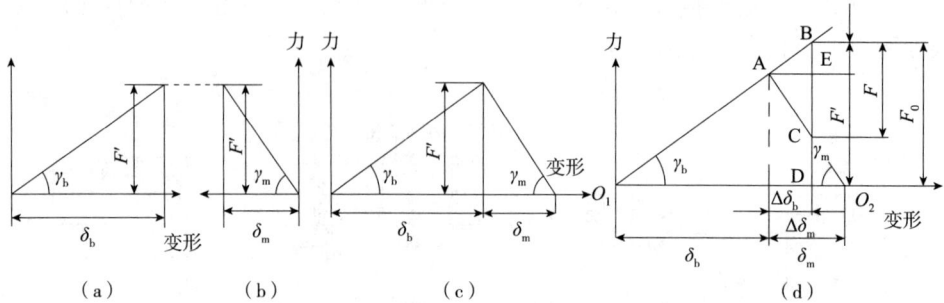

图 15-15　预紧后螺栓与被连接件的受力—变形关系

式(15-22)和式(15-23)说明螺栓所受总拉力 F_0 为预紧力与工作拉力的一部分 ΔF_b 之和，F 的另一部分 ΔF_m 使被连接件的压力由 F' 减小到 F''。这两部分的分配关系，与螺栓和被连接件的刚度成正比。当 $C_b \geq C_m$ 时，$F_0 \approx F' + F$；当 $C_b \leq C_m$ 时，$F_0 \approx F'$。

$\dfrac{C_m}{C_b + C_m}$ 称为螺栓的相对刚度，其值与螺栓和被连接件的材料、尺寸、结构、工作载荷作用位置及连接中垫片的材料等因素有关，可通过计算或实验求出，在一般计算中，若被连接件为钢铁，可按表 15-3 选取。

表 15-3　螺栓的相对刚度值

被连接钢板间所用垫片	$\dfrac{C_b}{C_b + C_m}$	被连接钢板间所用垫片	$\dfrac{C_b}{C_b + C_m}$
金属垫片（或无垫片）	0.2 ~ 0.3	铜皮石棉垫片	0.8
皮革垫片	0.7	橡胶垫片	0.9

当工作载荷 F 过大或预紧力 F' 过小时，接合面会出现缝隙（图 15-14）导致连接失去紧密性，并在载荷变化时发生冲击。为此必须保证 $F'' > 0$。设计时根据对连接紧密性的要求，F'' 可按下列参考值选取。

对紧固件：

$$（静载时）F'' = (0.2 \sim 0.6)F$$
$$（变载时）F'' = (0.6 \sim 1.0)F$$

对气密性连接：

$$F'' = (1.5 \sim 1.8)F$$

为了保证得到预期的剩余预紧力 F''，必须在拧紧螺母时控制预紧力 F'，使其满足式(15-22)。

15.4.3　螺纹连接件的材料、性能等级和许用应力

螺栓的常用材料为 Q215、Q235、10、35 和 45 钢，重要的和特殊用途的螺纹连接件可

采用 15Cr、40Cr、30CrMnSi、15MnVB 等力学性能较高的合金钢。常用材料的力学性能见表 15-4。

表 15-4　螺栓、螺钉、螺柱性能等级（摘自 GB 3098.1—1982）

性能等级	3.6	4.6	4.8	5.6	5.8	6.8	8.8	9.8	10.9	12.9
抗拉强度极限 σ_{bmin}（MPa）	330	400	420	500	520	600	800	900	1040	1220
屈服点 σ_{smin}（MPa）	190	240	340	300	420	480	640	720	940	1100
硬度（HBS）$_{min}$	90	114	124	147	152	181	240	276	304	366
推荐材料	低碳钢	低碳钢或中碳钢					低碳合金钢或中碳钢淬火并回火	低、中碳钢合金钢或中碳钢淬火并回火		合金钢

注：①性能等级的标记代号，"."前的数字为公称抗拉强度极限 σ_b 的 1/100，"."后的数字为屈强比的 10 倍，即 $(\sigma_s/\sigma_b) \times 10$；

②规定性能等级的螺栓，螺母在图样上只注性能等级，不应标出材料牌号。

螺纹紧固件按机械性能分级。常用标准螺纹连接件，每个品种都规定了具体性能等级，例如 C 级六角头螺栓性能等级为 4.6 或 4.8 级；A、B 级六角头螺栓性能等级为 8.8 级，选定性能等级后查表 15-5 和表 15-6 得到 $[\sigma]$。

受拉螺栓的许用应力见表 15-5。

表 15-5　受拉螺栓的许用应力

载荷性质	许用应力	不控制预紧力时的安全系数 $[S]$			控制预紧力时的安全系数 $[S]$
		M6～M16	M16～M30	M30～M60	—
静载荷	$[\sigma] = \dfrac{\sigma_s}{[S]}$	8.8 级以下　5～4	4～2.5	2.5～2	1.2～1.5
		8.8 级及以上　5.7～5	5～3.4	3.4～3	
变载荷		8.8 级以下　12.6～8.5	8.5	8.5～12.5	1.2～1.5
		8.8 级及以上　10～6.8	6.8	6.8～10	

受剪螺栓的许用切应力见表 15-6。

表 15-6　受剪螺栓的许用切应力及许用挤压应力

螺栓许用切应力 $[\tau]$	静载荷	$[\tau] = \sigma_s/2.5$
	变载荷	$[\tau] = \sigma_s/(3.5～5)$
螺栓或被连接件的许用挤压应力 $[\sigma_p]$	静载荷	钢 $[\sigma_p] = \sigma_s/1.25$ 铸铁 $[\sigma_p] = \sigma_b/(2～2.5)$
	变载荷	按静载荷 $[\sigma_p]$ 降低 20%～30%

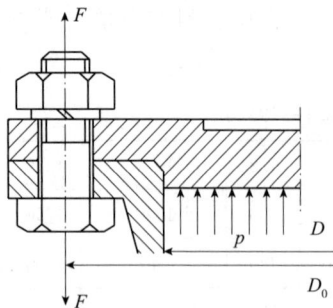

图 15-16　钢制液压油缸

【例 15-1】　图 15-16 所示钢制液压油缸，油压 $p = 1.6MPa$，$D = 160mm$，试计算其上盖的螺栓连接。

解　（1）确定螺栓工作载荷 F，暂取螺栓数 $z = 8$，则每个螺栓承受的平均轴向工作载荷 F 为

$$F = \frac{p\pi D^2/4}{z}$$

$$= 1.6 \times \frac{\pi \times 160^2}{4 \times 8} = 4.02 \quad (kN)$$

（2）确定螺栓总拉伸载荷 F_0，由前面讲述的内容，气密性连接时 $F'' = (1.5 \sim 1.8)F$，取 $F'' = 1.8F$，则由式（15-23）可得

$$F_0 = F + 1.8F = 2.8F$$

$$= 2.8 \times 4.02 = 11.3 \quad (kN)$$

（3）求螺栓直径。假定螺栓公称直径≤M16，按 8.8 级查表 15-14 得 $\sigma_s = 640MPa$；查表 15-5，不控制预紧力时 $[S] = 4.5$。则可得

$$[\sigma] = \frac{\sigma_s}{[S]} = \frac{640}{4.5} = 142.22 \quad (MPa)$$

由式（15-17）得螺栓直径为

$$d_1 \geqslant \sqrt{\frac{4 \times 1.3F_0}{\pi[\sigma]}} = \sqrt{\frac{4 \times 1.3 \times 11.3 \times 10^3}{\pi \times 142.22}} = 11.47 \quad (mm)$$

取 M16（$d_1 = 13.835mm$），由此可知上述假定是正确的。

15.5　螺栓组连接的设计

大多数机器的螺纹连接件都是成组使用的，其中螺栓组连接最具有典型性，因此，下面以螺栓组连接为例，讨论它的设计和计算问题。其基本结论对双头螺栓组、螺钉组连接也同样适用。

设计螺栓组连接时，首先需要选定螺栓的数目及布置形式；然后确定螺栓连接的结构尺寸。在确定螺栓尺寸时，对于不重要的螺栓连接，可以参考现有的机械设备，用类比法确定，不再进行强度校核。但对于重要的连接，应根据连接的工作载荷，分析各螺栓的受力状况，找出受力最大的螺栓进行强度核算。

有关螺栓连接的强度计算方法已在上节介绍，下面主要讨论螺栓组连接的结构设计和受力分析。

15.5.1　螺栓组连接的结构设计

螺栓组连接结构设计主要目的，在于合理地确定连接接合面的几何形状和螺栓的布置形式，力求各螺栓和连接接合面间受力均匀，便于加工和装配。为此，设计时应综合考虑以下几方面的问题：

①连接结合面的几何形状通常都设计成轴对称的简单几何形状（图 15-17），这样不仅

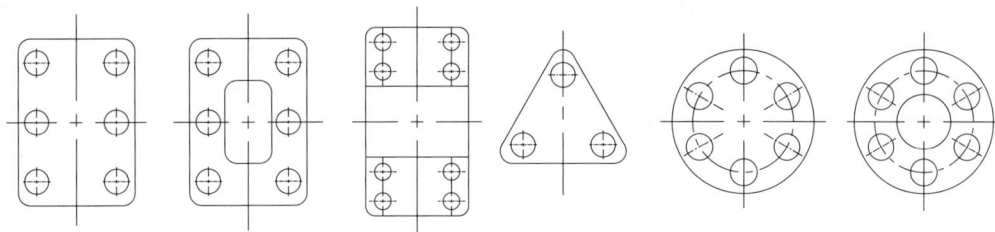

图 15-17　连接结合面的几何形状

便于加工制造，而且便于对称布置螺栓，使螺栓组的对称中心和连接接合面的形心重合，从而保证连接接合面受力比较均匀。

②螺栓的布置应使各螺栓受力合理。对于配合螺栓连接，不要在平行于工作载荷的方向上成排地布置八个以上的螺栓，以免载荷分布过于不均。当螺栓连接承受弯矩或扭矩时，应使螺栓的位置适当靠近连接接合面的边缘，以减小螺栓的受力。

③螺栓的排列应有合理的间距和边距。布置螺栓时，各螺栓轴线间以及螺栓轴线和机体壁间的最小距离，应根据扳手所需活动空间的大小来决定。扳手空间的尺寸可查阅有关标准。对于压力容器等紧密性要求较高的重要连接，螺栓的间距不得大于标准中所推荐的数值。

④分布在同一圆周上的螺栓数目，应取 4、6、8 等偶数，以便在圆周上钻孔时的分度和画线。同一螺栓组中螺栓的材料、直径和长度均应相同。

⑤避免螺栓受偏心载荷。除了要在结构上设法保证载荷不偏心外，还应在工艺上保证被连接件、螺母和螺栓头部的支撑面平整，并与螺栓轴线相垂直。在铸、锻件等的粗糙表面上安装螺栓时，应制成凸台或沉头座。当支撑面为倾斜表面时，应采用斜面垫圈。

15.5.2　螺栓组连接的受力分析

进行螺栓组连接受力分析的目的是，根据连接的结构和受载情况，求出受力最大的螺栓及其所受的力，以便进行螺栓连接的强度计算。

为了简化计算，在分析螺栓组连接的受力时，假设所有螺栓的材料、直径、长度和预紧力均相同；螺栓组的对称中心与连接接合面的形心重合；受载后接合面仍保持为平面。下面针对几种典型的受载情况，分别加以讨论。

（1）受横向载荷的螺栓组连接

图 15-18 所示为四个螺栓组成的受横向载荷的螺栓组连接。横向载荷的作用线与螺栓轴线垂直，并通过螺栓组的对称中心。当采用螺栓杆与孔壁间留有间隙的普通螺栓连接时，如图 15-18（a）所示，靠连接预紧力在接合面间产生的摩擦力来抵抗横向载荷；当采用配合螺栓时，如图 15-18（b）所示，靠螺栓杆受剪切和挤压来抵抗横向载荷。虽然两者的传力方式不同，但计算时可近似的认为，在横向总载荷 F_Σ 的作用下，各螺栓所承担的工作载荷是均等的。因此，对于配合螺栓连接，每个螺栓所受的横向工作剪力为 $F = \dfrac{F_\Sigma}{Z}$，式中 Z 为螺栓数目。

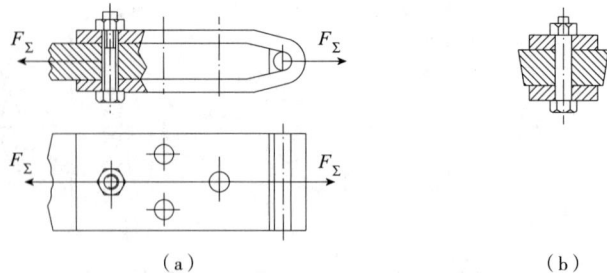

图 15-18　受横向载荷的螺栓组连接

（2）普通螺栓连接

如图 15-18 所示，普通螺栓连接靠连接预紧力在接合面间产生的摩擦力来抵抗横向载荷，螺栓只承受预紧力。接合面间所产生的最大摩擦力必须大于或等于横向载荷。根据力平衡条件有

$$fF'mZ \geqslant K_f F_{\Sigma} \tag{15-24}$$

每个螺栓所需的预紧力为

$$F' \geqslant \frac{K_f F_{\Sigma}}{fmZ}$$

式中　f——接合面间摩擦因数；

　　　m——接合面数；

　　　K_f——可靠性系数，一般取 $1.1 \sim 1.3$。

求得预紧力 F' 后，按式 $\sigma = \dfrac{1.3F_0}{\dfrac{\pi}{4}d_1^2} \leqslant [\sigma]$ 校核强度。

（3）用铰制孔螺栓连接

如图 15-18（b）所示，铰制孔螺栓连接靠螺栓杆受剪切和挤压来抵抗横向载荷。假设被连接件为刚体，则各螺栓所受的剪力相等。其平衡条件为 $ZF_s \geqslant F_{\Sigma}$，每个螺栓所受的横向工作载荷为 $F_s \geqslant \dfrac{F_{\Sigma}}{Z}$。

求得工作载荷 F_s 后，按式 $\tau = \dfrac{4F_s}{\pi d_s^2 m} \leqslant [\tau]$ 和式 $\sigma_p = \dfrac{F_s}{d_s h_{min}} \leqslant [\sigma]_p$ 校核强度。

（4）受旋转力矩的螺栓组连接

如图 15-19 所示，转矩 T 作用在连接接合面内，在转矩 T 作用下，底板将绕通过螺栓组对称中心 O 并与接合面相垂直的轴线转动。为了防止底板转动，可以采用普通螺栓连接，也可采用配合螺栓连接。其传力方式和受横向载荷的螺栓组连接相同。

采用普通螺栓时，靠连接预紧后在接合面间产生的摩擦力矩来抵抗转矩[图 15-19（a）]。假设各螺栓的预紧程度相同，即各螺栓的预紧力均为 F'，则各螺栓连接处产生的摩擦力均相等，并假设此摩擦力集中作用在螺栓中心处。为阻止接合面发生相对转动，各摩擦力应与该螺栓的轴线到螺栓组对称中心 O 的连线垂直。根据作用在底板上的力矩平衡条件得

$$fF'r_1 + fF'r_2 + \cdots + fF'r_Z \geqslant K_f T \tag{15-25}$$

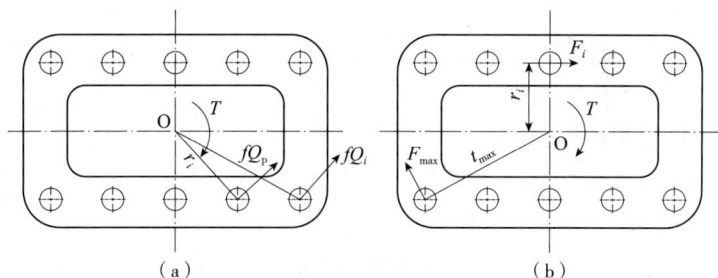

图 15-19 摩擦力矩和抵抗转矩图

则各螺栓所需的预紧力为

$$F' \geqslant \frac{K_f T}{f(r_1 + r_2 + \cdots + r_z)} = \frac{K_f T}{f \sum\limits_{i=1}^{z} r_i} \tag{15-26}$$

式中 r_i——第 i 个螺栓的轴线到螺栓组对称中心 O 的距离。

求得预紧力 F' 后，按式 $\sigma = \dfrac{1.3 F_0}{\dfrac{\pi}{4} d_1^2} \leqslant [\sigma]$ 校核强度。

采用配合螺栓时，在转矩 T 的作用下，各螺栓受到剪切和挤压作用，各螺栓所受的横向工作剪力和各该螺栓轴线到螺栓组对称中心 O 的连线（即力臂）相垂直[图 15-19(b)]。为了求得各螺栓的工作剪力的大小，计算时假定底板为刚体，受载后接合面仍保接为平面。则各螺栓的剪切变形量与该螺栓轴线到螺栓组对称中心 O 的距离成正比。即距螺栓组对称中心 O 越远，螺栓的剪切变形量越大。如果各螺栓的剪切刚度相同，则螺栓的剪切变形量越大，其所受的工作剪力也越大。

如图 15-19(b)所示，用 r_i, r_{max} 分别表示第 i 个螺栓和受力最大螺栓的轴线到螺栓组对称中心 O 的距离；F_i, F_{max} 分别表示第 i 个螺栓和受力最大螺栓的工作剪力，则得

$$\frac{F_{max}}{r_{max}} = \frac{F_i}{r_i} \tag{15-27}$$

根据作用在底板上的力矩平衡条件得

$$F_1 r_1 + F_2 r_2 + \cdots + F_z r_z = T, \ 即$$

$$\sum_{i=1}^{z} F_i r_i = T \tag{15-28}$$

联立式(15-27)和式(15-28)，可求得受力最大的螺栓的工作剪力为

$$F_{max} = \frac{T r_{max}}{\sum\limits_{i=1}^{z} r_i^2} \tag{15-29}$$

求出预紧力或工作剪力后按相应公式校核其强度。

(5)受轴向载荷的螺栓组连接

如汽缸盖螺栓组连接，载荷作用线与螺栓中心线平行并通过螺栓组形心，因此各螺栓所分担的工作载荷相等。设螺栓数目为 Z，则 $F = \dfrac{Q}{Z}$。F 即为作用在单个螺栓上的轴向工

作载荷。

应当指出的是，各螺栓除承受轴向工作载荷 F 外，还受有预紧力 F' 的作用。算出总载荷 F_0 后，按 F_0 计算螺栓的强度。

（6）受倾覆力矩的螺栓组连接

图 15-20 所示为一受倾覆力矩的底板螺栓组连接。倾覆力矩 M 作用在通过 $x-x$ 轴并垂直于连接接合面的对称平面内。计算时假定底板是刚体，倾转时不变形，即仍保持为平面；地基与螺栓是弹性体。同时，假定底板在受到倾覆力矩作用后，将绕对称轴线 $O-O$ 倾转。底板承受倾覆力矩前，由于螺栓组的拧紧，螺栓受预紧力 F'，有均匀的伸长。地基在各螺栓的预紧力作用下，有均匀的压缩。当底板受到倾覆力矩作用后，它绕轴线 $O-O$ 倾转一个角度，但仍保持为平面。此时，在轴线 $O-O$ 左侧，地基被放松，螺栓被进一步拉伸；而在右侧，螺栓被放松，地基被进一步压缩。这些拉伸与压缩的变形量都与离开轴线 $O-O$ 的距离成正比。底板的受力情况如图 15-20 所示。

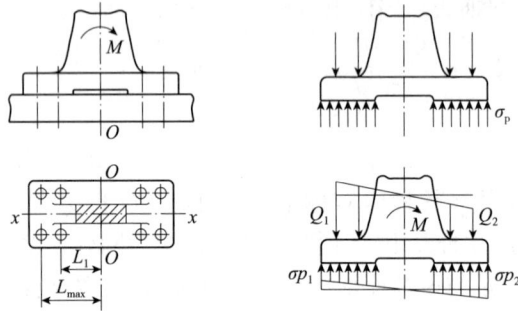

图 15-20　受倾覆力矩的螺栓组连接

图 15-20 表示了底板在受到倾覆力矩 M 作用后的受力情况。由于底板倾转，致使左侧螺栓所受的载荷预紧力 F' 上升为 Q_1，同时地基所受的挤压应力减少到 σ_{p1}，$\sigma_{p1} = \sigma_p - \Delta\sigma_p$，此处 $\Delta\sigma_p$ 为倾覆力矩 M 引起的地基挤压应力变化量；右侧的螺栓所受载荷由预紧力 F' 下降为 Q_2，同一处的地基所受的挤压应力增大至 σ_{p2}，$\sigma_{p2} = \sigma_p + \Delta\sigma_p$。由机座的力平衡条件可得

$$F_1 L_1 + F_1 L_1 + \cdots + F_Z L_Z = M = \sum_{i=1}^{z} F_i L_i \tag{15-30}$$

因

$$\frac{F_i}{L_i} = \frac{F_{max}}{L_{max}}$$

则可得

$$M = F_{max} \sum_{i=1}^{z} \frac{L_i^{\ 2}}{L_{max}} \tag{15-31}$$

或

$$F_{max} = \frac{M L_{max}}{\sum\limits_{i=1}^{z} L_i^{\ 2}} \tag{15-32}$$

式中 $F_{\max}$——最大的工作载荷；

M——倾覆力矩；

Z——总的螺栓个数；

L_i——各螺栓轴线到底板轴线的距离；

$L_{\max}$——L_i中最大的值。

15.6 提高螺栓连接强度的措施

螺栓连接的强度主要取决于螺栓的强度，因此，研究影响螺栓强度的因素和提高螺栓强度的措施，对提高连接的可靠性有着重要意义。

影响螺栓强度的因素很多，主要涉及螺纹牙的载荷分配、应力变化幅度、应力集中、附加应力和材料的机械性能等方面。下面分析各种因素对螺栓强度的影响以及提高强度的相应措施。

15.6.1 降低影响螺栓抗疲劳强度的应力幅

理论与实践表明，受轴向变载荷的紧螺栓连接，在最小应力不变的条件下，应力幅越小，则螺栓越不容易发生疲劳破坏，连接的可靠性越高(应力幅是工作载荷的变化范围)。当螺栓所受的工作拉力在 $0 \sim F$ 之间变化时，则螺栓的总拉力将在 $F_0 \sim F'$ 之间变动。

由式 $F_0 = F + F'' = F' + \dfrac{C_1}{C_1 + C_2}$ 可知，在保持预紧力不变的条件下，若减小螺栓刚度 C_1 或增大被连接件刚度 C_2，都可以达到减小总拉力 F_0 的变动范围的目的。

由式 $F'' = F' - \dfrac{C_2}{C_1 + C_2} F$ 可知，在给定 F' 的条件下，若减小螺栓刚度 C_1 或增大被连接件刚度 C_2，将引起残余预紧力 F'' 的减小，从而降低了连接的紧密性。

因此，若在减小 C_1 和增大 C_2 的同时，适当增加预紧力 F'，就可以使 F'' 不致减小太多甚至保持不变，这对改善连接的可靠性和紧密性是有利的。但预紧力也不宜增加过大，以免过分削弱螺栓的静强度。

图 15-21(a)(b)(c)分别表示单独降低螺栓刚度、单独增大被连接件刚度和前述两种措施与增大预紧力同时并用时，螺栓连接的载荷变化情况。

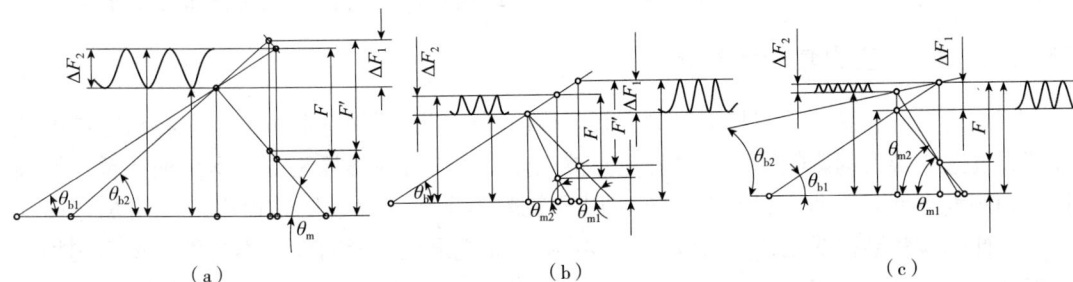

图 15-21 螺栓连接的载荷变化情况

(a)降低螺栓的刚度 (b)增大被连接件的刚度 (c)同时采用三种措施

为了减小螺栓的刚度，可适当增加螺栓的长度，或采用如图所示的腰状杆螺栓和空心螺栓。如果在螺母下面安装上弹性元件，其效果和采用腰状杆螺栓或空心螺栓时相似。

为了增大被连接件的刚度，可以不用垫片或采用刚度较大的垫片。对于需要保持紧密性的连接，从增大被连接件的刚度的角度来看，采用较软的汽缸垫片并不合适。此时以采用刚度较大的金属垫片或密封环较好。

15.6.2　改善螺纹牙上载荷分布不均的现象

不论螺栓连接的具体结构如何，螺栓所受的总拉力都是通过螺栓和螺母的螺纹牙面相接触来传递的。由于螺栓和螺母的刚度及变形性质不同，即使制造和装配都很精确，各圈螺纹牙上的受力也是不同的。从螺母支承面算起，第一圈受载最大，以后各圈递减。理论分析和实验证明，旋合圈数越多，载荷分布不均匀程度越显著。到第 8～10 圈以后，螺纹几乎不受载荷。因此，采用圈数过多的厚螺母，并不能提高连接的强度。

为了改善螺纹牙上的载荷分布不均，通常都采用减小螺栓和螺母的螺距变化差的方法。常用的方法有以下几种：

（1）尽可能将螺母制成受拉伸的结构

图 15-22（a）（b）（c）所示为悬置螺母，则螺母和螺杆均为拉伸变形，有助于减少螺母与螺杆的螺距变化差，从而使载荷分布趋于均匀。

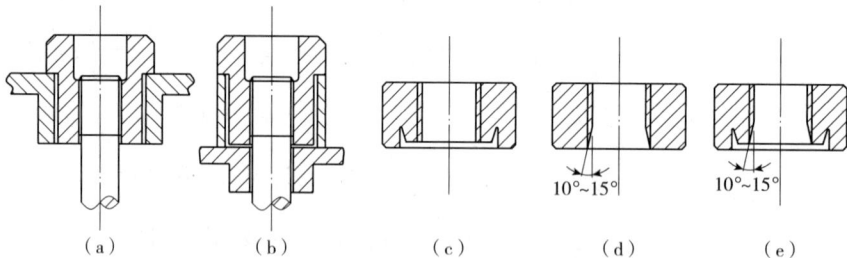

（a）　　　　　（b）　　　　　（c）　　　　　（d）　　　　　（e）

图 15-22　螺母受力分析

（2）减小螺栓受力大的螺纹牙的受力面

如图 15-22（d）（e）所示，将内外螺母下端（螺栓旋入端）受力大的几周螺纹处制成 10°～15°的斜角，使螺栓螺纹牙的受力面由上而下逐渐外移而刚度随之减小。这样，螺栓旋合段下部的螺纹牙在载荷作用下容易变形，而载荷将向上转移使载荷分布趋于平均。

15.6.3　减小应力集中的影响

当结构设计和制造、安装不当时，有可能使螺栓受到附加弯曲应力。这将对螺纹的抗疲劳强度造成很大的影响，应予以避免。被连接件、螺母或螺栓头部的支承面粗糙，被连接件因刚度不够而弯曲，钩头螺栓连接以及装配不良等，都会使螺栓中产生附加弯曲应力。对此，应从结构或工艺上采取相应的措施，如规定螺纹紧固件与连接件支撑面的加工精度和要求，在粗糙表面上采用经过切削加工的凸台或沉头座，采用球面垫圈或斜垫圈等。

15.7 螺旋传动

15.7.1 螺旋传动的类型和应用

螺旋传动是利用螺杆和螺母组成的螺旋副来实现传动要求的，主要用于将回转运动转变为直线运动，同时传递运动和动力。

根据螺杆和螺母的相对运动关系，螺旋传动的常用运动形式主要有以下两种：

①螺杆转动，螺母移动，多用于机床的进给机构中，如图 15-23(a)所示。

②螺母固定，螺杆转动并移动，多用于螺旋起重器(千斤顶)或螺旋压力机中，如图 15-23(b)所示。

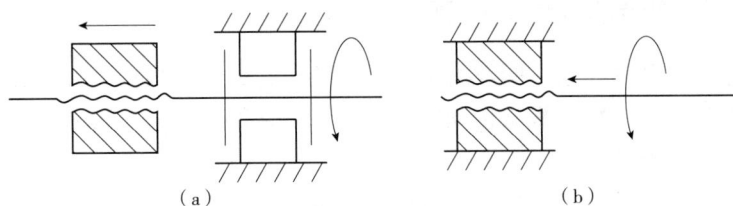

(a)   (b)

图 15-23 螺旋传动

螺旋传动按其用途不同，可分为以下三种类型：

①传力螺旋 它以传递动力为主，要求以较小的转矩产生较大的轴向推力，用以克服工作阻力，如各种起重或加压装置的螺旋。这种传力螺旋主要是承受很大的轴向力，一般为间歇性工作，每次的工作时间较短，工作速度也不高，而且通常需有自锁能力。

②传导螺旋 它以传递运动为主，有时也承受较大的轴向载荷，如机床进结机构的螺旋等。传导螺旋主要在较长的时间内连续工作，工作速度较高，因此，要求具有较高的传动精度。

③调整螺旋 它用以调整、固定零件的相对位置，如机床、仪器及测试装置中的微调机构的螺旋。调整螺旋不经常转动，一般在空载下调整。

螺旋传动按其螺旋副的摩擦性质不同，又可分为滑动螺旋(半干摩擦)、滚动螺旋(滚动摩擦)和静压螺旋(液体摩擦)。滑动螺旋结构简单，便于制造，易于自锁，但其主要缺点是摩擦阻力大，传动效率低(一般为30% ~ 40%)，磨损快，传动精度低等。相反，滚动螺旋和静压螺旋的摩擦阻力小，传动效率高(一般为90%以上)，但结构复杂，特别是静压螺旋还需要供油系统，因此，只有在高精度、高效率的重要传动中才宜采用，如数控精密机床、测试装置或自动控制系统中的螺旋传动等。

15.7.2 滑动螺旋的结构和材料

(1)滑动螺旋的结构

螺旋传动的结构主要是指螺杆、螺母的固定和支承的结构形式。螺旋传动的工作刚度与精度和支承结构有直接关系，当螺杆短而粗且垂直布置时，可用螺母本身作为支承；当螺杆细长且水平布置时，应在螺杆两端或中间附加支承，以提高螺杆的工作刚度。

　　螺母的结构有整体螺母、组合螺母、剖分螺母等形式。整体螺母结构简单，但由磨损而产生的轴向间隙不能补偿，只适合在精度要求较低的螺旋中使用。对于经常双向传动的传导螺旋，为了消除轴向间隙和补偿旋合螺纹的磨损，避免反向传动时的空行程，常采用组合螺母或剖分螺母。

　　（2）螺杆和螺母的材料

　　螺杆和螺母的材料除应具有足够的强度外，还要求有较高的耐磨性和良好的工艺性。螺杆材料一般采用 Q255、Y40Mn、45、50 钢，重要的经热处理的螺杆可用 65Mn、40Cr 或 20CrMnTi，精密传动螺杆可用 9MnV、CrWMn、38CrMoAl。螺母材料常用材料是铸锡青铜 ZCuSn10P1、ZCuSn5PbZn5，重载低速时用高强度铸铝青铜 ZCuAl10Fe3 或铸造黄铜 ZCuZn25Al6Fe3Mn3。

15.7.3　滑动螺旋传动的设计计算

　　滑动螺旋主要失效形式是：螺纹磨损、螺杆断裂、螺纹牙根剪断和弯断，螺杆很长时还可能失稳。在设计时应根据螺旋传动的类型、工作条件及其失效形式等，选择不同的设计准则，而不必进行校核。

　　下面主要介绍耐磨性计算和几项常用的校核计算方法：

　　（1）耐磨性计算

　　滑动螺旋的磨损与螺纹工作面上的压力、滑动速度、螺纹表面粗糙度以及润滑等因素有关。其中最主要的是螺纹工作面上的压力，压力越大，螺旋副间越容易形成过度磨损。因此，滑动螺旋的耐磨性计算主要是限制螺纹工作面上的（单位）压力 p，使其小于材料的许用压力 $[p]$。

　　如图 15-24 所示，假设作用于螺杆的轴向力为 $Q(\mathrm{N})$，螺纹的承压面积为 $A(\mathrm{mm}^2)$，螺纹中径为 $d_2(\mathrm{mm})$，螺纹工作高度为 $h(\mathrm{mm})$，螺纹螺距为 $t(\mathrm{mm})$，螺母高度为 $H(\mathrm{mm})$，螺纹工作圈数为 $u = H/t$。则螺纹工作面上的耐磨性条件为

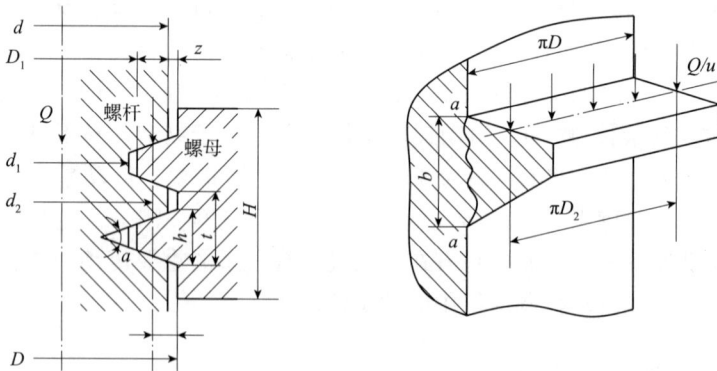

图 15-24　螺旋传动受力分析

$$p = \frac{Q}{A} = \frac{Q}{\pi d_2 h u} = \frac{Qt}{\pi d_2 hH} \leqslant [p] \quad （\mathrm{MPa}）\tag{15-33}$$

为设计方便，可引入系数 $\varphi = \dfrac{H}{d_2}$ 以消去 H，可得

$$d_2 \geqslant \sqrt{\frac{Qt}{\pi h \varphi [p]}} \tag{15-34}$$

对于矩形和梯形螺纹，$h = 0.5t$，则有

$$d_2 \geqslant 0.8 \sqrt{\frac{Q}{\varphi [p]}}$$

对于 30°锯齿形螺纹，$h = 0.75t$，则有

$$d_2 \geqslant 0.65 \sqrt{\frac{Q}{\varphi [p]}}$$

当螺母为整体式、磨损后间隙不能调整时，宜取 $\varphi = 1.2 \sim 1.5$；螺母为两半式、间隙能够调整，或螺母兼作支承而受力较大时，可取 $\varphi = 2.5 \sim 3.5$；传动精度较高，要求寿命较长时，允许 $\varphi = 4$。由于旋合各圈螺纹牙受力不均，Z 不宜大于 10。

（2）螺杆强度计算

螺杆受轴向压力（或拉力）Q 和扭矩 T 的作用，使螺杆危险截面上既有压（或拉）应力，又有剪切应力。由第四强度理论，可求出螺杆危险截面的当量应力为

$$\sigma_e = \sqrt{\sigma^2 + 3\tau^2} = \sqrt{\left(\frac{4F}{\pi d_1^2}\right)^2 + 3\left(\frac{16T}{\pi d_1^3}\right)^2} \leqslant [\sigma] \tag{15-35}$$

对于矩形和锯齿形螺纹有

$$d_1 \geqslant \sqrt{\frac{4 \times 1.2F}{\pi [\sigma]}} \tag{15-36}$$

对于梯形螺纹有

$$d_1 \geqslant \sqrt{\frac{4 \times 1.25F}{\pi [\sigma]}} \tag{15-37}$$

（3）螺纹牙强度计算

因螺母材料强度低于螺杆，所以螺纹牙的剪切和弯曲破坏多发生在螺母上。如图 15-24 所示，如果将一圈螺纹沿螺母的螺纹大径 D 处展开，则可看作宽度为 πD 的悬臂梁。假设螺母每圈螺纹所承受的平均压力为 $\dfrac{Q}{u}$，并作用在以螺纹中径 D_2 为直径的圆周上，则螺纹牙危险剖面 $a - a$ 的剪切强度条件为

$$\tau = \frac{Q}{\pi D b u} \leqslant [\tau] \tag{15-38}$$

螺纹牙危险剖面 $a - a$ 的弯曲强度条件为

$$\sigma_b = \frac{6Ql}{\pi D b^2 u} \leqslant [\sigma]_b \tag{15-39}$$

式中　b——螺纹牙根部的厚度，mm。对于矩形螺纹，$b = 0.5t$；对于梯形螺纹，$b = 0.65t$；对于 30°锯齿形螺纹，$b = 0.75t$。t 为螺纹螺距。

　　　　l——弯曲力臂。

　　　　$[\tau]$，$[\sigma]$——螺母材料的许用剪切和许用弯曲应力。

（4）螺杆稳定性计算

对于细长的受压螺杆，当轴向力 F 大于某一临界值时，螺杆会发生横向弯曲而失去稳定。受压螺杆的稳定性条件为 $2.5 \leqslant \dfrac{F_c}{F} \leqslant 4$，式中 F_c 为螺杆稳定的临界载荷。

临界载荷 F_c 与螺杆材料及长径比（柔度）$\lambda = \dfrac{\mu l}{i} = \dfrac{4\mu l}{d_1}$ 有关。

对于淬火钢螺杆：

当 $\lambda > 85$ 时

$$F_c = \frac{\pi^2 EI}{(\mu l)^2} \tag{15-40}$$

当 $\lambda < 85$ 时

$$F_c = \frac{490}{1 + 0.0002\lambda^2} \cdot \frac{\pi d_1^2}{4} \tag{15-41}$$

对于不淬火钢螺杆：

当 $\lambda > 90$ 时

$$F_c = \frac{\pi^2 EI}{(\mu l)^2} \tag{15-42}$$

当 $\lambda < 90$ 时

$$F_c = \frac{340}{1 + 0.00013\lambda^2} \cdot \frac{\pi d_1^2}{4} \tag{15-43}$$

式中　E——螺杆材料的弹性模量。

　　　I——螺杆危险截面的惯性矩。

　　　l——螺杆的最大工作长度。

　　　μ——长度系数，与螺杆端部结构有关。对于起重器，可视为一端固定、一端自由，取 $\mu = 2$；对于压力机，可视为一端固定、一端铰支，取 $\mu = 0.7$；对于传导螺杆，可视为两端铰支，取 $\mu = 1$。

　　　i——螺杆危险截面惯性半径。若螺杆危险截面面积 $A = \dfrac{\pi d_1^2}{4}$，则 $i = \sqrt{\dfrac{I}{A}} = \dfrac{d_1}{4}$。

$$\tag{15-44}$$

本 章 小 结

本章主要介绍了螺纹的基本知识，包括螺纹的类型及应用、主要参数、螺纹副的受力关系，螺纹连接的类型及螺纹防松，单个螺栓连接的强度计算以及螺栓组连接的设计，提高螺栓连接强度的措施，螺纹传动的类型、应用及设计计算等内容。通过本章的学习，要求能够了解和掌握螺纹连接和螺纹传动的基本类型、应用场合以及相关的设计计算方法。

思 考 题

1. 试分析为什么普通三角螺纹主要用于连接，而梯形、矩形、锯齿形螺纹用于传动？

2. 螺纹牙升角 γ 在 d_1、d_2、d 圆上是否相等？通常提到的 γ 值是指哪个直径上的？

3. 怎样才能迅速准确地判断螺纹牙的旋向？

4. 螺纹导程 S 和螺距 p 与线数 n 有何关系？在日常生活中，单线螺纹与双线螺纹用于哪些场合？

5. 拧紧力 F 作用在哪个圆上？对矩形螺纹，怎样计算 F？对三角螺纹或梯形螺纹在计算 F 时有什么区别？

6. 拧紧力矩 T 与哪些因素有关？如何计算？扳手力矩如何计算？

7. 证明：具有自锁性的螺纹，其效率恒小于 50%。

8. M20、M20×1.5 螺纹的升角哪一种更大一些？试通过计算检验你的看法。

9. 螺纹传动的强度计算中，需要计算哪些项目？可以解决哪些强度计算？可以避免哪种失效形式？

10. 举例说明工程中常见的螺纹连接的主要类型及其特点。

11. 试分析螺纹连接的设计计算步骤。

12. 既然螺纹连接中一般都符合自锁条件，为什么还要采取防松措施？你能想到的防松措施有哪些？

13. 题图 15-1 所示为一个用螺纹连接的加长扳手，一直板受力 $F=300\text{N}$，接合面间的摩擦因数 $f_s=0.15$，试分析分别采用普通螺栓连接和铰制孔精制螺栓连接时应如何计算。若螺栓材料为铸铁与 Q235，试确定螺栓直径。

14. 题图 15-2 所示的承受载荷 $F=60\text{kN}$ 的钢制铁架，用六个螺栓固定于钢制立柱侧面。现有图示的三种连接方案，试分析分别采用普通螺栓连接和铰制孔精制螺栓连接时，选用哪种布置形式最为有利，并说明理由。

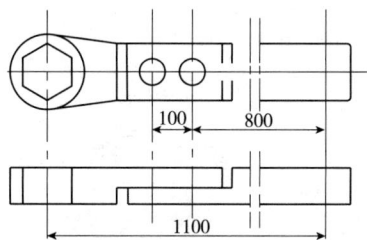

题图 15-1（单位：mm）

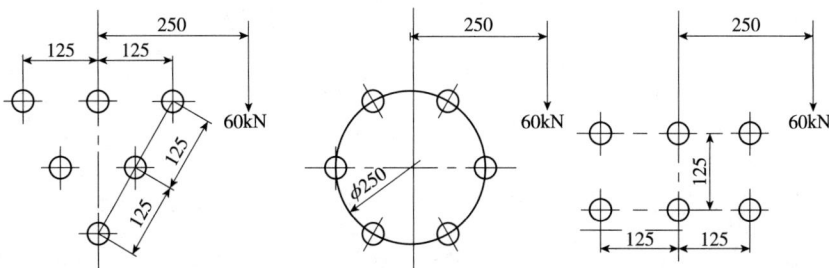

题图 15-2

15. 题图 15-3 所示为端盖与铸铁箱体的螺钉组连接，采用了四个普通六角螺钉，根据强度计算螺钉直径小于9.5mm。试从标准中选出：螺栓的规格，弹簧垫圈的规格，盖上螺栓孔直径d_0，箱体上螺纹孔的深度H_1、钻孔深度H_2。

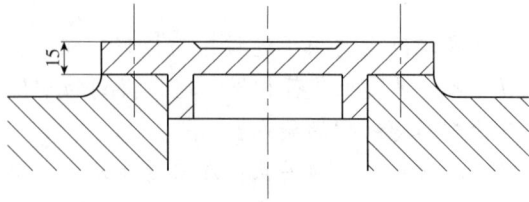

题图 15-3

16. 题图15-4所示为一拉杆螺纹连接。已知拉杆所受的拉力$F = 25\text{kN}$，载荷稳定，拉杆材料为Q235，试计算螺纹接头的螺纹直径。

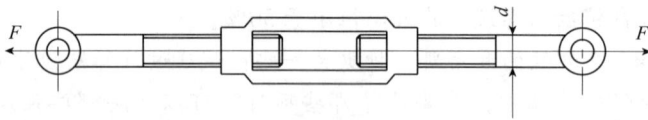

题图 15-4

17. 一机床中的某移动部件作用在螺母上的轴向载荷$Q = 6000\text{N}$（题图15-5）；滑动丝杠的螺旋副采用单线标准梯形螺纹$\text{Tr}36 \times 6 - 7\text{H}$，螺旋副工作面之间的摩擦因数$f = 0.1$；首轮半径$R = 100\text{mm}$。试求驱动移动部件所需的转矩$T$和作用在手柄上的力$F$大小。

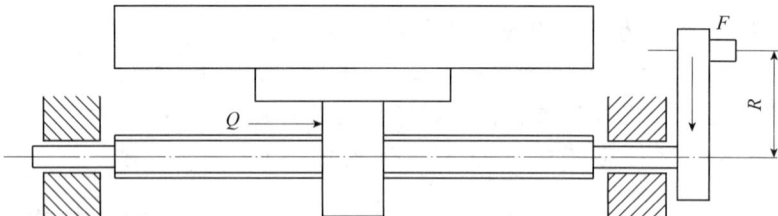

题图 15-5

第16章 机械的平衡

⚙ 本章提要

机械在运转时，构件所产生的不平衡惯性力将在运动副中引起附加的动压力。这不仅会增大运动副中的摩擦力和构件的内应力，降低机械效率和使用寿命，而且由于这些惯性力一般都是周期性变化的，所以必将引起机械及其机座的强迫振动。而机械平衡的目的就是设法将构件的不平衡惯性力加以平衡，以消除或减小其不良影响。本章主要介绍刚性转子的平衡计算问题。

16.1 机械平衡的目的和内容

16.2 刚性转子的平衡计算

16.3 刚性转子的平衡实验

16.4 刚性转子的许用不平衡量及平衡精度

16.5 平面机构的平衡

16.1 机械平衡的目的和内容

16.1.1 机械平衡的目的

机械在运转时，构件所产生的不平衡惯性力在运动副中引起的附加动压力不仅会增大运动副中的摩擦和构件中的内应力，而且会降低机械效率和使用寿命。与此同时，由于这些惯性力的大小和方向一般都是周期性变化的，必将引起机械及其基础产生强迫振动。如果其振幅较大，或其频率接近于机械的共振频率，则将引起极其不良的后果。不仅会影响到机械自身的正常工作和使用寿命，而且还会使附近的工作机械以及厂房建筑受到不良影响。

机械平衡的目的就是设法将构件的不平衡惯性力加以平衡，以消除或减小惯性力的不良影响。由此可知，机械的平衡是现代机械的一个重要课题，尤其在精密机械和高速机械中，更具有特别重要的意义。

但应指出，有一些机械却是利用构件产生的不平衡惯性力所引起的振动来工作的，如手机振动器、振实机、按摩机、蛙式打夯机、振动打桩机和振动运输机等。对于这类机械，则是研究如何合理利用不平衡惯性力的问题。

16.1.2 机械平衡的内容

在机械中，由于各构件的结构及运动形式不同，其所产生的惯性力和平衡方法也不同。据此，机械的平衡问题可分为下述两类。

(1)绕固定轴回转的构件平衡

绕固定轴回转的构件，常统称为转子。如汽轮机、发电机、电动机以及离心机等机器，都以转子作为工作的主体；这类构件的不平衡惯性力，可利用在该构件上增加或除去一部分质量的方法予以平衡，即通过调节转子自身质心的位置，来达到消除或减小惯性力不平衡的目的。这类转子又分为刚性转子和挠性转子两种。

①刚性转子的平衡　在一般机械中，转子的刚性都比较好，其共振转速较高，转子的工作转速一般低于$(0.6 \sim 0.75)n_{c1}$(n_{c1}为转子的第一阶共振转速)。此情况下，转子产生的弹性变形甚小，故把这类转子称为刚性转子。其平衡按理论力学中的力系平衡理论进行。如果只要求其惯性力平衡，则称为转子的静平衡；如果同时要求其惯性力和惯性力矩的平衡，则称为转子的动平衡。

②挠性转子的平衡　在机械中还有一类转子，如航空涡轮发动机、汽轮机、发电机等当中的大型转子，其质量和跨度很大，而径向尺寸却较小，故导致其共振转速降低，而其工作转速n又往往很高$[n \geqslant (0.6 \sim 0.75)n_{c1}]$，故转子在工作过程中将会产生较大的弯曲变形，从而使其惯性力显著增大，这类转子称为挠性转子。其平衡原理是基于弹性梁的横向振动理论。由于这个问题比较复杂，需做专门研究。

(2)机构的平衡

对于往复移动或平面复合运动的构件，其所产生的惯性力无法在该构件上平衡，而必须就整个机构加以研究，设法使各运动构件惯性力的合力和合力偶得到完全地或部分地平衡，以消除或降低其不良影响。由子惯性力的合力和合力偶最终均由机械的基础所承受，故又称这类平衡问题为机械在机座上的平衡。

16.2　刚性转子的平衡计算

16.2.1　刚性转子的静平衡计算

对于轴向尺寸较小的盘状转子(转子轴向宽度 b 与其直径 D 之比 $b/D < 0.2$)，如齿轮、盘形凸轮、带轮、叶轮、螺旋桨等，它们的质量可以近似认为分布在垂直于其回转轴线的同一平面内；在此情况下，若其质心不在回转轴线上，则当其转动时，其偏心质量就会产生惯性力。因这种不平衡现象在转子静态时即可表现出来，故称其为静不平衡。对这类转子进行静平衡时，可利用在转子上增加或除去一部分质量的方法，使其质心与回转轴心重合，即可使转子的惯性力得以平衡。

图 16-1 所示为一盘状转子，根据其结构(如其上有凸台等)，已知其具有偏心质量 m_1、m_2，它们各自的回转半径为 r_1、r_2，方向如图 16-1 所示。当转子以角速度 ω 回转时，各偏心质量所产生的离心惯性力为

$$F_{Ii} = m_i \omega^2 r_i \quad (i = 1, 2 \cdots) \tag{16-1}$$

式中　r_i——第 i 个偏心质量的矢径。

为了平衡这些离心惯性力，可在转子上加一平衡质量 m_b，使其产生的离心惯性力 F_b 与各偏心质量的离心惯性力相平衡。由于这些惯性力形成一平面汇交力系，故得静平衡的条件为

$$\sum F = \sum F_{Ii} + F_b = 0 \tag{16-2}$$

设平衡质量 m_b 的矢径为 r_1，则式(16-2)可化为

$$m_1 r_1 + m_2 r_2 + \cdots + m_i r_i + \cdots + m_b r_b = 0 \tag{16-3}$$

式中　$m_i r_i$——质径积，为矢量。

平衡质径积 $m_b r_b$ 的大小和方位，可用下述方法求得。如图 16-1 所示建立直角坐标系，根据力平衡条件，由 $\sum F_x = 0$ 及 $\sum F_y = 0$ 可得

$$(m_b r_b)_x = -\sum m_i r_i \cos\alpha_i \tag{16-4}$$

$$(m_b r_b)_y = -\sum m_i r_i \sin\alpha_i \tag{16-5}$$

其中 α_i 为第 i 个偏心质量 m_i 的矢径 r_i 与 x 轴方向的夹角(从 x 轴沿逆时针方向计量)。则平衡质径积的大小为

$$m_b r_b = \left[(m_b r_b)_x^2 + (m_b r_b)_y^2 \right]^{1/2} \tag{16-6}$$

根据转子结构选定 r_b 后，即可定出平衡质量 m_b，而其相位角 α_b 可由下式求得

$$\alpha_b = \arctan\left[(m_b r_b)_y / (m_b r_b)_x \right] \tag{16-7}$$

注意：要根据式中分子分母正负号确定 α_b 所在象限，显然也可以在 r_b 的反方向 r'_b 处除去一部分质量 m'_b 来使转子得到平衡，只要保证 $m_b r_b = m'_b r'_b$ 即可。

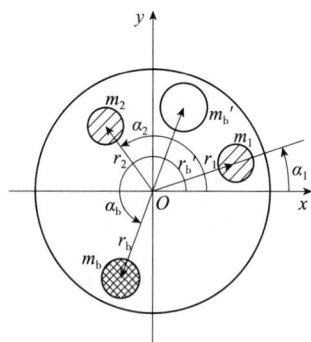

图 16-1　盘状转子

根据上面的分析可见，对于静不平衡的转子，不论它有多少个偏心质量，都只需要在同一个平衡面内增加或除去一个平衡质量即可获得平衡，故又称为单面平衡。

15.2.2　刚性转子的动平衡计算

对于轴向尺寸较大的转子($b/D > 0.2$)，如内燃机曲轴、电机转子和机床主轴等，其质量就不能再视为分布在同一平面内了。这时偏心质量往往是分布在若干个不同的回转平面内，如图 16-2 所示的曲轴即为一例。在这种情况下，即使转子的质心在回转轴线上（如图 16-3 所示），由于各偏心质量所产生的离心惯性力不在同一回转平面内，因而将形成惯性力偶，所以仍然是不平衡的。而且该力偶的作用方位是随转子的回转而变化的，故不但会在支承中引起附加动压力，也会引起机械设备的振动。这种不平衡现象只有在转子运转的情况下才能显示出来，故称其为动不平衡。对这类转子进行动平衡，要求转子在运转时其各偏心质量产生的惯性力和惯性力偶矩同时得以平衡。

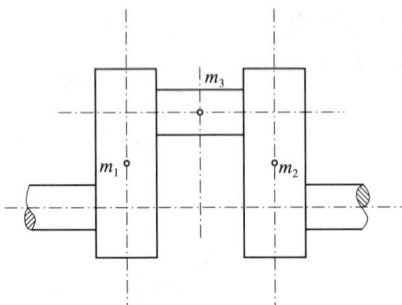

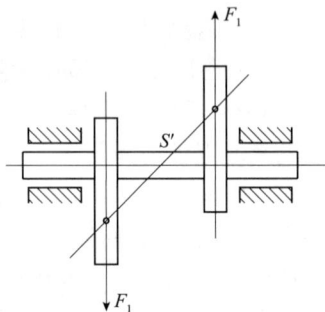

图 16-2　曲轴　　　　　图 16-3　质心在回转轴线上的转子

图 16-4(a)所示为一长转子，根据其结构，设已知其偏心质量 m_1、m_2 及 m_3 分别位于回转平面 1、2 及 3 内，它们的回转半径分别为 r_1、r_2 及 r_3，方向如图 16-4(a)所示。当此转子以角速度 ω 回转时，它们产生的惯性力 F_{I1}、F_{I2} 及 F_{I3} 将形成一空间力系，故转子动平衡的条件是：各偏心质量(包括平衡质量)产生的惯性力的矢量和为零，以及这些惯性力所构成的力矩矢量和也为零，即

$$\sum F = 0 \qquad \sum M = 0 \qquad (16\text{-}8)$$

下面我们研究其平衡计算问题。

由理论力学可知，一个力可以分解为与其相平行的两个分力。如图 16-4(b)所示，可将力 F 分解成 F_{I}、F_{II} 两个分力，其大小分别为

$$F_{I} = Fl_1/L \qquad F_{II} = F(L - l_1)/L \qquad (16\text{-}9)$$

两者方向与 F 一致。为了使转子获得动平衡，首先选定两个回转平面 I 及 II 作为平衡基面(将来即在这两个面上增加或除去平衡质量)。再将各离心惯性力按上述方法分别分解到平衡基面 I 及 II 内，即将 F_{I1}、F_{I2}、F_{I3} 分解为 F_{I1I}、F_{I2I}、F_{I3I}(在平衡基面 I 内)和 F_{I1II}、F_{I2II}、F_{I3II}(在平衡基面 II 内)。这样就把空间力系的平衡问题，转化为两个平面汇交力系的平衡问题了。只要在平衡基面 I 及 II 内适当地各加一平衡质量，使两平衡基面内的惯性力之和分别为零，这个转子便可得以动平衡。

至于两个平衡基面 I 及 II 内的平衡质量的大小和方位的确定，则与前述静平衡计算的

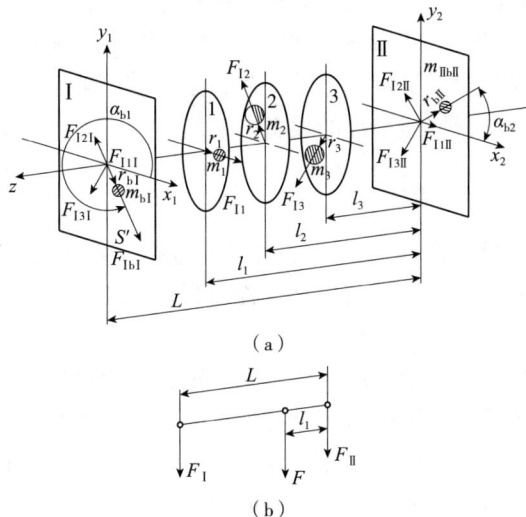

图 16-4 转子平衡分析

方法完全相同，这里就不再赘述了。

由以上分析可知，对于任何动不平衡的刚性转子，无论其具有多少个偏心质量，以及分布于多少个回转平面内，都只要在选定的两个平衡基面内分别各加上或除去一个适当的平衡质量，即可得到完全平衡。故动平衡又称为双面平衡。

平衡基面的选取需要考虑转子的结构和安装空间，以便于安装或除去平衡质量。此外，还要考虑力矩平衡的效果，两平衡基面间的距离应适当大一些。同时在条件允许的情况下，将平衡质量的矢径 r_b 也取大一些，力求减小平衡质量 m_b。

16.3 刚性转子的平衡实验

在设计时经过上述平衡计算在理论上已经平衡的转子，由于制造和装配的不精确、材质的不均匀等原因，仍会产生新的不平衡。这时已无法用计算来进行平衡，而只能借助于平衡实验，用实验的方法来确定出其不平衡量的大小和方位，然后利用增加或除去平衡质量的方法予以平衡。下面就静平衡实验和动平衡实验分别加以介绍。

16.3.1 静平衡试验

如图 16-5 所示，在作静平衡时，把转子支承在两水平放置的摩擦很小的导轨上。当存在偏心质量时，转子就会在支承上转动，直至质心处于最低位置时才能停止，这时可在质心相反的方向上加上校正平衡质量，再重新使转子转动，反复增减平衡质量，直至转子在支承上呈随遇平衡状态，即说明转子的质心已与其轴线重合，即转子已达到静平衡。

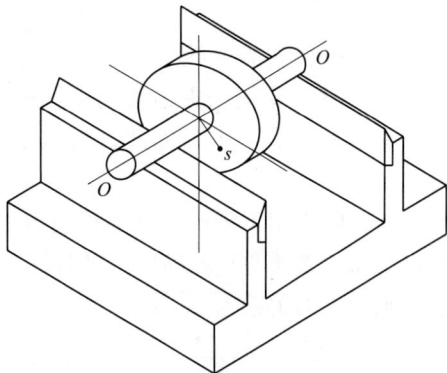

图 16-5 静平衡实验

上述这种静平衡实验设备，结构比较简单，操作也很方便，如能降低其转动部分的摩擦，也能达到一定的平衡精度。但这种静平衡设备，在进行静平衡时需经过多次反复实验，故工作效率较低。因此对于批量转子的平衡，必须有能够直接迅速地测出转子偏心质量的大小和方位，并直接进行快速平衡的设备。

16.3.2　动平衡试验

转子的动平衡试验一般要在专用的动平衡机上进行。动平衡机的种类很多，图 16-6 为常用的电测式动平衡工作原理示意图，该装置由驱动系统、试件的支承系统和测量系统三部分组成。

驱动系统中，电动机 1 通过带传动 2 和万向联轴器 3 驱动转子 4 转动。试件支承系统为一弹性系统，试验时转子的不平衡量产生的惯性力使弹性支承产生振动，以便传感器 5、6 拾得振动信号。测量系统的任务是把该振动信号处理成不平衡质径积的大小和方位，即把该信号送入解算电路 7 内进行处理，然后经放大器 8 放大信号，由仪表 9 显示出不平衡质径积的大小，经选频放大后的信号与基准信号发生器 10 产生的电信号一起输入鉴相器 11，经鉴相器处理后在仪表 12 上指示出不平衡质径积的相位。

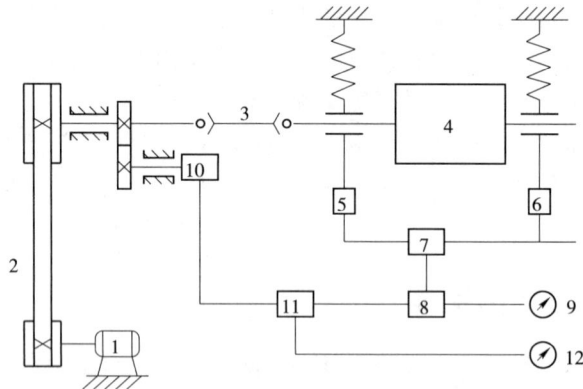

图 16-6　电测式动平衡工作原理示意图

16.4　刚性转子的许用不平衡量及平衡精度

经过平衡实验的转子，不可避免地还会有一些残存的不平衡。欲减小这种残存的不平衡量，就需要使用更精密的平衡实验装置、更先进的测试设备和更高的平衡技术，这就意味着要提高成本。因此，根据工作要求，对转子规定适当的许用不平衡量是很有必要的。

转子的许用不平衡量有两种表示方法，即质径积表示法和偏心距表示法。如设转子的质量为 m，其质心至回转轴线的许用偏心距为 $[e]$，而转子的许用不平衡质径积以 $[mr]$ 表示，则两者的关系为

$$[e] = [mr]/m \tag{16-10}$$

偏心距是一个与转子质量无关的绝对量，而质径积则是与转子质量有关的一个相对

量。通常，对于具体给定的转子，用许用不平衡质径积较好，因为它比较直观，便于平衡操作。而在衡量转子平衡的优劣或衡量平衡的检测精度时，则用许用偏心距为好，因为便于比较。

关于转子的许用不平衡量，目前我国尚未定出标准，表16-1是国际标准化组织制定的各种典型转子的平衡等级和许用不平衡量，可供参考使用。表中转子的不平衡量以平衡精度 A 的形式给出。

表 16-1　各种典型转子的平衡等级和许用不平衡量

平衡等级 G	平衡精度 $A = \dfrac{[e]\omega}{1000}$ （mm/s）	典型转子举例
G4000	4000	刚性安装的具有奇数气缸的低速船用柴油机曲轴传动装置
G1600	1600	刚性安装的大型两冲程发动机曲轴传动装置
G630	630	刚性安装的大型四冲程发动机曲轴传动装置；弹性安装的船用柴油机曲轴传动装置
G250	250	刚性安装的高速四缸柴油机曲轴传动装置
G100	100	六缸或六缸以上高速柴油机曲轴传动装置；汽车、机车用发动机整体（汽油机或柴油机）
G40	40	汽车车轮、轮毂、轮组、传动轴；弹性安装的六缸或六缸以上高速四冲程发动机（汽油机或柴油机）曲轴传动装置；汽车、机车用发动机曲轴传动装置
G16	16	特殊要求的传动轴（螺旋桨轴、万向联轴器轴）；破碎机械零件；农业机械零件；汽车和机车发动机部件；特殊要求的六缸或六缸以上发动机曲轴传动装置

经过平衡试验后的转子，出于平衡试验装置的误差以及一些人为因素，还会残存一些不平衡。转子平衡状态的优良程度称为转子的平衡精度。实践经验表明，转子的不平衡量与下式有关：

$$\frac{\text{不平衡质径积}}{\text{转子质量}} \times \text{回转角速度} = \frac{m'r'}{m}\omega = e\omega$$

其中不平衡质径积与转子质量之比 $\dfrac{m'r'}{m}$ 称为校正偏心距 e（单位为 μm），回转角速度 ω 的单位为 rad/s。工程上常用 $e\omega$ 来表示转子的平衡精度 A（单位为 mm/s），即

$$A = \frac{[e]\omega}{1000} \tag{16-11}$$

式中 $[e]$ 为转子的许用偏心距。A 值越大，转子的平衡精度越低。各类典型转子的平衡精度 A 见表16-1。根据 A 值可求出转子的许用偏心距 $[e]$。

在采用表16-1的推荐数值时，应注意下列不同情况：

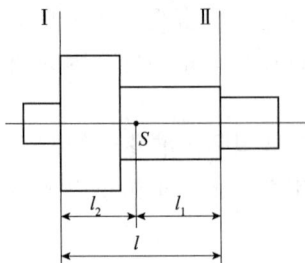

图 16-7　平衡基面

①对于静不平衡的转子，可按公式求出许用偏心距$[e]$。

②对于动不平衡转子，求出$[e]$后还需求出许用不平衡质径积$[m'r'] = [e]m$，然后将它分配到两个选定的平衡基面Ⅰ和Ⅱ上。如图 16-7 所示，两平衡基面上的许用不平衡质径积为

$$\begin{cases} [m'r']_{\text{I}} = \dfrac{l_1}{l}[m'r'] \\[3mm] [m'r']_{\text{II}} = \dfrac{l_2}{l}[m'r'] \end{cases} \tag{16-12}$$

16.5　平面机构的平衡

平面机构中作往复移动的构件或作复合运动的构件，其惯性力和惯性力偶矩不可能像转子那样在其内部得到平衡。因此，应从机构整体上考虑各构件的平衡问题。机构运动时，各构件的惯性力和惯性力偶矩可合成为通过质心的一个总惯性力和一个总惯性力偶矩，使机械工作出现振动和不稳定，总惯性力偶矩的平衡问题涉及因素多，比较复杂，并且还需与驱动力矩和工作阻力矩综合考虑，故本节只讨论总惯性力的平衡问题。

机构总惯性力的平衡条件为总惯性力 $F = -ma_s = 0$，式中 m 为机构质量，它不能为零，欲使该式成立，则机构质心加速度 a_s 应为零，即机构质心位置固定或做匀速直线运动。由于机构作周期性运动，其质心不可能做匀速直线运动，因此只能适当增加或减少平衡质量，使机构质心位置固定不动。

下面简要介绍机构惯性力平衡的两种处理方法。

16.5.1　构的完全平衡

完全平衡是使机构的总惯性力恒为零，而为了达到完全平衡的目的，可以采取以下两种措施。

（1）利用对称机构平衡

图 16-8 所示为摩托车发动机中应用完全相同的两曲柄滑块机构对称布置的设计方法，来达到机构总惯性力完全平衡。机构对称布置是消除总惯性力的有效方法，只是采用这种方法将使机构的体积大为增加。

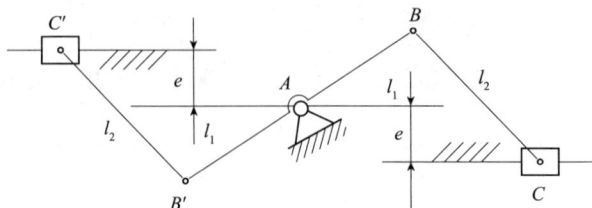

图 16-8　对称机构

（2）利用平衡质量平衡

在图 16-9 所示的铰链四杆机构中，设构件 1、2、3 的质量分别为 m_1、m_2、m_3，其质

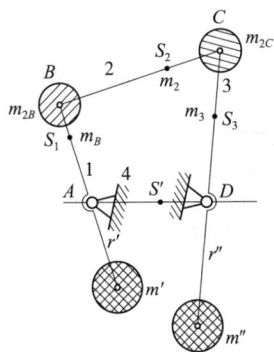

图 16-9 平衡质量

心分别位于 S_1、S_2 及 S_3。为了进行平衡，设想将构件 2 的质量 m_2 用分别集中于 B、C 两点的两个质量 m_{2B} 及 m_{2C} 代换，根据质量替代原理，可得

$$\begin{cases} m_{2B} = m_2 l_{CS2}/l_{BC} \\ m_{2C} = m_2 l_{BS2}/l_{BC} \end{cases} \tag{16-13}$$

对构件 1，可在其延长线上加一平衡质量 m' 来平衡构件 1 的集中质量 m_1 和 m_{2B}，使构件 1 的质心移到固定铰链点 A，则 $m' = (m_{2B}l_{AB} + m_1 l_{AS1})/r'$。

同理，在构件 3 的延长线上加一平衡质量 m''，使其质心移到固定铰链点 D，则 $m'' = (m_{2C}l_{DC} + m_3 l_{DS3})/r''$。

在加上平衡质量 m' 和 m'' 以后，可以认为在点 A 和点 D 处分别集中了两个质量 m_A 和 m_D，而且有

$$\begin{cases} m_A = m_{2B} + m_1 + m' \\ m_D = m_{2C} + m_3 + m'' \end{cases} \tag{16-14}$$

因而机构的总质心 S' 固定不动，其加速度 a_s 等于零，所以机构的惯性力已得到平衡。

上面所讨论的机构平衡方法，从理论上说让机构的总惯性力得到了完全平衡，但是其主要缺点是由于配置了几个平衡质量，所以机构的质量将大大增加。因此，实际上往往不采用这种方法，而采用部分平衡的方法。

16.5.2　机构的部分平衡

部分平衡是仅平衡掉机构总惯性力的一部分。

（1）利用非完全对称机构平衡

图 16-10 所示机构中，当曲柄 AB 转动时，滑块 C 和 C' 的加速度方向相反，它们的惯性力方向也相反，故可以相互平衡。但由于运动规律不完全相同，所以只能部分平衡。

（2）利用平衡质量平衡

对图 16-11 所示的曲柄滑块机构进行平衡时，

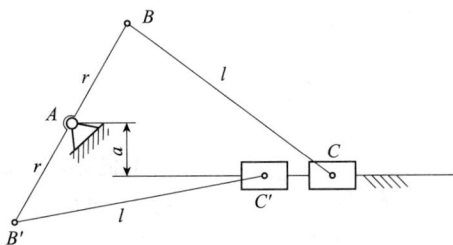

图 16-10　非完全对称机构

先运用前面的方法，将连杆 2 的质量 m_2 用集中于 B 点和集中于 C 点的质量 m_{2C} 来代换；将曲柄 1 的质量 m_1 用集中于点 B 的质量 m_{1B} 和集中于 A 点的质量 m_{1A} 来代换。显然，机构产生的惯性力只有两部分；即集中在 B 点的质量 $m_B = (m_{2B} + m_{1B})$ 所产生的离心惯性力 F_B 和集中于点 C 的质量 $m_C = (m_{2C} + m_{3C})$ 所产生的往复惯性力 F_c。为了平衡 F_B，只要在曲柄的延长线上加一平衡质量 m'，使 $m' = m_B l_{AB}/r$ 即可。而往复惯性力 F_C，其大小随曲柄转角 φ 的不同而不同，因此它的平衡就不像平衡离心惯性力 F_B 那样简单。下面介绍往复惯性力的平衡方法。

由运动分析可得滑块 C 的加速度方程为

$$a_C \approx -\omega^2 l_{AB}\cos\varphi \tag{16-15}$$

因而集中质量 m_C 所产生的往复惯性力为

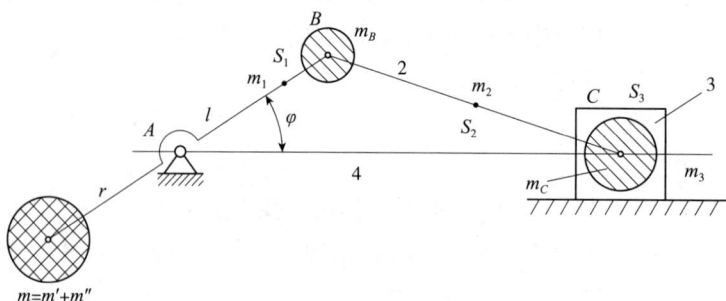

图 16-11　平衡质量

$$F_C \approx m_C \omega^2 l_{AB} \cos\varphi \tag{16-16}$$

为了平衡惯性力 F_C，可在曲柄的延长线上距离点 A 为 r 的地方再加上一个平衡质量 m''，并使 $m'' = m_C l_{AB}/r$。

此平衡质量 m'' 所产生的离心惯性力 F'' 可分解为一水平分力 F_h'' 和一铅垂分力 Fv''，则有

$$\begin{cases} F_h = m'' \omega^2 r \cos(180° + \varphi) = -m_C \omega^2 l_{AB} \cos\varphi \\ F_v = m'' \omega^2 r \sin(180° + \varphi) = -m_C \omega^2 l_{AB} \sin\varphi \end{cases} \tag{16-17}$$

由于 $F_h'' = -F_C$，故 F_h'' 已将往复惯性力 F_C'' 平衡。不过，此时又多出一个新的不平衡惯性力 F_v''，此铅垂方向的惯性力对机械的工作也很不利。为减小此不利因素，可取

$$F_h'' = (1/3 \sim 1/2) F_C$$

即取

$$m'' = \left(\frac{1}{3} \sim \frac{1}{2}\right) m_C l_{AB}/r \tag{16-18}$$

只平衡往复惯性力的一部分，这样，既可减小往复惯性力 F_C 的不良影响，又可使在铅垂方向产生的新的不平衡惯性力 F_v'' 不致太大，同时所需加的平衡质量也较小。一般说来，这对机械的工作较为有利。

（3）利用弹簧平衡

图 16-12 所示为利用弹簧平衡。通过合理选择弹簧劲度系数 k 和弹簧安装位置，可以使连杆 BC 的惯性力得到部分平衡。

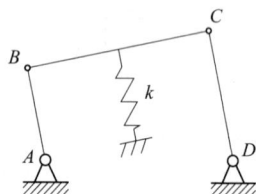

图 16-12　弹簧平衡

本　章　小　结

本章主要介绍了机械平衡的目的和内容，重点介绍了刚性转子的机械平衡计算问题，包括刚性转子的平衡计算、平衡试验及刚性转子的许用不平衡量和平衡精度，同时也介绍了平面机构的平衡问题。通过本章的学习，要求了解和掌握有关机械平衡的相关概念和基本计算方法。

思 考 题

1. 机械平衡的目的和意义有哪些?

2. 如何通过机械平衡的内容对平衡问题分类?

3. 静平衡试验的原理是什么?

4. 机构惯性力平衡的处理方法有哪些?

5. 待平衡转子在静平衡架上滚动至停止时,其质心理论上应处于最低位置。但实际上由于存在滚动摩擦阻力,质心不会到达最低位置,因而导致试验误差。试问用什么方法进行静平衡试验可以消除该项误差?

6. 如题图 16-1 所示,盘形转子的圆盘直径 $D = 400mm$,圆盘质量 $m = 10kg$。已知圆盘上存在不平衡质量 $m_1 = 2kg$,$m_2 = 4kg$,两支承距离 $l = 120mm$,圆盘至右支承 $l_1 = 80mm$,转速 $n = 3000r/min$。试问:①该转子的质心偏移多少?②作用在左、右支承上的动反力各有多大?

7. 如题图 16-2 所示,盘形回转件上有四个偏置质量,已知 $m_1 = 10kg$,$m_2 = 14kg$,$m_3 = 16kg$,$m_4 = 10kg$,$r_1 = 50mm$,$r_2 = 100mm$,$r_3 = 75mm$,$r_4 = 50mm$,设所有不平衡质量分布在同一回转面内,问应在什么方位,加多大的平衡质径积才能达到平衡?

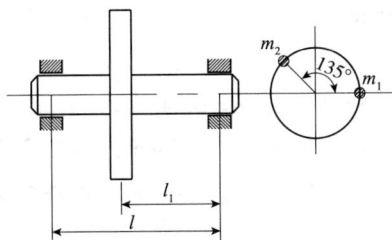

题图 16-1

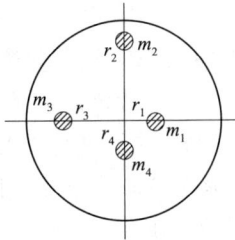

题图 16-2

8. 有一薄转盘质量为 m,经静平衡试验测定其质心偏距为 r,方向如题图 16-3 所示垂直向下。由于该回转面不允许安装平衡质量,只能在平面Ⅰ、Ⅱ上校正。已知 $m = 10kg$,$r = 5mm$,$a = 20mm$,$b = 40mm$,求在Ⅰ、Ⅱ平面上应加的质径积的大小和方向。

9. 如题图 16-4 所示,回转件上存在空间分布的两个不平衡质量。已知 $m_A = 500g$,$m_B = 1000g$,$r_A = r_B = 10mm$,转速 $n = 3000r/min$。①求左右支承反力的大小和方向;②若在 A 面加一平衡质径积 $m_j r_j$ 进行静平衡,求 $m_j r_j$ 的大小和方向;③求静平衡之后左右支承反力的大小和方向;④问静平衡后支承反力是增大还是减少?

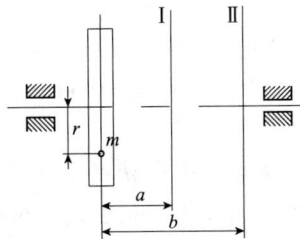

题图 16-3

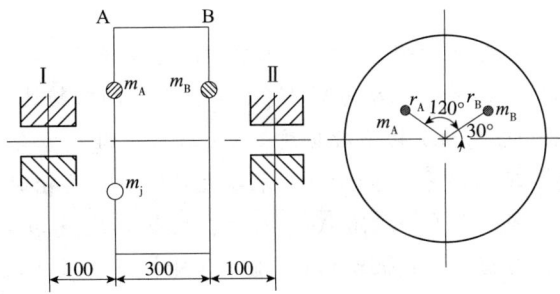

题图 16-4

10. 在题图 16-5 所示的平面六杆机构中，已知滑块 5 的质量 $m = 50\text{kg}$，$l_{AB} = l_{ED} = l_{CE} = 100\text{mm}$，$l_{BC} = l_{CD} = l_{EF} = 200\text{mm}$，$\phi_1 = \phi_{23} = \phi_3 = 90°$，作用在滑块上的阻力 $F_r = 0.5\text{kN}$。取曲柄 AB 为等效构件。求转化在等效构件上的等效阻力力矩 M_r 和等效转动惯量 J。

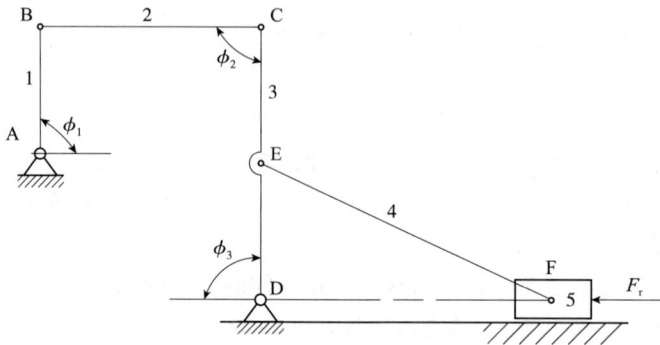

题图 16-5

11. 在题图 16-6 所示的定轴轮系中，已知加于轮 1 和轮 3 上的力矩 $M_1 = 80\text{N} \cdot \text{m}$ 和 $M_3 = 100\text{N} \cdot \text{m}$；各轮的转动惯量 $J_1 = 0.1\text{kg} \cdot \text{m}^2$，$J_2 = 0.225\text{kg} \cdot \text{m}^2$，$J_3 = 0.4\text{kg} \cdot \text{m}^2$；各轮的齿数 $Z_1 = 20$，$Z_2 = 30$，$Z_3 = 40$；在开始转动的瞬时，轮 1 的角速度等于零。求在运动开始后经过 0.5s 时轮 1 的角加速度 α_1 和角速度 ω_1。

12. 如题图 16-7 所示，质量 $m = 2.75\text{kg}$，转动惯量 $J = 0.00785\text{kg} \cdot \text{m}^2$ 的飞轮由转速 $n = 200\text{r/min}$ 开始停车，其停车时间 $t = 2\text{min}$。如轴颈直径 $d = 10\text{mm}$，而飞轮的角速度按直线规律降低，求飞轮轴承中摩擦因数 f。若把停车时间缩短到 0.5s，除摩擦力矩外，还需要加多大的制动力矩？

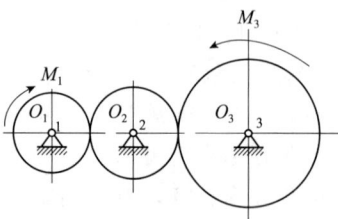

题图 16-6

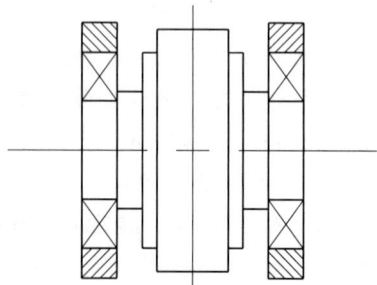

题图 16-7

13. 在题图 16-8 所示曲柄压力机中，以曲轴为等效构件时的等效阻抗力矩 M_{er} 变化规律如图所示，等效驱动力矩 M_{ed} 为常量。电动机转速为 700r/min，带传动的传动比为 3.5，小带轮 A 与电动机转子对其质心轴(与转轴轴线重合)的转动惯量为 $J_1 = 0.02\text{kg} \cdot \text{m}^2$，若机器运转不均匀系数 $\delta = 0.1$，求以大带轮兼作飞轮时的转动惯量。

14. 有一转子如题图 16-9 所示，已知其质量 $m = 70\text{kg}$，要求的平衡精度等级为 G6.3 级，工作转速 $n = 1500\text{r/min}$，质心 S 距校正平面 I 及 II 的距离 $l_I = 300\text{mm}$，$l_{II} = 600\text{mm}$。求转子的许用偏心距 e 和两校正平面 I、II 上的许用质径积 $[m_I e_I]$ 和 $[m_{II} e_{II}]$。

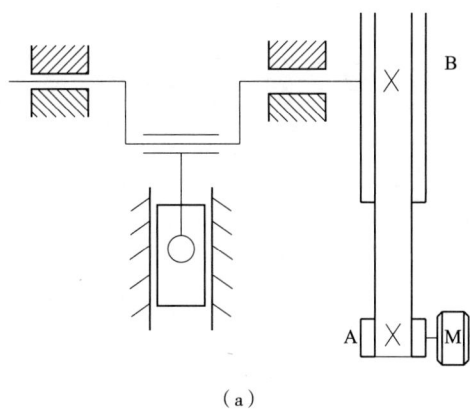

（a）

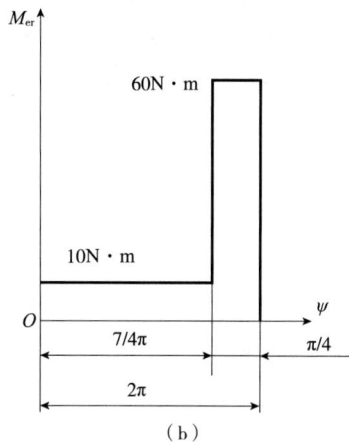

（b）

题图 16-8

15. 如题图 16-10 所示，已知铰链四杆机构 ABCD 的杆长 $l_{AB} = 100mm$，$l_{BC} = l_{CD} = 250mm$，$l_{AD} = 300mm$；活动构件的质心在 S_1、S_2、S_3，它们的位置为 $l_{AB} = 2l_{AS1}$，$l_{BC} = 2l_{BS2}$，$l_{CD} = 2l_{DS3}$；活动构件的质量 $m_1 = 1kg$，$m_2 = m_3 = 2.5kg$，试求：①使机构总惯性力完全平衡时应加在构件 AB 和 CD 上的平衡质径积 $m'_1 r'_1$、$m'_3 r'_3$ 的大小及方位角；②在 $r'_1 = r'_3 = 50mm$ 时所加质量 m'_1、m'_3 的大小及平衡以后的机构活动构件总质心 S 的位置。

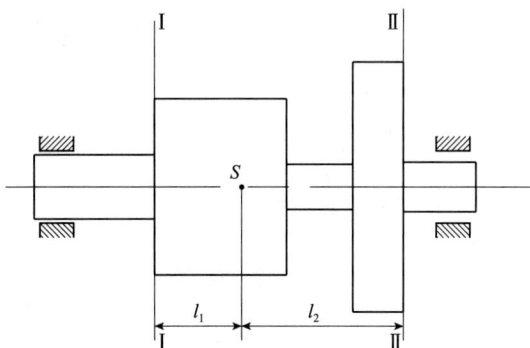

题图 16-9

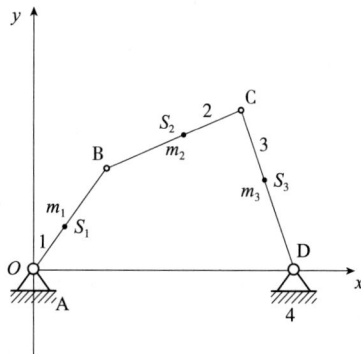

题图 16-10

第17章 机械的运转及其速度波动的调节

本章提要

本章介绍机械的一般运转过程，及研究机械系统的真实运动规律的方法，通过合理设计来减少机械运转速度的波动。

17.1 概述

(1)研究内容及目的

实际机械原动件的运动规律是由其各构件的质量、转动惯量和作用于其上的驱动力与阻力等因素决定的。在一般情况下，机械原动件的速度和加速度是随时间而变化的，使得机械在运动过程中出现速度波动，而这种速度波动会导致在运动副中产生附加的动压力，并引起机械的振动，从而降低机械的寿命、效率和工作质量。

因此，为了对机构进行精确的运动和力的分析，需要首先确定机构原动件的真实运动规律。同时为了降低速度波动所引起的上述不良影响，又需要对机械运转速度的波动及其调节的方法加以研究，以便设法将这种波动的程度限制在许可的范围之内。故本章研究的主要问题有如下两个：

①研究在外力作用下机械的真实运动规律；

②研究机械运转速度的波动及其调节方法。

上述研究内容，对于机械设计特别是高速、重载、高精度和高自动化程度的机械进行设计是十分重要的。

(2)机械的运转

为了研究机械在运动过程中出现的速度波动问题，先要了解机械在其运转过程中各阶段的运动状态。

机械在外力下运动，根据能量守恒定律，运动中的任一时间间隔内外力所做的功的总和 ΔW 与机械的动能增量 ΔE 的关系可表示为

$$\Delta W = \Delta E$$

其中 ΔW 可表示为 $\Delta W = W_d - W_r$，W_d 为该时间间隔内驱动力所做的功，W_r 为同一时间内工作阻力所做的功。

机械的运动状态和功能特征表现在起动、稳定运转和停止运转三个阶段中。

①机械的起动阶段 机械的起动阶段是指机械主轴由零逐渐上升到正常工作转速的过程，即其原动件的角速度 ω_1 由零逐渐达到正常运转的平均角速度 ω_m；该过程中驱动力做的功 W_d 大于为克服阻力所消耗的功 W_r，机械内积蓄了动能 E。该系统的动能不断增加，功能关系为 $W_d = W_r + E$，因而原动件做加速运动。

②机械的稳定运转阶段 当机械的驱动力所做的功与阻力的功达到平衡时，其动能不再增加，机械由起动阶段转入了稳定运转阶段。此时原动件的平均角速度 ω_m 为常数，而瞬时角速度做周期性的变化；在其原动件角速度变化的一个周期内，机械的总驱动功与总阻抗功是相等的，即 $W_d = W_r$，这种稳定运转称为周期变速稳定运转。当原动件的角速度在稳定运转过程中恒定不变时，则称为等速稳定运转。

③机械的停止运转阶段 停止运转阶段是指机械从稳定运转到完全停止运动的过程，此过程中一般驱动力已撤去，其原动件的角速度 ω_1 由平均角速度 ω_m 逐渐降至零；阻抗功逐渐将机械具有的功能消耗完，使机械停止运转，即 $E = W_r$。

起动阶段与停车阶段统称为机械运转的过渡阶段。只有少部分机械是在过渡阶段进行工作的，而多数机械是在稳定运转阶段进行工作的。

（3）作用在机械上的驱动力和工作阻力

机械的运转是在外力下进行的，所谓外力是指驱动力和阻力。机械的输入功是由驱动力所做的功，机械的输出功是由阻力所做的功。外力对机械所做的功的增减，就是机械具有的动能增减，如果输入功在每段时间都等于输出功（例如用电动机驱动离心式鼓风机），则机械的主轴保持匀速转动。但是，有许多机械在某段工作时间内，输入功并不等于输出功，发生盈功和亏功的情况。当输入功大于输出功时，出现盈功，盈功转化为动能，促使机械动能增加；当输入功小于输出功时，出现亏功，亏功需动能补偿，导致机械动能减小。机械动能的增减形成机械运转速度的波动。这种波动会使运动副中产生附加的作用力，降低机械效率和工作可靠性；引起机械振动，影响零件的强度和寿命；还会降低机械的精度和工艺性能，使产品质量下降。因此，对机械运转速度的波动必须进行调节，使上述不良影响限制在允许范围之内。

17.2 机械的运动方程式

17.2.1 机器运动方程的一般表达式

机械系统的运动方程是研究机械系统各运动参数随外力变化的关系式，依据理论力学的动能定理，机械系统的某一瞬时总动能增量 $\mathrm{d}E$ 等于该瞬时作用于该机械系统上各外力所做的功之和 $\mathrm{d}W$，即

$$\mathrm{d}E = \mathrm{d}W \tag{17-1}$$

以曲柄滑块机构为例，对上式进行解释说明，如图 17-1 所示。

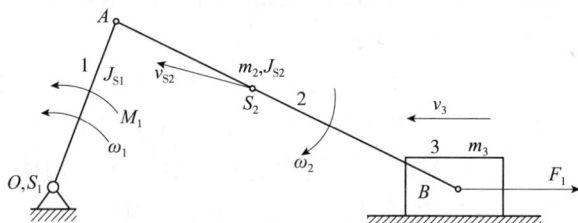

图 17-1

系统在 $\mathrm{d}t$ 内的动能增量为

$$\mathrm{d}E = \mathrm{d}\left(J_1 \frac{\omega_1^2}{2} + m_2 \frac{u_{S2}^2}{2} + J_{S2} \frac{\omega_2^2}{2} + m_3 \frac{v_3^2}{2} \right) \tag{17-2}$$

各外力在 $\mathrm{d}t$ 内所做的功之和为

$$\mathrm{d}W = (M_1 \omega_1 - F_1 v_3)\mathrm{d}t = N\mathrm{d}t \tag{17-3}$$

由此可得

$$\mathrm{d}\left(J_1 \frac{\omega_1^2}{2} + m_2 \frac{u_{S2}^2}{2} + J_{S2} \frac{\omega_2^2}{2} + m_3 \frac{v_3^2}{2} \right) = (M_1 \omega_1 - F_1 v_3)\mathrm{d}t \tag{17-4}$$

如果机械由 n 个活动件组成，则上式可写成：

$$\mathrm{d}\left[\sum_{i=1}^{n} \frac{1}{2} J_{Si}\omega_i^2 + \sum_{i=1}^{n} \frac{1}{2} m_i v_{Si}^2 \right] = \left[\sum_{i=1}^{n} F_i v_i \cdot \cos\theta_i + \sum_{i=1}^{n} M_i \omega_i \right]\mathrm{d}t \tag{17-5}$$

式中　　m_i，$J_{\mathrm{S}i}$——构件 i 的质量以及构件 i 对其质心的转动惯量；

　　　　$v_{\mathrm{S}i}$，v_i，ω_i——构件 i 质心的速度、构件 i 上力 F_i 作用点的速度和构件 i 的角速度；

　　　　F_i，M_i——在第 i 个构件上的外力和外力矩；

　　　　θ_i——F_i 与 v_i 之间的夹角。

对于单自由度的机械系统，给定一个构件的运动后，其余各构件的运动也随之确定。但是由式(17-3)可知，影响运动规律的因素很多，并且分散在各个构件上，要求解这个方程是相当烦琐的。如果能建立只包含一个构件的有关参数的方程，则将会使机械运动规律大为简化。

所以可以把研究整个机械系统的运动问题转化为研究一个构件的运动问题，也就是说，可以用机械中的一个构件的运动代替整个机械系统的运动。把这个能代替整个机械系统运动的构件称为等效构件。为使等效构件的运动和机械系统中该构件的真实运动一致，等效构件具有的动能应和整个机械系统的动能相等，也就是说，作用在等效构件上的外力所做的功应和整个机械系统中各外力所做的功相等。另外，等效构件上的外力在单位时间内所做的功，也应等于整个机械系统中各外力在单位时间内所做的功，即等效构件上的瞬时功率等于整个机械系统中的瞬时功率。

这种作用着等效力矩(或等效力)并具有等效转动惯量(或等效质量)的等效构件动力学模型，称为原机械系统的等效动力学模型。这样就把研究复杂的机械系统的运动问题，简化为研究一个简单的等效构件的运动问题。

17.2.2　机械系统的等效动力学模型

为了便于计算，常取机械系统中作简单运动的构件为等效构件，一般将绕定轴转动或者作直线运动的某个构件取为等效构件。

如图 17-2 所示，当取等效构件为绕定轴转动的构件时，作用在等效构件上的等效力矩为 M_{e}，它具有的绕定轴转动的等效转动惯量为 J_{e}；当取等效构件为作直线移动的构件时，作用在其上的等效力为 F_{e}，它具有等效质量 m_{e}。建立等效构件的概念后，就可以把研究一个复杂的机械系统的运转问题简化为研究一个等效构件的运动问题，使问题大大简化。为建立等效构件的动力学方程，必须首先求解出等效构件绕其转动中心的转动惯量或等效构件的质量、作用在等效构件上的外力或外力矩。因为等效构件的瞬时功率与机械系统的瞬时功率相等，由此可求解等效力矩和等效力。

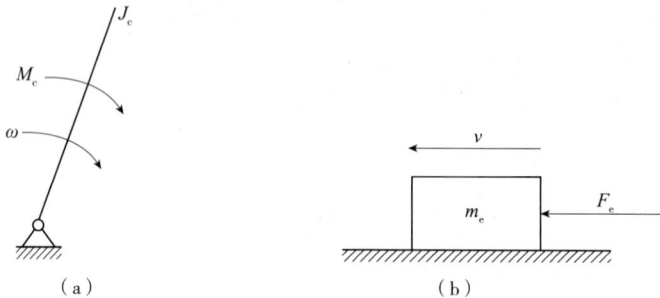

(a)　　　　　　　　　　　　(b)

图 17-2

（1）等效构件以角速度 ω 作定轴转动

设等效构件的角速度为 ω，其上等效转动惯量为 J_e，等效力矩为 M_e，则等效力矩产生的瞬时功率为

$$P = M_e\omega \tag{17-6}$$

作用在原机械系统上的各外力和力矩产生的瞬时功率为

$$P = \sum_{i=1}^{n} \pm M_i\omega_i + \sum_{i=1}^{n} F_i v_{Si}\cos\alpha_i \tag{17-7}$$

式中当 M_i 和 ω_i 同方向取"+"号，否则取"−"号。

上面两式应相等，即

$$M_e\omega = \sum_{i=1}^{n} \pm M_i\omega_i + \sum_{i=1}^{n} F_i v_{Si}\cos\alpha_i \tag{17-8}$$

由此得到等效力矩为

$$M_e = \sum_{i=1}^{n} \pm M_i\left(\frac{\omega_i}{\omega}\right) + \sum_{i=1}^{n} F_i\left(\frac{v_{Si}}{\omega}\right)\cos\alpha_i \tag{17-9}$$

等效构件的转动惯量或等效构件的质量与其动能有关。因此可根据等效构件的动能与机械系统的动能相等的条件来求解。

当取转动构件为等效构件时，其所具有的动能为

$$E = \frac{1}{2}J_e\omega^2 \tag{17-10}$$

整个机械系统的动能为

$$E = \sum_{i=1}^{n} \frac{1}{2}J_{Si}\omega_i^2 + \sum_{i=1}^{n} \frac{1}{2}m_i v_{Si}^2 \tag{17-11}$$

由动能相等的条件得：

$$\frac{1}{2}J_e\omega^2 = \sum_{i=1}^{n} \frac{1}{2}J_{Si}\omega_i^2 + \sum_{i=1}^{n} \frac{1}{2}m_i v_{Si}^2 \tag{17-12}$$

则等效转动惯量为

$$J_e = \sum_{i=1}^{n} J_{Si}\left(\frac{\omega_i}{\omega}\right)^2 + \sum_{i=1}^{n} m_i\left(\frac{v_{Si}}{\omega}\right)^2 \tag{17-13}$$

（2）等效构件以速度 v 作移动

设其等效质量为 m_e，等效力为 F_e，速度为 v。

等效构件的瞬时功率为

$$P = F_e v \tag{17-14}$$

整个机械系统的瞬时功率为

$$P = \sum_{i=1}^{n} \pm M_i\omega_i + \sum_{i=1}^{n} F_i v_{Si}\cos\alpha_i \tag{17-15}$$

同样可得到等效力为

$$F_e = \sum_{i=1}^{n} \pm M_i\left(\frac{\omega_i}{v}\right) + \sum_{i=1}^{n} F_i\left(\frac{v_{Si}}{v}\right)\cos\alpha_i \tag{17-16}$$

其动能为 $E = \frac{1}{2}m_e v^2$，同理可由动能相等的条件得到等效质量为

$$m_e = \sum_{i=1}^{n} J_{Si} \left(\frac{\omega_i}{v} \right)^2 + \sum_{i=1}^{n} m_i \left(\frac{v_{Si}}{v} \right)^2 \tag{17-17}$$

由上式可见：

①等效力与等效力矩不仅与外力有关，而且与各速度比有关，如果速度比是机构位置的函数，则等效力和等效力矩就是机构位置和外力的函数；如果各速度比均为常数，则等效力和等效力矩只与外力变化规律有关。

②等效力和等效力矩只与各速度比有关，与各速度的大小无关，也与该速度是否为机构真实速度无关。

③等效转动惯量和等效质量不仅与各构件的质量 m_i 和转动惯量 J_{Si} 有关，而且与速度比的平方有关，因此 J_e 或 m_e 可能是机构位置的函数，也可能是常数。

④同样也要指出，等效转动惯量和等效质量绝不是原机械系统各活动构件的转动惯量或质量之和。

【例 17-1】 在图 17-3 所示的轮系中，已知齿轮的齿数分别为 Z_1、Z_2、Z_3，各齿轮和系杆 H 的质心均在其回转中心处，它们绕质心的转动惯量分别为 J_1、J_2、J_3、J_H。有两个行星轮，每个行星轮的质量为 m_2。若在齿轮 Z_1 处设置等效构件，求其等效转动惯量 J_e。

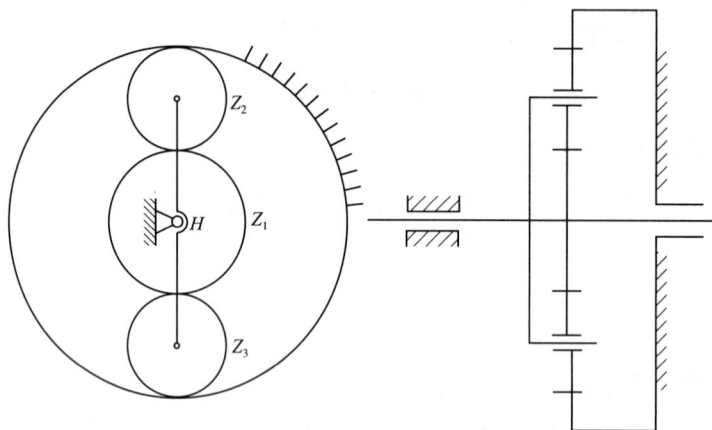

图 17-3 行星轮系

解 题中已选定齿轮 1 为等效构件，可求其等效转动惯量为

$$J_e = J_1 \frac{\omega_1}{\omega_2} + 2 \left[J_2 \left(\frac{\omega_2}{\omega_1} \right)^2 + m_2 \left(\frac{v_{S2}}{\omega_1} \right)^2 \right] + J_H \left(\frac{\omega_H}{\omega_1} \right)^2 \tag{17-18}$$

根据周转轮系转化机构传动比计算公式得

$$i_{13}^H = \frac{\omega_1 - \omega_H}{\omega_3 - \omega_H} = \frac{Z_3}{Z_1} \tag{17-19}$$

经整理得

$$\frac{\omega_H}{\omega_1} = \frac{Z_1}{Z_1 + Z_3} \tag{17-20}$$

列转化机构齿轮 1 和齿轮 2 传动比计算公式：

$$i_{12}^H = \frac{\omega_1 - \omega_H}{\omega_2 - \omega_H} = \frac{1 - \omega_H/\omega_1}{\omega_2/\omega_1 - \omega_H/\omega_1} = -\frac{Z_2}{Z_1} \tag{17-21}$$

经整理得

$$\frac{\omega_1}{\omega_2} = \frac{Z_2 - Z_2}{Z_1 + Z_3} \cdot \frac{Z_1}{Z_2} \tag{17-22}$$

最后综合以上各式整理得

$$J_e = J_1 + 2J_2 \left(\frac{Z_1(Z_2 - Z_3)}{Z_2 + (Z_1 + Z_3)} \right)^2 + (2m_2 r_H^2 + J_H) \left(\frac{Z_1}{Z_1 + Z_3} \right)^2 \tag{17-23}$$

17.2.3 运动方程的推演

常用的机械系统运动方程式有动能形式和力矩（或力）形式两种。现以等效构件作转动的情况来讨论。在研究等效构件的运动方程时，为简化书写格式，在不引起混淆的情况下，略去表示等效概念的下角标 e。

（1）动能形式的运动方程

建立动力学模型后，根据动能定理，在 dt 时间内，等效构件上的动能增量 dE 应等于该瞬时等效力或等效力矩所做的功 dW，即

$$dE = dW$$

代入各表达式，整理可得

$$d\left(\frac{1}{2} J\omega^2 \right) = M\omega dt = Md\varphi = (M_d - M_r) d\varphi \tag{17-24}$$

这是微分形式的动能方程。对其积分可以获得积分形式的动能方程：

$$\frac{1}{2} J\omega^2 - \frac{1}{2} J_0 \omega_0^2 = \int_{\varphi_0}^{\varphi} Md\varphi = \int_{\varphi_0}^{\varphi} (M_d - M_r) d\varphi = W_d - W_r \tag{17-25}$$

式中 φ_0，ω_0——等效构件的转角和角速度的初始值；

J_0——等效构件当转角为 φ_0 时的等效转动惯量。

（2）力矩形式的运动方程

式(17-24)可以变换成

$$M = d(J\omega^2/2)/d\varphi \tag{17-26}$$

由于等效转动惯量、等效力、等效力矩及角速度均是机构位置的函数，实际上存在下面的函数关系：

$$J = J(\varphi) \quad F = F(\varphi) \quad M = M(\varphi) \quad \omega = \omega(\varphi) \tag{17-27}$$

即

$$M = J \frac{d(\omega^2/2)}{d\varphi} + \frac{\omega^2}{2} \frac{dJ}{d\varphi} \tag{17-28}$$

式中：

$$\frac{d(\omega^2/2)}{d\varphi} = \frac{d(\omega^2/2)}{dt} \frac{dt}{d\varphi} = \omega \frac{d\omega}{dt} \frac{1}{\omega} = \frac{d\omega}{dt} \tag{17-29}$$

带入后可得到力矩形式的运动方程：

$$M = J \frac{d\omega}{dt} + \frac{\omega^2}{2} \frac{dJ}{d\varphi} \tag{17-30}$$

当 J 为常数时，式(17-30)可以简化为

$$M = J \frac{d\omega}{dt} \tag{17-31}$$

当取移动构件为等效构件时，用同样的方法可求得和上面类似的微分形式和积分形式的动能方程，以及力形式的运动方程。

微分形式的运动方程为

$$d\left(\frac{1}{2}mv^2\right) = Fds \tag{17-32}$$

积分形式的运动方程为

$$\frac{1}{2}mv^2 - \frac{1}{2}m_0v_0{}^2 = \int_{s_0}^{s} Fds = \int_{s_0}^{s}(F_d - F_r)ds \tag{17-33}$$

式中 s_0，v_0——等效构件的位移、速度初始值；

m_0——等效构件位移 s_0 时的等效质量。

力形式的运动方程为

$$F = F_d - F_r = m\frac{dv}{dt} + \frac{v^2}{2}\left(\frac{dm}{ds}\right) \tag{17-34}$$

当 m 为常数时，上式可简化为

$$F = m\frac{dv}{dt} \tag{17-35}$$

在描述等效构件的运动时，有微分方程和积分方程两种形式的方程，具体应用时可看使用哪个方程更简单。

17.3 机械的运动方程式求解

17.3.1 等效转动惯量和等效力矩均为位置的函数

用内燃机驱动的含有连杆机构的机械系统，就属于等效转动惯量和等效力矩均为等效构件这种情况，这时宜采用动能形式的运动方程。

17.3.1.1 解析法

（1）求等效构件的加速度 ω

由积分形式的动能方程

$$\frac{1}{2}J\omega^2 - \frac{1}{2}J_0\omega_0^2 = \int_{\varphi_0}^{\varphi} Md\varphi = \int_{\varphi_0}^{\varphi}(M_d - M_r)d\varphi \tag{17-36}$$

可知

$$\omega = \sqrt{\frac{J_0}{J}\omega_0^2 + \frac{2}{J}\int_{\varphi_0}^{\varphi} Md\varphi} \tag{17-37}$$

其中，φ_0 和 φ 为等效构件在所研究的任一区间开始和结束的角位移。$\int_{\varphi_0}^{\varphi}(M_d - M_r)d\varphi$ 称为 φ_0 至 φ 区间的盈亏功，而 $\frac{1}{2}J\omega^2 - \frac{1}{2}J_0\omega_0{}^2$ 表示在该区段内的动能增量。

可以看出，等效构件的角速度是其位置的函数，即 $\omega = \omega(\varphi)$。

如果从机器起动时算起，则上式变为

$$\omega = \sqrt{\frac{2}{J} \int_{\varphi_0}^{\varphi} M \mathrm{d}\varphi}$$

（2）求等效构件的角加速度 ε

等效构件的角加速度可以按照下式求得：

$$\varepsilon = \frac{\mathrm{d}\omega}{\mathrm{d}t} = \frac{\mathrm{d}\omega \mathrm{d}\varphi}{\mathrm{d}\varphi \mathrm{d}t} = \omega \frac{\mathrm{d}\omega}{\mathrm{d}\varphi} \tag{17-38}$$

（3）求机器的运动时间 t

运动时间 t 可由 $\omega = \dfrac{\mathrm{d}\varphi}{\mathrm{d}t}$ 的关系求得，将该式进行变换并积分可得

$$\int_{t_0}^{t} \mathrm{d}t = \int_{\varphi_0}^{\varphi} \frac{\mathrm{d}\varphi}{\omega} \tag{17-39}$$

即

$$t = t_0 + \int_{\varphi_0}^{\varphi} \frac{\mathrm{d}\varphi}{\omega} \tag{17-40}$$

17.3.1.2 图解法

多数实际工程问题中的外力变化规律较为复杂，$J = J(\varphi)$、$M = M(\varphi)$ 常以线图或数值表格给出，此时采用图解法来求解相关问题较为方便。

例如求曲线 $\omega = \omega(\varphi)$。

当从机械启动开始计算时，机械的角速度 ω 只与其所具有的盈亏功和等效转动惯量 J 有关，因此可以利用曲线 $E = E(\varphi)$ 和 $J = J(\varphi)$，采用图解法来确定 $\omega = \omega(\varphi)$。

首先，求解出等效驱动力矩曲线 $M_\mathrm{d} = M_\mathrm{d}(\varphi)$ 和等效阻力矩曲线 $M_\mathrm{r} = M_\mathrm{r}(\varphi)$，如图 17-4（a）所示；其次，将两曲线相减得曲线 $M = M(\varphi)$，如图 17-4（b）所示；然后，利用计算机或图解积分的方法对曲线 $M = M(\varphi)$ 进行积分，获得 $E = W = \displaystyle\int_{\varphi_0}^{\varphi} M \mathrm{d}\varphi$，可得动能曲线 $E = E(\varphi)$，如图 17-4（c）所示。图 17-4（a）显示在稳定运转的一个运动循环的始末，动能相等，由此可见，在一个运动循环中驱动力矩所做的功和阻力矩所做的功相等，即图 17-4（b）中该区间的正负面积相等。

作出一个运动循环内等效构件的等效转动惯量的变化曲线 $J = J(\varphi)$，如图 17-5 所示。最后根据图中机构各个位置相对应的动能和等效转动惯量，即可求得等效构件各相应位置的角速度，从而可作出如图 17-6 所示的等效构件的角速度变化曲线 $\omega = \omega(\varphi)$。当曲线 $\omega = \omega(\varphi)$ 获得后，角加速度和时间求解就比较容易实现了。

17.3.2 等效转动惯量为常数及等效力矩为速度的函数

用电动机驱动的鼓风机、搅拌机之类的机械属于这种状况。显然，电动机提供的驱动力矩是速度的函数，而工作机的工作阻力是常数或速度的函数。对于这类问题，用力矩方程求解比较方便：

$$M(\omega) = J \frac{\mathrm{d}\omega}{\mathrm{d}t} \tag{17-41}$$

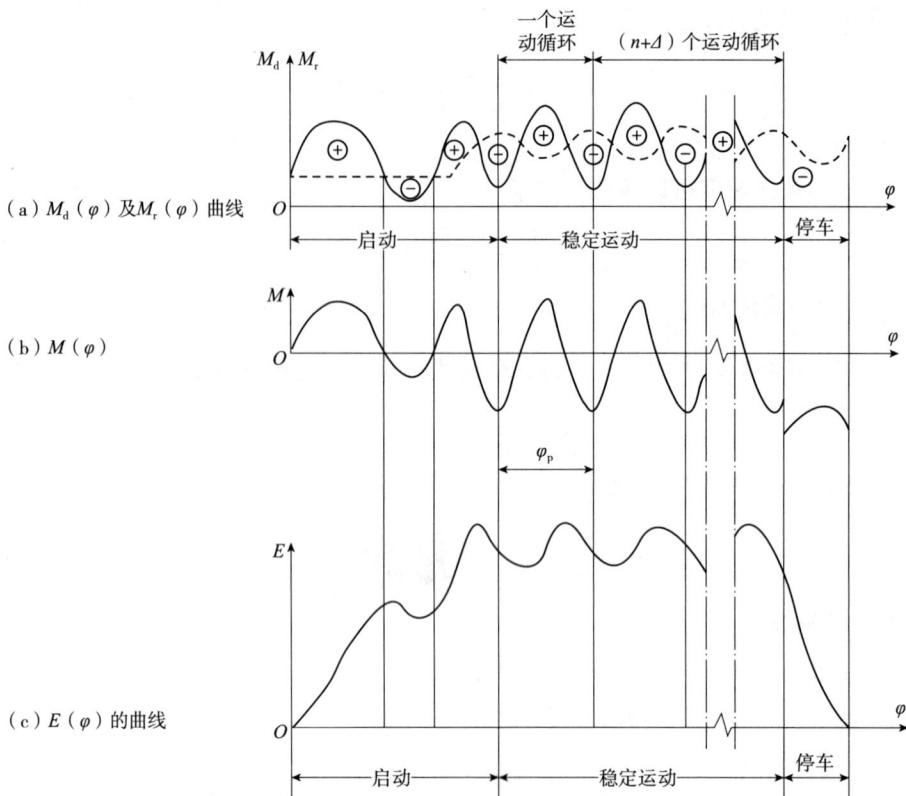

（a）$M_d(\varphi)$ 及 $M_r(\varphi)$ 曲线

（b）$M(\varphi)$

（c）$E(\varphi)$ 的曲线

图 17-4　机械运转的功能曲线

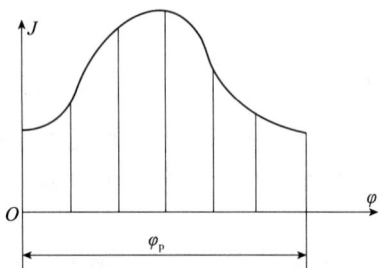

图 17-5　等效构件的等效转动惯量变化曲线

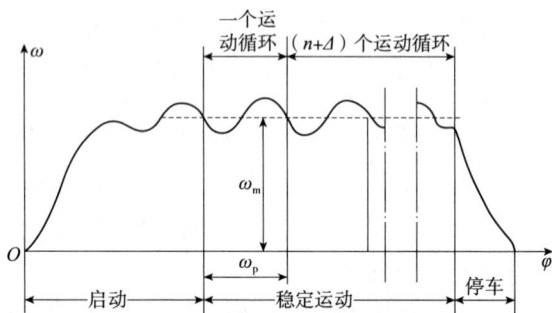

图 17-6　等效构件的角速度变化曲线

分离变量得

$$\mathrm{d}t = J\frac{\mathrm{d}\omega}{M(\omega)} \quad \varphi_i = \varphi_0 + i\Delta\varphi \tag{17-42}$$

积分得

$$t = t_0 + J\int_{\varphi_0}^{\varphi}\frac{\mathrm{d}\omega}{M(\omega)} \tag{17-43}$$

如果 $t = t_0 = 0$ 时，初始角速度 $\omega = 0$，则上式可写为

$$t = J\int_{\varphi_0}^{\varphi}\frac{\mathrm{d}\omega}{M(\omega)} \tag{17-44}$$

由上式求出 $\omega = \omega(t)$ 后，即可求得角加速度 $\alpha = \dfrac{\mathrm{d}\omega}{\mathrm{d}t}$。 （17-45）

要求 $\varphi = \varphi(t)$，则可以利用关系式 $\mathrm{d}\varphi = \omega\mathrm{d}t$，积分后得

$$\varphi = \varphi_0 + \int_{t_0}^{t} \omega(t)\,\mathrm{d}t \tag{17-46}$$

对 $M = J\dfrac{\mathrm{d}\omega}{\mathrm{d}t}$ 进行变换得

$$M = J\frac{\mathrm{d}\omega}{\mathrm{d}\varphi} \cdot \frac{\mathrm{d}\varphi}{\mathrm{d}t} = J\omega\frac{\mathrm{d}\omega}{\mathrm{d}\varphi} \tag{17-47}$$

即

$$\mathrm{d}\varphi = J\omega\frac{\mathrm{d}\omega}{M} \tag{17-48}$$

积分得

$$\varphi = \varphi_0 + J\int_{\omega_0}^{\omega}\frac{\omega\mathrm{d}\omega}{M}$$

17.3.3　等效转动惯量为位置的函数及等效转动惯量为位置和速度的函数

用电动机驱动的机械（如刨床、插床、冲床等）通常都由速比不为常值的机构所组成，故其等效转动惯量是转化件位置角的函数。驱动力矩是速度的函数，工作阻力是位置函数，所以等效力矩是转化件的位置和速度的函数。

此类的运动方程可以表示为

$$M_v(\varphi,\ \omega)\mathrm{d}\varphi = \mathrm{d}\left[\frac{J(\varphi)\cdot\omega^2}{2}\right] \tag{17-49}$$

或

$$M(\varphi,\ \omega)\mathrm{d}\varphi = \frac{1}{2}\omega^2\mathrm{d}J(\varphi) + J(\varphi)\omega\mathrm{d}\omega \tag{17-50}$$

上式为非线性微分方程，一般不能用解析法直接求解。工程上常应用计算机采用数值解法。该方法虽然是一种近似计算法，但也可得到足够精确的计算结果。下面介绍数值解析法的原理。分别以微小增量 $\Delta\varphi$、ΔJ、$\Delta\omega$ 来代替上式中的微分 $\mathrm{d}\varphi$、$\mathrm{d}J(\varphi)$、$\mathrm{d}\omega$。对图 17-7 所示等效转动惯量 $J(\varphi)$ 曲线，先将所计算的转角 φ 的区间分为 n 等分，每一个微小增量为 $\Delta\varphi = \varphi_{i+1} - \varphi_i(i=0,\ 1,\ 2,\ \cdots,\ n)$。当 $\varphi = \varphi_i$ 时，微分 $\mathrm{d}J_i$ 可用增量 $\Delta J = J_{i+1} - J_i$ 来代替，同理，微分 $\mathrm{d}\omega$ 可用增量 $\Delta\omega = \omega_{i+1} - \omega_i$ 来代替。于是当 $\varphi = \varphi_i$ 时，可得

$$M(\varphi_i,\ \omega_i)\Delta\varphi = \frac{1}{2}\omega_i{}^2(J_{i+1} - J_i) + J_i\omega_i(\omega_{i+1} - \omega_i) \tag{17-51}$$

由此得出 ω_{i+1} 的表达式为

$$\omega_{i+1} = \frac{M(\varphi_i,\ \omega_i)\Delta\varphi}{J_i\omega_i} + \frac{3J_i - J_{i+1}}{2J_i}\omega_i \quad (i=0,\ 1,\ 2,\ \cdots,\ n) \tag{17-52}$$

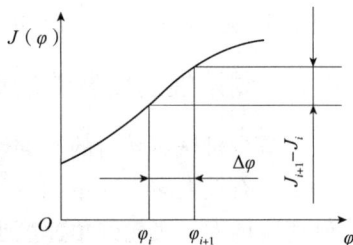

图 17-7　等效转动惯量 $J(\varphi)$ 曲线

转化件转角 φ 为自变量，等效力矩 M 和等效转动惯量 J 随 ω 和 φ 的变化规律为已知，就可用数值法求解 ω。若已知计算的初始值 $\varphi_i = \varphi_0$，$\omega_i = \omega_0$，则可以取适当的步长 $\Delta\varphi$，逐个计算得到 $\varphi_i = \varphi_0 + i\Delta\varphi$ 时的角速度 ω。若求解稳定运转周期性运动时的 ω，由于应该选定一个初始角速度 ω_0，所以需要采取迭代的方法求解，迭代的过程如上所述。

17.4 稳定状态下的机械周期性速度波动及其调节

17.4.1 产生周期性波动的原因

作用在机械上的驱动力矩和阻抗力矩往往是原动件转角 φ 的周期性函数，其等效力矩 M_d 与 M_r 必然也是等效构件转角的周期性函数。图 17-8 所示为某一机械在稳定运转过程中，其等效构件在一个周期 φ_T 中所受等效驱动力矩 M_d 与等效阻抗力矩 M_r 的变化曲线。在等效构件回转过 φ 角时（设起始位置为 φ_a），其驱动功与阻抗功分别为

$$W_d(\varphi) = \int_{\varphi_a}^{\varphi} M_d(\varphi)\,d\varphi \tag{17-53}$$

$$W_r(\varphi) = \int_{\varphi_a}^{\varphi} M_r(\varphi)\,d\varphi \tag{17-54}$$

机械动能的增量为

$$\Delta E = W_d(\varphi) - W_r(\varphi) = \int_{\varphi_a}^{\varphi} \left[M_d(\varphi) - M_r(\varphi) \right]d\varphi = J(\varphi)\omega^2(\varphi)/2 - J_a\omega_a^2/2$$

由上式计算得到的机械动能 $E(\varphi)$ 的变化曲线如图 17-8(b) 所示。

分析图 17-8 中 bc 段曲线的变化可以看出，由于力矩 $M_d > M_r$，因而机械的驱动功大于阻抗功，多余出来的功在图中以 " + " 号标识，称之为盈功；在这一段运动过程中，等效构件的角速度由于动能的增加而上升。反之，在图 17-8 中 cd 段，由于 $M_d < M_r$，因而驱动功小于阻抗功，不足的功在图中以 " – " 标识，称之为亏功；在这一阶段，等效构件的角速度由于动能减少而下降。如果在等效力矩 M 和等效转动惯量 J 变化的公共周期（假设 M_d 的变化周期为 4π，M_r 的变化周期为 3π，J 的变化周期为 2π，则其公共周期为 12π，在该公共周期的始末，等效力矩与等效转动惯量的值均应分别相同）内，即图 17-8 中对应于等效构件转角由 φ_a 到 φ_a' 的一段，驱动功等于阻抗功，则机械动能的增量等于零，即

$$\int_{\varphi_a}^{\varphi_a'} (M_d - M_r)\,d\varphi = J_a'\omega_a'^2/2 - J_a\omega_a^2/2 = 0 \tag{17-55}$$

于是经过等效力矩与等效转动惯量变化的一个公共周期，机械的动能又恢复到原来的值，因而等效构件的角速度也将恢复到原来的数值。由此可知，等效构件的角速度在稳定运转过程中将呈现周期性的波动。

17.4.2 周期性速度波动的调节

为了减少机械运转时的周期性速度波动，最常用的方法是安装飞轮，即在机械系统中安装一个具有较大转动惯量的盘状零件。其作用在于：当机械中驱动功大于阻抗功时，机械主轴速度增大，飞轮的角速度也增大，但是由于飞轮的惯性作用总是力图阻止主轴速度迅速增大，此时飞轮动能的增大相当于将一部分多余的驱动功以能量的形式储存起来。由

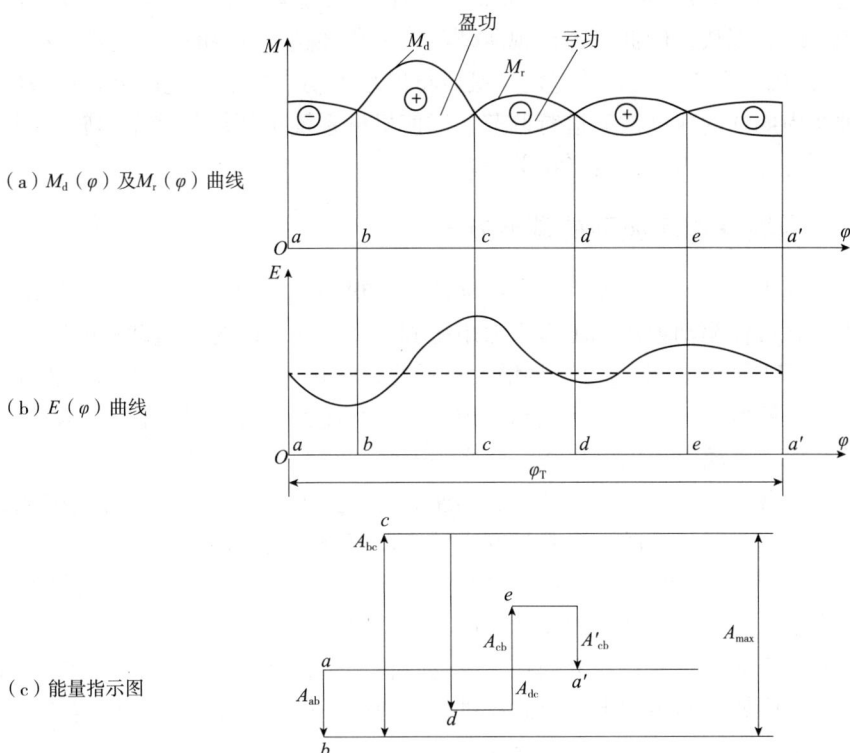

（a）$M_d(\varphi)$ 及 $M_r(\varphi)$ 曲线

（b）$E(\varphi)$ 曲线

（c）能量指示图

图 17-8　周期性速度波动产生的原因

于飞轮的转动惯量很大，因此吸收多余的能量后主轴速度只是略增而不至于增加过大。反之，当阻抗功大于驱动功时，机械主轴速度下降，飞轮的速度也下降，飞轮的角速度也下降，由于惯性作用，飞轮又力图阻止主轴速度的迅速下降，此时飞轮就将高速时储存的能量释放出来以弥补驱动功的不足。同样，由于飞轮的转动惯量很大，释放所需的能量后主轴速度只是略降而不至于降低过大。由此可见，采用具有很大转动惯量的飞轮储存和释放能量，就可达到减小机械主轴运转速度周期内波动幅度的目的。

故装置飞轮能减小周期速度波动的程度。但要强调指出，装置飞轮不能使机器运转速度绝对不变，也不能解决非周期性速度波动问题，因为如在一个时期内输入功一直小于总耗功，则飞轮能量将没有补充的来源，也就起不了储存和释放能量的调节作用。

对于一个工作循环中工作时间很短但有很大尖峰负载的某些机械，如冲床、剪床及某些轧钢机，安装飞轮的目的不仅是为了调速，也是为了利用飞轮的储放能作用，在安装飞轮后可以采用功率较小的电动机，有利于节能和提高设备效益。

17.5　机械的非周期性速度波动及其调节

17.5.1　非周期性速度波动产生的原因

如果机械系统在运转过程中，等效力矩 $M = M_d - M_r$ 出现非周期性的变化，则机械系统运转的速度将出现非周期性波动，从而不能保持稳定运转状态。若长时间内 $M_d > M_r$，则机械系统将越转越快，因此可能出现所谓的"飞车"现象，使机械系统遭到破坏；反之，若 $M_d < M_r$，则机械系统就会越转越慢，最后将停止不动。为了避免以上两种情况的发生，必须对这种非周期性的速度波动进行调节，以使机械系统重新恢复稳定运转。因而需要设法使驱动力矩与工作阻力矩恢复平衡关系。

17.5.2　非周期性速度波动的调节方法

在机械系统中，调节非周期性速度波动的方法很多。对于选用电动机作原动机的机械系统，其本身就可使驱动力矩和工作阻力矩协调一致。这是因为当电动机的转速由于 $M_d < M_r$ 而下降时，其所产生的驱动力矩将增大；反之，当因 $M_d > M_r$ 引起电动机转速上升时，驱动力矩减小，所以可自动地重新达到平衡。这种性能称为自调性。但是，若机械系统的原动机为蒸汽机、汽轮机或内燃机等，就必须安装一种专门的调节装置——调速器，用来调节机械系统出现的非周期性速度波动。调速器的种类很多，它可以是纯机械式的，也可以是包含了电气或电子元件的。最简单的机械式调速器是离心调速器。

图 17-9 为内燃机驱动的发电机机组中的机械式调速器示意图。通过套筒 6 把调速器安装在机械主轴 1 上，当主轴 1 的速度增加时，安装在连杆 5 末端的重球 4 所产生的离心惯性力 F 使构件 3 张开，并带动套筒往上移动；再通过杆件 8、9、10，减少油路的流通面积，从而减少了内燃机的驱动力。套筒经过多次的振荡后，停留在相对固定位置，从而建立起新的平衡关系。

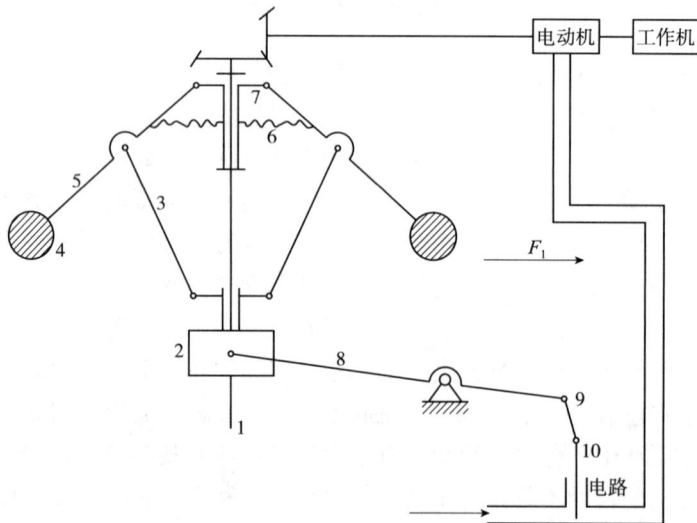

图 17-9　调速器

反之，由于外载荷的突然增加而造成机械主轴转速下降时，调速器中的重球所受的离心惯性力也随之减小，重球往里靠近，套筒 2 下移，油路开口增加，进油量的增加导致内燃机的驱动力矩增加。当与外载荷平衡时，套筒经过几次振荡后停留在相对固定位置，被打破的平衡关系又重新建立起来。

本 章 小 结

机械运转的速度波动对机械的工作是不利的，它不仅影响机械的工作质量，而且会影响到机械的效率和寿命，所以必须设法加以控制和调节，将其限制在许可的范围之内，因此需要研究机械的运动规律。通过求解，对设计机械的周期性和非周期性速度波动可以进行调节。

思 考 题

1. 通常机械的运转过程分为几个阶段？各阶段的功能特征是什么？何谓等速稳定运转和周期变速稳定运转？

2. 建立机械系统动力学模型的目的是什么？等效构件的运动为什么能代表机械的运动？

3. 试叙述等效转动惯量、等效质量、等效力、等效力矩的求解方法。

4. 简单说明机械系统运动方程式的应用场合及其求解方法。

5. 试说明何种机械必须安装飞轮。如不安装飞轮，对该机械的工作性能有何影响？

6. 试述机械运转过程中产生周期性速度波动及非周期性速度波动的原因，以及它们各自的调节方法。

7. 何谓机械的周期性速度波动？波动幅度大小应如何调节？能否完全消除周期性速度波动？为什么？

8. 试比较内燃机、曲柄压力机、插齿机、家用缝纫机以及软盘驱动器中的飞轮功用有何不同。

9. 从减小飞轮尺寸的观点出发，应把飞轮安装在高速构件上还是安装在低速构件上？

10. 说明离心调速器的工作原理。

11. 在题图17-1所示的曲柄滑块机构中，设已知各构件的尺寸、质量 m、质心位置 S、转动惯量 J_s 及构件1的角速度 ω_1，又设该机构上作用有常量外力(矩) M_1、R_3、F_2。

①写出在图示位置时，以构件1为等效构件的等效力矩和等效转动惯量的计算式；②等效力矩和等效转动惯量是常量还是变量？若是变量，需指出是机构什么参数的函数及为什么。

12. 题图17-2所示的行星轮系中，各轮质心均在其中心轴线上，已知 $J_1 = 0.01\text{kg} \cdot \text{m}^2$，$J_2 = 0.04\text{kg} \cdot \text{m}^2$，$J_3 = 0.01\text{kg} \cdot \text{m}^2$，系杆对转动轴线的转动惯量 $J_H = 0.18\text{kg} \cdot \text{m}^2$，行星轮质量 $m_2 = 4\text{kg}$，$m_2' = 2\text{kg}$，$l_H = 0.3\text{m}$，$i_{1H} = -3$，$i_{12} = -1$。在系杆 H 上作用有驱动力矩 $M_H = 60\text{N} \cdot \text{m}$，作用在轮1上的阻力矩 $M_1 = 10\text{N} \cdot \text{m}$。试求：①等效到轮1上的等效转动惯量；②等效到轮1上的等效力矩。

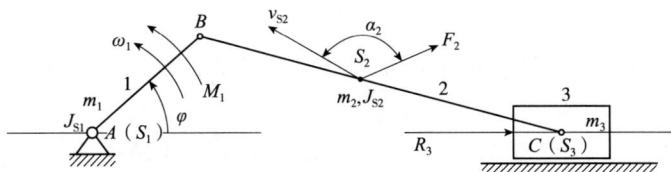

题图 17-1

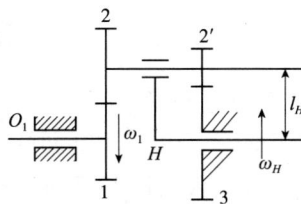

题图 17-2

13. 题图 17-3 所示为具有往复运动时杆的油泵机构运动简图。已知：$l_{AB}=50\text{mm}$，移动导杆 3 的质量 $m_3=0.4\text{kg}$，加在导杆 3 上的工作阻力 $F_r=20\text{N}$。若选取曲柄 1 为等效构件，试分别求出在 $\varphi=30°$ 时，工作阻力 F_r 的等效阻力矩 M_r 和导杆 3 质量 m_3 的等效转动惯量 J_e。

14. 题图 17-4 所示为一车床主传动系统，电动机经一级带传动和两级齿轮传动驱动主轴Ⅲ。已知直流电动机转速 $n_0=1500\text{r/min}$，带轮直径分别为 $d=100\text{mm}$，$D=200\text{mm}$，带轮的转动惯量分别为 $J_d=0.1\text{kg}\cdot\text{m}^2$，$J_D=0.3\text{kg}\cdot\text{m}^2$，各齿轮的齿数和转动惯量分别为 $z_1=32$，$J_1=0.1\text{kg}\cdot\text{m}^2$；$z_2=56$，$J_2=0.2\text{kg}\cdot\text{m}^2$；$z_3=32$，$J_3=0.1\text{kg}\cdot\text{m}^2$；$z_4=56$，$J_4=0.25\text{kg}\cdot\text{m}^2$。要求切断电源后 2s 内，利用装在轴Ⅰ上的制动器制动整个传动系统，试求所需制动力矩。

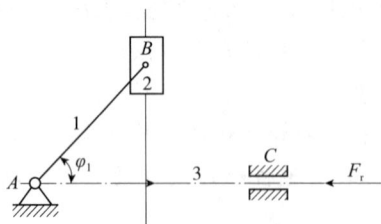

题图 17-3

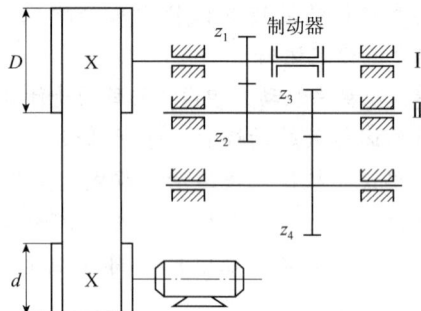

题图 17-4

15. 在制造螺栓、螺钉及其他制件的双击冷压自动墩头机中，仅考虑有效阻力功时，主动轴上的有效阻力的等效力矩按题图 17-5 所示的三角形规律变化。自动机所有构件的等效转动惯量 $J_e=1\text{kg}\cdot\text{m}^2$，主动轴上的等效驱动力矩为常数。自动机的运动可认为是稳定运转，轴的平均转速 $n=160\text{r/min}$，许用运转不均匀系数 $[\delta]=0.1$。试确定飞轮的转动惯量。

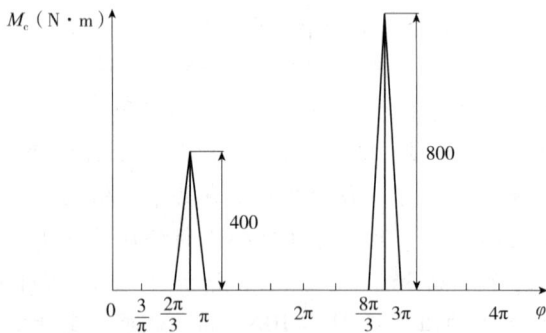

题图 17-5

16. 某机组发动机的输出力矩为 $M_d=\dfrac{1000}{\omega}\text{N}\cdot\text{m}$，工作机的阻抗力矩为 M_r，其变化规律如题图 17-6 所示，$t_1=0.1\text{s}$，$t_2=0.9\text{s}$。若忽略其他构件的转动惯量，试求在 $\omega_{max}=200\text{rad/s}$，$\omega_{min}=100\text{rad/s}$ 的情况下，飞轮的转动惯量为多少？

17. 在题图 17-7 所示的牛头刨床机构中，齿轮 1 安装在电动机轴上，其转速为 $n_1=1450\text{r/min}$，各轮的齿数分别为 $z_1=20$，$z_2=58$，$z_2'=25$，$z_3=100$，该刨床在工作行程与空回行程消耗的功率分别为 $P_1 = 3.677\mathrm{kW}$，$P_2 = 0.3677\mathrm{kW}$；空回行程对应的曲柄转角为 $\varphi_2 = 120°$；机器的运转不均匀系数为 $\delta = 0.05$。试求：①以主轴 A 为等效构件时，安装在 A 轴上飞轮的转动惯量；②如把飞轮安装在电动机轴上时，飞轮的转动惯量；③电动机的平均功率。

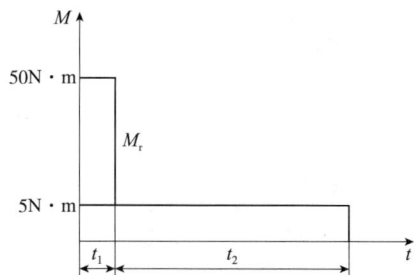

题图 17-6

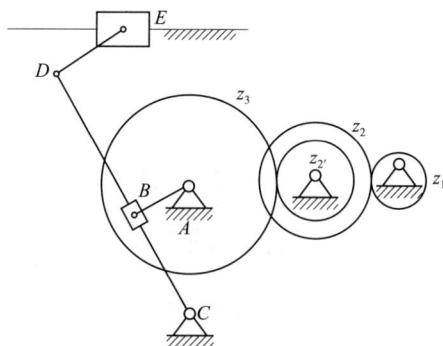

题图 17-7

第18章 弹 簧

本章提要

弹簧是一种利用弹性来工作的机械零件，一般用弹簧钢制成，用以控制机件的运动、缓和冲击或振动、贮蓄能量、测量力的大小等，广泛用于机器、仪表中。本章介绍了弹簧的类型、材料选择和计算方法。

18.1 弹簧的功用和类型

18.1.1 弹簧的功用

弹簧的主要功能如下：①具有缓冲和减振的作用，如汽车、火车车厢下的减振弹簧，各种缓冲器的缓冲弹簧等。②有控制机构的运动作用，如内燃机中的阀门弹簧、离合器中的控制弹簧等。③可以储存及输出能量，如钟表弹簧、枪闩弹簧等。④能测量力的大小，如弹簧秤、测力器中的弹簧等。

18.1.2 弹簧的种类

弹簧的种类繁多，按照受力的性质，主要分为拉伸弹簧、压缩弹簧、扭转弹簧和弯曲弹簧等；按材料类型，分为金属弹簧和非金属弹簧；按照形状，可分为螺旋弹簧、碟形弹簧、环形弹簧、板弹簧、盘簧等。表 18-1 列出了几种典型的金属弹簧，工程上常用的非金属弹簧有橡胶弹簧、塑料弹簧、空气弹簧等。

表 18-1 弹簧的基本类型

类型		承载形式	简 图	特点及应用
螺旋弹簧	圆柱形	压缩		刚度稳定，结构简单，制造方便，应用最广
		拉伸		
		扭转		在各种装置中用于压紧、储能或传递转矩
	圆锥形	压缩		结构紧凑，稳定性好，刚度随载荷增大而增大，多用于需要随较大载荷和减速而振动的场合

（续）

类型		承载形式	简　图	特点及应用
其他弹簧	蝶形弹簧	压缩		刚度大，缓冲吸振能力强，适用于载荷很大而弹簧的轴向尺寸受限制的场合，如常用于重型机械、大炮等的缓冲和减振
	环形弹簧	压缩		能吸收较多能量，有很高的缓冲和吸振能力，常用作重型车辆和飞机起落架等的缓冲弹簧
	盘簧	扭转		变形角大，能储存的能量大，轴向尺寸较小，多用作钟表、仪器中的储能弹簧
	板弹簧	弯曲		缓冲和减振性能好，主要用作汽车、拖拉机、火车车辆等悬挂装置中的缓冲和减振弹簧

18.2　圆柱螺旋弹簧的材料、制造和许用应力

18.2.1　弹簧的材料选择及制造

　　弹簧常在冲击载荷或变载荷作用下工作，为了保证弹簧能安全可靠地工作，弹簧材料必须具有足够高的弹性极限和疲劳极限，同时还应具有良好的韧性及热处理性能。

　　弹簧材料的表面不允许有裂纹和伤痕等缺陷，否则将在很大程度上影响弹簧的性能和寿命。

　　选择弹簧材料时，不但应根据弹簧的载荷大小、载荷性质及循环特性、工作强度、周围介质等因素，还应该综合考虑弹簧的功用、重要程度、工作条件、加工及热处理工艺和经济性等因素。常用的弹簧材料，有碳素弹簧钢丝、合金弹簧钢丝、弹簧用不锈钢丝及铜

合金等，近年来非金属材料(如塑料、橡胶等)弹簧也有很大发展。其中碳素弹簧钢丝因价格低，规格齐全，一般情况下应优先选用；合金弹簧钢丝用于钢丝直径较大、受冲击载荷的弹簧，其热处理淬透性、冲击韧性好，且具有较高的疲劳极限；不锈钢或铜合金宜用于防腐、防磁等条件下工作的弹簧。几种主要弹簧材料的使用性能见表18-2。

表 18-2　弹簧材料及许用应力

类　别	代　　号	许用应力[τ]（MPa）			推荐硬度 （HRC）	推荐使用 温度（℃）	特性及用途
		I 类	II 类	III 类			
钢丝	碳素弹簧钢丝 B、C、D 级	$0.3\sigma_B$	$0.4\sigma_B$	$0.5\sigma_B$	—	$-40 \sim +120$	强度高、加工性能好，适用于小尺寸弹簧
	65Mn						
	60Si2Mn	480	640	800		$-40 \sim +200$	弹性好，适用于大载荷弹簧
	60Si2MnA	480	640	800	45 ~ 50	$-40 \sim +200$	
	50CrVA	450	600	750		$-40 \sim +200$	疲劳性及淬透性好
不锈 钢丝	1Cr18Ni9Ti	330	440	550		$-250 \sim +290$	耐腐蚀性好，适用于小弹簧
	4Cr13	450	600	750	48 ~ 53	$-40 \sim +300$	
铜合 金	QSi3 - 1	270	360	450	90 ~ 100（HB）	$-40 \sim +120$	耐腐蚀性、防磁性好，弹性好
	QBe2	360	450	560	37 ~ 40	$-40 \sim +120$	

注：碳素弹簧钢丝及65Mn钢丝的抗拉强度极限 σ_B 见表18-3。

18.2.2　弹簧材料的许用应力

影响弹簧许用应力的因素很多，如材料种类、质量、热处理方法、载荷性质、弹簧的工作条件、重要程度以及簧丝直径 d 等。根据变载荷的作用次数以及弹簧的重要程度，将弹簧分为三类：① I 类，受变载荷的作用次数在 10^6 以上的或很重要的弹簧，如内燃机气阀弹簧等；② II 类，受变载荷作用次数在 $10^3 \sim 10^5$ 次的及承受冲击载荷的弹簧，如调速弹簧等；③ III 类，受变载荷作用次数在 10^3 次以下的及受静载荷的弹簧，如一般安全阀弹簧、摩擦式安全离合器弹簧等。

设计弹簧时，根据上述弹簧的种类及所选定的材料，可由表18-2确定其许用应力。应当指出，碳素弹簧钢丝的许用应力是根据其抗拉强度极限 σ_B 而定的，而 σ_B 与钢丝直径有关，如表18-3所列，碳素弹簧钢丝按用途分为三级：B 级用于低应力弹簧，C 级用于中等应力弹簧，D 级用于高应力弹簧。因此，设计时需先假定碳素弹簧钢丝的直径进行试算。

表 18-3　碳素弹簧钢丝抗拉强度极限 σ_B（单位：MPa）

直径(mm)	…	1.0	1.2	1.4	1.6	1.8	2.0	2.2	2.5	2.8	3.0	3.2	3.5
B	…	1660	1620	1620	1570	1520	1470	1420	1420	1370	1370	1320	1320
C	…	1960	1910	1860	1810	1760	1710	1660	1660	1620	1570	1570	1570
D	…	2300	2250	2150	2110	2010	1910	1810	1760	1710	1710	1660	1640

（续）

直径(mm)	4.0	4.5	5.0	5.5	6.0	6.5	7.0	8.0	9.0	10.0	11.0	12.0	13.0
B	1320	1320	1320	1270	1220	1220	1170	1170	1130	1130	1080	1080	1030
C	1520	1520	1470	1470	1420	1420	1370	1370	1320	1320	1270	1270	1220
D	1620	1620	1570	1570	1520	—	—	—	—	—	—	—	—

18.2.3 弹簧的制造

螺旋弹簧的制造过程，包括卷绕、两端面加工（压簧）或制作挂钩（拉簧和扭簧）、热处理和工艺试验等。有时还需进行强压或喷丸处理。

弹簧的卷绕有冷卷和热卷两种。当弹簧丝直径小于 10mm 时，常采用冷卷。冷卷时将已经热处理的冷拉碳素弹簧钢丝在常温下卷成弹簧，不再淬火，只经低温回火消除内应力。当弹簧丝直径较大时，常采用热卷。热卷的弹簧卷成后还须进行淬火和回火处理。大批生产时，弹簧的卷制在自动机床上进行，小批生产则常用普通车床或者用手工卷制。

卷绕和热处理后的弹簧应进行表面检验及工艺试验，以确定弹簧的质量。为了提高承载能力，可对弹簧进行强压处理和喷丸处理。强压处理是将弹簧预先压缩到超过材料的屈服极限，并保持 6～48h 后卸载，使簧丝表面层产生与工作应力方向相反的残余应力，受载时可抵消一部分工作应力，从而提高了弹簧的承载能力。受变载荷的弹簧，可采用喷丸处理提高其疲劳寿命。值得注意的是：经强压处理后的弹簧，不宜在高温、变载荷及有腐蚀性介质的条件下应用，因为在上述情况下，强压处理产生的残余应力是不稳定的。

18.3 圆柱螺旋压缩(拉伸)弹簧设计

18.3.1 圆柱螺旋弹簧的结构尺寸和特性曲线

（1）圆柱螺旋压缩弹簧的结构和尺寸

弹簧的主要几何参数如图 18-1 所示，包括外径 D、中径 D_2、内径 D_1、节距 t、螺旋升角 α 及弹簧丝直径 d，它们的关系为

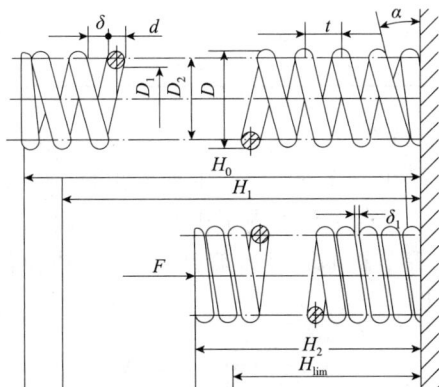

图 18-1 圆柱螺旋压缩弹簧基本几何参数

$$\alpha = \arctan \frac{t}{\pi D_2}$$

式中弹簧的螺旋升角 α，对圆柱螺旋压缩弹簧一般应在 $5° \sim 9°$ 范围内选取。弹簧的旋向可以是右旋或左旋，但无特殊要求时，一般都用右旋。

圆柱螺旋压缩弹簧的结构亦如图 18-1 所示，图中 H_0 为未受载荷时弹簧的自由高度，为使弹簧在工作载荷作用下得到所需的变形量，各圈之间应有足够的间隙 δ。当弹簧受到最大工作载荷时，各圈间仍应留有适当变形量，使弹簧在压缩后仍能保持一定的弹力，这个间隙称为余隙，其符号为 δ_1，一般取 $\delta_1 \geqslant 0.1d$。

支承圈端部有磨平与不磨平两种，重要的弹簧都应磨平，以使弹簧端面与弹簧轴线垂直。压缩弹簧的两端部通常各有 $0.75 \sim 1.25$ 圈并紧，工作时这几圈不参与变形，称为支撑圈或死圈。

圆柱螺旋压缩弹簧的几何尺寸计算见表 18-4。

表 18-4　圆柱螺旋弹簧几何尺寸计算

参数名称及其代号	单位	计算公式		备注
		压缩弹簧	拉伸弹簧	
弹簧丝直径 d	mm	根据强度条件计算确定		
弹簧外径 D	mm	$D = D_2 + d$，D_2 为弹簧中径		
弹簧内径 D_1	mm	$D_1 = D_2 - d$		
节距 t	mm	$t = (0.28 \sim 0.5)D_2$　　$t = d$		
工作圈数 n		根据工作条件确定		
总圈数 n_1		$n_1 = n + (1.5 \sim 2.5)$　　$n_1 = n$		
自由高度 H_0	mm	两端磨平 $H_0 = nt + (n_1 - n_0 - 0.5)d$ $H_0 = nt +$ 挂钩轴向尺寸 两端不磨平 $H_0 = nt + (n_1 - n + 1)d$		
间距 δ	mm	$\delta = t - d$，$t \geqslant \lambda_{max}/n + 0.1d$		
螺旋升角 α	(°)	$\alpha = \arctan \dfrac{t}{\pi D_2}$		对压缩弹簧，推荐 $\alpha = 5° \sim 9°$
弹簧丝展开长度 L	mm	$L = \pi D_2 n_1 / \cos\alpha$		$L = \pi D_2 n_1 +$ 挂钩展开长度

（2）圆柱螺旋压缩弹簧的特性线

弹簧应具有经久不变的弹性，且不允许产生永久变形。因此在设计弹簧时，务必使其工作应力在弹性极限范围内。在这个范围内工作的压缩弹簧，当承受轴向载荷时，弹簧将产生相应的弹性变形。对于等节距的圆柱螺旋弹簧（压缩或拉伸），由于载荷与变形成正比，故其特性曲线为直线，即

$$\frac{F_1}{\lambda_1} = \frac{F_2}{\lambda_2} = \cdots = 常数 \tag{18-1}$$

图 18-2 所示为圆柱螺旋压缩弹簧的特性线。弹簧在工作之前，通常使弹簧预受一压

缩力 F_1，以保证弹簧可靠地稳定在安装位置上。F_1 称为弹簧的最小工作载荷，在它的作用下，弹簧的高度由 H_0 被压缩到 H_1，其相应的弹簧压缩变形量为 λ_1；当弹簧受到最大工作载荷 F_2 时，弹簧被压缩到 H_2，其相应的弹簧压缩变形量为 λ_2。$\lambda = \lambda_2 - \lambda_1 = H_1 - H_2$，$\lambda$ 称为弹簧的工作行程。F_{lim} 为弹簧的极限载荷，在它的作用下，弹簧丝应力将达到材料的弹性极限，这时弹簧的高度被压缩到 H_{lim}，相应的变形量为 λ_{lim}。

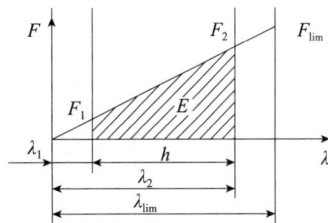

图 18-2　圆柱螺旋压缩弹簧特性线

设计弹簧时，最大工作载荷 F_2 由工作要求确定，最小工作载荷 F_1 可取 $(0.1 \sim 0.5)F_2$。一般实用中使弹簧在弹性范围内工作，最大工作载荷 F_2 应小于极限载荷，通常应满足 $F_2 \leqslant 0.8F_{\text{lim}}$。

（3）拉伸弹簧的结构特点

拉伸弹簧在卷制时各圈相互并紧，即弹簧间距 $\delta = 0$。拉伸弹簧端部做有挂钩，以便安装和承载。

挂钩的形式很多，常见的结构见图 18-3。其中半圆钩环型［图 18-3（a）］和圆钩环形［图 18-3（b）］的结构制造方便，但这两种挂钩上的弯曲应力都较大，只适于中小载荷和不重要的地方；图 18-3（c）中的挂钩是另外装上去的可转活动钩，挂钩下端和弹簧端部的弯曲应力较前述小；图 18-3（d）为可调式拉伸弹簧，具有带螺旋块的挂钩。图 18-3（c）、图 18-3（d）中的挂钩适于变载荷的场合，但成本较高。

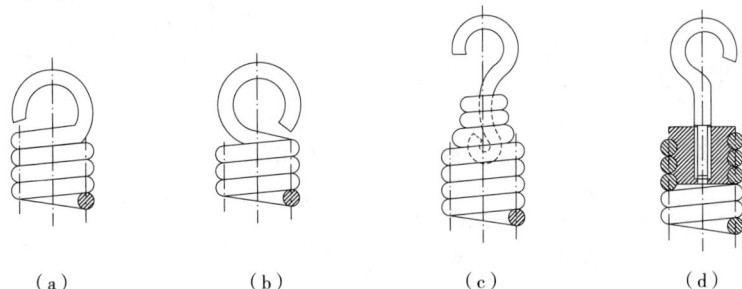

图 18-3　拉伸弹簧的端部结构

（a）半圆钩环　（b）圆钩环　（c）可转钩环　（d）可调钩环

圆柱螺旋拉伸弹簧结构尺寸的计算公式与压缩弹簧相同，但在使用公式时，应注意拉伸弹簧的间距 $\delta = 0$；计算弹簧丝展开长度和弹簧自由高时，应把挂钩部分的尺寸计入。

18.3.2　圆柱螺旋弹簧的应力和变形

（1）弹簧的应力

图 18-4（a）所示为一圆柱螺旋压缩弹簧，轴向力 F 作用在弹簧的轴线上，弹簧丝为圆形截面，弹簧丝直径为 d，弹簧中径为 D_2，由于弹簧丝具有螺旋升角 α，故在通过弹簧轴线的截面上，弹簧丝的剖面 $A - A$ 呈椭圆形，该剖面上作用着力 F 及扭矩 $T = FD_2/2$，如图 18-4（b）所示。

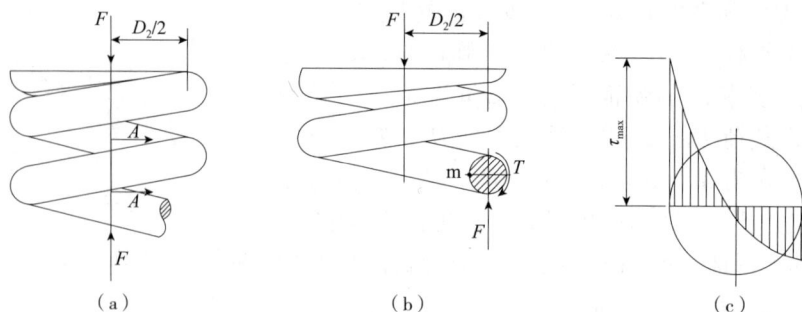

图 18-4　圆柱螺旋压缩弹簧的受力及应力分析

由于螺旋升角 α 一般为 $5°\sim9°$，所以可将剖面 $A-A$ 的椭圆形状近似视为圆形。弹簧丝剖面 $A-A$ 上应力分布如图 18-4(c) 所示。由图 18-4 可知，最大切应力发生在弹簧丝剖面 $A-A$ 内侧的 m 点，实践表明，弹簧的破坏也大多由这点开始。最大应力可以近似地取为

$$\begin{cases} \tau_{max} = k_1 \dfrac{8FD_2}{\pi d^3} \\ k_1 = \dfrac{4C-1}{4C-4} + \dfrac{0.615}{C} \end{cases} \tag{18-2}$$

式中 $\dfrac{8FD_2}{\pi d^3}$ 是直杆受纯扭转时的切应力，所以 k_1 可理解为弹簧丝曲率和切向力对切应力的修正系数，称为曲度系数。$C = D_2/d$ 称为旋绕比(又称弹簧指数)，是衡量弹簧曲率的重要参数。为使弹簧本身较为稳定，不致颤动和过软，C 值不能太大；同时为避免弹簧内、外侧的应力相差悬殊，提高材料利用率，C 值亦不能太小。所以在设计弹簧时，一般规定 $C \geqslant 4$，通常 C 的取值范围为 $4\sim16$，常用值为 $5\sim8$。

(2)弹簧的变形

圆柱螺旋压缩(拉伸)弹簧受载后的轴向变形 λ 可根据材料力学关于圆柱螺旋弹簧变形量的公式求得，即

$$\lambda = \frac{8FD_2^3 n}{Gd^4} = \frac{8FC^3 n}{Gd} \tag{18-3}$$

式中　n——弹簧的工作圈数；

　　　G——弹簧的切变模量。

使弹簧产生单位变形量所需要的载荷，称为弹簧刚度 k(也称为弹簧常数)，即

$$k = \frac{F}{\lambda} = \frac{Gd}{8C^3 n} = \frac{Gd^4}{8D_2^3 n} \tag{18-4}$$

弹簧的刚度是表征弹簧性能的主要参数之一，它表示使弹簧产生单位变形量所需的力，刚度越大，弹簧变形所需的力就越大。影响弹簧刚度的因素很多，从式(18-4)可知，k 与 C 的三次方成反比，即 C 值对 k 的影响很大，所以合理地选择 C 值能控制弹簧的弹力。另外，k 还与 G、d、n 有关，在调整弹簧刚度时，应综合考虑这些因素的影响。

18.3.3　弹簧的设计计算步骤

在设计时通常根据弹簧的最大载荷 F_2、最大变形 λ_2 及结构要求等来决定弹簧丝直径 d、

弹簧中径 D_2、工作圈数 n、弹簧的升角 α 和弹簧丝的长度 L 等。具体设计方法和步骤如下：

①根据工作条件和载荷情况，选定弹簧材料并确定许用应力。

②选择旋绕比 C，计算曲度系数 k。

③强度计算。由式(18-2)可得弹簧丝直径要求为

$$d \geqslant 1.6 \sqrt{\frac{k_1 CF}{[\tau]}} \qquad (18\text{-}5)$$

如选用碳素弹簧钢丝，用上式求弹簧直径 d 时，因式中许用应力$[\tau]$和旋绕比 C 都与 d 有关，所以常采用试算法。

④刚度计算。由式(18-4)可得弹簧工作圈数为

$$n = \frac{Gd}{8C^3 k} \qquad (18\text{-}6)$$

⑤稳定性计算。对于压缩弹簧，如其细长比 $b = H_0 / D_2$ 较大时，受力后容易失去稳定性而无法正常工作。为便于制造及避免失稳，对一般压缩弹簧建议按下列情况选取细长比：当两端固定时，取 $b < 5.3$；一端固定，另一端自由转动时，取 $b < 3.7$；两端自由转动时，取 $b < 2.6$。若 b 不能满足上述条件，且又受结构限制不能重选有关参数时，可外加导向套或内加导向杆来增加弹簧的稳定性。

⑥结构设计。按表 18-4 算出全部有关尺寸。

⑦绘制弹簧工作图。

【例 18-1】 一立式小锅炉，炉顶采用微启式弹簧安全阀(图 18-5)。阀座通径 $D_2 = 32\text{mm}$，阀门起跳气压 $p = 0.33\text{MPa}$，阀门行程 $\lambda = 2\text{mm}$，阀门安全弹簧受力 $F_2 = 340\text{N}$，结构要求弹簧的内径 $D_1 > 16\text{mm}$。试设计此安全阀上的压缩弹簧。若现有 $d = 4\text{mm}$ 的 60Si2Mn 钢丝，问能否使用？

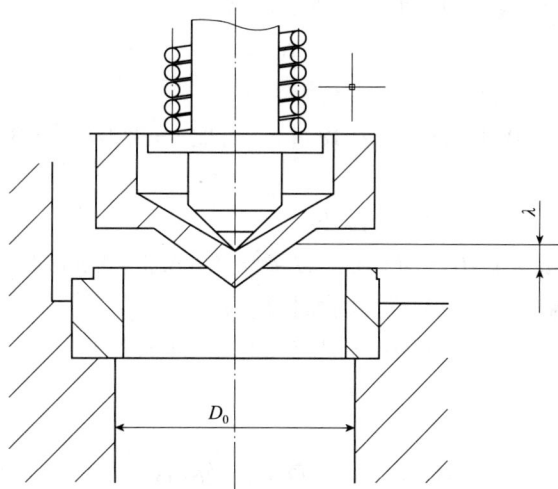

图 18-5　微启式弹簧安全阀

解　①选择材料。

考虑到弹簧的重要性，可选已知弹簧材料 60Si2Mn(II 类)。由表 18-2 查得$[\tau] =$

640MPa。

②选择 C，计算 k_1。

因 $d = 4\text{mm}$，取 $D_1 = 18\text{mm}$（满足 $D_1 > 16\text{mm}$），则有

$$D_2 = D_1 + d = 18 + 4 = 22 \quad (\text{mm})$$

$$C = D_2/d = 22/4 = 5.5$$

$$k_1 = \frac{4C - 1}{4C - 4} + \frac{0.615}{C} = \frac{4 \times 5.5 - 1}{4 \times 5.5 - 4} + \frac{0.615}{5.5} = 1.28$$

③强度计算。

由式(18-5)可得

$$d_1 \geqslant 1.6\sqrt{\frac{k_1 FC}{[\tau]}} = 1.6\sqrt{\frac{1.28 \times 340 \times 5.5}{640}}\text{mm} = 3.1\text{mm} \leqslant d = 4\text{mm}$$

可知满足安全要求。

④刚度计算。

弹簧最大工作载荷 $F_2 = 340\text{N}$，最小工作载荷为

$$F_1 = \pi D_2^2 p/4 = 3.14 \times 22^2 \times 0.33/4 = 265.4\,(\text{N})$$

弹簧刚度为

$$k = \frac{F_2 - F_1}{\lambda} = \frac{340 - 265.4}{2} = 37.3\,(\text{N/mm})$$

弹簧工作圈数为

$$n = \frac{Gd}{8C^3 k} = \frac{80000 \times 4}{8 \times 5.5^3 \times 37.3} = 6.45$$

取 $n = 6.5$ 圈。

取弹簧两端的支承圈数分别为1圈，则总圈数为

$$n_1 = n + 2 = 6.5 + 2 = 8.5$$

⑤稳定性验算。

弹簧节距 $t = (0.28 \sim 0.35)D_2$（见表18-4），可取 $t = 0.3D_2 = 0.3 \times 22\text{mm} = 6.6\text{mm}$，实取 $t = 7\text{mm}$。

采用两端磨平，由表(18-4)得自由高度为

$$H_0 = nt + (n_1 - n - 0.5)d = 6.5 \times 7 + (8.5 - 6.5 - 0.5) \times 4 = 51.5\,(\text{mm})$$

按一端固定、一端自由转动对待，则细长比为

$$b = H_0/D_2 = 51.5/22 = 2.34 \quad < 3.7$$

可知满足稳定性要求。

外径为

$$D = D_2 + d = 22 + 4 = 26\,(\text{mm})$$

⑥计算其他尺寸。

螺旋升角为

$$\alpha = \arctan\frac{t}{\pi D_2} = \arctan\frac{7}{\pi \times 22} = 5°47'$$

F_1、F_2 相应变形量为

$$\lambda_1 = \frac{F_1}{k} = \frac{265.4}{37.3} = 7.12(\text{mm})$$

$$\lambda_2 = \frac{F_2}{k} = \frac{340}{37.3} = 9.12(\text{mm})$$

间距 $\delta = t - d = 7 - 4 = 3(\text{mm})$，应满足条件为

$$\delta \geqslant \frac{\lambda_2}{n} + 0.1d = \left(\frac{9.12}{6.5} + 0.1 \times 4\right)\text{mm} = 1.8\text{mm} < 3\text{mm}$$

故而合用。

弹簧丝展开长度为

$$L = \frac{\pi D n_1}{\cos\alpha} = \frac{\pi \times 22 \times 8.5}{\cos 5°47'} = 590(\text{mm})$$

⑦弹簧工作图。

该工作图如图 18-5 所示。

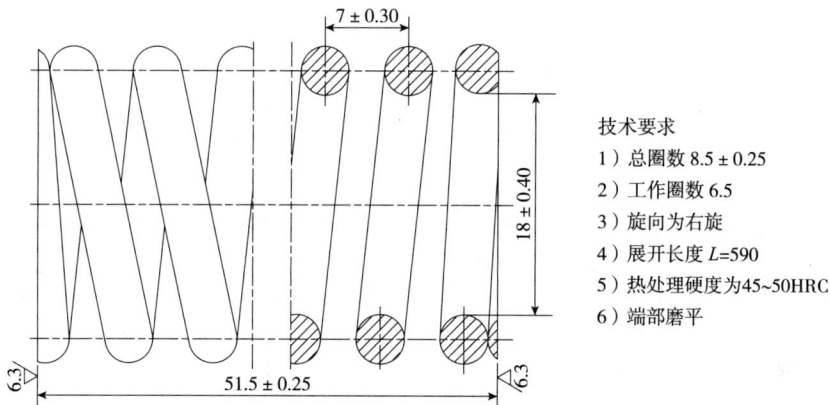

技术要求
1）总圈数 8.5 ± 0.25
2）工作圈数 6.5
3）旋向为右旋
4）展开长度 $L = 590$
5）热处理硬度为 45~50HRC
6）端部磨平

图 18-6 弹簧工作图（单位：mm）

本 章 小 结

弹簧是机械和电子行业中广泛使用的一种弹性元件，在受载时能产生较大的弹性变形，把机械功或动能转化为变形能，而卸载后弹簧的变形将消失并回复原状，将变形能又转化为机械功或动能。学习本章后，应了解弹簧的基本类型和相关计算方法。

思 考 题

1. 已知一圆柱螺旋压缩弹簧旋绕比为 6，在载荷 180N 作用下的变形量为 12mm。弹簧的切变模量为 78800MPa，有效圈数为 12.5 圈，在静载下工作。①试计算弹簧丝直径；②设弹簧的最大工作载荷为 600N，许用切应力为 750MPa，问该弹簧强度是否足够？

2. 已知一压缩螺旋弹簧的弹簧丝直径 $d = 6$mm，中径 $D_2 = 33$mm，工作圈数 $n = 10$。

采用 II 组碳素弹簧钢丝，受变载荷作用次数为 $10^3 \sim 10^5$ 次。①试求允许的最大工作载荷及变形量；②若端部采用磨平端支承圈结构，求弹簧的并紧高度和自由高度 H_0；③验算弹簧的稳定性。

3. 试设计一圆柱螺旋压缩弹簧。数据如下：$F_{max} = 700 \text{N}$，$\lambda_{max} = 500 \text{mm}$；该弹簧套在一直径为 22mm 的轴上工作，并限制其最大外径在 42mm 以下，自由长度在 $110 \sim 130 \text{mm}$ 范围内。该弹簧并不经常工作，但较重要。

4. 设计一压缩弹簧，已知其采用 $d = 8 \text{mm}$ 的钢丝制造，$D_2 = 48 \text{mm}$，该弹簧初始时为自由状态，将它压缩 40mm 后，需要储能 25N·mm。①计算弹簧刚度；②若许用切应力为 400MPa，问此弹簧的强度是否足够？③计算工作圈数 n。

参 考 文 献

[1] 濮良贵，纪名刚. 机械设计[M]. 8 版. 北京：高等教育出版社，2006.

[2] 濮良贵，纪名刚. 机械设计[M]. 7 版. 北京：高等教育出版社，2001.

[3] 钟毅芳，吴昌林，唐增宝. 机械设计[M]. 武汉：华中科技大学出版社，2001.

[4] 濮良贵，纪名刚. 机械设计[M]. 6 版. 北京：高等教育出版社，1996.

[5] 孙恒，陈作模，葛文杰. 机械原理[M]. 7 版. 北京：高等教育出版社，2006.

[6] 孙恒，陈作模. 机械原理[M]. 6 版. 北京：高等教育出版社，2001.

[7] 申永胜. 机械原理教程[M]. 北京：清华大学出版社，1999.

[8] 张鄂. 现代设计方法[M]. 西安：西安交通大学出版社，1999.

[9] 卜炎. 螺纹连接设计与计算[M]. 北京：高等教育出版社，1993.

[10] 齿轮手册编委会. 齿轮手册[M]. 北京：机械工业出版社，1990.

[11] 张桂芳. 滑动轴承[M]. 北京：高等教育出版社，1985.

[12] 余俊. 滚动轴承计算——额定负荷、当量负荷及寿命[M]. 北京：高等教育出版社，1993.

[13] 吴宗泽，高志，罗圣国，等. 机械设计课程设计手册[M]. 4 版. 北京：高等教育出版社，2012.

[14] 吴宗泽，罗圣国. 机械设计课程设计手册[M]. 2 版. 北京：高等教育出版社，1999.

[15] 濮良贵，纪名刚. 机械设计学习指南[M]. 4 版. 北京：高等教育出版社，2001.

[16] 北京有色冶金设计研究总院. 机械设计手册[M]. 3 版. 北京：化学工业出版社，1993.

[17] 汝元功，唐照民. 机械设计手册[M]. 北京：高等教育出版社，1995.

[18] 王汉英，等. 转子平衡技术与平衡机[M]. 北京：机械工业出版社，1988.

[19] 梁崇高，等. 平面连杆机构的计算设计[M]. 北京：高等教育出版社，1993.

[20] 刘政昆. 间歇运动机构[M]. 大连：大连理工大学出版社，1991.

[21] 邹慧君. 机械运动方案设计手册[M]. 上海：上海交通大学出版社，1994.

[22] 张有忱，张莉彦. 机械创新设计[M]. 北京：清华大学出版社，2011.

[23] 郑文纬，吴克坚. 机械原理[M]. 7 版. 北京：高等教育出版社，1997.

[24] 黄茂林，秦伟. 机械原理[M]. 北京：机械工业出版社，2002.

[25] 张春林，曲继芳. 机械创新设计[M]. 北京：机械工业出版社，2001.

[26] 裘建新. 机械原理课程设计[M]. 北京：高等教育出版社，2010.